Modern HTML and CSS Standard Guide

モダン
HTML&CSS
現場の新標準ガイド

体系的に学ぶHTMLとCSSの仕様と実践

エビスコム 著

■サポートサイトについて
本書で解説している作例のソースコードや特典PDFは、下記のサポートサイトから入手できます。
https://book.mynavi.jp/supportsite/detail/9784839986933.html

- 本書に記載された内容は、情報の提供のみを目的としております。したがって、本書を用いての運用はすべてお客様自身の責任と判断において行ってください。
- 本書の制作にあたっては正確な記述につとめましたが、著者や出版社のいずれも、本書の内容に関してなんらかの保証をするものではなく、内容に関するいかなる運用結果についてもいっさいの責任を負いません。あらかじめご了承ください。
- 本書中に掲載している画面イメージなどは、特定の設定に基づいた環境にて再現される一例です。ハードウェアやソフトウェアの環境によっては、必ずしも本書通りの画面にならないことがあります。あらかじめご了承ください。
- 本書は2025年1月段階での情報に基づいて執筆されています。本書に登場するソフトウェアのバージョン、URL、製品のスペックなどの情報は、すべてその原稿執筆時点でのものです。執筆以降に変更されている可能性がありますので、ご了承ください。
- 本書中に登場する会社名および商品名は、該当する各社の商標または登録商標です。本書では®およびTMマークは省略させていただいております。

Introduction
はじめに

進化したHTML&CSSをアクセシビリティとロジックから理解する

今のWeb制作・Webアプリ開発の現場では、必要とされる技能が増えています。従来からのレスポンシブデザインやパフォーマンス改善はもちろん、UI・UXの向上、より高度な動的表現、アクセシビリティ対応など、その範囲は多岐にわたります。

それに合わせてHTML & CSSの仕様も大幅に進化しています。主要ブラウザが足並みを揃え、仕様に沿って実装する土壌ができたことも大きく、その進化は留まるところを知りません。
個別にバラバラだった機能は整理され、組み合わせて使用したときの挙動や、相互関係なども細かく定義・実装されるようになりました。
アクセシビリティ面の拡充でHTMLの役割はより明確になり、各種機能はJavaScriptなしでも実現できるようになってきています。

ただし、機能が増えて自由度が高くなった分だけHTML&CSSは複雑化しており、『こう書けば、こうなる』という現象を場合分けで覚えていくのは、もはや現実的ではありません。

進化したHTML & CSSを習得し、使いこなしていくための一番の近道は
「アクセシビリティ」と「ロジック」の理解です。

そのため、本書ではアクセシビリティの視点も取り入れ、最新のHTML&CSSの仕様に基づき、『こう書けば、こういう処理を経て、こういう結果になる』ということを可能な限り凝縮してまとめました。

機能の発見・習得・再確認に加え、開発の効率化、ユーザー体験の向上などに、
理解の解像度を変える一冊として役立てていただければ幸いです。

About This Book

HTML
要素／属性

HTML 要素は、標準仕様である WHATWG HTML Living Standard のコンテンツカテゴリーと、WAI-ARIA の ARIA ロールの分類に従い、P.038 のように分けて構成しています

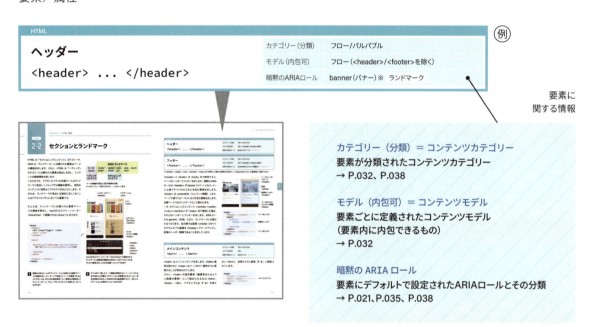

要素に関する情報

カテゴリー（分類）＝ コンテンツカテゴリー
要素が分類されたコンテンツカテゴリー
→ P.032、P.038

モデル（内包可）＝ コンテンツモデル
要素ごとに定義されたコンテンツモデル
（要素内に内包できるもの）
→ P.032

暗黙の ARIA ロール
要素にデフォルトで設定されたARIAロールとその分類
→ P.021、P.035、P.038

Accessibility
アクセシビリティ

Web アクセシビリティ対応で求められる、WCAG の達成基準（P.018）を満たすことにつながる設定については次のマークで注釈を記しています

コンテンツに見出しをつけ、<h1>から<h6>で適切にマークアップすることは、WCAGの達成基準「1.3.1 情報及び関係性」や「2.4.6 見出し及びラベル」を満たすことにつながります

アクセシビリティに関する注釈

Code
コード

要素やプロパティの使用例は右のようにコードを色分けして掲載しています。
UA スタイルシートやパフォーマンス改善に関する注釈は次のマークで記しています

HTML

CSS

JavaScript

UA STYLE　UAスタイルシートに関する注釈

ーW　パフォーマンス改善に関する注釈

CSS

CSSのプロパティや各種機能は、標準仕様のモジュールの分類に従い、P.144のように分けて構成しています

プロパティ／アットルール／セレクタ／関数／値／単位

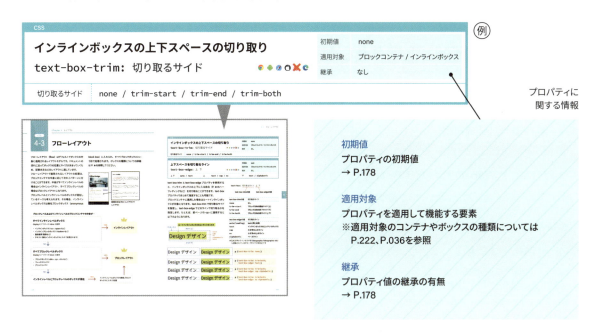

プロパティに関する情報

初期値
プロパティの初期値
→ P.178

適用対象
プロパティを適用して機能する要素
※適用対象のコンテナやボックスの種類については
　P.222、P.036を参照

継承
プロパティ値の継承の有無
→ P.178

Browsers
対応ブラウザ

主要ブラウザの対応状況が異なるケースでは以下のアイコンを掲載。未対応なブラウザには✕をつけています。
すべての主要ブラウザが対応している場合、アイコンは記載していません

Chrome / Safari / Firefox / Edge
Android Chrome　iOS Safari

※各ブラウザは本書執筆時点（2025年1月）での最新版を使用

Download
ダウンロードデータ

掲載コードはダウンロードデータに収録してあります。詳しい収録内容についてはダウンロードデータ内のREADMEを参照してください

サポートサイト
https://book.mynavi.jp/supportsite/detail/9784839986933.html

GitHub
https://github.com/ebisucom/modern-html-css

Contents もくじ

Chapter 1 HTMLとアクセシビリティとCSS   013

1-1 HTMLの歴史 014

1-2 現在のHTMLの役割
　　──セマンティックマークアップ 016

1-3 HTMLとWebアクセシビリティ対応 ... 017
　法的な面から見たWebアクセシビリティ対応の必要性 ... 017
　Webアクセシビリティ対応の達成基準 018
　達成基準を満たす（適合する）ために必要なこと 020

1-4 HTMLとARIA 021
　HTMLの要素にデフォルトで設定される
　　暗黙のARIAセマンティクス 021
　悪いARIAがあるぐらいならARIAなしの方がよい...... 022
　必要性がある場合はARIAセマンティクスを明示する 022

1-5 HTMLとCSS 024
　要素にデフォルトで適用されるCSSの設定（UAスタイルシート）... 024
　Webの制作者・開発者が適用するCSS（作成者スタイルシート）... 025
　CSSとアクセシビリティ 025

1-6 ブラウザによる表示の流れ
　　──レンダリングとパフォーマンス 026
　DOM（Document Object Model） 027
　CSSOM（CSS Object Model） 027
　レンダーツリー 028
　レイアウトとボックスツリー 028
　ペイント（描画） 028
　AOMとアクセシビリティツリー 029
　JavaScript 029
　パフォーマンスの最適化につながるHTML/CSSの機能 029

1-7 HTMLのシンタックス（構文）....... 030

1-8 HTML要素の分類 032
　コンテンツモデルとコンテンツカテゴリー 032
　コンテンツカテゴリーによる分類 032
　ARIAロールによる分類 035
　CSSのディスプレイタイプによる分類 036

Chapter 2 HTML要素   037

2-1 HTML要素のセマンティクス 038

2-2 セクションとランドマーク 042
　ヘッダー `<header>` 043
　フッター `<footer>` 043
　メインコンテンツ `<main>` 043
　フォーム `<form>` 044
　検索 `<search>` 045
　ナビゲーション `<nav>` 045
　補足・関連情報 `<aside>` 045
　汎用的なセクション `<section>` 046
　自己完結したコンテンツ `<article>` 046
　見出し `<h1>`/`<h2>`/`<h3>`/`<h4>`/`<h5>`/`<h6>` 047
　見出しとそれに関連するコンテンツ `<hgroup>` 047

2-3 ブロックレベルのセマンティクス 048
　連絡先情報 `<address>` 048
　引用文 `<blockquote>` 049
　図表とキャプション `<figure>`/`<figcaption>` 049
　パラグラフレベルの区切り `<hr>` 050
　パラグラフ（段落） `<p>` 050
　整形済みテキスト `<pre>` 051

特別なセマンティクスを持たないブロックレベルの要素 `<div>` ... 051
基本のテーブル `<table>`/`<tr>`/`<th>`/`<td>` 051
行列のグループを明示したキャプション付きのテーブル
　`<caption>`/`<thead>`/`<tbody>`/`<tfoot>`/`<colgroup>`/`<col>` ... 052
番号なしリスト（順序が重要でないリスト） `<ul>`/`<li>` ... 055
番号付きリスト（順序が重要なリスト） `<ol>`/`<li>` ... 055
番号なしリストの代替（コマンドリスト） `<menu>`/`<li>` ... 056
説明リスト `<dl>`/`<dt>`/`<dd>` 056
モーダルダイアログ `<dialog>` 057

2-4 テキストレベルのセマンティクス 060
コンピュータ・コード `<code>` 060
強調・強勢 `<em>` 061
重要 `<strong>` 061
下付き `<sub>` 062
上付き `<sup>` 062
定義した語句 `<dfn>` 062
日時 `<time>` 063
取り消した語句 `<s>` 063
削除したコンテンツ `<del>` 064
追加したコンテンツ `<ins>` 064
特別なセマンティクスを持たないインラインレベルの要素 `<span>` ... 064
注目してほしい語句 `<b>` 065
学名や慣用句などの語句 `<i>` 065
不明瞭な語句 `<u>` 065
引用 `<q>` 065
双方向アルゴリズムの分離 `<bdi>` 066
双方向アルゴリズムのオーバーライド `<bdo>` 066
マシンリーダブルな情報 `<data>` 067
コンピュータからの出力内容 `<samp>` 067
但し書き・注意 `<small>` 067
略語 `<abbr>` 067
作品のタイトル `<cite>` 068
コンピュータへの入力内容 `<kbd>` 068
ハイライト `<mark>` 068
変数 `<var>` 069
ルビ `<ruby>`/`<rt>` 069
ルビに未対応なブラウザ用の設定 `<rp>` 069
改行 `<br>` 069
自動改行（折り返し）を許可する箇所 `<wbr>` ... 070
イメージマップ `<map>` 070
イメージマップのエリアの構成 `<area>` 070
フォームコントロールの値の候補リスト `<datalist>` ... 071

2-5 エンベディッド（埋め込みコンテンツ）... 072
画像 `<img>` 072
`<img>`用の複数の画像リソース `<picture>`/`<source>` ... 076
音声 `<audio>` 078

動画 `<video>` 078
音声・動画のテキストトラック `<track>` 080
インラインフレーム `<iframe>` 080
外部リソースの埋め込み `<embed>` 082
外部リソースの埋め込み `<object>` 082
Canvas `<canvas>` 083
SVG `<svg>` 083
MathML（数式） `<math>` 085

2-6 インタラクティブに関する要素 086
開閉式ウィジェット `<details>`/`<summary>` 087
フォームコントロールのラベル `<label>` 088
リンク `<a>` 088

2-7 フォームコントロール 090
入力フィールド／ボタン `<input>` 091
ボタン `<button>` 094
セレクトボックス（選択式メニュー）
　`<select>`/`<option>`/`<optgroup>` 095
テキストエリア `<textarea>` 096
プログレスバー `<progress>` 096
出力 `<output>` 096
メーター `<meter>` 097
フィールドセット `<fieldset>`/`<legend>` 097

2-8 フォームコントロールの属性 098

2-9 スクリプト 104
スクリプト `<script>` 104
スクリプトなしのコンテンツ `<noscript>` 104
カスタム要素 106
スロット `<slot>` 110
テンプレート `<template>` 112

2-10 HTMLの基本構造とメタデータ 118
HTMLの基本構造 `<html>`/`<head>`/`<body>` ... 120
ページのタイトル `<title>` 121
内部スタイルシート `<style>` 121
ベースURL `<base>` 122
リソースへのリンク `<link>` 122
メタデータ `<meta>` 128

2-11 グローバル属性 132

Chapter 3 CSS   143

- 3-1 CSSの歴史と分類 144
- 3-2 CSSのシンタックス（構文）........ 146
- 3-3 セレクタの種類とシンタックス（構文）.. 148
  - シンプルセレクタ（simple selector）................... 148
  - 複合セレクタ（compound selector）................... 150
  - 擬似要素セレクタ（pseudo-element selector）......... 150
  - 複雑セレクタ（complex selector）..................... 151
- 3-4 セレクタの詳細度（specificity）...... 152
  - 詳細度の算出 152
  - 詳細度の比較と勝利するセレクタの決定 153
  - !important 153
- 3-5 ネスト記法（CSS Nesting）....... 154
- 3-6 セレクタリスト（selector list）....... 156
  - 論理コンビネーション擬似クラス
    :is()/:not()/:where()/:has() 156
  - 寛容・不寛容なセレクタリスト 157
- 3-7 カスケードレイヤー @layer........ 158
  - カスケードレイヤーと !important 160
  - カスケードレイヤー @layer のネスト................. 161
- 3-8 スコープ @scope............... 162
  - スコープと詳細度と近接性 163
  - スコープリミット 164
  - :scope 擬似クラスと & セレクタ 165
  - スコープ @scope のネスト 166
  - <style> とスコープルートの省略 167
- 3-9 シャドウ DOM によるスコープ
      （カプセル化）.................. 168
  - 異なるコンテキスト由来の CSS が当たるときのルール 169
  - 外側からシャドウ DOM 内へ CSS を適用する擬似要素...... 170
  - シャドウ DOM から外側へ CSS を適用する擬似クラス・擬似要素... 171
- 3-10 カスケード.................... 174
  - カスケードの処理の順番 174
- 3-11 プロパティの値を決定するプロセス 176
- 3-12 プロパティの値の継承 178
- 3-13 プロパティの値の種類と単位 182
  - すべてのプロパティで使用できる値 182
  - テキストデータ型（Textual Data Types）............... 182
  - 数値データ型（Numeric Data Types）.................. 182
  - 色のデータ型（Color Data Type）..................... 187
  - 画像のデータ型（Image Data Type）................... 193
- 3-14 カスタムプロパティ（CSS 変数）
      --*/@property 196
- 3-15 メディアクエリ @media 198
  - メディア特性 200
- 3-16 コンテナクエリ @container 203
  - クエリコンテナの種類 container-type................ 204
  - クエリコンテナ名の指定 container-name 204
  - クエリコンテナの名前と種類の指定 container 205
  - サイズクエリ @container () 205
  - スタイルクエリ @container style() 207
  - スクロールステートクエリ @container scroll-state() ... 207
- 3-17 アットルール.................. 210
  - 機能クエリ @supports.............................. 210
  - CSS ファイルの読み込み @import 211
  - 印刷ページの設定 @page........................... 211
- 3-18 擬似クラス.................... 212
- 3-19 擬似要素..................... 216
- 3-20 値のリセット.................. 218
  - すべてのプロパティ値のリセット all 218

Chapter 4 レイアウト　　　　　　　　　　219

4-1　CSSによるレイアウト
　　　　— レイアウトモデル 220
ディスプレイタイプ（レイアウトモデルの指定）　display 221

4-2　ボックスの基本構造
　　　　— ボックスモデルと包含ブロック 224
ボックスの横幅と高さ　width/height 226
最小サイズ　min-width/min-height 226
最大サイズ　max-width/max-height 226
サイズが示す対象　box-sizing 226
縦横比　aspect-ratio 231
ズーム　zoom 231
マージン　margin 232
マージンの切り取り　margin-trim 234
パディング　padding 235
ボーダー　border 236
角丸　border-radius 237

4-3　フローレイアウト 238
ブロックコンテナの中身に合わせた高さ 239
行の高さ　line-height 243
インラインボックスの垂直方向の配置　vertical-align . . . 244
インラインボックスの上下スペースの切り取り　text-box-trim . . 245
上下スペースを切り取るライン　text-box-edge 245
フロート　float 246
フロートの解除　clear 246
頭文字（ドロップキャップ）　initial-letter 247

4-4　フローの方向 249
横書き・縦書き（ブロックフローの方向）　writing-mode. . . 250
縦書きの中の文字の向き　text-orientation. 251
縦中横　text-combine-upright 251

4-5　ルビレイアウト 252
ルビの配置　ruby-position 252
ルビの位置揃え　ruby-align 252
ルビのオーバーハング　ruby-overhang 252

4-6　テーブルレイアウト 253
テーブルの列の横幅の処理　table-layout 254
ボーダーの間隔　border-spacing 254
ボーダーの処理　border-collapse 254
空セルの表示　empty-cells 255
キャプションの配置　caption-side 255

4-7　フレックスボックスレイアウト 256
フレックスアイテムの横幅のコントロール　flex 257
フレックスアイテムが並ぶ方向　flex-direction 259
フレックスアイテムの折り返し　flex-wrap 259
フレックスアイテムが並ぶ方向と折り返し　flex-flow 259

4-8　CSS グリッドレイアウト 260
グリッドの構成 — トラックサイズ
　　grid-template-columns/grid-template-rows . . . 262
グリッドの構成 — エリア名　grid-template-areas 267
グリッドの構成 — トラックサイズとエリア名　grid-template . . 268
グリッドアイテムの配置先
　　grid-column/grid-row/grid-area 268
暗黙的なグリッドのトラックサイズ
　　grid-auto-columns/grid-auto-rows 271
自動配置の処理　grid-auto-flow 272
暗黙的・明示的なグリッドの構成　grid 273

4-9　ポジションレイアウト 276
位置指定の処理　position 276
基準からの位置（距離）　top/right/bottom/left/inset. . . 276
相対位置指定 relative 278
粘着位置指定 sticky 278
絶対位置指定 absolute 279
固定位置指定 fixed 281
重なり順　z-index 282

4-10　トップレイヤー 284
オーバーレイ　overlay 285

4-11　アンカーポジション 286
アンカーの宣言　anchor-name 287
ターゲットアンカー　position-anchor 287
アンカーまわりのエリアを使った位置指定　position-area . . . 288
anchor() 関数を使った位置指定 289
anchor-size() 関数を使ったアンカーサイズの取得 291
条件に応じた表示・非表示の切り替え
　　position-visibility 291
フォールバックの配置オプション　position-try-fallbacks . . . 292
配置オプションの処理順　position-try-order 293
フォールバックの設定　position-try 293

4-12　マルチカラムレイアウト 294
段の設定　column-width/column-count/columns . . . 294
段の区切り線　column-rule 295

段をまたいだ表示　column-span 296
コンテンツの配分　column-fill 296

4-13 ボックスの分割 297
ボックスの分割　break-inside 297
ボックスの前後での分割　break-before/break-after ... 298
行の孤立の防止　orphans/widows 298
分割されたボックスの装飾の描画　box-decoration-break ... 299

4-14 ボックスの配置（位置揃え）....... 300
コンテンツボックス内の
　インライン方向（横方向）の配置　justify-content 302
　ブロック方向（縦方向）の配置　align-content 302
　両方向の配置　place-content 302
包含ブロックにおける
　インライン方向（横方向）の配置　justify-self 304
　ブロック方向（縦方向）の配置　align-self 304
　両方向の配置　place-self 304

justify-self のデフォルト設定　justify-items 306
align-self のデフォルト設定　align-items 306
place-self のデフォルト設定　place-items 306

4-15 ボックスの間隔／並び順／表示の有無 .. 307
ボックスの間隔（ガター）　column-gap/row-gap/gap ... 307
並び順　order 308
表示の有無　visibility 309

4-16 レンダリングの最適化 310
封じ込め（containment）　contain 310
コンテンツの表示の有無　content-visibility 314
size 封じ込め時の中身に合わせた横幅と高さ
　contain-intrinsic-width/contain-intrinsic-height/
　contain-intrinsic-size 316
予想される変更の通知　will-change 317

Chapter 5　タイポグラフィ　　　319

5-1　フォントの基本設定 320
フォントファミリー　font-family 320
フォントの太さ　font-weight 322
フォントの斜体のスタイル　font-style 323
フォントの幅　font-stretch.................... 323
フォントサイズ　font-size..................... 324
フォントの基本的な設定をまとめて指定　font 324
スタイルの合成の可否　font-synthesis 325
フォントの見た目の大きさを揃える　font-size-adjust ... 326

5-2　フォントの高度な制御 328
オプティカルサイズのデータを使った表示
　　　　　　font-optical-sizing................ 328
バリエーション軸の設定　font-variation-settings ... 329
OpenType 機能の設定　font-feature-settings 330
カーニング　font-kerning..................... 330
字形　font-variant.......................... 330
言語固有の字形　font-language-override 334
絵文字の表示スタイル　font-variant-emoji 334
カラーフォントのパレット　font-palette 335
フォントカラーパレットの定義　@font-palette-values ... 335

5-3　フォントの定義 337
フォントファミリーの作成　@font-face 337

5-4　テキストの基本処理 341
ホワイトスペースの変換・統合と自動改行の可否　white-space ... 342
ホワイトスペースの変換・統合の可否　white-space-collapse... 342
自動改行（折り返し）の可否　text-wrap-mode........ 342
自動改行（折り返し）のスタイル　text-wrap-style 344
自動改行（折り返し）の可否とスタイル　text-wrap ... 345
タブのサイズ　tab-size 345

5-5　自動改行（折り返し）の制御 346
自動改行を許可する箇所　word-break 346
オーバーフローする文字列の自動改行　overflow-wrap ... 347
禁則処理　line-break 348
ハイフネーションの可否　hyphens 348
ハイフネーションを示す文字　hyphenate-character.... 349
ハイフネーションの文字数制限　hyphenate-limit-chars ... 349

5-6　テキストの配置と間隔 350
行揃え　text-align 350
最終行の行揃え　text-align-last 351
両端揃えの調整方法　text-justify 352
インデント（字下げ）　text-indent 352
単語の間隔　word-spacing 353
文字の間隔　letter-spacing 353
句読点や括弧のスペース（アキ）調整　text-spacing-trim... 353
ぶら下がり　hanging-punctuation.............. 354

5-7 テキストの変換と省略表示 355
テキストの形状変換　text-transform 355
横方向のオーバーフローの省略表示　text-overflow 355
表示行数の制限による省略表示　line-clamp 356
モバイルデバイスでの自動拡大　text-size-adjust 357

5-8 テキストの装飾 358
下線・上線・取り消し線　text-decoration 358
線のスキップ　text-decoration-skip-ink 359
下線を引く位置　text-underline-position 359
下線を引く位置の調整　text-underline-offset 360
圏点　text-emphasis 360
圏点の位置　text-emphasis-position 361
テキストの影　text-shadow 361
文字の輪郭線　-webkit-text-stroke 362
輪郭と塗りの描画順　paint-order 362

Chapter 6　コンテンツと視覚効果　363

6-1 置換要素（画像など）の表示 364
外部リソースのフィット　object-fit 366
外部リソースの配置　object-position 367
画像の向き　image-orientation 368
画像の拡大縮小の処理　image-rendering 368

6-2 コンテンツの生成 369
ボックスの生成　::before/::after 369
コンテンツの生成と置換　content 370
引用符　quotes 372
カウンターの作成　counter-reset 373
カウンター値の加算と出力　counter-increment/counter() . . . 373
ネストしたカウンターのカウンター値の使用　counters() . . . 374
カウンター値の変更　counter-set 375

6-3 リストアイテム 376
テキストベースのマーカー　list-style-type 377
マーカー画像　list-style-image 377
マーカーボックスの位置　list-style-position 377
マーカー関連の設定をまとめて指定　list-style 378
マーカーボックス　::marker 378

6-4 カウンタースタイル 379
カウンタースタイルの作成　@counter-style 380

6-5 色 382
文字の色（前景色）　color 382
不透明度　opacity 382
出力デバイスに合わせた色調整　print-color-adjust . . . 382
カラースキーム（ライトモード／ダークモード）　color-scheme . . . 383
color-scheme に従う色指定　light-dark() 385
強制カラーモードの適用　forced-color-adjust 385

6-6 背景画像と背景色 386
背景画像　background-image 386
背景の描画範囲　background-clip 386
背景画像の配置の基準　background-origin 387
背景画像のサイズ　background-size 387
背景画像の配置　background-position 388
背景画像の繰り返し　background-repeat 389
背景画像の固定対象　background-attachment 389
背景色　background-color 390
背景の設定をまとめて指定　background 391

6-7 ボーダー画像 392
ボーダー画像　border-image-source 392
ボーダー画像の分割　border-image-slice 392
ボーダー画像の繰り返し　border-image-repeat 393
ボーダー画像の太さ　border-image-width 393
ボーダー画像の描画エリアの拡張　border-image-outset . . . 394
ボーダー画像の設定をまとめて指定　border-image 394

6-8 マスクとシェイプ 395
クリッピングパス　clip-path 395
マスク　mask 397
シェイプ　shape-outside 398

6-9 合成とエフェクト 399
ブレンド　mix-blend-mode 399
スタッキングコンテキスト（重ね合わせコンテキスト）の形成
　　　isolation 400
背景画像のブレンド　background-blend-mode 400
フィルター　filter 401
バックドロップフィルター　backdrop-filter 402
ボックスの影　box-shadow 402

Chapter 7　インタラクションとアニメーション　403

7-1　UI（ユーザーインターフェース）......404
アウトライン　outline.................404
カーソルの形状　cursor................404
ポインターイベントの対象　pointer-events.........405
タッチ画面の操作　touch-action 406
UI 要素の外観　appearance 406
キャレットの色　caret-color 407
UI 要素のアクセントカラー　accent-color 408
入力・選択内容に合わせた大きさ　field-sizing.......408
ユーザーによるリサイズの可否　resize 409
ユーザーによる選択の可否　user-select 409

7-2　オーバーフローとスクロール 410
オーバーフローの表示　overflow 410
オーバーフローをクリップする範囲の調整
　　　　overflow-clip-margin..............413
スクロールコンテナの最適な表示領域　scroll-padding...413
最適な表示領域にスナップする要素のスナップエリア
　　　　scroll-margin 414
スクロールスナップの動作設定　scroll-snap-type.....415
スナップ位置　scroll-snap-align 415
スナップ位置の通過防止　scroll-snap-stop........415
スムーススクロール　scroll-behavior 416
スクロールアンカリング　overflow-anchor.........417
オーバースクロール時の動作　overscroll-behavior...418
スクロールバーのスタイル
　　　　scrollbar-color/scrollbar-width....420
スクロールバーガター　scrollbar-gutter 421

7-3　アニメーション 422
トランジション　transition 422
トランジションの開始スタイル　@starting-style 426
サイズキーワードのアニメーションの可否　interpolate-size...428
アニメーション　animation 430
キーフレーム　@keyframes 430
アニメーションの合成処理　animation-composition...433
イージング関数　linear()/cubic-bezier()/steps()...434

7-4　スクロール駆動アニメーション 436
使用するタイムライン　animation-timeline 439
名前付きのスクロール進行タイムライン　scroll-timeline...440

無名のスクロール進行タイムライン　scroll().........440
名前付きのビュー進行タイムライン　view-timeline 441
無名のビュー進行タイムライン　view()..............442
アニメーションを適用するタイムラインの範囲
　　　　animation-range..................443
名前付きタイムラインのスコープ　timeline-scope 447

7-5　ビュー遷移（View Transition）......449
同一ドキュメント内のビュー遷移　startViewTransition...450
ドキュメント間でのビュー遷移　@view-transition 452
View Transition API を使ったビュー遷移のライフサイクル ...454
ビュー遷移名　view-transition-name 456
ビュー遷移擬似要素
　::view-transition/::view-transition-group()/
　::view-transition-image-pair()/::view-
　transition-old()/::view-transition-new() ...456
ビュー遷移レイヤーの描画と
ビュー遷移擬似要素のレイアウト＋アニメーション 459
遷移名の自動指定 465
遷移タイプとアクティブビュー遷移擬似クラス
　:active-view-transition/
　:active-view-transition-type().........469
遷移クラス　view-transition-class..........474

7-6　トランスフォーム 476
トランスフォーム　transform 476
ローカル座標系の原点の位置　transform-origin 480
トランスフォームの参照ボックス　transform-box 482
裏面の表示　backface-visibility 482
子要素の透視投影　perspective.............483
投影中心の位置　perspective-origin.........483
トランスフォームによる子要素の扱い　transform-style ...484

7-7　オフセットトランスフォーム
　　　（モーションパス）...............485
オフセットパス　offset-path 485
オフセットパスの始点　offset-position 486
オフセットパス上の要素の位置　offset-distance 487
オフセットパス上の要素のアンカーポイント　offset-anchor...487
オフセットパス上の要素の回転　offset-rotate 488
オフセットトランスフォームの設定をまとめて指定　offset ...488

索引 489

Chapter

1

HTMLと
アクセシビリティと
CSS

Modern HTML and CSS Standard Guide

Chapter 1　HTMLとアクセシビリティとCSS

1-1　HTMLの歴史

Webは、リンクによってインターネット上のさまざまな情報をつなげ、誰もが簡単に閲覧できるようにするために生まれました。文書中の語句にリンクを設定し、そのリンクをたどることで別の情報に移動できるようにしたものは「ハイパーテキスト」と呼ばれ、現在でもWebのベースとなっています。

リンクによって情報をつなげる仕組み

ハイパーテキストを実現するために用意されたのがHTMLです。HyperText Markup Language（ハイパーテキストマークアップ言語）の略で、語句をマークアップすることで簡単にリンクを設定できるように設計されています。

> The WorldWideWeb (WWW) project aims to allow links to be made to any information anywhere.
>
> WorldWideWeb（WWW）プロジェクトは、どんな情報へ、どこからでもリンクできるようにすることを目的としています

──1991年、Tim Berners-LeeによってWebが一般にアナウンスされたときのメッセージより
https://www.w3.org/People/Berners-Lee/1991/08/art-6484.txt

さらに、HTMLはマークアップによって「見出し」や「段落」といった基本的な文書構造を示す機能を持っており、それに合わせて閲覧環境のブラウザが文書の見た目（スタイル）を整えて表示できるようになっていました。

当時のコンピュータ環境は今よりずっと非力でしたので、HTMLに文書のスタイルをコントロールする機能は持たせずに、文書構造をどう表示するか（フォントサイズ、色、配置など）は閲覧環境にまかせる仕組みになっていたのです。これにより、「誰もが閲覧できる」を実現しました。

HTMLの標準規格は、インターネット技術の標準化を推進するIETF（Internet Engineering Task Force）からHTML 2.0としてリリースされます。

`<h1>World Wide Web</h1>`

マークアップしたテキストが見出しであることを示すHTMLと最初期のWebブラウザでの表示
上：初のブラウザ（https://worldwideweb.cern.ch/）
下：初のラインモードブラウザ（https://line-mode.cern.ch/）

ただ、Webの普及に伴い、ブラウザが独自にHTMLを拡張し、スタイルのコントロールを可能にしていく流れが加速します。その結果、特定のブラウザを使わないと閲覧できないページが増え、「誰もが閲覧できる」が崩壊しはじめました。

崩壊を防ぎ、「誰もが閲覧できる」を維持するために誕生したのがCSS（スタイルシート）です。Web技術の標準化団体であるW3C（World Wide Web Consortium）がリリースしたHTML4において、文書構造はHTMLで記述し、スタイルはCSSに分離することが求められるようになります。

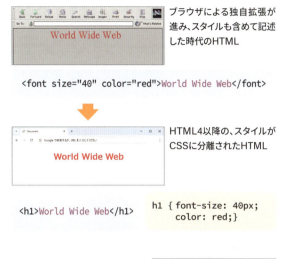

その後、W3Cはより厳格な文書のマークアップ言語としてXHTMLに注力しますが、既存のHTMLとは互換性がありませんでした。

一方、Webには「ドキュメントの共有」という枠を超え、「インタラクティブなアプリケーションプラットフォーム」としての役割が求められるようになります。それを受けてMozillaなどによって提案されたのがHTML5でした。HTMLとの後方互換性を維持しながら、WebアプリケーションのニーズにあわせてWebアプリケーションのニーズに合わせて発展させることを目指すというものです。しかし、W3Cはこれをリジェクトしました。そのため、Mozilla、Opera、AppleによってWHATWGが設立され、HTML5の開発が開始されます。

その後、HTML5の名称は「HTML Living Standard」と改められます。開発スタイルもLiving Standardという形をとり、随時更新され、常に最新の状態を維持する仕様となりました。

W3Cは方針を変更し、Living Standardのあるタイミングのスナップショットを承認し、W3CのHTML5としてリリースします。しかし、最終的にW3Cはその後のリリースをあきらめ、現在のHTMLの仕様はLiving Standardに1本化されています。

HTML Living Standard
https://html.spec.whatwg.org/multipage/

Chapter 1　HTMLとアクセシビリティとCSS

現在のHTMLの役割
──セマンティックマークアップ

現在のHTML（Living Standard）は、コンテンツの意味と構造を明確にするものと位置づけられています。そのため、コンテンツをマークアップすることは「セマンティックマークアップ」と呼ばれます。
たとえば、<h1>でマークアップしたコンテンツは「見出しである」と示したことになります。

セマンティックマークアップの重要性は、各種ツールがコンテンツを理解できるようにするためなのはもちろん、開発者がページの構造と意図を容易に理解するのを助けるという側面もあります。これにより、

・アクセシビリティ
・SEO（検索エンジン最適化）
・一貫性と再利用性
・メンテナンス性

が担保・強化されるというわけです。

文脈でコンテンツを理解できるAIにとっても、セマンティックマークアップはAI技術を補強するもので、Web開発のベストプラクティスとして引き続き重要視されています。
さらに、法的な面からもWebアクセシビリティ対応の必要性が増しています。HTMLが誕生したときから変わらない「誰もが閲覧できる」を実現する上でも、これまで以上にHTMLによるセマンティックマークアップが重要になっているのです。

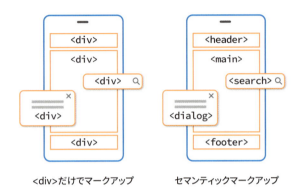

<div>だけでマークアップ　　セマンティックマークアップ

> This specification is limited to providing a semantic-level markup language and associated semantic-level scripting APIs for authoring accessible pages on the web ranging from static documents to dynamic applications.
>
> この仕様書では、静的な文書から動的なアプリケーションまで、ウェブ上でアクセス可能なページをオーサリングするためのセマンティックレベルのマークアップ言語と、関連するセマンティックレベルのスクリプトAPIを定義しています。
>
> ──HTML Living Standardより
> https://html.spec.whatwg.org/multipage/introduction.html#scope

Chapter 1　HTMLとアクセシビリティとCSS

1-3　HTMLとWebアクセシビリティ対応

現在、Webは広く普及し、さまざまな情報やサービスが提供されています。そのため、障害のある人も含めて、誰もがWebで提供されている情報やサービスを利用できるようにすることが求められています。これが「Webアクセシビリティ対応」です。

たとえば、一般的に以下の要件を満たしていれば、Webアクセシビリティ対応ができている（Webアクセシビリティが確保できている）とされます。

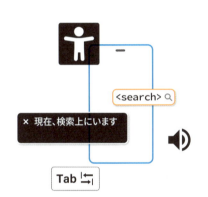

> - 目が見えなくても情報が伝わる・操作できる
> - キーボードだけで操作できる
> - 一部の色が区別できなくても得られる情報が欠けない
> - 音声コンテンツや動画コンテンツで、音声が聞こえなくても話している内容が分かる

——政府広報オンライン「ウェブアクセシビリティとは？分かりやすくゼロから解説！」より
https://www.gov-online.go.jp/useful/article/202310/2.html

法的な面から見たWebアクセシビリティ対応の必要性

障害者差別解消法（障害を理由とする差別の解消の推進に関する法律）の改正により、障害のある人への「合理的配慮」が国や地方公共団体だけでなく、民間事業者にも義務付けられるようになりました。
Webアクセシビリティ対応は合理的配慮を的確に行うための「環境の整備」に当たり、こちらは努力義務となっています。ただし、「合理的配慮」が義務化されたことにより、Webアクセシビリティ対応ができていない場合、代替手段を提供する法的義務が発生します。たとえば、利用者の求めに応じてWebの代わりに電話やメールで対応するといった義務が生じることになります。

そのため、合理的配慮を円滑に実施していく上で、Webアクセシビリティ対応を行うことや、将来的な対応を考慮して実装・コーディングを行っておくことが、現在のWeb制作では重要になっています。

Webアクセシビリティ対応の達成基準

Webアクセシビリティ対応の指針となるのは、W3Cが勧告しているWCAG（Web Content Accessibility Guidelines / Webコンテンツ・アクセシビリティガイドライン）の達成基準を満たすことです。

現在、WCAG 2.0と同一内容の一致規格として国際規格のISO/IEC40500:2012と、国内規格のJISX8341-3:2016が出ています（これらは2003年末に勧告されたWCAG 2.2の内容で更新される予定です）。そのため、国内ではJISX8341-3:2016（もしくはその更新版）への準拠を目指すことになります。

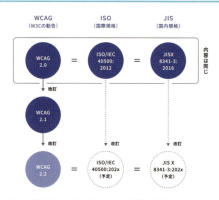

Webアクセシビリティのガイドラインと規格の関係
——デジタル庁「ウェブアクセシビリティ 導入ガイドブック」より
https://www.digital.go.jp/resources/introduction-to-web-accessibility-guidebook

WCAG（JISX8341-3）の達成基準はA、AA、AAAの3つの適合レベルに分かれており、目標とするレベルを決めます。ただし、WCAGではAAAを目標とすることは推奨されていません。多くの国がAAに適合させることを推奨しており、総務省が発行している「みんなの公共サイト運用ガイドライン」でもAAに適合させることが推奨されています。

> コンテンツの中には、レベルAAA達成基準のすべてを満たすことのできないものもあるため、サイト全体の一般的な方針としてレベルAAAでの適合を要件とすることは推奨されない。
>
> ——WCAG 2.1 解説書
> （Understanding WCAG 2.1 日本語訳）より
> https://waic.jp/translations/WCAG21/Understanding/conformance.html

WCAG 2.0〜2.2のAとAAの達成基準は次ページのとおりです。達成基準のナンバリング（1.1.1など）はWCAGのバージョンと関係なく固定されており、ISOやJISの規格でも共通のものとなっています。2.1および2.2で追加された項目にはバージョンを記載しています。

> 5.3.5. 適合レベルと対応度の設定
> (1) 基本となる考え方
> JIS X 8341-3:2016の適合レベルAAに準拠することが求められます。
>
> ——「みんなの公共サイト運用ガイドライン（PDF）」より
> https://www.soumu.go.jp/main_sosiki/joho_tsusin/b_free/guideline.html

```
WCAG 2.2
https://www.w3.org/TR/WCAG22/
```

```
WCAG 2.2（日本語訳）
https://waic.jp/translations/WCAG22/
```

1-3 HTMLとWebアクセシビリティ対応

WCAG 2.0〜2.2の達成基準		レベル
1	**知覚可能**	
1.1	代替テキスト	
1.1.1	非テキストコンテンツ	A
1.2	時間依存メディア	
1.2.1	音声だけ及び映像だけ(収録済み)	A
1.2.2	キャプション(収録済み)	A
1.2.3	音声解説又はメディアに対する代替コンテンツ(収録済み)	A
1.2.4	キャプション(ライブ)	AA
1.2.5	音声解説(収録済み)	AA
1.3	適応可能	
1.3.1	情報及び関係性	A
1.3.2	意味のある順序	A
1.3.3	感覚的な特徴	A
1.3.4	表示の向き　WCAG2.1	AA
1.3.5	入力目的の特定　WCAG2.1	AA
1.4	判別可能	
1.4.1	色の使用	A
1.4.2	音声の制御	A
1.4.3	コントラスト(最低限レベル)	AA
1.4.4	テキストのサイズ変更	AA
1.4.5	文字画像	AA
1.4.10	リフロー　WCAG2.1	AA
1.4.11	非テキストのコントラスト　WCAG2.1	AA
1.4.12	テキストの間隔　WCAG2.1	AA
1.4.13	ホバー又はフォーカスで表示されるコンテンツ　WCAG2.1	AA
2	**操作可能**	
2.1	キーボード操作可能	
2.1.1	キーボード	A
2.1.2	キーボードトラップなし	A
2.1.4	文字キーのショートカット　WCAG2.1	AA
2.2	十分な時間	
2.2.1	タイミング調整可能	A
2.2.2	一時停止,停止及び非表示	A
2.3	発生の防止	
2.3.1	3回のせん(閃)光,又はしきい(閾)値以下	A
2.4	ナビゲーション可能	
2.4.1	ブロックスキップ	A
2.4.2	ページタイトル	A
2.4.3	フォーカス順序	A
2.4.4	リンクの目的(コンテキスト内)	A
2.4.5	複数の手段	AA
2.4.6	見出し及びラベル	AA
2.4.7	フォーカスの可視化	AA
2.4.11	隠されないフォーカス(最低限) WCAG2.2	AA
2.5	入力モダリティ	
2.5.1	ポインタのジェスチャ　WCAG2.1	A
2.5.2	ポインタのキャンセル　WCAG2.1	A
2.5.3	ラベルを含む名前(name)　WCAG2.1	A
2.5.4	動きによる起動　WCAG2.1	A
2.5.7	ドラッグ動作　WCAG2.2	AA
2.5.8	ターゲットのサイズ(最低限)　WCAG2.2	AA
3	**理解可能**	
3.1	読みやすさ	
3.1.1	ページの言語	A
3.1.2	一部分の言語	AA
3.2	予測可能	
3.2.1	フォーカス時	A
3.2.2	入力時	A
3.2.3	一貫したナビゲーション	AA
3.2.4	一貫した識別性	AA
3.2.6	一貫したヘルプ　WCAG2.2	AA
3.3	入力支援	
3.3.1	エラーの特定	A
3.3.2	ラベル又は説明	A
3.3.3	エラー修正の提案	AA
3.3.4	誤り防止(法的、金融、データ)	AA
3.3.7	冗長な入力項目　WCAG2.2	A
3.2.6	アクセシブルな認証(最低限)　WCAG2.2	AA
4	**堅牢**	
4.1	互換性	
4.1.1	構文解析　※WCAG2.2で削除	A
4.1.2	名前(name),役割(role)及び値(value)	A
4.1.3	ステータスメッセージ　WCAG2.1	A

達成基準を満たす（適合する）ために必要なこと

達成基準を満たすための方法は、WCAGの解説書と達成方法集にまとめられています。ARIA、HTML、CSS、スクリプトなどを使ったさまざまな達成方法が示されていますので、サイトの方針やコンテンツなどに合わせて適切な方法を使って対応します（独自の方法を使って達成基準を満たすことも認められます）。

WCAG 2.1 解説書（日本語訳）
https://waic.jp/translations/WCAG21/Understanding/

WCAG 2.1 達成方法集（日本語訳）
https://waic.jp/translations/WCAG21/Techniques/

達成基準1.3.1「情報及び関係性」の達成方法。WCAG 2.1 解説書（日本語訳）に掲載され、ARIAやHTMLなどを使った達成方法が挙げられています

■ HTMLでセマンティックマークアップすることが大事

一見、WCAGでは多種多様で複雑な対応が必要とされているように感じます。しかし、アプリケーションの複雑なUI関連を除くと、適合レベルAおよびAAの主要な達成基準は次の点に気を配ることで達成できます。

主要な達成基準を満たすためのポイント

- HTMLの仕様に従ってセマンティックマークアップを行う
- 画像/音声/動画などのメディアに代替コンテンツ（テキスト情報）を提供する
- CSSでビジュアル面（色のコントラスト比など）を適切に設定する

特に重要なのがHTMLによるセマンティックマークアップです。アクセシビリティ対応といえばARIAが必須なのでは？と思うところですが、HTMLのセマンティクスにはARIAの情報もデフォルトで付随してきます。HTMLで適切にセマンティックマークアップを行うと、ARIAの情報も適切に示したことになり、多くの達成基準を満たすことができるのです。
そのため、セマンティックマークアップによって

・ARIAの情報をどう示したことになるのか
・WCAGの達成基準がどのように満たされるのか

をきちんと把握しておくことが重要です。本書ではHTMLの要素ごとに、要素が示すARIAの情報（P.021の暗黙のARIAロール）を掲載しています。さらに、関連するWCAGの達成基準についても見ていきます。

1-4 HTMLとARIA

ARIA（Accessible Rich Internet Applications）は、HTMLでマークアップしたコンテンツに「ARIA セマンティクス（アクセシビリティ・セマンティクス）」と呼ばれる情報を付加します。付加した情報はスクリーンリーダーなどの支援ツールが読み取り、障害のある人にとって Web をよりアクセスしやすくするために使用されます。

ARIA に関する仕様も、WCAG と同じように W3C がリリースしています。

Accessible Rich Internet Applications (WAI-ARIA 1.2)
https://www.w3.org/TR/wai-aria/

HTMLの要素にデフォルトで設定される暗黙のARIAセマンティクス

ARIA セマンティクスは、ARIA の role 属性でロール（意味・役割）を、aria-* 属性でステート（状態）やプロパティ（各種情報）を示すことで付加します。ただし、HTML では要素ごとにセマンティクスに合わせて「暗黙の ARIA セマンティクス（暗黙の ARIA ロールと aria-* 属性）」が設定されています。そのため、個別に ARIA セマンティクスを示す必要はありません。

たとえば、見出しを示す <h1> は暗黙の ARIA ロールが「heading（見出し）」となり、aria-level 属性で見出しレベルを「1」と示したものとして扱われます。支援ツールは heading ロールの情報を抽出し、見出し間のナビゲートや階層構造の把握などに使用します。
このように、HTML で適切にセマンティックマークアップを行うと ARIA の情報も適切に示したことになります。要素ごとの暗黙の ARIA セマンティクスがどのように設定されているかは P.038 以降で見ていきます。

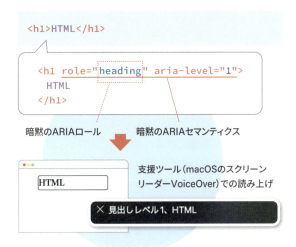

HTML Accessibility API Mappings 1.0
https://www.w3.org/TR/html-aam-1.0/

ARIA in HTML
https://www.w3.org/TR/html-aria/

要素ごとの暗黙のARIAセマンティクスの割り当てはW3Cの「HTML Accessibility API Mappings 1.0」で規定されています。また、「ARIA in HTML」ではWeb開発者向けに暗黙のARIAセマンティクスの情報がまとめられています

悪いARIAがあるぐらいならARIAなしの方がよい

roleやaria-*属性を使用すると、HTMLのセマンティクス（暗黙のARIAセマンティクス）を上書きできます。誤った使い方をするとアクセシビリティを損なってしまいますので注意が必要です。「悪いARIAがあるぐらいならARIAなしの方がよい」と言われる所以です。

> No ARIA is better than Bad ARIA
>
> 悪いARIAがあるぐらいならARIAなしの方がよい
>
> ——ARIA Authoring Practice Guide - Read Me First
> （ARIAオーサリング実践ガイドの導入部分）より
> https://www.w3.org/WAI/ARIA/apg/practices/read-me-first/

■ 暗黙のARIAセマンティクスは変えずに使用する

明確に必要なときを除き、HTMLのセマンティクス（暗黙のARIAセマンティクス）は変えずに使用することが推奨されます。たとえば、aria-level属性を右のように指定すると、支援ツールには`<h1>`の見出しレベルを3と認識させることができます。しかし、そのような使い方は推奨されません。

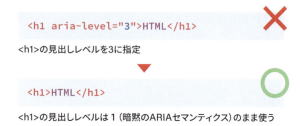

`<h1>`の見出しレベルを3に指定

↓

`<h1>`の見出しレベルは1（暗黙のARIAセマンティクス）のまま使う

■ ネイティブなHTMLで該当するものを使う

すべてを`<div>`とARIAの組み合わせで対応するような使い方も推奨されません。たとえば、`<div>`のセマンティクスをレベル1の見出しにすることもできますが、ネイティブなHTMLのセマンティクス（暗黙のARIAセマンティクス）で実現できる場合はそちら（ここでは`<h1>`）を使用することが推奨されています。実際、roleやaria-*属性を使用しなくても、アクセシビリティ対応の多くはHTMLのセマンティクス（暗黙のARIAセマンティクス）で事足ります。過剰にARIAを使うことがないように注意したいところです。

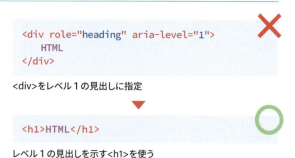

`<div>`をレベル1の見出しに指定

↓

レベル1の見出しを示す`<h1>`を使う

必要性がある場合はARIAセマンティクスを明示する

HTMLのセマンティクス（暗黙のARIAセマンティクス）では事足りず、必要性がある場合にはARIAセマンティクスを明示します。たとえば、次のようなケースがあります。

アクセシブル名を指定・変更する場合

アクセシブル名（accessible name）は要素を識別するテキスト情報です。支援ツールでは要素にフォーカスした際に読み上げられるなど、要素の機能や目的を伝えるために使用されます。デフォルトでは右のようなテキスト情報がアクセシブル名として認識されます。

アクセシブル名を指定・変更するためには、ARIAのaria-labelやaria-labelledby属性を使用します。
たとえば、視覚的なデザイン目的でリンクのアクセシブル名が「More...」になっているような場合、右のようにaria-labelでアクセシブル名を上書きすることでリンク先の情報をよりわかりやすく伝えることができます。

要素内にアクセシブル名に適した情報がある場合、aria-labelledbyでその情報のIDを指定します。右の例では見出し<h2>のIDを指定し、「最新記事一覧」をアクセシブル名にしています。特に、セクションを示す<section>はアクセシブル名を指定することでARIAのランドマークに分類され、P.042のように支援ツールでアクセスしやすくなります。

デフォルトでアクセシブル名として認識されるもの
- リンク <a> やボタン <button> でマークアップしたテキスト
- 画像 <img> の alt 属性で指定した代替テキスト
- フォームコントロールに <label> で付加したラベル など

要素のアクセシブル名はアクセシブル名計算に基づいて決まります
https://www.w3.org/WAI/ARIA/apg/practices/names-and-descriptions/#name_calculation

```
<a href="～"
 aria-label="HTMLの詳しい解説を読む"> More...</a>
```

リンクのアクセシブル名を「More...」から「HTMLの詳しい解説を読む」に変更したもの。リンク先の情報をわかりやすく伝えることは、WCAGの達成基準「2.4.4 リンクの目的(コンテキスト内)」を満たすことにつながります

```
<section aria-labelledby="latest">
  <h2 id="latest">最新記事一覧 </h2>
  …
</section>
```

セクションのアクセシブル名を「最新記事一覧」と指定したもの。これにより、セクションがページの構造を示すランドマークの1つとなります。ページの構造や情報が適切に伝わるようにすることは、WCAGの達成基準「1.3.1 情報及び関係性」を満たすことにつながります

UIコンポーネントにセマンティクスを付加する場合

ネイティブなHTMLにないUIコンポーネントを構築する場合、ARIAセマンティクスを明示します。
たとえば、オン／オフのスイッチを<button>で構築した場合、role属性でARIAロールを「switch（スイッチ）」と指定し、aria-checked属性でオン／オフの状態を示します。スイッチとしての機能はJavaScriptで設定することが求められ、視覚的な表示はCSSで整えます。

```
<button role="switch"
 aria-checked="true">…</button>
```

<button>で構築したUIがスイッチであることをARIAセマンティクスで明示したもの。UIのロールや状態を明示することは、WCAGの達成基準「4.1.2 名前(name)、役割(role)及び値(value)」を満たすことにつながります

ARIA Authoring Practice Guide — Patterns
https://www.w3.org/WAI/ARIA/apg/patterns/

主要UIの設定はARIAオーサリング実践ガイドにまとめられています

Chapter 1　HTMLとアクセシビリティとCSS

1-5　HTMLとCSS

CSS（Cascading Style Sheets）はHTMLの要素ごとにスタイルを設定し、視覚的なレイアウトやデザインを制御します。ARIAがHTMLの非視覚的なレンダリングを制御するものと言えるのに対し、CSSはHTMLの視覚的なレンダリングを制御するものと言えます。

CSSに関する仕様も、WCAGやARIAと同じようにW3Cがリリースしています。

> CSS current work & how to participate
> https://www.w3.org/Style/CSS/current-work.en.html

要素にデフォルトで適用されるCSSの設定（UAスタイルシート）

CSSの設定がないと、HTMLでマークアップしたコンテンツは右のように一連のテキストとして表示されてしまいます。

このような表示になるのを防ぎ、HTMLのセマンティクスに合わせて基本的な見た目を整えるため、各要素にはブラウザがデフォルトでCSSの設定を適用します。このCSSが「UAスタイルシート（ユーザーエージェントスタイルシート /User-agent stylesheets）」です。

たとえば、見出しを示す<h1>は大きい太字で表示され、見出し<h1>と段落<p>の間にはマージンで適度なスペースが確保されます。

```
<h1>HTML と CSS について </h1>
<p>HTML と CSS は Web を構成する基本技術です </p>
```

HTMLとCSSについて HTMLとCSSはWebを構成する基本技術です

CSSの設定が一切ない場合の表示

▼

HTMLとCSSについて

HTMLとCSSはWebを構成する基本技術です

ブラウザのUAスタイルシートが適用されたときの表示

```
h1 {
    display: block;
    font-size: 2em;
    font-weight: bold;
    margin: 0.67em 0;
}

p {
    display: block;
    margin: 1em 0;
}
```
UAスタイルシート

主要ブラウザのUAスタイルシート

- Chromium (Chrome / Edge)
  https://chromium.googlesource.com/chromium/blink/+/master/Source/core/css/html.css

- Firefox
  https://dxr.mozilla.org/mozilla-central/source/layout/style/res/html.css

- WebKit (Safari)
  https://trac.webkit.org/browser/trunk/Source/WebCore/css/html.css

Webの制作者・開発者が適用するCSS（作成者スタイルシート）

UAスタイルシートの設定は直接編集できませんが、Webの制作者・開発者が用意するCSSで上書きできます。このCSSが作成者スタイルシート（Author stylesheets）です。
たとえば、作成者スタイルシートで見出し <h1> のフォントサイズを変更し、背景を黄緑色にすると右のようになります。

作成者スタイルシートでUAスタイルシートの設定を上書きできる仕組みが「カスケード」です。複数のCSSの設定が同一のHTML要素に適用された場合に、どの設定が優先されるかを決定する仕組みです。CSS（カスケーディングスタイルシート）の名前の由来でもあります。カスケードについてはP.174で詳しく見ていきます。
なお、UAスタイルシートが各要素にどのようなスタイルを適用しているのかを把握しておかないと、上書きできず、予期せぬ見た目になることがあります。そのため、本書では要素ごとに関連するUAスタイルシートの設定も確認していきます。

HTMLとCSSについて

HTMLとCSSはWebを構成する基本技術です

作成者スタイルシートで見出しのデザインを調整したもの

```
<h1>HTML と CSS について </h1>
<p>HTML と CSS は Web を構成する基本技術です </p>
```

作成者スタイルシート
```
h1 {
    font-size: 1.5em;
    background-color: greenyellow;
}
```

UAスタイルシート
```
h1 {
    display: block;
    font-size: 2em;
    font-weight: bold;
    margin: 0.67em 0;
}
p {
    display: block;
    margin: 1em 0;
}
```

作成者スタイルシートでフォントサイズの設定を上書き

CSSとアクセシビリティ

WCAGの達成基準には、右のようにWebの視覚的表示に関するものもあります。CSSでデザインやレイアウトを設定する際には、こうした基準も考慮しておくことが求められます。
本書ではCSSの機能ごとに、関連する達成基準についても確認していきます。

視覚的表示に関するWCAGの達成基準

- 1.3.3　感覚的な特徴
- 1.4.1　色の使用
- 1.4.3　コントラスト(最低限レベル)
- 1.4.4　テキストのサイズ変更
- 1.4.5　文字画像
- 1.4.10　リフロー
- 1.4.11　非テキストのコントラスト
- 1.4.12　テキストの間隔
- 2.4.7　フォーカスの可視化
- 2.4.11　隠されないフォーカス(最低限)
- 2.5.8　ターゲットのサイズ(最低限)

Chapter 1　HTMLとアクセシビリティとCSS

ブラウザによる表示の流れ
―レンダリングとパフォーマンス

ブラウザはHTML、CSS、JavaScriptを取得して解析し、次のように一連のレンダリングの処理を行ってコンテンツを表示します。これらの処理はコンテンツが表示されるまでの時間に大きく影響することから「クリティカルレンダリングパス」とも呼ばれます。Webの表示速度を向上させ、パフォーマンスを高くするためには各処理を最適化することが求められます。

また、ブラウザはアクセシビリティツリーも構築し、スクリーンリーダーなどの支援ツールが必要とする情報も提供します。
ブラウザの開発ツールでDOMツリーやアクセシビリティツリーなどを確認する方法についてはP.318を参照してください。

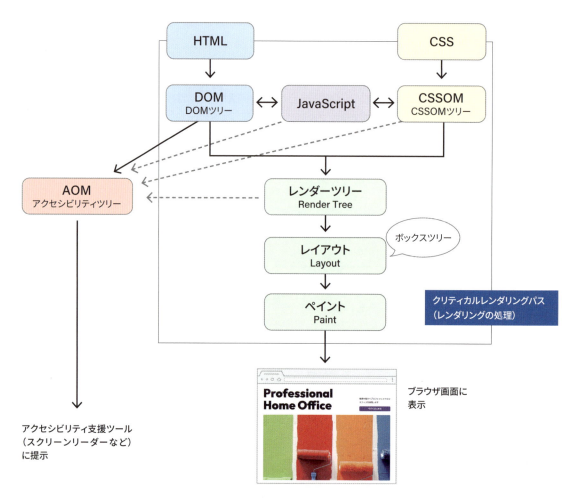

DOM（Document Object Model）

ブラウザは HTML を解析し、HTML の構成要素をオブジェクトとして扱う DOM（ドキュメントオブジェクトモデル）を構築します。JavaScript はこれを通じて HTML の構造や内容を動的に操作できるようになります。

DOM はツリー構造の「DOM ツリー」として表現されます。個々のオブジェクトを要素ノードやテキストノードと呼び、ドキュメントノードを頂点としたツリーになります。

```html
<html>
  <head>
    <title>Professional Home Office</title>
  </head>
  <body>
    <div class="hero">
      <h1>Professional Home Office</h1>
      <div class="cta">
        <p>環境を整えて…オフィスを実現します</p>
        <button>今すぐはじめる</button>
      </div>
      <img src="hero.jpg" alt="" …>
    </div>
  </body>
</html>
```

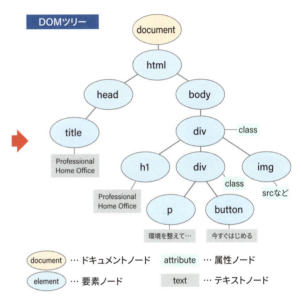

CSSOM（CSS Object Model）

HTML と並行してブラウザはすべての CSS を解析し、CSSOM（CSS オブジェクト・モデル）を構築します。このとき、適用された CSS のセレクタに基づいてツリーが生成され、カスケードの処理（P.174）で得られたスタイルの設定が保持されます。

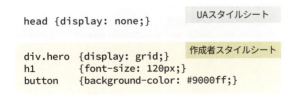

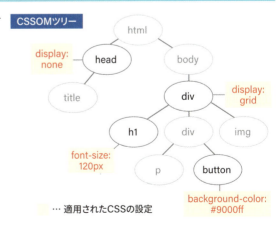

レンダーツリー

DOMツリーとCSSOMツリーができあがったら、ブラウザはこれらを合成してレンダーツリーを構築します。画面に表示する可視ノードのみを扱うツリーで、<head>のようにdisplay: noneで非表示に設定されたノードとその子孫ノードは含まれません。
CSSに関してはツリー構造に合わせてP.176の処理が行われ、要素ノードごとにすべてのプロパティの計算値が算出されます。

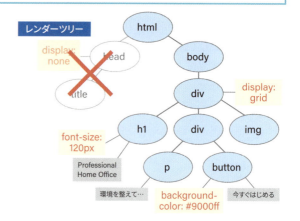

レイアウトとボックスツリー

レンダーツリーができあがったら、要素ノードとテキストノードの位置とサイズを決定する「レイアウト」の処理が行われます。
各ノードはボックスに変換され、入れ子になったボックスツリーを構成します。その上で、ボックスツリーの最上位（この場合はhtml）から順に処理されていきます。個々のボックスがどのように振る舞い、位置とサイズが決まっていくかは、P.221のdisplayプロパティで指定したレイアウトモデルによって変わります。

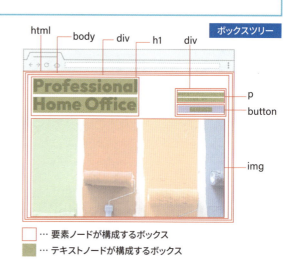

ペイント（描画）

レンダリングの最後にはペイントの処理が行われ、個々のノードが画面に描画されます。ブラウザがGPU上のレイヤーに分けて描画したものがある場合、合成して表示されます。たとえば、<video>や<canvas>、3Dトランスフォーム、透明度を変えるアニメーションなどはレイヤーを分けて処理されます。

AOMとアクセシビリティツリー

アクセシビリティツリーはDOMを元に構築されます。ここに含まれるのはARIAのrole（ロール/役割）やname（アクセシブル名）などの支援ツールが必要とする情報です。aria-*属性で明示していなくても、要素ごとにデフォルトで設定された暗黙のARIAセマンティクス（P.021）の情報が使用されます。

alt属性を空にした装飾画像<img>や、display: noneで非表示にした要素などは反映されません。AOM（アクセシビリティ・オブジェクトモデル）はアクセシビリティツリーの構成要素をオブジェクトとして扱い、プログラムから操作できるようにしたものです。

JavaScript

JavaScriptはブラウザ上で動作するプログラミング言語です。ユーザーのインタラクションに応じてDOM、CSSOM、AOMを変更するなど、さまざまな操作を行うことができます。ただし、同期的なJavaScriptはDOMを構築するHTMLの解析を停止させ、レンダリング処理を遅らせる一因となります。また、DOMの変更はレイアウトの再計算（リフロー）や再描画の処理を発生させ、パフォーマンスに影響を与えます。

パフォーマンスの最適化につながるHTML/CSSの機能

HTMLとCSSにはパフォーマンスの最適化につながる、右のような機能が用意されています。ただし、使い方によっては逆にパフォーマンスを低下させることもあるため注意が必要です。これら以外にも、画像のレイアウトシフトを防止する（P.073）、レスポンシブイメージを利用する（P.074）といった対応も大切です。

パフォーマンスの最適化につながる主な機能	参照
`<script>`の async、defer、type="module"属性	P.104
`<link>`のrel="preload"属性	P.125
`<img>`のloading="lazy"属性	P.074
will-changeプロパティ	P.317
containプロパティ	P.310

Chapter 1 HTMLとアクセシビリティとCSS

HTML 1-7 HTMLのシンタックス（構文）

HTMLによるマークアップは、開始タグと終了タグでコンテンツを囲むことで行います。大文字と小文字の区別はなく、マークアップした全体を「要素」と呼びます。

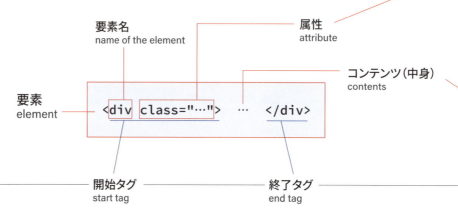

■ 開始タグのみを記述する要素（空要素）

コンテンツを持たない空要素（void element）は開始タグのみを記述します。XHTMLとの互換性を保つ、空要素の視認性を高めるといった目的で、開始タグの末尾に「/」を入れた記述も可能です。末尾の「/」はHTMLでは無視されます。

空要素の記述形式：

`<br>` = `<br />`

空要素に該当する要素：

area / base / br / col / embed / hr / img / input / link / meta / param / source / track / wbr

■ タグの記述を省略できる要素

開始・終了タグの記述位置を正確に判別できる場合、右の要素ではタグの記述を省略できます。省略した場合もマークアップしているものとして扱われ、CSSも適用されます。

開始・終了タグの両方を省略できる要素：

html / head / body / colgroup / tbody

終了タグを省略できる要素：

li / dt / dd / p / rt / rp / optgroup / option / caption / thead / tfoot / tr / td / th

属性 attribute

■ 属性と属性値の指定

開始タグにはスペース区切りで属性を追加し、各種情報を付加できます。属性は属性名と値を次の形式で記述します。

```
<html lang="ja">…</html>
          ‖
<html lang='ja'>…</html>
          ‖
<html lang=ja>…</html>
```

言語の種類をja（日本語）に指定したもの

■ 論理属性（boolean attribute）

論理属性は、属性そのものを指定すると真（true）に、指定しないと偽（false）になります。次の形式で指定でき、すべて真（true）で処理されます。

```
<input required>
       ‖
<input required="required">
       ‖
<input required="">
```

入力を必須（true）に指定したもの

※ `<input required="true">`や`<input required="false">`と指定した場合も、ブラウザは真（true）で処理しますので注意が必要です。偽（false）で処理するためには論理属性を指定しないことが必要です

コンテンツ（中身） contents

要素の中にはコンテンツとして各種要素、コメント、テキスト、文字参照を記述できます。

要素の中に要素を記述すると入れ子構造になり、親子関係が生まれます。たとえば、<div> の中に <h1> と <p> を記述すると、<div> が親要素、<h1> と <p> が子要素となります。同じ階層の <h1> と <p> は兄弟要素です。要素ごとにどの要素を内包できるかはコンテンツモデル（P.032）で定義されています。

コメントは右の形式で記述します。画面には表示されません。

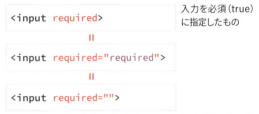

※ `<script>`と`<style>`はテキストのみ、`<textarea>`と`<title>`はテキストと文字参照のみを内包できます。

```
<!-- コメント -->
```

文字参照はテキストで特殊な文字や記号を表現するものです。特定の文字に名前をつけた「名前付き文字参照」と、Unicode の番号で表す「数値文字参照」があり、右のような形式で記述します。

例

表示	名前文字参照	数字文字参照	
		10進数	16進数
&	&amp;	&#38;	&#x26;
<	&lt;	&#60;	&#x3C;
>	&gt;	&#62;	&#x3E;

名前文字参照の一覧
https://html.spec.whatwg.org/multipage/named-characters.html

Chapter 1　HTMLとアクセシビリティとCSS

HTML要素の分類

HTMLの要素は、HTML、WAI-ARIA、CSSのそれぞれの仕様で分類されます。分類は要素の特性や役割を示すのに加えて、「要素内に内包できる要素」、「支援ツールでの要素の扱い」、「要素に適用できるプロパティ」を示すために使用されます。

そのため、Web制作・開発を行う際には要素の分類を把握しておくことが重要です。ここでは、要素の分類を図にまとめ、仕様ごとの違いも含めて比較しやすいようにしています。

コンテンツモデルとコンテンツカテゴリー

HTMLでは要素ごとにコンテンツモデルが定義されています。コンテンツモデルは要素に内包できるものを明示するモデルです。その際に、内包できるものとして「コンテンツカテゴリー」、「要素名」、「トランスペアレント（Transparent）」を使います。

コンテンツカテゴリーは特性に応じて要素を分類・区分するものです。コンテンツモデルで要素のグループを示すのに使用されます。
トランスペアレントは親要素のコンテンツモデルを継承する（親要素と同じ要素を内包できる）ことを示します。

コンテンツカテゴリーによる分類

コンテンツカテゴリーは次のように用意され、HTML要素が分類されます。

具体的にどの要素が分類されるかは次ページの図を参照してください。

主な分類	分類される要素
フローコンテンツ (Flow Content)	`<body>`内で使用できる要素
セクショニングコンテンツ (Sectioning Content)	コンテンツの構造（セクション）を示す要素
ヘディングコンテンツ (Heading Content)	見出し関連の要素
フレージングコンテンツ (Phrasing Content)	テキストレベルのセマンティクスを示す要素
エンベディッドコンテンツ (Embedded Content)	外部リソースを埋め込む要素や、異なる言語（SVGやMathML）を扱う要素
インタラクティブコンテンツ (Interactive Content)	ユーザーによる操作を伴う要素
メタデータコンテンツ (Metadata Content)	ページに関する設定を行う要素
分類なし (none)	特定の要素内で使用する要素など

その他の分類	分類される要素
パルパブルコンテンツ (Palpable Content)	少なくとも1つのパルパブルコンテンツを内包することが推奨される要素
スクリプトサポーティング (Script-supporting)	自身では何も明示せず、スクリプトをサポートするために用意された要素

フォーム関連の分類	分類される要素
フォーム関連 (Form-associated)	`<form>`と関連付けて使用できる要素
リステッド (Listed)	form.elementsとfieldset.elementsでリストされる要素
送信可能 (Submittable)	フォームデータが送信される要素
リセット可能 (Resettable)	フォームデータがリセットされる要素
オートキャピタライズの継承 (autocapitalize-inheriting)	autocapitalize属性（P.133）の設定を継承する要素
ラベル可能 (Labelable)	`<label>`でラベル付けできる要素

■ 主な分類

HTMLの要素を7つのコンテンツカテゴリー（フロー、セクショニング、ヘディング、フレージング、エンベディッド、インタラクティブ、メタデータ）で分類したものです。フローコンテンツには画面に表示するコンテンツをマークアップする要素（<body>内に記述する要素）が分類されます。「テキスト」も含まれ、フローコンテンツやフレージングコンテンツを内包できる要素にはテキストだけを記述することも認められます。

分類なしの要素は特定の要素内で使用する必要があるものです。ここにはHTMLの基本構造（P.120）を構成する <html>、<head>、<body> も含まれています。

フローコンテンツ

address	hr			
blockquote	menu	**ヘディングコンテンツ**	**セクショニングコンテンツ**	
div	ol			
dl	p	h1 - h6	header	section aside	main search
figure	pre	hgroup	footer	article nav	form
table	ul				

フレージングコンテンツ：
b, bdi, bdo, code, data, dfn, em, i, q, s, samp, small, span, strong, sub, sup, time, u, del, ins, カスタム要素

meter, img※, math, abbr, cite, kbd, mark, var, br, wbr, テキスト

fieldset, output, input※, select, textarea, button, object

progress

エンベディッドコンテンツ

ruby

details, label, a※, audio※, video※, canvas, map, slot

embed, iframe, picture, svg

インタラクティブコンテンツ　　　フレージングコンテンツ

area, datalist

dialog

base, style, title, link※, meta※, noscript, script, template

メタデータコンテンツ

分類なし

body, html
dd, dt, li, figcaption, legend, summary
optgroup, caption, tbody, td, tfoot, th, thead, tr
col, colgroup
rt, rp
source, track
option
head

※条件に応じて分類が変わる要素。詳しくは各要素の解説を参照してください

■ その他の分類／フォーム関連の分類

HTMLの要素をその他（パルパブル、スクリプトサポーティング）およびフォーム関連のコンテンツカテゴリーで分類したものです。

パルパブルコンテンツにはフローコンテンツの主要な要素が分類されます。ここに分類された要素は中身を記述し、空にしないことが推奨されます（スクリプトであとから追加するといった目的で空にしておくことは認められます）。

次の図ではコンテンツモデルが「トランスペアレント」と定義されている要素（親要素と同じ要素を内包できる要素）も示しています。

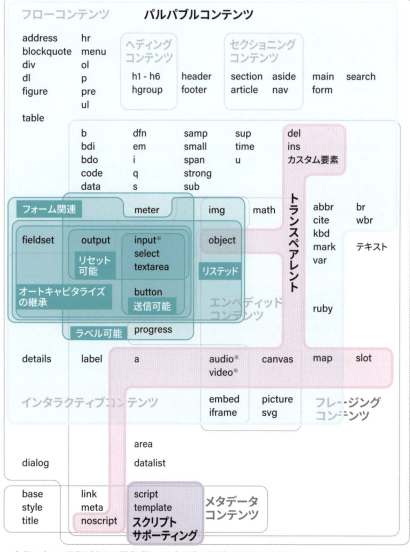
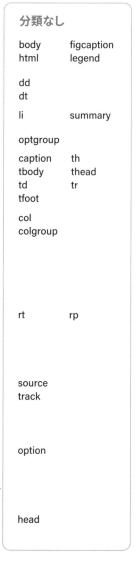

※条件に応じて分類が変わる要素。詳しくは各要素の解説を参照してください

ARIAロールによる分類

ARIAロールは役割に応じて右の5つに分類されます。要素が持つ暗黙のARIAロールに従って要素を分類すると以下のようになります。特に、ランドマークに分類された要素はP.042のように支援ツールのナビゲーションに使用されます。

分類	分類されるロール
文書構造（Document Structure Roles）	コンテンツの文書構造を示すロール
ランドマーク (Landmark Roles)	ナビゲーションのランドマークとしてページの構造を示すロール
ライブリージョン (Live Region Roles)	動的に更新されることを示すロール
ウィンドウ (Window Roles)	ウィンドウとして機能することを示すロール
ウィジェット (Widget Roles)	UIウィジェットを示すロール

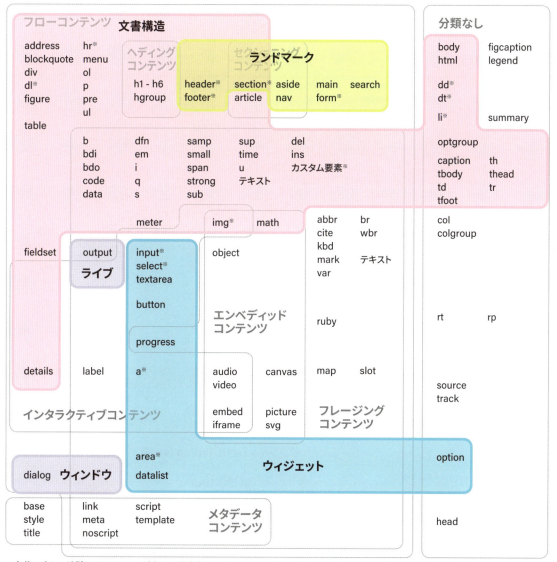

※条件に応じて暗黙のARIAロールが変わる要素（dl,dt,ddについては未確定）。詳しくは各要素の解説を参照してください

CSSのディスプレイタイプによる分類

要素のレイアウト（位置とサイズ）は P.221 のディスプレイタイプ（display プロパティの値）で決まります。UA スタイルシートで指定されるデフォルトのディスプレイタイプで要素を分類すると次のようになります。

分類	分類される要素
ブロックレベル	アウターがblockの要素。このうち、インナーがflowの要素はブロックボックス、tableの要素はテーブルボックスを生成します
インラインレベル	アウターがinlineの要素。このうち、インナーがflowの要素はインラインボックス、flow-rootの要素はインラインブロックボックス、rubyの要素はルビコンテナを生成します。外部リソースを扱う要素は置換要素（P.364）として扱われます
非表示	display: noneで非表示になる要素
その他	display: table-*（テーブル関連）、ruby-*（ルビ関連）になる要素

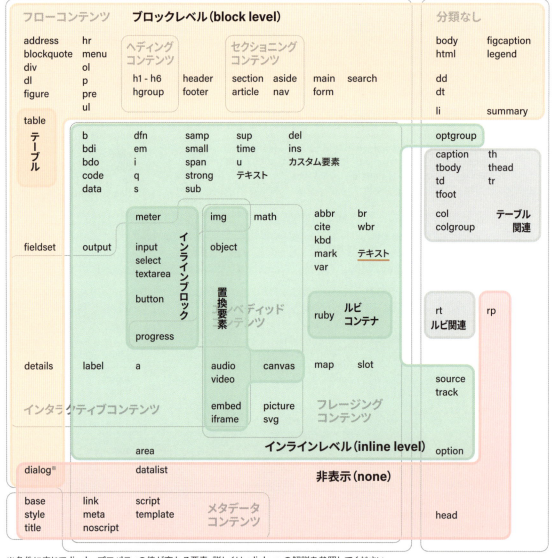

※条件に応じてdisplayプロパティの値が変わる要素。詳しくは<dialog>の解説を参照してください

Chapter

2

HTML 要素

Modern HTML and CSS Standard Guide

Chapter 2　HTML 要素

HTML要素のセマンティクス

本章では HTML 要素のセマンティクスを見ていきます。要素は P.032 のコンテンツカテゴリーと ARIA ロールの分類に従い、次のように分けて見ていきます。

カテゴリー名は「コンテンツ」を省略して記載しています

要素		メタデータ	フロー	セクショニング	ヘディング	フレージング	エンベディッド	インタラクティブ	フォーム関連	スクリプト	分類なし	暗黙のARIAロールと分類		参照
2-2　セクションとランドマーク														P.042
`header`	ページやセクションのヘッダー	-	○	-	-	-	-	-	-	-	-	banner※	ランドマーク	P.043
`footer`	ページやセクションのフッター	-	○	-	-	-	-	-	-	-	-	contentinfo※		P.043
`main`	メインコンテンツ	-	○	-	-	-	-	-	-	-	-	main		P.043
`form`	フォーム	-	○	-	-	-	-	-	-	-	-	form※		P.044
`search`	検索	-	○	-	-	-	-	-	-	-	-	search		P.045
`aside`	補足・関連情報	-	○	○	-	-	-	-	-	-	-	complementary		P.045
`nav`	ナビゲーション	-	○	○	-	-	-	-	-	-	-	navigation		P.045
`section`	一般的なセクション	-	○	○	-	-	-	-	-	-	-	region※		P.046
`article`	自己完結したコンテンツ	-	○	○	-	-	-	-	-	-	-	article		P.046
`h1 - h6`	見出し	-	○	-	○	-	-	-	-	-	-	heading		P.047
`hgroup`	見出しと関連コンテンツのグループ	-	○	-	○	-	-	-	-	-	-	group		P.047
2-3　ブロックレベルのセマンティクス														P.048
`address`	連絡先情報	-	○	-	-	-	-	-	-	-	-	group	文書構造	P.048
`blockquote`	引用文	-	○	-	-	-	-	-	-	-	-	blockquote		P.049
`figure`	図表(自己完結したコンテンツ)	-	○	-	-	-	-	-	-	-	-	figure		P.049
`hr`	段落レベルの区切り	-	○	-	-	-	-	-	-	-	-	separator※		P.050
`p`	段落	-	○	-	-	-	-	-	-	-	-	paragraph		P.050
`pre`	整形済みテキスト	-	○	-	-	-	-	-	-	-	-	generic		P.051
`div`	特別なセマンティクスを持たないブロックレベルの要素	-	○	-	-	-	-	-	-	-	-	generic		P.051
`table`	テーブル	-	○	-	-	-	-	-	-	-	-	table		P.051
`ul`	番号なしリスト(順序が重要でないリスト)	-	○	-	-	-	-	-	-	-	-	list		P.055
`ol`	番号付きリスト(順序が重要なリスト)	-	○	-	-	-	-	-	-	-	-	list		P.055
`menu`	番号なしリストの代替(コマンドリスト)	-	○	-	-	-	-	-	-	-	-	list		P.056
`dl`	説明リスト	-	○	-	-	-	-	-	-	-	-	list※		P.056
`dialog`	ダイアログ	-	○	-	-	-	-	-	-	-	-	dialog	ウィンドウ	P.057

※…条件に応じて暗黙のARIAロールが変わる要素(dlについては未確定)。詳しくは各要素の解説を参照してください

要素	説明	メタデータ	フロー	セクショニング	ヘディング	フレージング	エンベディッド	インタラクティブ	フォーム関連	スクリプト	分類なし	暗黙のARIAロールと分類	参照
2-4 テキストレベルのセマンティクス													P.060
code	コンピュータ・コード	-	○	-	-	○	-	-	-	-	-	code	P.060
em	強調・強勢	-	○	-	-	○	-	-	-	-	-	emphasis	P.061
strong	重要	-	○	-	-	○	-	-	-	-	-	strong	P.061
sub	下付き	-	○	-	-	○	-	-	-	-	-	subscript	P.062
sup	上付き	-	○	-	-	○	-	-	-	-	-	superscript	P.062
dfn	定義した語句	-	○	-	-	○	-	-	-	-	-	term	P.062
time	日時	-	○	-	-	○	-	-	-	-	-	time	P.063
s	取り消した語句	-	○	-	-	○	-	-	-	-	-	deletion	P.063
del	削除したコンテンツ	-	○	-	-	○	-	-	-	-	-	deletion	P.064
ins	追加したコンテンツ	-	○	-	-	○	-	-	-	-	-	insertion	P.064
span	特別なセマンティクスを持たないインラインレベルの要素	-	○	-	-	○	-	-	-	-	-	generic	P.064
b	注目してほしい語句	-	○	-	-	○	-	-	-	-	-	generic	P.065
i	学名や慣用句などの語句	-	○	-	-	○	-	-	-	-	-	generic	P.065
u	不明瞭な語句	-	○	-	-	○	-	-	-	-	-	generic	P.065
q	引用	-	○	-	-	○	-	-	-	-	-	generic	P.065
bdi	双方向アルゴリズムの分離	-	○	-	-	○	-	-	-	-	-	generic	P.066
bdo	双方向アルゴリズムのオーバーライド	-	○	-	-	○	-	-	-	-	-	generic	P.066
data	マシンリーダブルな情報	-	○	-	-	○	-	-	-	-	-	generic	P.067
samp	コンピュータからの出力内容	-	○	-	-	○	-	-	-	-	-	generic	P.067
small	但し書き・注意	-	○	-	-	○	-	-	-	-	-	generic	P.067
abbr	略語	-	○	-	-	○	-	-	-	-	-	対応ロールなし	P.067
cite	作品のタイトル	-	○	-	-	○	-	-	-	-	-	対応ロールなし	P.068
kbd	コンピュータへの入力内容	-	○	-	-	○	-	-	-	-	-	対応ロールなし	P.068
mark	ハイライト	-	○	-	-	○	-	-	-	-	-	対応ロールなし	P.068
var	変数	-	○	-	-	○	-	-	-	-	-	対応ロールなし	P.069
ruby	ルビ	-	○	-	-	○	-	-	-	-	-	対応ロールなし	P.069
br	改行	-	○	-	-	○	-	-	-	-	-	対応ロールなし	P.069
wbr	改行を認める箇所	-	○	-	-	○	-	-	-	-	-	対応ロールなし	P.070
map	イメージマップ	-	○	-	-	○	-	-	-	-	-	対応ロールなし	P.070
area	イメージマップのエリアの構成	-	○	-	-	○	-	-	-	-	-	link※	P.070
datalist	入力候補の作成	-	○	-	-	○	-	-	-	-	-	listbox	P.071

※条件に応じて暗黙のARIAロールが変わる要素。詳しくは各要素の解説を参照してください

Chapter 2　HTML 要素

要素		メタデータ	フロー	セクショニング	ヘディング	フレージング	エンベディッド	インタラクティブ	フォーム関連	スクリプト	分類なし	暗黙のARIAロールと分類	参照
2-5　エンベディッド（埋め込みコンテンツ）													P.072
img	画像	-	○	-	-	○	○	○※	○	-	-	img/presentation※ 文書構造	P.072
picture	`<img>`用の複数の画像リソース	-	○	-	-	○	-	-	-	-	-	対応ロールなし	P.076
audio	音声	-	○	-	-	○	○	○※	-	-	-	対応ロールなし	P.078
video	動画	-	○	-	-	○	○	○※	-	-	-	対応ロールなし	P.078
iframe	インラインフレーム	-	○	-	-	○	○	-	-	-	-	対応ロールなし	P.080
embed	外部リソースの埋め込み	-	○	-	-	○	○	○	-	-	-	対応ロールなし	P.082
object	外部リソースの埋め込み	-	○	-	-	○	○	-	○	-	-	対応ロールなし	P.082
canvas	Canvas	-	○	-	-	○	○	-	-	-	-	対応ロールなし	P.083
svg	SVG	-	○	-	-	○	○	-	-	-	-	graphics-document	P.083
math	MathML（数式）	-	○	-	-	○	○	-	-	-	-	math 文書構造	P.085
2-6　インタラクティブ													P.086
details	開閉式ウィジェット	-	○	-	-	-	-	○	-	-	-	group 文書構造	P.087
label	フォームコントロールのラベル	-	○	-	-	○	-	-	-	-	-	対応ロールなし	P.088
a	リンク	-	○	-	-	○	-	○※	-	-	-	link※ ウィジェット	P.088
2-7　フォームコントロール													P.090
input	入力フィールド／ボタン	-	○	-	-	○	-	○※	○	-	-	textbox※ ウィジェット	P.091
button	ボタン	-	○	-	-	○	-	○	○	-	-	button	P.094
select	セレクトボックス（選択式メニュー）	-	○	-	-	○	-	○	○	-	-	combobox※ / listbox※	P.095
textarea	テキストエリア	-	○	-	-	○	-	-	○	-	-	textbox	P.096
progress	プログレスバー	-	○	-	-	○	-	-	○	-	-	progressbar	P.096
output	出力	-	○	-	-	○	-	-	○	-	-	status ライブ	P.096
meter	メーター	-	○	-	-	○	-	-	○	-	-	meter 文書構造	P.097
fieldset	フィールドセット	-	○	-	-	-	-	-	○	-	-	group 文書構造	P.097
2-9　スクリプト													P.104
script	スクリプト	○	○	-	-	○	-	-	-	○	-	対応ロールなし	P.104
noscript	スクリプトなしのコンテンツ	○	○	-	-	○	-	-	-	-	-	対応ロールなし	P.104
カスタム要素	カスタム要素		○	-	-	○	-	-	-	-	-	generic※ 文書構造	P.106
slot	スロット		○	-	-	○	-	-	-	-	-	対応ロールなし	P.110
template	テンプレート	○	○	-	-	○	-	-	-	○	-	対応ロールなし	P.112
2-10　メタデータ													P.118
title	ページのタイトル	○	-	-	-	-	-	-	-	-	-	対応ロールなし	P.121
style	内部スタイルシート	○	-	-	-	-	-	-	-	-	-	対応ロールなし	P.121
base	ベースURL	○	-	-	-	-	-	-	-	-	-	対応ロールなし	P.122
link	リソースへのリンク	○	○※	-	-	○※	-	-	-	-	-	対応ロールなし	P.122
meta	各種メタデータ	○	○※	-	-	○※	-	-	-	-	-	対応ロールなし	P.128

※条件に応じて分類や暗黙のARIAロールが変わる要素。詳しくは各要素の解説を参照してください

2-1 HTML要素のセマンティクス

要素	説明	メタデータ	フロー	セクショニング	ヘディング	フレージング	エンベディッド	インタラクティブ	フォーム関連	スクリプト	分類なし	暗黙のARIAロールと分類	参照
HTMLの基本構造													
html	ドキュメントルート	-	-	-	-	-	-	-	-	-	○	document 文書構造	P.120
html関連													
head	メタデータの記述	-	-	-	-	-	-	-	-	-	○	対応ロールなし	P.120
body	コンテンツの記述	-	-	-	-	-	-	-	-	-	○	generic 文書構造	P.120
関連要素とセットで使用する要素													
ul, ol関連													
li	リストの項目	-	-	-	-	-	-	-	-	-	○	listitem※ 文書構造	P.055
dl関連													
dd	説明リストの語句の説明	-	-	-	-	-	-	-	-	-	○	definition※ 文書構造	P.056
dt	説明リストの語句	-	-	-	-	-	-	-	-	-	○	term※ 文書構造	P.056
figure関連													
figcaption	フィギュアのキャプション	-	-	-	-	-	-	-	-	-	○	対応ロールなし	P.049
ruby関連													
rp	ルビを付けるベースとなる語句	-	-	-	-	-	-	-	-	-	○	対応ロールなし	P.069
rt	ルビの記述	-	-	-	-	-	-	-	-	-	○	対応ロールなし	P.069
details関連													
summary	追加情報の概要	-	-	-	-	-	-	-	-	-	○	対応ロールなし	P.087
audio, video, picture関連													
source	音声・動画・画像のリソースセット	-	-	-	-	-	-	-	-	-	○	対応ロールなし	P.079
track	音声・動画のテキストトラック	-	-	-	-	-	-	-	-	-	○	対応ロールなし	P.080
fieldset関連													
legend	fieldsetのキャプション	-	-	-	-	-	-	-	-	-	○	対応ロールなし	P.097
select関連													
optgroup	選択肢のグループ	-	-	-	-	-	-	-	-	-	○	group 文書構造	P.095
option	プルダウン型の選択肢	-	-	-	-	-	-	-	-	-	○	option ウィジェット	P.095
table関連													
caption	テーブルのキャプション	-	-	-	-	-	-	-	-	-	○	caption	P.052
tbody	テーブルのメインデータ	-	-	-	-	-	-	-	-	-	○	rowgroup	P.052
td	テーブルのデータセル	-	-	-	-	-	-	-	-	-	○	cell	P.051
tfoot	テーブルのフッター	-	-	-	-	-	-	-	-	-	○	rowgroup	P.052
th	テーブルの見出しセル	-	-	-	-	-	-	-	-	-	○	columnheader/rowheader/cell	P.051
thead	テーブルのヘッダー	-	-	-	-	-	-	-	-	-	○	rowgroup	P.052
tr	テーブルの行	-	-	-	-	-	-	-	-	-	○	row	P.051
col	テーブルの列	-	-	-	-	-	-	-	-	-	○	対応ロールなし	P.052
colgroup	テーブルの列のグループ	-	-	-	-	-	-	-	-	-	○	対応ロールなし	P.052

※条件に応じて暗黙のARIAロールが変わる要素（dt, ddについては未確定）。詳しくは各要素の解説を参照してください

Chapter 2　HTML要素

2-2 セクションとランドマーク

HTMLの「セクショニングコンテンツ」カテゴリーや、ARIAの「ランドマーク」に分類された要素はページの構造を示します。さらに、HTMLの「ヘディングコンテンツ」カテゴリーに分類された要素は見出しを示し、コンテンツの階層構造を表します。

これらのうち、アクセシビリティの支援ツールはランドマークと見出しへジャンプする機能を提供し、目的のコンテンツに効率よくアクセスできるようにします。そのため、ランドマークや見出しを適切に示しておくことはアクセシビリティにおいても重要です。

たとえば、ランドマークに分類された要素でページの構造を明示し、macOSのスクリーンリーダー（VoiceOver）で認識させると右のようになります。

ページの構造や見出しを示す要素の分類
※は条件に応じて暗黙のARIAロールが変わる要素

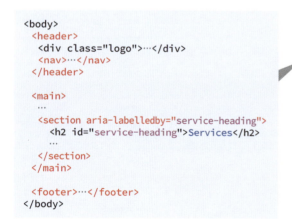

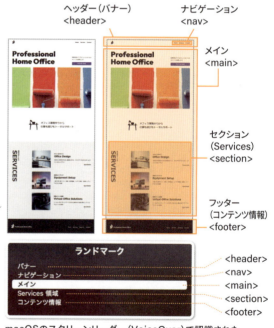

macOSのスクリーンリーダー（VoiceOver）で認識されたランドマーク。各要素の暗黙のARIAロールやアクセシブル名（P.023）が提示され、これらの位置へジャンプできます

暗黙のARIAロールが「ランドマーク」に分類される要素でページの構造を示し、キーボードで効率よくページを閲覧できるようにすることは、WCAGの達成基準「1.3.1 情報及び関係性」や「2.1.1 キーボード」、「2.4.1: ブロックスキップ」を満たすことにつながります

サイト内で一貫したページ構造を使用すると、ページトップには必ず決まった位置にナビゲーションが配置されるといった一貫性が担保されます。これはWCAGの達成基準「3.2.3 一貫したナビゲーション」を満たすことにつながります

HTML		
ヘッダー `<header> ... </header>`	カテゴリー(分類)	フロー/パルパブル
	モデル(内包可)	フロー(`<header>`/`<footer>`を除く)
	暗黙のARIAロール	banner(バナー)※ ランドマーク

HTML		
フッター `<footer> ... </footer>`	カテゴリー(分類)	フロー/パルパブル
	モデル(内包可)	フロー(`<header>`/`<footer>`を除く)
	暗黙のARIAロール	contentinfo(コンテンツ情報)※ ランドマーク

※`<article>`、`<aside>`、`<nav>`、`<section>`、`<main>`内で使用した場合は暗黙のARIAロールがgenericになり、文書構造に分類されます

`<header>` と `<footer>` を `<body>` 内で使用すると、ページのヘッダーとフッターを示します。暗黙の ARIA ロールは `<header>` が banner(バナー)となり、ページ上部でサイトのロゴなどを含む領域を示します。`<footer>` は contentinfo(コンテンツ情報)となり、ページ下部でコピーライトなどを含む領域を示します。支援ツールではランドマークとして扱われます。
一方、セクショニングコンテンツ(`<article>`/`<aside>`/`<nav>`/`<section>`)や `<main>` 内で使用した場合、それらのヘッダーとフッターを示します。ARIA ロールも generic(汎用)となり、ランドマークに分類されなくなります。右の例では記事 `<article>` のタイトルやサムネイル画像を `<header>` でマークアップし、記事のヘッダー情報であることを示しています。

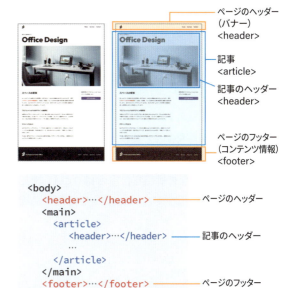

HTML		
メインコンテンツ `<main> ... </main>`	カテゴリー(分類)	フロー/パルパブル
	モデル(内包可)	フロー
	暗黙のARIAロール	main(メイン) ランドマーク

`<main>` はメインコンテンツを示します。hidden 属性を持たない `<main>` はページ内で1箇所だけに使用することが求められています。
さらに、`<main>` の祖先要素(親要素またはより上階層の要素)として認められるのは `<html>`、`<body>`、`<div>`、アクセシブル名(P.023)を持たない `<form>`、自律カスタム要素(P.106)に限定されています。

```
<body>
    <header>…</header>
    <main>…</main>         ──── メインコンテンツ
    <footer>…</footer>
</body>
```

フォーム
`<form> ... </form>`

カテゴリー（分類）	フロー/パルパブル
モデル（内包可）	フロー
暗黙のARIAロール	form（フォーム）ランドマーク ※

※`<form>`がアクセシブル名を持つ場合のみランドマークとして扱うことが求められています

`<form>`はフォーム機能を提供している領域を示します。この領域はテキストの入力フィールドや送信ボタンといった「フォームコントロール」（P.090）で構成します。ただし、`<form>`のコンテンツモデルは「フロー」となっていますので、フォームコントロール以外の要素も内包することが可能です。

`<form>`で構成したお問い合わせフォーム

`<form>`のaction属性ではフォームデータの送信先を、method属性では送信方法（HTTPリクエストメソッド）を指定します。送信先にはデータの処理を行うプログラムを用意する必要があり、送信方法はプログラムに合わせて「get」または「post」を指定します。method属性を省略した場合は「get」で処理されます。これらの他に、`<form>`では以下の属性を指定できます。

`<form>`の属性	機能		値
action	フォームデータの送信先		URL
method	送信方法（HTTPリクエストメソッド）	HTTP POSTメソッド	post
		HTTP GETメソッド	get
		ダイアログを閉じる（P.059）	dialog
accept-charset	送信データのエンコード（標準ではページのエンコード）		UTF-8 など
enctype	送信データのMIMEタイプ ※methodが「post」のときに指定可能	URLエンコード（標準の処理）	application/x-www-form-urlencoded
		マルチパートデータ（アップロードファイルを含める場合に使用）	multipart/form-data
		プレーンテキスト	text/plain
name	フォーム名		任意の名称
novalidate	入力データの検証の無効化（P.103）		（論理属性 P.031）
target	ブラウジングコンテキスト（P.089）		_blank, _selfなど
rel	リンクタイプ（P.123）		external, help, license, search, prev, next, nofollow, noopener, noreferrer, opener
autocomplete	オートコンプリート（P.099）		on, off, nameなど

HTML		
検索 `<search> ... </search>`	カテゴリー（分類）	フロー/パルパブル
	モデル（内包可）	フロー
	暗黙のARIAロール	search（検索）ランドマーク

`<search>` は検索や絞り込みの機能を提供している領域を示します。たとえば、右のように検索フォームを構成する `<form>` を `<search>` でマークアップします。

一方、検索結果を `<search>` でマークアップするのは適切でないとされています。

```
<search>
  <form>
    <label for="search"> 検索 </label>
    <input type="search" id="search" …>
    <button type="submit" aria-label=" 検索する ">
      <svg …>…</svg>
    </button>
  </form>
</search>
```

> リンクやナビゲーションメニューだけでなく、検索によってコンテンツを見つける手段を提供することは、WCAGの達成基準「2.4.5 複数の手段」を満たすことにつながります

HTML		
ナビゲーション `<nav> ... </nav>`	カテゴリー（分類）	フロー/セクショニング/パルパブル
	モデル（内包可）	フロー
	暗黙のARIAロール	navigation（ナビゲーション）ランドマーク

`<nav>` はナビゲーションリンクのある領域を示します。ページ内のすべてのリンクを `<nav>` でマークアップする必要はなく、主要なものをマークアップすることが推奨されています。右の例ではページ上部のナビゲーションメニューをマークアップしています。

```
<nav>
  <ul>…略…</ul>
</nav>
```

HTML		
補足・関連情報 `<aside> ... </aside>`	カテゴリー（分類）	フロー/セクショニング/パルパブル
	モデル（内包可）	フロー
	暗黙のARIAロール	complementary（補足）ランドマーク

`<aside>` はメインコンテンツや周辺コンテンツについての補足・関連情報を示します。サイドバーや目次（TOC）、関連記事などのマークアップに使用されます。右の例ではサイドバーの情報をマークアップしています。

```
<aside>
  <p> 環境を整えて…</p>
  <button …> 今すぐはじめる </button>
</aside>
```

HTML		
汎用的なセクション `<section> ... </section>`	カテゴリー(分類)	フロー/セクショニング/パルパブル
	モデル(内包可)	フロー
	暗黙のARIAロール	region(リージョン)※　ランドマーク

※アクセシブル名が未指定な場合は暗黙のARIAロールがgenericになり、文書構造に分類されます

`<section>` は汎用的なセクション（コンテンツのグループ）を示します。セクショニングコンテンツカテゴリーに分類される他の要素（`<nav>`/`<aside>`/`<article>`）が適切な場合はそちらを使用することが推奨されます。

アクセシブル名がある場合、暗黙の ARIA ロールは region（リージョン）となり、ランドマークに分類されます。たとえば、右の例はサービスに関する情報をセクションとして `<section>` でマークアップしたものです。aria-labelledby 属性で `<section>` 内の `<h2>` の ID を指定し、`<h2>` で示した見出し「Services」をアクセシブル名として指定しています。

サービスに関する情報をまとめたセクション

```
<section aria-labelledby="service-heading">
  <hgroup>
    <h2 id="service-heading">Services</h2>
    <p> 当社のサービス </p>
  </hgroup>
  …
</section>
```

HTML		
自己完結したコンテンツ `<article> ... </article>`	カテゴリー(分類)	フロー/セクショニング/パルパブル
	モデル(内包可)	フロー
	暗黙のARIAロール	article（記事）　文書構造

`<article>` はニュースやブログの記事、ユーザーの投稿コメントなどのように、それ自体が情報を伝えるまとまりになっている「自己完結したコンテンツ」を示します。

右の例のように、記事そのものはもちろん、記事の概要を表示したカードなども自己完結したコンテンツとして `<article>` でマークアップできます。

```
<section aria-labelledby="service-heading">
  …
  <article class="card" id="office">…</article>
  <article class="card" id="setup">…</article>
  <article class="card" id="virtual">…</article>
</section>
```

各記事の概要を表示したカードを`<article>`でマークアップ

記事全体を`<article>`でマークアップ

HTML		
見出し `<h1>`/`<h2>`/`<h3>`/`<h4>`/`<h5>`/`<h6>`	カテゴリー（分類）	フロー/ヘディング/パルパブル
	モデル（内包可）	フレージング
	暗黙のARIAロール	heading（見出し）　文書構造

`<h1>` から `<h6>` の6つの要素は、6段階のレベルで見出しを示します。見出しは抽出して目次として使われるケースもあり、適切なレベルで見出しをマークアップすることはコンテンツの階層構造を示すことにもつながります。

なお、HTMLの仕様では禁止されていませんが、スクリーンリーダーのユーザーが混乱するのを防ぐといった理由から、一般的に `<h1>` の見出しはページ内で1つにとどめ、見出しレベルはスキップせずに使うことが求められています。

> **UA STYLE** 見出しのレベルに合わせてデフォルトのフォントサイズ（font-sizeプロパティ）は大きく、フォントの太さ（font-weightプロパティ）は太字（bold）に設定されます。上下にはマージン（marginプロパティ）で余白が挿入されます

> コンテンツに見出しをつけ、`<h1>`から`<h6>`で適切にマークアップすることは、WCAGの達成基準「1.3.1 情報及び関係性」、「2.4.1 ブロックスキップ」、「2.4.6 見出し及びラベル」を満たすことにつながります

macOSのスクリーンリーダー（VoiceOver）で認識された見出し

HTML		
見出しとそれに関連するコンテンツ `<hgroup>`	カテゴリー（分類）	フロー/ヘディング/パルパブル
	モデル（内包可）	1つの見出し`<h1>`-`<h6>`とその前後に0個以上の`<p>`
	暗黙のARIAロール	対応ロールなし

`<hgroup>` は見出しとそれに関連するコンテンツ（サブタイトルやキャッチフレーズなど）を示します。関連するコンテンツは `<p>` （P.050）でマークアップすることが想定されています。

右の例では見出し `<h3>` とサブタイトル `<p>` を `<hgroup>` でマークアップしています（視覚的なデザインのため、サブタイトルはCSSで見出しの上に表示しています）。

```
<article class="card" id="office">
  <hgroup>
    <h3>Office Design</h3>
    <p> オフィスデザイン </p>
  </hgroup>
  …
</article>
```

Chapter 2　HTML 要素

ブロックレベルのセマンティクス

ページの構造（セクションやランドマーク）よりも小さいまとまりの、「段落」や「リスト」といったブロックレベルのセマンティクスを示す要素です。
HTMLでは「フローコンテンツ」以外のカテゴリーに属さない要素で、暗黙のARIAロールは「文書構造」に分類されるものが中心となっています。
いずれの要素も、CSSではUAスタイルシートによってデフォルトのディスプレイタイプが「ブロックレベル（P.222）」になります。

ブロックレベルのセマンティクスを示す要素の分類
※は条件に応じて暗黙のARIAロールが変わる要素（dlについては未確定）

UA STYLE 上記のうち`<address>`、`<div>`、`<table>`、`<dialog>`以外の要素の上下にはマージン（marginプロパティ）で余白が挿入されます

HTML		
連絡先情報 `<address> ... </address>`	カテゴリー（分類）	フロー/パルパブル
	モデル（内包可）	フロー ※
	暗黙のARIAロール	group（グループ）　文書構造

※ヘディング・コンテンツ / セクショニング・コンテンツ / `<header>` / `<footer>` / `<address>`を除く

`<address>` は直近の親要素が `<article>` の場合はその記事の連絡先を、`<body>` の場合はページ全体の連絡先を示します。住所を示す目的では使用できません（住所が連絡先である場合を除きます）。

WRITTEN BY 花子

```
<address>WRITTEN BY <a href="~">花子</a>
</address>
```

HTML		
引用文 `<blockquote> ... </blockquote>`	カテゴリー (分類)	フロー/パルパブル
	モデル (内包可)	フロー
	暗黙のARIAロール	blockquote (引用)　文書構造

`<blockquote>`は引用したコンテンツを示します。引用元の情報は、W3Cの仕様では`<blockquote>`内に記述することが認められていましたが、Living Standardでは外側に記述することが求められています。`<cite>`では引用元のタイトルを、cite属性では引用元のURLを示すことができます。

> クラウドコンピューティングは、共用の構成可能なコンピューティングリソース(ネットワーク、サーバー、ストレージ、アプリケーション、サービス)の集積に、どこからでも、簡便に、必要に応じて、ネットワーク経由でアクセスすることを可能とするモデルであり、最小限の利用手続きまたはサービスプロバイダとのやりとりで速やかに割当てられ提供されるものである。
>
> *NISTによるクラウドコンピューティングの定義*

UA STYLE デフォルトでは上下に加えて左右にもマージン(marginプロパティ)で余白が入り、他と区別する形で表示されます。

```html
<blockquote cite="https://www.ipa.
go.jp/security/reports/oversea/nist/
ug65p90000019cp4-att/begoj9000000buyd.pdf">
  <p>クラウドコンピューティングは…略…である。</p>
</blockquote>
<cite>NISTによるクラウドコンピューティングの定義</cite>
```

HTML			

図表とキャプション
`<figure>`
　...
　`<figcaption> ... </figcaption>`
`</figure>`
	`<figure>`	カテゴリー (分類)	フロー/パルパブル

		モデル (内包可)	フロー/`<figcaption>`
		暗黙のARIAロール	figure (図表)　文書構造
	`<figcaption>`	カテゴリー (分類)	なし
		モデル (内包可)	フロー
		暗黙のARIAロール	対応ロールなし

`<figure>`は図表、イラスト、写真といった自己完結したコンテンツを示します。「自己完結したコンテンツ」は、それ自体が情報を伝えるまとまりになっているものです。
`<figcaption>`を使うとキャプションをつけることも可能です。

UA STYLE デフォルトでは上下に加えて左右にもマージン(marginプロパティ)で余白が入り、他と区別する形で表示されます

どんなカラーにも対応します

```html
<figure>
  <img src="hero.jpg"
    alt="緑、赤、オレンジ、青でペイント">
  <figcaption>どんなカラーにも対応します</figcaption>
</figure>
```

パラグラフレベルの区切り
`<hr>`

カテゴリー（分類）	フロー
モデル（内包可）	内包不可
暗黙のARIAロール	separator（区切り）　文書構造　※

※デフォルトではフォーカス対象ではないため文書構造に分類。フォーカス対象にした場合はウィジェットに分類されます

`<hr>` はパラグラフレベル（段落レベル）でコンテンツの主題・テーマが変わる区切りの位置（horizontal rule）を示します。

```
<h1> 快適なホームオフィス </h1>
<p> 家でリラックスしながら仕事をする。そんな…</p>
<p> 仕事に行き詰まったり、新しい発想が出てこ…</p>
<hr>
<p> 作業中のデータはクラウドで管理することが…</p>
<p> ネットにつながっていれば、データはいつで…</p>
```

快適なホームオフィス

家でリラックスしながら仕事をする。そんなことが実現可能な世の中になってきました。面倒な作業を手助けしてくれるホームアシスタントも充実してきています。

仕事に行き詰まったり、新しい発想が出てこなくなったら、料理をしたり、本を読んだりしてリフレッシュするのもいい考えだと思います。使い慣れ込んだキッチンも本棚もすぐそこにあるので、気分転換も簡単です。

作業中のデータはクラウドで管理することができます。収納スペースを用意したり、重い書類を持ち歩いたりしなくても大丈夫です。

ネットにつながっていれば、データはいつでも、どこからでも取り出して作業を進めることができます。

← `<hr>`

UA STYLE デフォルトではborderプロパティによって太さ1pxの立体線（inset）の形状になります。

パラグラフ（段落）
`<p> ... </p>`

カテゴリー（分類）	フロー/パルパブル
モデル（内包可）	フレージング
暗黙のARIAロール	paragraph（段落）　文書構造

`<p>` はパラグラフ（paragraph/ 段落）を示します。HTML Living Standard では「パラグラフは特定のトピックを論じる1つまたは複数のセンテンス（文）からなるテキストブロックであり、より一般的なグループ（住所、フォームの一部、詩など）でも使用される」と定義されています。

そのため、パラグラフを構成するものは「フレージングコンテンツ」カテゴリーに属する要素やテキストに限られます。これは `<p>` のコンテンツモデルとして定義されています。

ただし、`<p>` はパラグラフを示す方法の1つとされており、右のようなコードでは2つの段落があると解釈されることになっています。

段落の構成

ここは1つ目の段落です。

ここは2つ目の段落です。

セクション内に2つのパラグラフがあると解釈される例

```
<section>
  <h2> 段落の構成 </h2>
  ここは1つ目の段落です。
  <p> ここは2つ目の段落です。</p>
</section>
```

1つ目の段落は、CSSでは無名ブロックボックス（P.238）に入れた形で処理されます

‖

```
<section>
  <h2> 段落の構成 </h2>
  <p> ここは1つ目の段落です。</p>
  <p> ここは2つ目の段落です。</p>
</section>
```

確実にパラグラフと解釈させたい、CSSでスタイルを適用したいといった場合には`<p>`でマークアップします

2-3 ブロックレベルのセマンティクス

HTML

整形済みテキスト
`<pre> ... </pre>`

カテゴリー（分類）	フロー/パルパブル
モデル（内包可）	フロー
暗黙のARIAロール	generic（汎用）　文書構造

`<pre>` は整形済みテキスト（preformatted text）を示し、アスキーアートやコンピュータ・コードなどの表示に使用されます。コンピュータ・コードを示す場合、P.060 の `<code>` とセットで右のように記述します。

```
h1 {
    color: red;
    font-size: 20px;
}
```

```
<pre><code>h1 {
    color: red;
    font-size: 20px;
}</code></pre>
```

UA STYLE デフォルトではwhite-spaceプロパティが「pre」に設定されるため、ホワイトスペース（改行、タブ、スペース）が表示に反映され、自動改行なしの表示になります。フォントファミリー（font-familyプロパティ）は等幅フォント（monospace）に設定されます。

HTML

特別なセマンティクスを持たないブロックレベルの要素
`<div> ... </div>`

カテゴリー（分類）	フロー/パルパブル
モデル（内包可）	`<dl>`の子の場合は1つ以上の`<dt>`とそれに続く1つ以上の`<dd>` / `<dl>`の子以外でない場合はフロー
暗黙のARIAロール	generic（汎用）　文書構造

`<div>` は特別なセマンティクスを持たない要素です。division（区分・分割）の略で、他に適当な要素がない場合や、CSSやスクリプトの適用先を用意したい場合などに使用できます。

```
ホームオフィス
Home Office
```

```
<div lang="ja"> ホームオフィス </div>
<div lang="en">Home Office</div>
```

`<div>`でマークアップし、P.138のlang属性で言語の種類（日本語と英語）を明示したもの

UA STYLE ディスプレイタイプがdisplayプロパティで「block」に設定され、ブロックレベルの要素となることを除くと、デフォルトで適用されるスタイルはありません

HTML

基本のテーブル

```
<table>
  <tr>
    <th> ... </th>
    <td> ... </td>
  </tr>
</table>
```

`<table>`	カテゴリー（分類）	フロー/パルパブル
	モデル（内包可）	`<caption>`/`<colgroup>`/`<thead>`/`<tbody>`/`<tfoot>`/`<tr>`/スクリプト ※
	暗黙のARIAロール	table（テーブル）　文書構造
`<tr>`	カテゴリー（分類）	なし
	モデル（内包可）	0個以上の`<td>`/`<th>`/スクリプト
	暗黙のARIAロール	row（行）　文書構造

行列のグループを明示した
キャプション付きのテーブル

```
<table>
  <caption> ... </caption>
  <colgroup>
     <col>
  </colgroup>
  <thead>
    <tr> ... </tr>
  </thead>
  <tbody>
    <tr> ... </tr>
  </tbody>
  <tfoot>
    <tr> ... </tr>
  </tfoot>
</table>
```

<th>	カテゴリー（分類）	なし
	モデル（内包可）	フロー（<header>/<footer>/セクショニング/ヘディング以外）
	暗黙のARIAロール	columnheader（列の見出し）/rowheader（行の見出し）/cell（セル） 文書構造
<td>	カテゴリー（分類）	なし
	モデル（内包可）	フロー
	暗黙のARIAロール	cell（セル） 文書構造
<caption>	カテゴリー（分類）	なし
	モデル（内包可）	フロー（<table>以外）
	暗黙のARIAロール	caption（キャプション） 文書構造
<colgroup>	カテゴリー（分類）	なし
	モデル（内包可）	span属性がある場合：内包不可 span属性がない場合：0個以上の<col>/<template>
	暗黙のARIAロール	対応ロールなし
<col>	カテゴリー（分類）	なし
	モデル（内包可）	内包不可
	暗黙のARIAロール	対応ロールなし
<tfoot> <tbody> <thead>	カテゴリー（分類）	なし
	モデル（内包可）	<tr>/スクリプト
	暗黙のARIAロール	rowgroup（行グループ） 文書構造

※<table>直下には<caption>、<colgroup>、<thead>、<tbody>、<tfoot>の順に記述。
　<tbody>がない場合は<thead>のあとに<tr>を記述できます。<table>内で使用できる<caption>、<thead>、<tfoot>は1個のみです。

<table> は2次元的な情報の関係性を行と列の関係で示します。そのため、行を<tr>、見出しを<th>、データを<td>でマークアップします。デフォルトではUAスタイルシートによってテーブルの形（表形式）で表示されます。
次の例では3つのプランA～Cと、それぞれの初期費用の関係を示しています。

```
<table>
  <tr>
    <th> プラン </th>
    <th>A</th><th>B</th><th>C</th>
  </tr>
  <tr>
    <th> 初期費用（円）</th>
    <td>2,000</td><td>5,000</td><td>7,000</td>
  </tr>
</table>
```

プラン　A　B　C
初期費用 2,000 5,000 7,000

プラン	A	B	C
初期費用	2,000	5,000	7,000

UAスタイルシートによって見出しとデータがセルを構成し、表形式（テーブル）で表示されます。ただし、罫線や余白はデフォルトでは入らないため、必要に応じてCSSで追加します

```
table {
  border-collapse: collapse;

  th, td {
    padding: 8px 28px;
    border: solid 2px black;
  }
}
```

デフォルトではディスプレイタイプがtableやtable-rowなど（P.253）に設定され、表形式での表示になります

 2次元の関係性を持つ情報は、表形式で表示するかどうかにかかわらず、<table>でマークアップすることが求められます。これはWCAGの達成基準「1.3.1: 情報及び関係性」を満たすことにつながります

■ 見出しのスコープを示す　scope属性

主要ブラウザは見出し<th>の暗黙のARIAロールを右のように「columnheader（列の見出し）」や「rowheader（行の見出し）」と認識します。
<th>がどのデータに対する見出しなのかはscope属性で明示できます。たとえば、見出し「プラン」のscope属性を「row」と指定すると、行の見出しであることを明示できます。ARIAロールも「rowheader（行の見出し）」と認識されるようになります。

scope属性の値	
row	行に対する見出し
col	列に対する見出し
rowgroup	行グループに対する見出し
colgroup	列グループに対する見出し
auto	自動判別

```html
<table>
  <tr>
    <th scope="row"> プラン </th>
    <th>A</th><th>B</th><th>C</th>
  </tr>
  <tr>
    <th> 初期費用 </th>
    <td>2,000</td><td>5,000</td><td>7,000</td>
  </tr>
</table>
```

■ データ側から見出しを示す　headers属性

データ側から見出しを示す場合はheaders属性で<th>のIDをスペース区切りで指定します。

```html
<table>
  <tr>
    <th> プラン </th>
    <th id="plan-a">A</th><th>B</th><th>C</th>
  </tr>
  <tr>
    <th id="price"> 初期費用（円） </th>
    <td headers="plan-a price">2,000</td>
    …略…
```

■ 複数の行・列にまたがるセルを作成する　rowspan / colspan属性

複数の行や列にまたがるセルを作成する場合、<th>、<td>のrowspan属性で使用する行数を、colspan属性で使用する列数を指定します。
たとえば、新しい列<tr>を追加し、1つ目のセルを

2行分、2つ目のセルを3列分を使った表示にすると次ページのようになります。なお、1行目の1つ目のセルが2行分を使用するため、2行目の<tr>内には3つのセルだけを記述した形にします。

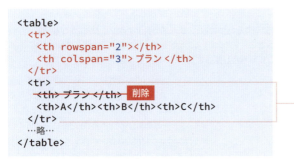
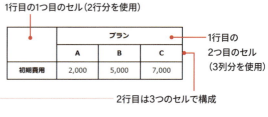

■ キャプションを付ける　<caption>

テーブルのキャプションは <caption> で示し、<table> の1つ目の子要素として記述します。

> **UA STYLE** キャプションの表示位置はcaption-sideプロパティの初期値でテーブルの上(top)になります

> キャプションは<table>のアクセシブル名(P.023)として認識されます

```
<table>
  <caption> プランの比較 </caption>
  <tr>…略…</tr>
  …略…
</table>
```

■ 行列のグループを示す　<thead>/<tbody>/<tfoot>/<col>/<colgroup>

テーブルの行は <thead> でヘッダー、<tbody> でボディ（本体のデータ）、<tfoot> でフッターのグループを示します。列のグループは <colgroup> で示します。グループ化する列数は span 属性で指定します。
ここでは次のように行列のグループを示し、グループの境界線を CSS で太くしています。

```
<table>
  <caption> プランの比較 </caption>
  <colgroup></colgroup>
  <colgroup span="3"></colgroup>
  <thead>
    <tr>
      <th scope="row"> プラン </th>
      <th>A</th><th>B</th><th>C</th>
    </tr>
  </thead>
  <tbody>
    <tr>
      <th> 初期費用（円）</th>
      <td>2,000</td><td>5,000</td><td>7,000</td>
    </tr>
    <tr>
      <th> 月額費用（円）</th>
      <td>1,000</td><td>1,500</td><td>2,000</td>
    </tr>
  </tbody>
  <tfoot>
    <tr>
      <th> 合計（円）</th>
      <td>3,000</td><td>6,500</td><td>9,000</td>
    </tr>
  </tfoot>
</table>
```

列のグループは `<col>` を使って次のように記述することもできます。

```
<colgroup><col></colgroup>
<colgroup><col span="3"></colgroup>
```

```
<colgroup><col></colgroup>
<colgroup><col><col><col></colgroup>
```

```
table {
  …略…
  thead {
    border-bottom: solid 4px black;
  }
  tfoot {
    border-top: solid 4px black;
  }
  colgroup:first-of-type {
    border-right: solid 4px black;
  }
}
```

HTML

番号なしリスト（順序が重要でないリスト）
```
<ul><li> ... </li></ul>
```

	カテゴリー（分類）	フロー／パルパブル
`<ul>`	モデル（内包可）	`<li>`／スクリプト
	暗黙のARIAロール	list（リスト）　文書構造

番号付きリスト（順序が重要なリスト）
```
<ol><li> ... </li></ol>
```

	カテゴリー（分類）	なし
`<ol>`	モデル（内包可）	フロー
	暗黙のARIAロール	listitem※　文書構造

※`<ul>`/`<ol>`/`<menu>`の子要素の場合

`<ul>` や `<ol>` は複数の項目をリストアップした、リスト形式のコンテンツを示します。項目の順序が重要でないリストは `<ul>`（unordered list）で、順序が重要なリストは `<ol>`（ordered list）で示します。
`<ol>` と `<ol>` 内の `<li>` では以下の属性を使用できます。

- 沖縄
- 北海道
- 京都

```
<ul>
    <li>沖縄</li>
    <li>北海道</li>
    <li>京都</li>
</ul>
```

1. 沖縄
2. 北海道
3. 京都

```
<ol>
    <li>沖縄</li>
    <li>北海道</li>
    <li>京都</li>
</ol>
```

要素	属性	値	機能	例	

`<ol>`	reversed	-	逆順を有効化	Z. 沖縄
				Y. 北海道
				A. 京都
					`<ol reversed start="26" type="A">`
					　`<li>沖縄</li>`
					　`<li>北海道</li>`
					　`<li value="1">京都</li>`
					`</ol>`

	start	整数	開始番号を指定		
	type	1/a/A/i/I	マーカーの種類を指定		
`<li>`	value	整数	項目の番号を指定		

UA STYLE `<li>` のデフォルトのディスプレイタイプはlist-item（リストアイテム）となり、マーカーが表示されます。マーカーはlist-style-typeプロパティにより、`<ul>` では黒丸（disc）、`<ol>` では数字の連番（decimal）になります

UA STYLE マーカーの表示スペースを確保するため、`<ul>` と `<ol>` の左側にはパディング（paddingプロパティ）で余白が挿入されます

番号なしリストの代替（コマンドリスト）

`<menu><li> ... </li></menu>`

カテゴリー（分類）	フロー/パルパブル
モデル（内包可）	`<li>`/スクリプト
暗黙のARIAロール	list（リスト）　文書構造

`<menu>` は `<ul>` のセマンティック的な代替として用意されたもので、順序が重要でないコマンドのリスト（ツールバー）を示します。

デフォルトでは `<ul>` と同じスタイルで表示されるため、必要に応じて CSS で表示を調整します。

- コピー
- カット
- ペースト

```html
<menu>
    <li><button ...> コピー </button></li>
    <li><button ...> カット </button></li>
    <li><button ...> ペースト </button></li>
</menu>
```

説明リスト

```
<dl>
    <dt> 用語 </dt>
    <dd> 用語の説明 </dd>
</dl>
```

	カテゴリー（分類）	フロー/パルパブル			
`<dl>`	モデル（内包可）	1個以上の`<dt>`とそれに続く1個以上の`<dd>`/スクリプト、または1個以上の`<div>`/スクリプト			
	暗黙のARIAロール	list ※　文書構造			
`<dt>`	カテゴリー（分類）	なし	`<dd>`	カテゴリー（分類）	なし
	モデル（内包可）	フロー		モデル（内包可）	フロー
	暗黙のARIAロール	term ※　文書構造		暗黙のARIAロール	definition ※　文書構造

※HTML Accessibility API Mappings 1.0での分類（ARIA in HTMLでは対応ロールなし）。変わる可能性があるとされています

`<dl>` は「用語」と「用語の説明」の組み合わせで構成した説明リスト（Description List）を示します。用語集や、キーと値のリストなどに使用されます。

用語は `<dt>` で、用語の説明は `<dd>` でマークアップし、セットで記述します。セットにする `<dt>` と `<dd>` の数は自由です。

たとえば、人物と W3C についての説明を記述すると右のようになります。「W3C」についての説明 `<dd>` は 2 つ記述しています。

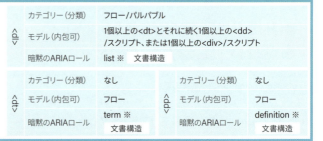

```
ティム・バーナーズ＝リー
    World Wide Web（WWW）を考案した人物
W3C
    ティム・バーナーズ＝リーが設立
    CSSやWAI-ARIAなどの規格を勧告
```

```html
<dl>
    <dt> ティム・バーナーズ＝リー </dt>
    <dd>World Wide Web（WWW）を考案した人物 </dd>
    <dt>W3C</dt>
    <dd> ティム・バーナーズ＝リーが設立 </dd>
    <dd>CSS や WAI-ARIA などの規格を勧告 </dd>
</dl>
```

UA STYLE デフォルトでは`<dd>`の左側にマージン（marginプロパティ）で余白が挿入され、字下げした表示になります。

`<dt>` と `<dd>` のセットは、右のように `<div>` でグループ化することも可能です。ここでは人物と W3C についての説明をそれぞれ `<div>` でグループ化しています。

```html
<dl>
    <div>
        <dt>ティム・バーナーズ=リー</dt>
        <dd>World Wide Web (WWW) を考案した人物</dd>
    </div>
    <div>
        <dt>W3C</dt>
        <dd>ティム・バーナーズ=リーが設立</dd>
        <dd>CSS や WAI-ARIA などの規格を勧告</dd>
    </div>
</dl>
```

HTML

モーダルダイアログ
`<dialog> ... </dialog>`

カテゴリー(分類)	フロー
モデル(内包可)	フロー
暗黙のARIAロール	dialog(ダイアログ)　ウィンドウ

`<dialog>` はダイアログボックス（小さいウィンドウの形で表示するもの）を示します。操作できる範囲をダイアログだけに制限したものは**モーダルダイアログ**、制限しないものは**非モーダルダイアログ**（モードレスダイアログ）と呼ばれ、ユーザーに伝える情報や入力を求めるタスクなどの表示に使用されます。

デフォルトでは非表示になっており、開閉の設定には次のように用意された `<dialog>` のメソッドやプロパティ、属性を使用します。

showModal() で開くとモーダルダイアログになります。トップレイヤー（P.284）に追加され、他のコンテンツよりも確実に上に表示されます。::backdrop も付加されることから、背後にあるすべての要素を覆い隠すバックドロップとして利用可能です。さらに、ダイアログ以外のコンテンツにはブラウザによって P.137 の inert の不活性化の処理が適用され、操作できなくなります（アクセシビリティツリーでは見えなくなります）。

dialog要素のメソッド／プロパティ	処理
showModal()	モーダルダイアログとして開く
show()	非モーダルダイアログとして開く
close("返り値")	ダイアログを閉じる。返り値は省略可能で、閉じたときにreturnValueに渡される
returnValue	返り値を取得

dialog要素の属性	処理
open	開いた状態を示す論理属性。ダイアログを開くとブラウザによって自動的に付加されます。直接指定し、デフォルトでダイアログを開いた状態にすることもできますが、非モーダルダイアログとして扱われます
closedby	ダイアログ外のクリック(ライトディスミス)とEscキーによる、ダイアログを閉じる動作の可否を指定。詳細は次ページを参照

ボタンクリックで showModal()を実行

`<dialog>`がモーダルダイアログとして開きます

::backdrop (バックドロップ)

UAスタイルシートにより、非表示なときにはdisplay: noneが、表示したときにはdisplay: blockが適用されます。開閉の動作をアニメーションさせる場合はP.426のように設定します

一方、show() で開くと非モーダルダイアログ（モードレスダイアログ）になります。ダイアログ以外の操作が可能ですが、トップレイヤーには追加されず、::backdrop も付加されません。showModal() と show() で開いたときの細かな違いについては右の表を参照してください。

ダイアログを閉じる「ダイアログ外のクリック（ライトディスミス）」および「Esc キー」の可否については closedby 属性で変更できます。any と指定すると、P.139 のポップオーバー要素（popover="auto"）と同じように両方の閉じる動作が有効になります。

```
<dialog closedby="any">
  ...
</dialog>
```
ライトディスミスおよび Esc キーで閉じる動作を有効化

ダイアログが開いたときのデフォルトの扱い	モーダル showModal()で開いた場合	非モーダル show()で開いた場合
トップレイヤー（最上位レイヤー）に追加され、::backdropが付加される	○	×
ダイアログ以外が不活性化される	○	×
ダイアログ内にフォーカスが移動する	○	○
ダイアログ外をクリックして閉じることができる（ライトディスミス機能がある）	×	×
Escキーで閉じることができる	○	×
開いたダイアログに:modal擬似クラスのCSSが適用される	○	×

…closedby属性で変更できる動作

closedby属性の値	ライトディスミス	Escキーで閉じる
none	×	×
closerequest	×	○
any	○	○

モーダルはcloserequest、非モーダルはnoneがデフォルトの動作です

■ モーダルダイアログ　showModal()

次の例はダイアログ <dialog> と開くボタン <button id="open"> を用意したものです。ボタンクリックで showModal() を実行し、モーダルダイアログとして開くように設定しています。モーダルダイアログはそのままでは Esc キーでしか閉じることができないため、ダイアログ内に閉じるボタン <button id="close"> も用意しています。

開くボタンをクリックするとモーダルダイアログとして開きます。右上の×（閉じるボタン）をクリックすると閉じます

```
<button id="open"> 開く </button>

<dialog id="dialog" aria-labelledby="message">
    <h2 id="message">Get Started!</h2>
    <button id="close" aria-label=" 閉じる ">
        <span aria-hidden="true"> ✕ </span>
    </button>
</dialog>
```

```
::backdrop {
    background-color: rgb(0 0 0 / 0.6);
}

#close {
    position: absolute;
    top: 12px;
    right: 12px;
    filter: grayscale(1);
}
```

UA STYLE モーダルダイアログはトップレイヤーに追加されるため、P.284のようにUAスタイルシートでposition: fixedが適用され、ブラウザ画面の中央に配置されます。さらに、黒色のボーダーで囲んで表示されます

::backdropはデフォルトでは透明になるため、background-colorで半透明な黒色にしています。閉じるボタンはpositionでダイアログの右上に配置しています

```
const openButton = document.getElementById("open")
const closeButton = document.getElementById("close")
const dialog = document.getElementById("dialog")

openButton.addEventListener("click", function () {
    // 開くボタンをクリックしたらモーダルダイアログとして開く
    dialog.showModal()
})
```

```
closeButton.addEventListener("click", function () {
    // 閉じるボタンをクリックしたらダイアログを閉じる
    dialog.close("closed")
})

dialog.addEventListener("close", function () {
    // ダイアログが閉じたらコンソールに returnValue を表示する
    console.log(dialog.returnValue)
})
```

■ 非モーダルダイアログ　show()

showModal() を show() に変えると非モーダルダイアログになります。閉じるボタンなどは同じ設定で機能します。トップレイヤーに追加されず、::backdrop も付加されないため、背後の要素を隠すことはできません。

開くボタンをクリックすると非モーダルダイアログとして開きます。右上の×（閉じるボタン）をクリックすると閉じます

非モーダルダイアログにはUAスタイルシートで position: absoluteが適用されますが、z-index は指定されません。スタッキングコンテキスト（P.283）の影響も受けますので注意が必要です

```
openButton.addEventListener("click", function () {
    // 開くボタンをクリックしたら非モーダルダイアログとして開く
    dialog.show()
})
…略…
```

■ ダイアログ内のフォーム

次の例はダイアログ内にフォームを用意したものです。ダイアログを開くと、フォーカスがダイアログ内で最初にフォーカス可能な要素に移動します。このときフォーカスする要素は autofocus 属性（P.134）で指定できます。右の例では「受け取る」ボタンがフォーカスされるように指定しています。

さらに、<form> の method 属性を dialog と指定すると通常の送信は行わず、ボタンクリックでダイアログが閉じるようになります。このとき、ボタンの value 属性で指定した値が returnValue に渡されます。

 <dialog>を開くと自動的にフォーカスが移動し、キーボードで操作できる仕組みになっていることから、WCAGの達成基準「2.1.1 キーボード」や「2.4.3 フォーカス順序」を満たすことにつながります

ボタンクリックでダイアログが閉じます　　autofocus属性を指定したボタンがフォーカスされます

```
…
<dialog id="dialog" aria-labelledby="message">
    …略…
    <form method="dialog">
        <p> お知らせを受け取りますか？ </p>
        <button autofocus value="accept">
            受け取る
        </button>
        <button value="cancel"> あとで </button>
    </form>
</dialog>
```

```
dialog {
    border-color: gray;
    border-radius: 16px;
}
```

Chapter 2 HTML 要素

2-4 テキストレベルのセマンティクス

文章中の重要な語句といった、テキストレベルのセマンティクスを示す要素です。HTMLでは「フローコンテンツ」と「フレージングコンテンツ」カテゴリーに分類され、暗黙のARIAロールは「文書構造」に分類されるものが中心となっています。

いずれの要素も、CSSではUAスタイルシートによってデフォルトのディスプレイタイプが「インラインレベル（P.222）」になります。

フローコンテンツ				
code	time	i	samp	
em	s	u	small	
strong	del	q		
sub	ins	bdi		ARIA
sup	span	bdo		文書構造
dfn	b	data		
abbr	var	map		
cite	ruby	area※		フレージング
kbd	br	datalist		コンテンツ
mark	wbr			

テキストレベルのセマンティクスを示す要素の分類
※は条件に応じて暗黙のARIAロールが変わる要素

文章中の重要な語句を<strong>でマークアップ

`<p>…適切に<strong>デザインされた作業空間</strong>は…</p>`

HTML

コンピュータ・コード
`<code> ... </code>`

カテゴリー（分類）	フロー/フレージング/パルパブル
モデル（内包可）	フレージング
暗黙のARIAロール	code（コード）　文書構造

`<code>`はコンピュータ・コードを示します。コードの種類を示す公式な方法はなく、HTML Living Standardでは一例として「language-」をつけたクラス名で示す方法が紹介されています。たとえば、JavaScriptには「language-javascript」というクラスをつけるといった具合です。

> JavaScriptの querySelector() を利用してマッチする要素を参照します。

> JavaScriptの `<code>querySelector()</code>` を利用してマッチする要素を参照します。

HTML		
強調・強勢 `<em> ... </em>`	カテゴリー（分類）	フロー/フレージング/パルパブル
	モデル（内包可）	フレージング
	暗黙のARIAロール	code（コード）　文書構造

`<em>` は会話などにアクセントをつけ、強調・強勢する語句をマークアップします。アクセントをつける語句によって文章のニュアンスが変わるような場合に使用します。

たとえば、右の例は「Can you come to my party on Friday?（あなたは金曜の私のパーティにこれますか?）」という文章の中で強勢する語句を示したものです。日本語においては使いどころが難しい要素と言えます。

強調・強勢の度合いは `<em>` をネストして示すことができます。次のようにすると、ネストした「my」をより強く強調したことになります。

```
<em><em>my</em> party</em>
```

Can you come to my party on *Friday*?

```
Can you come to my party on <em>Friday</em>?
```

「週末まで忙しい」と言われたため、「Friday（金曜の）」を強調して発言したもの

```
Can <em>you</em> come to my party on Friday?
```

「みんな忙しそう」と言われたため、「you（あなたは）」を強調して発言したもの

```
Can you come to <em>my party</em> on Friday?
```

「パーティは好きじゃない」と言われたため、「my party（私のパーティ）」を強調して発言したもの

UA STYLE デフォルトのフォントのスタイルがfont-styleプロパティで斜体（italic）に設定されます

HTML		
重要 `<strong> ... </strong>`	カテゴリー（分類）	フロー/フレージング/パルパブル
	モデル（内包可）	フレージング
	暗黙のARIAロール	strong（重要）　文書構造

`<strong>` は重要な語句を示します。重要性の度合いは `<strong>` をネストして示すことができます。以下のようにすると、ネストした「リラックス」がより重要な語句であることを示します。

```
<strong>家で<strong>リラックス</strong></strong>
しながら仕事をする。
```

家でリラックスしながら仕事をする。そんなことが実現可能な世の中になってきました。

```
<strong>家でリラックス</strong>しながら仕事をする。
そんなことが実現可能な世の中になってきました。
```

UA STYLE デフォルトのフォントのスタイルがfont-weightプロパティで太字（bold）に設定されます

HTML		
下付き `<sub> ... </sub>`	カテゴリー (分類)	フロー/フレージング/パルパブル
	モデル (内包可)	フレージング
	暗黙のARIAロール	subscript (下付き)　文書構造

HTML		
上付き `<sup> ... </sup>`	カテゴリー (分類)	フロー/フレージング/パルパブル
	モデル (内包可)	フレージング
	暗黙のARIAロール	superscript (上付き)　文書構造

`<sub>` は下付き文字を、`<sup>` は上付き文字を示します。化学式や数式など、下付きや上付きの書式で表記するのが一般的で、特別な意味を持つものを示すのに使います。たとえば、化学式や関係式の数字は右のように記述します。

水素と酸素から水ができます： $2H_2 + O_2 \rightarrow 2H_2O$

```
水素と酸素から水ができます：
2H<sub>2</sub> + O<sub>2</sub>
→ 2H<sub>2</sub>O
```

数式については P.085 のように MathML で記述することが推奨されています。ただし、MathML ほど詳細なマークアップを必要としない場合は `<sub>` や `<sup>` で記述することが認められています。

アインシュタインのエネルギーと質量の関係式： $E=mc^2$

```
アインシュタインのエネルギーと質量の関係式：
<var>E</var>=<var>m</var><var>c</var><sup>2</sup>
```

UA STYLE それぞれ、デフォルトの縦方向の位置揃えがvertical-alignプロパティで下付き(sub)、上付き(super)に設定され、小さいフォントサイズで表示されます

HTML		
定義した語句 `<dfn> ... </dfn>`	カテゴリー (分類)	フロー/フレージング/パルパブル
	モデル (内包可)	フレージング
	暗黙のARIAロール	term (定義された語句)　文書構造

`<dfn>` は定義した語句であることを示します。語句についての説明は `<dfn>` を含むパラグラフ `<p>`、説明リスト `<dl>`、セクショニングコンテンツカテゴリーの要素（`<section>` など）の中に記述します。

Robot とは、一連の作業を自動で行う装置のことで、チェコ語の robota（強制労働）を元にした造語とされる。

```
<p><dfn>Robot</dfn> とは、一連の作業を自動で行う装
置のことで、チェコ語の robota（強制労働）を元にした造語
とされる。</p>
```

UA STYLE デフォルトのフォントのスタイルがfont-styleプロパティで斜体(italic)に設定されます

日時
`<time datetime="〜"> ... </time>`

カテゴリー（分類）	フロー/フレージング/パルパブル
モデル（内包可）	フレージング
暗黙のARIAロール	time（日時）　文書構造

`<time>` は日時の情報を示します。datetime 属性ではその日時をマシンリーダブルな形式で表します。

たとえば、「2日前」という情報をマークアップし、datetime 属性で2日前が 2024 年 6 月 1 日の 21 時 05 分（日本標準時）であることを示すと右のようになります。

datetime 属性を省略した場合、`<time>` の中にマシンリーダブルな形式で日時の情報を記述することが求められます。マシンリーダブルな日時の情報は ISO8601 をベースに右のような形式で記述します。日付、時間、タイムゾーンの順に記述しますが、省略し、必要な情報のみの記述も可能です。

```
2日前
```

```
<time datetime="2024-06-01T21:05+09:00">
    2日前
</time>
```

```
<time>2024-06-01T21:05+09:00</time>
```

YYYY-MM-DDTHH:MM:SS ± HH:MM

日付（年-月-日）　時間（時:分:秒）　タイムゾーン

- 日付と時間を区切る「T」は半角スペースにもできます
- タイムゾーンは「:」を省略し、「±HHMM」という形でも記述できます
- 「+00:00」のUTC（協定世界時）は「Z」と表記できます

取り消した語句
`<s> ... </s>`

カテゴリー（分類）	フロー/フレージング/パルパブル
モデル（内包可）	フレージング
暗黙のARIAロール	deletion（削除）　文書構造

`<s>` は取り消した語句を示します。過去のある時点で正しかった情報が、現時点では正確でなくなった、もしくは関連性がなくなったことを示します。

たとえば、特別価格で提供するようになった商品の定価を `<s>` でマークアップし、取り消した情報であることを示すと右のようになります。

```
定価：　1200円
特別価格：　800円
```

```
<p><s> 定価： 1200 円 </s></p>
<p> 特別価格： 800 円 </p>
```

> **UA STYLE** デフォルトではtext-decorationプロパティで取り消し線（line-through）が表示されます

HTML		
削除したコンテンツ `<del> ... </del>`	カテゴリー（分類）	フロー/フレージング/パルパブル
	モデル（内包可）	トランスペアレント
	暗黙のARIAロール	deletion（削除）　文書構造

HTML		
追加したコンテンツ `<ins> ... </ins>`	カテゴリー（分類）	フロー/フレージング/パルパブル
	モデル（内包可）	トランスペアレント
	暗黙のARIAロール	insertion（追加）　文書構造

`<del>` は削除したコンテンツを、`<ins>` は追加したコンテンツを示します。

UA STYLE デフォルトではtext-decorationプロパティで取り消し線や下線が表示されます

datetime 属性では編集した日時を明示できます。日時の情報は P.063 のように ISO8601 をベースにした形式で指定します。

cite 属性では編集理由を記した箇所の URL を示すことが可能です。

> 作業を助けてくれる ~~プログラム~~ <u>AIアシスタント</u> も充実してきています。

```
作業を助けてくれる <del> プログラム </del>
<ins>AI アシスタント </ins> も充実してきています。
```

```
<del datetime="2024-07-01" cite="http://
example.com/del.html"> プログラム </del>
```

HTML		
特別なセマンティクスを持たない **インラインレベルの要素** `<span> ... </span>`	カテゴリー（分類）	フロー/フレージング/パルパブル
	モデル（内包可）	フレージング
	暗黙のARIAロール	generic（汎用）　文書構造

`<span>` は特別なセマンティクスを持たない要素です。P.051 の `<div>` と同じように、他に適当な要素がない場合や、CSS やスクリプトの適用先を用意したい場合などに使用できます。

UA STYLE `<span>`にデフォルトで適用されるスタイルはありません

> **家でリラックス**しながら仕事をする。そんなことが実現可能な世の中になってきました。

```
<p><span class="pop"> 家でリラックス </span> しながら仕事をする。そんなことが実現可能な世の中になってきました。</p>
```

見た目をアレンジしたい語句を`<span>`でマークアップし、CSSを適用して文字の色などを変更したもの

HTML

注目してほしい語句	`<b> ... </b>`
学名や慣用句などの語句	`<i> ... </i>`
不明瞭な語句	`<u> ... </u>`

カテゴリー（分類）	フロー/フレージング/パルパブル
モデル（内包可）	フレージング
暗黙のARIAロール	generic（汎用） 文書構造

`<b>`、`<i>`、`<u>` は HTML1.0 の時代から書式（太字、斜体、下線）を指定するために使用されてきた要素です。削除することも検討されましたが、伝統的な要素であるため残されることになり、右のようなセマンティクスを示すものと定義されました。

いずれも、他と区別したい語句や、慣例的に斜体、太字、下線付きの文字で表示する語句のマークアップに使用します。重要性などを示す役割はなく、他に適当な要素がある場合はそちらを使用することが求められています。見た目の書式を整えることだけが目的であれば、`<span>` と CSS で対応するのが適切です。

UA STYLE 太字、斜体、下線はそれぞれ「font-weight: bold」、「font-style: italic」、「text-decoration: underline」で設定されます

家で**リラックス**しながら仕事をする。

家で `<b>` リラックス `</b>` しながら仕事をする。

`<b>`は他と区別したい、注目してほしい語句を示します

チャノキ（学名：*Camellia sinensis*）の葉

チャノキ（学名：`<i>`Camellia sinensis`</i>`）の葉

`<i>`は他と区別したい、慣用句や学名などを示します

「paragraph」を「parraglaph」と記述。

「paragraph」を「`<u>`parraglaph`</u>`」と記述。

`<u>`は他と区別したい、固有名詞やスペルミスの語句などを示します。

HTML

| 引用 | `<q> ... </q>` |

カテゴリー（分類）	フロー/フレージング/パルパブル
モデル（内包可）	フレージング
暗黙のARIAロール	generic（汎用） 文書構造

`<q>` は引用した語句を示します。引用した語句は引用符（日本語の場合はカギ括弧「」）で囲んで表示されます。cite 属性を使用すると、引用元の URL を示すことができます。

UA STYLE 引用符はcontentプロパティのopen-quoteとclose-quoteで表示されます

ロボット三原則は「ロボットが従うべきとして示された原則」のことです。

`<p>`ロボット三原則は`<q cite="https://ja.wikipedia.org/wiki/ロボット工学三原則">`ロボットが従うべきとして示された原則`</q>`のことです。`</p>`

双方向アルゴリズムの分離
`<bdi> ... </bdi>`

双方向アルゴリズムのオーバーライド
`<bdo dir="書字方向"> ... </bdo>`

カテゴリー（分類）	フロー/フレージング/パルパブル
モデル（内包可）	フレージング
暗黙のARIAロール	generic（汎用）　文書構造

各国の言語で記述した語句は、Unicodeの双方向アルゴリズム（bidirectional algorithm）によってそれぞれ正しい書字方向で表示されます。しかし、期待通りの書字方向で表示されない場合には、`<bdi>`や`<bdo>`を次のように使用します。

双方向アルゴリズムを分離する

`<bdi>`は双方向アルゴリズムの処理を分離し、前後の文字に適用されるのを防ぎます。たとえば、右のように野菜の名前と個数をリストアップした場合、英語では「野菜の名前 : 1個」という形で表示されますが、アラビア語では「1: 野菜の名前個」という形になってしまいます。これは、アラビア語の双方向アルゴリズムの処理が「: 1」にまで適用されているためです。

そこで、野菜の名前を`<bdi>`でマークアップします。すると、双方向アルゴリズムの処理が前後の文字に適用されなくなり、アラビア語でも「野菜の名前 : 1個」という形で表示できます。

- トマト tomato: 2個
- ナス aubergine: 1個
- たまねぎ 1 :個

```
<ul>
    <li>トマト tomato: 2個 </li>
    <li>ナス aubergine: 1個 </li>
    <li>たまねぎ بَصَل: 1個 </li>
</ul>
```

↓

- トマト tomato: 2個
- ナス aubergine: 1個
- たまねぎ بَصَل: 1個

```
<ul>
    <li>トマト tomato: 2個 </li>
    <li>ナス aubergine: 1個 </li>
    <li>たまねぎ <bdi>بَصَل</bdi>: 1個 </li>
</ul>
```

双方向アルゴリズムをオーバーライドする

`<bdo>`は双方向アルゴリズムをオーバーライド（上書き）し、書字方向を変更します。たとえば、書字方向を右から左に変更したい場合、`<bdo>`でマークアップし、P.134のdir属性を「rtl」と指定します。

古いお札には右書きで『行銀本日』と書かれていました。

```
<p> 古いお札には右書きで『<bdo dir="rtl"> 日本銀行
</bdo>』と書かれていました。</p>
```

> **UA STYLE** 双方向アルゴリズムの分離やオーバーライドの処理はunicode-bidiやdirectionプロパティで設定されます。ただし、Web制作者はこれらのプロパティを使用せず、`<bdo>`や`<bdi>`を使うことが推奨されています

マシンリーダブルな情報
`<data> ... </data>`

カテゴリー (分類)	フロー/フレージング/パルパブル
モデル (内包可)	フレージング
暗黙のARIAロール	generic (汎用)　文書構造

`<data>` は value 属性でマシンリーダブルな情報を付加します。たとえば、商品名に商品コードの情報を付加すると右のようになります。なお、マシンリーダブルな日時の情報は `<time>` で付加します。

```
<data value="112233445566">アメリカ産のオレンジジュース</data>
```

マシンリーダブルな情報は画面表示には影響しません

コンピュータからの出力内容
`<samp> ... </samp>`

カテゴリー (分類)	フロー/フレージング/パルパブル
モデル (内包可)	フレージング
暗黙のARIAロール	generic (汎用)　文書構造

`<samp>` はコンピュータからの出力内容を示します。

ブラウザでアクセスすると、`<samp>`セキュリティで保護されていないページです`</samp>` と表示されることがあります。

但し書き・注意
`<small> ... </small>`

カテゴリー (分類)	フロー/フレージング/パルパブル
モデル (内包可)	フレージング
暗黙のARIAロール	generic (汎用)　文書構造

`<small>` は一般的に小さな文字で表示する但し書きや警告、注意、コピーライト、ライセンスなどを示します。

```
<small>@ ACTIVE, All rights reserved.</small>
```

略語
`<abbr> ... </abbr>`

カテゴリー (分類)	フロー/フレージング/パルパブル
モデル (内包可)	フレージング
暗黙のARIAロール	対応ロールなし

`<abbr>` は略語や頭文字を示します。title 属性では元の語句を示すことができます。

UA STYLE title属性を指定した場合、text-decorationプロパティでドットの下線 (underline dotted) が表示されます

WHATWGの規格

```
<abbr title="Web Hypertext Application Technology Working Group">WHATWG</abbr>の規格
```

作品のタイトル
`<cite> ... </cite>`

カテゴリー（分類）	フロー/フレージング/パルパブル
モデル（内包可）	フレージング
暗黙のARIAロール	対応ロールなし

`<cite>` は作品（書籍、詩、絵画、音楽、映画、コンピュータ・プログラムなど）のタイトルを示します。`<blockquote>` の引用元のタイトルを示す場合はP.049のような形で使用します。

> ロボット三原則はSF小説の「I, Robot」で登場します。

```
ロボット三原則はSF小説の「<cite>I, Robot</cite>」
で登場します。
```

UA STYLE デフォルトのスタイルはfont-styleプロパティで斜体（italic）に設定されます

コンピュータへの入力内容
`<kbd> ... </kbd>`

カテゴリー（分類）	フロー/フレージング/パルパブル
モデル（内包可）	フレージング
暗黙のARIAロール	対応ロールなし

`<kbd>` はコンピュータへの入力内容を示します。

```
<kbd>Enter</kbd> キーを押してください
```

ハイライト
`<mark> ... </mark>`

カテゴリー（分類）	フロー/フレージング/パルパブル
モデル（内包可）	フレージング
暗黙のARIAロール	対応ロールなし

`<mark>` は参照目的でマーク付けやハイライトされた箇所を示します。引用文やコンピュータ・コードに含まれる注目箇所、検索キーワードと一致した語句などを示すことが可能です。たとえば、引用した文章の注目箇所を示すと右のようになります。

> クラウドコンピューティングは、共用の構成可能なコンピューティングリソース（ネットワーク、サーバー、ストレージ、アプリケーション、サービス）の集積に、==どこからでも、簡便に、必要に応じて、ネットワーク経由でアクセスすることを可能とする==モデルであり、最小限の利用手続きまたはサービスプロバイダとのやりとりで速やかに割当てられ提供されるものである。

```
<blockquote>…の集積に、<mark>どこからでも、簡便に、必
要に応じて、ネットワーク経由でアクセスすることを可能とする
</mark> モデルであり…
</blockquote>
```

UA STYLE デフォルトでは背景色がbackground-colorプロパティで黄色に設定されます

変数
`<var>`

カテゴリー（分類）	フロー/フレージング/パルパブル
モデル（内包可）	フレージング
暗黙のARIAロール	対応ロールなし

`<var>` はコンピュータ・コードや数学における変数を示します。

```
<p><var>a</var> 個の赤玉、<var>b</var> 個の青玉の入った箱がある。この箱から１個の玉を取り出したとき、赤玉である確率を求めよ。</p>
```

ルビ
```
<ruby>
   ベース <rt> ルビ </rt>
</ruby>
```

`<ruby>`

カテゴリー（分類）	フロー/フレージング/パルパブル
モデル（内包可）	フレージングとそれに続く`<rp>/<rt>`
暗黙のARIAロール	対応ロールなし

`<rt>`

カテゴリー（分類）	なし
モデル（内包可）	フレージング
暗黙のARIAロール	対応ロールなし

ルビに未対応なブラウザ用の設定
`<rp> ... </rp>`

カテゴリー（分類）	フロー/フレージング/パルパブル
モデル（内包可）	テキスト
暗黙のARIAロール	対応ロールなし

`<ruby>` はベーステキスト（親文字）とルビ（ふりがな）のセットを示します。ルビは `<rt>` で示します。`<rp>` ではルビに未対応なブラウザ用のテキストを挿入します。右のサンプルではルビを括弧で囲んでいます。

UA STYLE ルビのレイアウトはP.252のディスプレイタイプで実現されます

こうせいのう
高性能なAI

```
<ruby> 高性能
   <rp>（</rp><rt> こうせいのう </rt><rp>）</rp>
</ruby> な AI
```

改行
`<br>`

カテゴリー（分類）	フロー/フレージング
モデル（内包可）	内包不可
暗黙のARIAロール	対応ロールなし

`<br>` は改行を示します。表記で改行が必要な場合に使用します。

〒000-0000
東京都中央区中央２丁目１－１５

```
<p>〒000-0000<br>
東京都中央区中央２丁目１－１５</p>
```

HTML		
自動改行（折り返し）を許可する箇所 `<wbr>`	カテゴリー（分類）	フロー/フレージング
	モデル（内包可）	内包不可
	暗黙のARIAロール	対応ロールなし

自動改行（折り返し）が入らない文字列の中で、`<wbr>` は自動改行を許可する箇所を示します。たとえば、右の例は word-break: keep-all（P.346）を適用して文字間の改行を禁止し、`<wbr>` で改行位置を指定したものです。画面幅を変えてみると、`<wbr>` で指定した箇所にだけ改行が入ります。

> コンパクトで快適な作業スペース
>
> コンパクトで快適な作業スペース
>
> コンパクトで快適な作業スペース

画面の横幅を変えたときの表示

```
<h1> コンパクトで <wbr> 快適な
<wbr> 作業スペース </h1>

h1 {word-break: keep-all;}
```

HTML		
イメージマップ `<map> ... </map>`	カテゴリー（分類）	フロー/フレージング/パルパブル
	モデル（内包可）	トランスペアレント
	暗黙のARIAロール	対応ロールなし

HTML		
イメージマップのエリアの構成 `<area>`	カテゴリー（分類）	フロー/フレージング/パルパブル
	モデル（内包可）	内包不可
	暗黙のARIAロール	link（リンク）※ ウィジェット

※href属性がある場合

イメージマップは `<area>` で画像上のエリアを示し、リンクを設定する機能です。`<area>` の shape 属性でエリアの形状を、coords で座標を指定し、href 属性でリンク先を、alt 属性で代替テキストを指定します。

`<map>` は複数の `<area>` の設定をまとめ、name 属性でマップ名を示します。画像 `<img>` の usemap 属性でマップ名を指定すると、イメージマップの設定が適用されます。

画像に設定したリンク
バジル(basil.html)
パスタ(pasta.html)
トマト(tomato.html)
重なった箇所は先に記述した`<area>`で処理されます（ここではトマト）

```
<img src="home.jpg" alt="" width="500"
  height="333" usemap="#mymap">

<map name="mymap">
  <area href="tomato.html" alt="トマト"
    shape="rect" coords="262,0,411,194">
  <area href="basil.html" alt="バジル"
    shape="circle" coords="443,116,63">
  <area href="pasta.html" alt="パスタ"
    shape="poly" coords="179,333,225,213,
    307,247,255,333">
</map>
```

座標は画像の左上を「0,0」とし、「x,y」の形で指定します。

形状	shape属性の値	coords属性の値
四角形	`rect`	左上の座標,右下の座標
円形	`circle`	中心の座標,半径
多角形	`poly`	各角の座標をカンマ区切りで指定

■ サーバーサイドイメージマップ

イメージマップの処理をサーバー側で行う場合、<img> に ismap 属性を指定し、<a> でリンクを設定します。リンク先には処理を行うプログラムを指定します。これで画像をクリックすると、クリックした位置の xy 座標がリンク先に「http:// 〜 /?x,y」という形で送信されます。

```html
<a href="〜">
    <img src="home.jpg" alt="" ismap>
</a>
```

HTML

フォームコントロールの値の候補リスト
`<datalist> ... </datalist>`

カテゴリー（分類）	フロー/フレージング
モデル（内包可）	フレージングまたは0個以上の<option>/スクリプト
暗黙のARIAロール	listbox（リストボックス） ウィジェット

<datalist> はフォームコントロールの値の候補リストを示します。候補は P.095 の <option> で指定します。用意した候補リストはフォームコントロールの list 属性で指定します。
list 属性を指定できるコントロールについては P.098 を参照してください。

```html
<label>SNS
  <input type="url" name="sns" list="sns" />
  <datalist id="sns">
    <option value="https://x.com/"></option>
    <option value="https://instagram.com/"></option>
  </datalist>
</label>
```

Chapter 2　HTML 要素

2-5 エンベディッド（埋め込みコンテンツ）

画像やビデオといった外部リソースをページ内に埋め込み、表示する要素です。HTMLでは「フローコンテンツ」と「フレージングコンテンツ」に加えて、「エンベディッドコンテンツ」カテゴリーに分類されます。暗黙のARIAロールは<img>がimg（画像）またはpresentation（装飾）になることを除くと、対応ロールのないものが中心です。

<svg>と<math>については、HTMLとは異なる仕様（SVGとMathML）のコードを埋め込むものとなっています。

フローコンテンツ
- img※
- picture
- audio※
- video※
- iframe
- embed
- object
- canvas
- svg
- math

エンベディッドコンテンツ

フレージングコンテンツ

※条件に応じて分類が変わる要素

UA STYLE　ディスプレイタイプは「inline」で処理され、インラインレベルの要素になります。これらのうち、<img>や<video>などは「置換要素（P.364）」として扱われます

HTML

画像
```
<img src="～" alt="～"
  width="～" height="～">
```

カテゴリー（分類）	フロー/フレージング/エンベディッド/インタラクティブ ※1 /フォーム関連/パルパブル
モデル（内包可）	内包不可
暗黙のARIAロール	img（画像）※2 /presentation（装飾）※3　文書構造

※1 … usemap属性がある場合　　※2 … alt属性が空でない、もしくはalt属性がない場合　　※3 … alt属性が空の場合

<img>は画像を示す要素です。<img>で指定できる属性は以下のようになっており、src属性で画像ファイル、alt属性で代替テキスト、width/height属性で画像サイズを指定します。

属性	機能
src	画像のURL
alt	代替テキストの提供
width / height	レイアウトシフトの防止（画像サイズの指定）
decoding	デコードの処理
loading	遅延読み込み
srcset / sizes	レスポンシブイメージの設定
crossorigin	クロスオリジン（P.126を参照）
ismap	サーバーサイドイメージマップ（P.071を参照）
usemap	イメージマップ（P.070を参照）
referrerpolicy	リファラポリシー（P.126を参照）
fetchpriority	先読みの優先順位（P.128を参照）

```
<img src="assets/home.jpg" alt="オフィス内
のテーブルにトマトやパスタを置いています"
width="1500" height="1000">
<h1>Home Office</h1>
```

```
img {
    width: 100%;
    height: auto;
}
```

画像の表示サイズを親要素や画面幅に合わせたサイズにするためには、左のようなCSSを適用します。

■ 代替テキストの提供と暗黙のARIAロールの決定　alt属性

画像の伝える情報がある場合、alt属性で代替テキストを提供します。伝える情報がない場合（装飾画像の場合）や不明な場合は、以下のようにalt属性を設定します。その設定に応じて暗黙のARIAロールも変わり、アクセシビリティツリーに公開されるかどうかが決まります。

画像の伝える情報	alt属性の設定		暗黙のARIAロール	アクセシビリティツリーへの公開
画像の伝える情報がある場合	`<img alt="代替テキスト">`	画像の情報をalt属性で代替テキストとして提供する	img（画像）	公開
画像の伝える情報がない場合（装飾目的の画像の場合）	`<img alt="">`	alt属性の値を空にする（alt属性の省略は認められない）	presentation（装飾）	非公開
画像の伝える情報が不明な場合（ユーザーの投稿画像など）	`<img>`	alt属性を省略する	img（画像）	公開

画像の伝える情報に合わせて、alt属性で代替テキストを提供したり、空にして支援ツールから無視されるようにする（アクセシビリティツリーで非公開にする）ことは、WCAGの達成基準「1.1.1: 非テキストコンテンツ」を満たすことにつながります。

alt属性で指定した代替テキストはアクセシブル名（P.023）として認識されます。

■ レイアウトシフトの防止（画像サイズの指定）　width / height属性

読み込みに時間のかかる画像はあとから表示されるため、そのままでは先に表示されたコンテンツの表示位置がずれ、ユーザー体験を低下させます。これはレイアウトシフト（CLS: Cumulative Layout Shift）」と呼ばれ、できるだけ防止することが求められます。

レイアウトシフトを防ぐためには、`<img>`のwidthとheight属性で画像の横幅と高さを指定します。ブラウザはこの情報を元に画像の縦横比を算出し、表示エリアを確保します。

width/height属性がない場合（テキストの位置がずれます）

`<img … alt="…">`

width/height属性がある場合（テキストの位置がずれません）

`<img … alt="…" width="1500" height="1000">`

■ デコードの処理　decoding属性

decoding属性は、画像を表示するデコードの処理方法をブラウザに提案します。他のコンテンツと非同期に処理したい場合は「async」と指定します。

decoding属性の値	処理方法
sync	同期処理
async	非同期処理
auto	自動（処理に関する提案をしない）

■ 遅延読み込み　loading属性

loading 属性を「lazy」と指定すると、画像の遅延読み込み（Lazy Load）が有効化され、ブラウザが表示に必要と判断した段階で画像が読み込まれます。

loading属性の値	処理方法
eager	遅延読み込みを行わない
lazy	遅延読み込みを行う

ページ内のすべての画像が読み込まれます。

スクロールに応じて必要な画像が読み込まれます。

ビューポート

遅延読み込みを有効化することはパフォーマンスの改善につながります。同時に、レイアウトシフトが発生しないようにしておくことも重要です

■ レスポンシブイメージの設定　srcset / sizes属性

srcset と sizes 属性はレスポンシブイメージの設定を行い、閲覧環境の DPR（Device Pixel Ratio）などに応じて最適なサイズの画像を提供します。

レスポンシブイメージを設定することは、不要に大きいサイズの画像が読み込まれるのを防ぎ、パフォーマンスの改善につながります

デバイスのDPRと画面幅に応じて最適なサイズの画像を提供する場合

まず、srcset 属性でサイズの異なる画像の選択肢を用意し、カンマ区切りで「画像 URL 横幅 w」という形で指定します。

次に、sizes 属性で画像の選択基準を指定します。閲覧環境の画面幅を基準にする場合、「100vw」と指定します。これで、DPR と画面幅に応じて次のように使用される画像が変わります。

```
<img
    src="home.jpg"
    …略…
    srcset="assets/500w.jpg 500w,
            assets/1000w.jpg 1000w,
            assets/1500w.jpg 1500w"
    sizes="100vw"
>
```

※ デスクトップ環境のChromeでは、一度大きいサイズの画像を読み込むとキャッシュされます。属性の設定や画面幅などを変更しても、キャッシュした大きいサイズの画像で表示されますので、動作チェックなどの際には注意が必要です

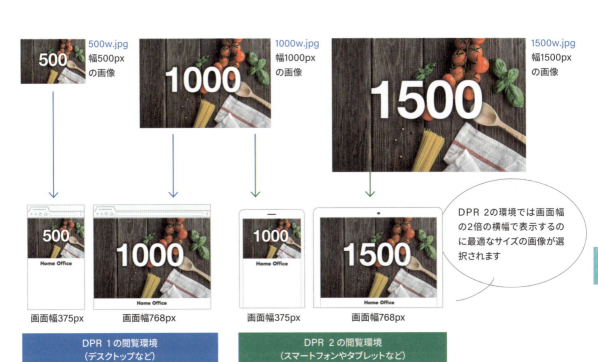

デバイスのDPRと画像の最大幅に応じて最適なサイズの画像を提供する場合

画像の選択基準を画面幅ではなく、画像の最大幅にすることもできます。たとえば、画像の最大幅が 480 ピクセルの場合、sizes 属性を右のように指定すると、画面幅が 480px 以上の場合は 480px、それ以外の画面幅の場合は 100vw を基準に、最適なサイズの画像が選択されます。

画面幅768px
DPR 1 の閲覧環境（デスクトップなど）

画面幅768px
DPR 2 の閲覧環境（スマートフォンやタブレットなど）

デバイスのDPRに応じて最適なサイズの画像を提供する場合

デバイスの DPR のみを基準に画像を提供する場合、srcset 属性では「画像 URL DPRx」という形で DPR ごとの画像を指定します。sizes 属性の指定は不要です。

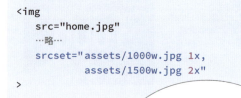

```
<img
    src="home.jpg"
    …略…
    srcset="assets/1000w.jpg 1x,
            assets/1500w.jpg 2x"
>
```

> DPRで読み込む画像が決まるため、画面幅に合わせて表示サイズが大きく変わる場合、小さい画面では不要に大きなサイズの画像を読むこむことになりますので注意が必要です。

画面幅375px / 画面幅768px

DPR 1 の閲覧環境（PCなど）

画面幅375px / 画面幅768px

DPR 2 の閲覧環境（スマートフォンやタブレットなど）

HTML

`<img>` 用の複数の画像リソース

```
<picture>
  <source>
  <img>
</picture>
```

`<picture>`		
カテゴリー（分類）	フロー/フレージング/エンベディッド/パルパブル
モデル（内包可）	0個以上の`<source>`とそれに続く`<img>`/スクリプト
暗黙のARIAロール	対応ロールなし

`<source>`		
カテゴリー（分類）	なし
モデル（内包可）	内包不可
暗黙のARIAロール	対応ロールなし

`<picture>` は `<img>` として表示する画像リソースを複数提供する要素です。P.074 のレスポンシブイメージを複数の画像フォーマットで提供したり、アートディレクション（画面幅に応じて縦横比の異なる画像を提供する設定）の実現が可能です。

複数の画像リソースは `<source>` を使い、右の属性で条件をつけて提示します。先に指定した `<source>` の優先順位が高く、どの `<source>` とも一致しない場合は `<img>` が使用されます。画像の代替テキストも `<img>` の alt 属性で指定したものが使用されます。

`<source>`の属性	機能	`<picture>`	`<audio>` `<video>`
type	リソースの種類（MIMEタイプ）	○	○
media	メディアクエリ（P.198）	○	○
src	リソースのURL	×	○
srcset/sizes	レスポンシブイメージの設定	○	×
width/height	レイアウトシフトの防止（画像サイズの指定）	○	×

たとえば、次のコードは P.074 のレスポンシブイメージに対し、画面幅が 500px 以下のときに使用する画像と、ブラウザが WebP フォーマットに対応しているときに使用する画像を提供したものです。

<source> ごとに srcset と sizes 属性でレスポンシブイメージの設定を行い、width と height 属性では画像サイズを指定してレイアウトシフト（P.073）を防止しています。

<source> は先に記述したものの優先度が高くなるため、主要ブラウザでは以下のように画像が選択されます。閲覧環境で使用できる <source> がなかった場合は <img> の設定で表示されます。

```html
<picture>
  <source
    media="(width < 500px)"
    srcset="assets/sp500w.jpg 500w,
            assets/sp1000w.jpg 1000w"
    width="500"
    height="670"
  >
  <source
    type="image/webp"
    srcset="assets/500w.webp 500w,
            assets/1000w.webp 1000w,
            assets/1500w.webp 1500w"
    sizes="100vw"
    width="1500"
    height="1000"
  >
  <img
    src="assets/home.jpg"
    alt=" オフィス内のテーブル "
    width="1500"
    height="1000"
    srcset="assets/500w.jpg 500w,
            assets/1000w.jpg 1000w,
            assets/1500w.jpg 1500w"
    sizes="100vw"
  >
</picture>
```

-\/\/- <picture>を使用して最適な画像を提供することはパフォーマンスの改善につながります。なお、圧縮率の高いWebPやAVIFフォーマットには主要ブラウザが対応済みなため、いずれかを使用し、P.074のシンプルなレスポンシブイメージの形で画像を提供するという考え方もあります

Chapter 2　HTML要素

HTML		

音声
`<audio src="〜"></audio>`
 	
動画
`<video src="〜"></video>`
	カテゴリー（分類）	フロー/フレージング/エンベディッド/インタラクティブ ※ /パルパブル ※

	モデル（内包可）	src属性がある場合は0個以上の`<track>`とそれに続くトランスペアレント（親要素が内包できる要素）。src属性がない場合は0個以上の`<source>`とそれに続く0個以上の`<track>`とトランスペアレント（親要素が内包できる要素）。ただし`<audio>`/`<video>`は除く。
	暗黙のARIAロール	対応ロールなし

※ … controls属性がある場合

`<audio>`は音声、`<video>`は動画を埋め込む要素で、まとめて「メディア要素」と呼ばれます。
指定できる属性は右のようになっています。たとえば、音声や動画を埋め込んでコントローラーを表示すると次のようになります。動画では自動再生、ループ、ミュート、インライン再生も有効にしています。

属性	機能
src	音声 / 動画のURL
poster	ポスターフレーム画像のURL（`<video>`のみ）
preload	プリロードの方法
controls	コントローラーを有効化
autoplay	自動再生を有効化
loop	ループ再生を有効化
muted	ミュート（消音）を有効化
playsinline	インライン再生を有効化
width / height	横幅 / 高さ
crossoraigin	クロスオリジンの設定（P.126を参照）

```
<audio src="assets/audio.mp3" controls></audio>
```

```
<video
 src="assets/home.mp4"
 controls
 autoplay
 loop
 muted
 playsinline
 width="640"
 height="360"
></video>
```

playsinline属性でインライン再生を有効化すると、iOS Safariのようにビデオを別画面でフルスクリーン表示するブラウザでも、インラインで再生されるようになります

音声や動画を使用した場合、WCAGの達成基準1.2.1〜1.2.5では代替コンテンツ（書き起こしテキストやキャプション、映像に対する音声解説など）の提供が求められます。
`<audio>`/`<video>`の開始タグと終了タグの間に記述できるのは未対応なブラウザ用のコンテンツです。アクセシビリティツリーでは非公開になり、代替コンテンツとしては機能しません。代替コンテンツはリンクなどで用意します

WCAGの達成基準「1.4.2 音声の制御」「2.2.1 タイミング調整可能」「2.2.2 一時停止、停止及び非表示」では、自動再生をしない、もしくは停止・再開の機能を提供するといった対応が求められます

■ ポスターフレーム画像　poster属性

自動再生を設定しなかった場合、ページをロードしても動画は再生されず、最初のフレームが表示されます。このとき、poster 属性では最初のフレームの代わりに表示するポスターフレーム画像を指定できます。
たとえば、poster.jpg をポスターフレーム画像として指定すると右のようになります。

poster.jpg
（640×360ピクセル）

```
<video src="home.mp4" controls
 poster="assets/poster.jpg"
 width="640" height="360"></video>
```

■ プリロードの方法を指定　preload属性

preload 属性はコンテンツのプリロード（先読み）の方法をブラウザに提案します。指定できる値は右のようになっています。

値	機能
none	プリロードを行わない
metadata	コンテンツのメタデータ（大きさ、トラックリスト、再生時間など）や冒頭部分のデータのみをプリロードする
auto	コンテンツ全体のプリロードを認める

■ リソースのセット　<source>

P.074 の <source> を使用すると、異なるコーデックやフォーマットで作成したリソースのセットを提供できます。先に記述したリソースの優先度が高くなり、ブラウザは対応したリソースを使用します。
<source> を使用した場合、<audio>/<video> の src 属性は指定できません。

```
<video controls autoplay loop
 width="640" height="360">
    <source src="assets/home.mp4"
     type="video/mp4">
    <source src="assets/home.webm"
     type="video/webm">
</video>
```

type属性ではリソースの種類（MIMEタイプ）を指定します

音声・動画のテキストトラック
`<track src="〜">`

カテゴリー（分類）	なし
モデル（内包可）	内包不可
暗黙のARIAロール	対応ロールなし

`<track>` は src 属性で指定した WebVTT 形式のテキストトラックをメディア要素に追加します。kind 属性ではトラックの種類、srclang 属性では言語の種類、label 属性ではラベル、default 属性では標準で表示するトラックを指定します。default 属性を指定したトラックがない場合、トラックの表示はオフになります。

default属性で指定したテキストトラックが表示されます

kind属性の値	テキストトラックの種類
subtitles	字幕（効果音などの情報は含まない）
captions	クローズドキャプション（効果音などの情報を含む）
descriptions	テキストによるコンテンツの説明
chapters	スクリプトで使用するチャプターなどのデータ（画面には表示されません）
metadata	

```
<video src="assets/home.mp4" controls …>
  <track kind="captions" src="track-ja.vtt"
    srclang="ja" label="日本語" default>
  <track kind="captions" src="track-en.vtt"
    srclang="en" label="英語">
</video>
```

```
WEBVTT
00:00.000 --> 00:02.000
ホームオフィス
00:02.303 --> 00:04.504
〜<b>効果音</b>〜
```

テキストトラックデータ（track-ja.vtt）

> クローズドキャプションをつけることはWCAGの達成基準「1.2.2 キャプション（収録済み）」を満たすことにつながります

インラインフレーム
`<iframe src="〜"></iframe>`

カテゴリー（分類）	フロー/フレージング/エンベディッド/インタラクティブ/パルパブル
モデル（内包可）	内包不可
暗黙のARIAロール	対応ロールなし

`<iframe>` はインラインフレームの形でブラウジングコンテキスト（Web ページの表示場所）を構成し、src 属性で指定したコンテンツを表示します。YouTube の動画や SNS の投稿、Web アプリケーションなど、さまざまなコンテンツをページ内に埋め込むために利用されています。

インラインフレームは中身のコンテンツに合わせたサイズにはなりませんので、width と height 属性で横幅と高さを指定します。たとえば、600 × 300 ピクセルに指定したインラインフレームに contents.html を表示すると次のようになります。

属性	機能
src	コンテンツのURL
srcdoc	コンテンツの記述
name	ブラウジングコンテキスト名（P.089）
sandbox	インラインフレームのサンドボックス化（インラインフレームと外側との関係）を制御
allow	インラインフレーム内のコンテンツで使用できる機能の許可
allowfullscreen	フルスクリーン表示を許可
width / height	サイズ指定（レイアウトシフトの防止 P.073）
referrerpolicy	リファラポリシー（P.126）
loading	遅延読み込み（P.074）

読み込んだ
コンテンツ
contents.html

```
<h1>Home Office</h1>
<iframe src="contents.html"
 width="600" height="300"
 title=" スペシャルコンテンツ "></iframe>
```

> グローバル属性のtitle属性で指定した値はアクセシブル名（P.023）として認識されます。

> title属性でアクセシブル名を指定することは、WCAGの達成基準「4.1.2 名前(name)、役割(role)及び値(value)」を満たすのにつながります。

■ コンテンツの記述　srcdoc属性

srcdoc 属性ではインラインフレームに表示するコンテンツを指定します。src 属性といっしょに指定した場合でも、srcdoc 属性のコンテンツが表示されます。

快適なホームオフィス

```
<iframe srcdoc="<h1> 快適なホームオフィス </h1>"
 width="600" height="150"></iframe>
```

■ サンドボックス化　sandbox属性

sandbox 属性ではインラインフレームと外側との関係を制御し、セキュリティを強化します。標準では何の制限もかかりませんが、sandbox 属性を空の値で指定すると、以下のすべての制限がかかります。その上で、解除したい制限の値を指定します。

```
<iframe src="contents.html"
 width="600" height="300"
 sandbox="allow-forms allow-popups"
 title=" スペシャルコンテンツ "></iframe>
```

すべての制限をかけたうえで、フォームの送信とポップアップのみを許可したもの

制限解除のための sandbox属性の値	解除される制限
allow-downloads	ファイルのダウンロード
allow-forms	フォームの送信
allow-modals	モーダル (Window.alert()などによる表示)
allow-orientation-lock	画面の向きのロック
allow-pointer-lock	Pointer Lock API
allow-popups	ポップアップ (Window.open(), target="_blank"などによる表示)
allow-popups-to-escape-sandbox	リダイレクト先やポップアップに同じ制限を適用しない

制限解除のための sandbox属性の値	解除される制限
allow-presentation	Presentation API
allow-same-origin	同一オリジンとして扱う
allow-scripts	スクリプトの実行
allow-top-navigation	最上位のブラウジングコンテキスト（_top）へのナビゲーション
allow-top-navigation-by-user-activation	ユーザーの操作に基づいた最上位のブラウジングコンテキストへのナビゲーション
allow-top-navigation-to-custom-protocols	非HTTPプロトコルへのナビゲーション

■ インラインフレーム内のコンテンツで使用できる機能の許可　allow属性

allow属性ではインラインフレーム内のコンテンツで使用できる機能を許可します。たとえば、「自動再生（autoplay）」と「カメラの使用（camera）」を許可する場合は右のように指定します。
指定できる機能については、Permissions-Policyを参照してください。

```
<iframe src="contents.html"
 width="600" height="300"
 allow="autoplay; camera"
 title=" スペシャルコンテンツ "></iframe>
```

```
Permissions-Policy
https://developer.mozilla.org/ja/docs/Web/
HTTP/Headers/Permissions-Policy
```

HTML
外部リソースの埋め込み
`<embed src=" 〜 ">`

カテゴリー (分類)	フロー/フレージング/エンベディッド/インタラクティブ/パルパブル
モデル (内包可)	内包不可
暗黙のARIAロール	対応ロールなし

`<embed>`は主にプラグインを使用した外部リソースの表示に使用しますが、主要ブラウザはプラグイン対応を廃止しています。HTML5の策定時には古いブラウザが多く残っていたことから採用され、HTML Living Standardにも引き継がれている要素です。

```
<embed type="video/webm" src="assets/home.mp4"
 width="640" height="360">
```

HTML
外部リソースの埋め込み
`<object data=" 〜 "></object>`

カテゴリー (分類)	フロー/フレージング/エンベディッド/リスティッド（フォーム関連）/パルパブル
モデル (内包可)	トランスペアレント
暗黙のARIAロール	対応ロールなし

`<object>`はdata属性で指定した外部リソースを表示します。右の例ではPDFを指定しています。画像を指定した場合は`<img>`、HTMLファイルを指定した場合は`<iframe>`を使用したときと同じように表示されます。

属性	機能
data	コンテンツのURL
type	コンテンツのMIME TYPE
name	ブラウジングコンテキスト名 (P.089)
form	フォームコントロールを指定 (P.102)
usemap	イメージマップの設定 (P.070)
width / height	サイズ指定 (レイアウトシフトの防止 P.073)

```
<object type="application/pdf"
 data="https://html.spec.whatwg.org/print.pdf"
 width="1000" height="600">
</object>
```

`<object>〜</object>`内にはdata属性で指定したリソースが読み込めなかったときに表示するコンテンツを記述できますが、代替テキストとしては機能しません

Canvas

`<canvas> ... </canvas>`

カテゴリー（分類）	フロー/フレージング/エンベディッド/パルパブル
モデル（内包可）	トランスペアレント
暗黙のARIAロール	対応ロールなし

Canvas はビットマップ形式の図形を JavaScript でダイナミックに描画するための仕様です。`<canvas>` で描画エリアを用意し、JavaScript で描画の指示を行います。右の例では `<canvas>` の width と height 属性で描画エリアのサイズを 100 × 50 ピクセルに指定し、半径 20px のオレンジ色の円を描画しています。

Canvas で使用できる機能などについては HTML Living Standard で規定されています。

The canvas element
https://html.spec.whatwg.org/multipage/canvas.html

```
<canvas id="myCanvas" width="100" height="50"
 style="border: solid 2px pink"></canvas>

<script>
 var canvas = document.getElementById("myCanvas")
 var ctx = canvas.getContext("2d")

 // xy 座標 (25,25) の位置に半径 20px のオレンジ色の円を描画
 ctx.arc(25, 25, 20, 0, Math.PI * 2)
 ctx.fillStyle = "orange"
 ctx.fill()
</script>
```

 `<canvas>`〜`</canvas>` 内には未対応ブラウザや JavaScript が無効化された環境用のコンテンツを記述できますが、代替テキストとしては機能しません

SVG

`<svg> ... </svg>`

カテゴリー（分類）	フロー/フレージング/エンベディッド/パルパブル
モデル（内包可）	SVGの仕様に従う
暗黙のARIAロール	graphics-document ※

※ … SVG Accessibility API Mappings（https://www.w3.org/TR/svg-aam-1.0/）で割り当てられたロール

SVG（Scalable Vector Graphics）はベクター形式の図形を描画する XML ベースの言語で、文法などについては以下の勧告で規定されています。

Scalable Vector Graphics (SVG)
https://www.w3.org/TR/SVG/

SVG のコード `<svg>` はインライン SVG として HTML の中に記述できます。右の例ではハートを描画した `<svg>` を記述しています。

```
<svg width="24" height="24">
 <path d="m22.81,9.79c0-5.97-8.1-
 8.31-10.81-1.75C9.29,1.48,1.18,3.83
 ,1.18,9.79s9.8,11.63,10.78,12.08v.0
 4s.01,0,.04-.02c.03.01.04.02.04.02v-
 .04c.97-.45,10.78-6.38,10.78-12.08Z"
 fill="#ffc5c0" />
</svg>
Like
```

■ インラインSVGの代替テキスト（アクセシブル名）

インライン SVG の代替テキスト（アクセシブル名）を指定する方法は色々とありますが、主に次のような方法が使用されます。

 アクセシブル名を提示することは、WCAGの達成基準「1.1.1 非テキストコンテンツ」を満たすのにつながります

インラインSVG単体の場合

`<svg>`内の`<title>`で指定する
SVG の `<title>` 要素でアクセシブル名を指定し、`<svg>` の ARIA ロールは role 属性で「img（画像）」にします。

`<svg>`のaria-label属性で指定する
`<svg>` の aria-label 属性でアクセシブル名を指定します。ARIA ロールは role 属性で「img（画像）」にします。

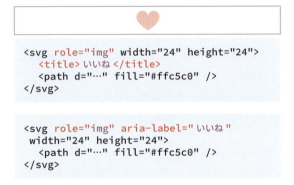

```
<svg role="img" width="24" height="24">
  <title> いいね </title>
  <path d="…" fill="#ffc5c0" />
</svg>
```

```
<svg role="img" aria-label=" いいね "
 width="24" height="24">
  <path d="…" fill="#ffc5c0" />
</svg>
```

フォーカス可能な要素内でインラインSVGを使用した場合

`<a>` や `<button>` といったフォーカス可能な要素（P.086）内にインライン SVG のみを入れた場合は次のように指定します。

ボタン`<button>`内にインラインSVG画像のみを入れたもの

SVG側で指定する
フォーカス可能な要素内にアクセシブル名を指定した `<svg>` を記述します。たとえば、右のようにボタン `<button>` 内に記述すると、`<svg>` の `<title>` や aria-label 属性で指定したテキストがボタンのアクセシブル名として認識されます。

なお、`<button>` 内の `<svg>` の `<title>` で指定したアクセシブル名は、そのままでは macOS や iOS の支援ツール VoiceOver で認識されません。右のように aria-labelledby と id 属性で `<title>` を関連付けることにより、認識させることが可能です。

```
<button type="button">
  <svg role="img" aria-labelledby="like"
   width="24" height="24">
    <title id="like"> いいね </title>
    <path d="…" fill="#ffc5c0" />
  </svg>
</button>
```

```
<button type="button">
  <svg role="img" aria-label=" いいね "
   width="24" height="24">
    <path d="…" fill="#ffc5c0" />
  </svg>
</button>
```

フォーカス可能な要素側で提示する

フォーカス可能な要素（ここでは <button>）の aria-label 属性でアクセシブル名を指定します。<svg> は aria-hidden 属性を true と指定し、アクセシビリティツリーに非公開にします。

```
<button type="button" aria-label="いいね">
  <svg aria-hidden="true"
    width="24" height="24">
    <path d="…" fill="#ffc5c0" />
  </svg>
</button>
```

SVGといった画像のアクセシブル名の指定方法については下記のドキュメントが参考になります

> SVG element with explicit role has non-empty accessible name
> https://www.w3.org/WAI/standards-guidelines/act/rules/7d6734/proposed

> Image not in the accessibility tree is decorative
> https://www.w3.org/WAI/standards-guidelines/act/rules/e88epe/proposed/

<object>や<canvas>、アイコンフォントなどのアクセシブル名も、インラインSVGと同じ方法（<svg>内の<title>で指定する方法以外）で指定できます

```
<span class="icon icon-heart"
  role="img" aria-label="いいね"></span>
```

アイコンフォントの設定にアクセシブル名を指定したもの

HTML

MathML（数式）

`<math> ... </math>`

カテゴリー（分類）	フロー/フレージング/エンベディッド/パルパブル
モデル（内包可）	MathMLの仕様に従う
暗黙のARIAロール	math　文書構造

MathML（Mathematical Markup Language）は数式を表すために作成された、XML をベースとした言語です。文法などについては以下の勧告で規定されています。

> Mathematical Markup Language (MathML)
> https://www.w3.org/TR/MathML/

MathML の設定 <math> は HTML 中に記述できます。右の例では 2 × 2 のマトリクスを記述しています。

$$\begin{bmatrix} a & c \\ b & d \end{bmatrix}$$

```
<math>
  <mrow>
    <mo> [ </mo>
    <mtable>
      <mtr>
        <mtd><mi>a</mi></mtd>
        <mtd><mi>c</mi></mtd>
      </mtr>
      <mtr>
        <mtd><mi>b</mi></mtd>
        <mtd><mi>d</mi></mtd>
      </mtr>
    </mtable>
    <mo> ] </mo>
  </mrow>
</math>
```

Chapter 2　HTML 要素

2-6　インタラクティブに関する要素

ユーザーによる操作が可能で、HTMLでは「インタラクティブコンテンツ」カテゴリーに分類される要素です。これらのうち、リンク<a>とフォーム関連の要素はARIAの「ウィジェット」に分類されます。

ここでは、コンテンツカテゴリーが「エンベディッドコンテンツ」と「フォーム関連」に分類されるもの以外（<details>、<label>、<a>）について見ていきます。

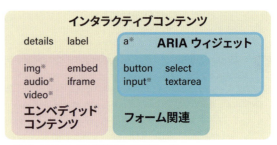

※インタラクティブに分類されるのはhrefやusemap、controls属性がある場合に限ります

> デフォルトのディスプレイタイプは<details>が「block（ブロック）」に、<label>と<a>が「inline（インライン）」になります。

■ フォーカス可能な要素

「インタラクティブコンテンツ」カテゴリーの要素はブラウザによってデフォルトでフォーカス可能な要素（Focusable Elements）として扱われます。そのため、マウスクリックやキーボードのTabキーでフォーカスされた状態（選択された状態）になり、操作できます。

通常は要素そのものがフォーカスされますが、開閉式ウィジェットを構成する<details>では概要を示す<summary>が、ラベルを示す<label>ではラベル対象のフォームコントロールがフォーカスされます。エンベディッドコンテンツカテゴリーの要素は埋め込んだ外部リソースなどに応じて変わります。

> UI構築などの際にデフォルトでフォーカス可能な要素を使用すれば、キーボード操作やフォーカスの可視化などの設定もブラウザによって適切に処理されます。これは、WCAGの達成基準「2.1.1 キーボード」、「2.1.2 キーボードトラップなし」、「2.4.7 フォーカスの可視化」を満たすのにつながります

AIアシスタントに手伝ってもらいます

▼ Tabキーを入力

AIアシスタントに手伝ってもらいます

リンクがフォーカスされた状態になります。この状態でEnterキーを押すとリンク先が開きます

> フォーカスされた状態を可視化するため、デフォルトでは:focus-visible擬似クラスを使用し、outlineプロパティで黒や青のフォーカスリングが表示されます

> デフォルトでフォーカス可能な要素はtabindex="0"（P.141）を指定したときと同じように処理されるため、Tabキーでの選択順はDOMでの出現順になります。これは、コンテンツの流れとフォーカス順が一致することを求めるWCAGの達成基準「2.4.3 フォーカス順序」を満たすのにつながります

開閉式ウィジェット

```html
<details>
  <summary> 概要 </summary>
  コンテンツ
</details>
```

<details>		
	カテゴリー（分類）	フロー/インタラクティブ/パルパブル
	モデル（内包可）	1つの<summary>とそれに続くフロー
	暗黙のARIAロール	group　文書構造

<summary>		
	カテゴリー（分類）	なし　※<details>内で使用
	モデル（内包可）	フレージング/ヘディング
	暗黙のARIAロール	対応ロールなし

<details> は開閉式ウィジェットを構成する要素です。<details> 内にはコンテンツを記述し、<summary> で概要を示します。デフォルトでは閉じた状態で概要のみが表示されます。クリックするとブラウザによって <details> に open 属性が付加され、開いた状態になりコンテンツが表示されます。

ウィジェットをクリック　コンテンツが表示されます

```html
<details>
  <summary>サイズ</summary>
  200mm x 300mm x 100mm
</details>
```

UA STYLE　<summary>のデフォルトのディスプレイタイプはlist-item（リストアイテム）です。マーカーはlist-style-typeプロパティで設定され、閉じたときは「▶disclosure-closed」、開いたときは「▼disclosure-open」になります。
ただし、Safariでは非標準の::-webkit-details-markerで設定されているため、マーカーを削除する場合は右のようなスタイルを<summary>に適用します。
コンテンツ部分のスタイルや開閉アニメーションは、::details-contentを使用してP.428のように設定できます。

```css
summary {
    display: block;

    &::-webkit-details-marker {
        display: none;
    }
}
```

▶▼を削除する設定

■ デフォルトで開く設定とグループ化　open属性 / name属性

<details> に open 属性を指定しておくと、デフォルトで開いた状態にできます。また、複数の <details> をグループ化し、その中の1つだけが開くようにする場合、name 属性で同じ値を指定します。

```html
<details name="product" open>
    <summary> サイズ </summary>
    200mm x 300mm x 100mm
</details>
<details name="product">
    <summary> 色 </summary>
    ブルーグレー
</details>
```

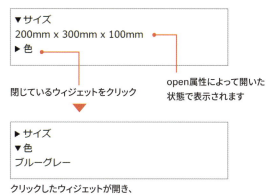

閉じているウィジェットをクリック

open属性によって開いた状態で表示されます

クリックしたウィジェットが開き、グループ化した他のウィジェットは閉じます

HTML		
フォームコントロールのラベル `<label> ... </label>`	カテゴリー（分類）	フロー/フレージング/インタラクティブ/パルパブル
	モデル（内包可）	フレージング（`<label>`以外）※
	暗黙のARIAロール	対応ロールなし

※`<label>`内に記述できるフォームコントロールはラベル対象となるものに限られます

`<label>` はフォームコントロールのラベルを示します。ラベルをつけるためには、`<label>` 内にラベルとコントロールをまとめて記述するか、`<label>` の for 属性でコントロールの ID を指定します。たとえば、`<input>` で構成した入力フィールドに「名前」というラベルをつけると右のようになります。

なお、ラベルをつけることができるのは、フォーム関連の「ラベル可能」に分類された要素です。

> `<label>`でラベルをつけることは、WCAGの達成基準「2.4.6 見出し及びラベル」や「3.3.2 ラベル又は説明」を満たすのにつながります

名前 _____

```
<label>
    名前
    <input type="text" name="fullname">
</label>
```
ラベルとコントロールをまとめて記述

```
<label for="fullname">名前</label>
<input id="fullname"
 type="text" name="fullname">
```
for属性でコントロールのIDを指定

HTML		
リンク `<s href="～"> ... </a>`	カテゴリー（分類）	フロー/フレージング/インタラクティブ※/パルパブル
	モデル（内包可）	トランスペアレント（インタラクティブ/`<a>`/tabindex属性が指定された要素を除く）
	暗黙のARIAロール	link（リンク）※　ウィジェット

※href属性がある場合

`<a>` はハイパーリンク（ハイパーテキストのアンカー：Hypertext Anchor）を示します。リンク先の URL は href 属性で指定します。

> 下線をつけると色が区別できなくてもリンクであることがわかるため、WCAGの達成基準「1.4.1 色の使用」を満たすのにつながります

[AIアシスタント](#)に手伝ってもらいます

```
<a href="https://example.com">AI アシスタント</a>
に手伝ってもらいます
```

> **UA STYLE** デフォルトのリンクは文字色がcolorプロパティで青色になり、text-decorationプロパティで下線（underline）が付加されます

各種リンクの形式		使用例
ページ内リンク （アンカーリンク）	指定したIDを持つ要素へのリンク。 P.212の:targetでリンク先のスタイルを指定可	`<a href="#contact">` /* IDがcontactの要素へリンク */
	指定したテキストへのリンク（テキストフラグメント）。 P.217の::target-textでリンク先のスタイルを指定可	`<a href="#:~:text=Home%20Office">` /* ページ内のテキスト「Home Office」へのリンク */
メールアドレスへのリンク		`<a href="mailto:user@example.com">`
電話番号へのリンク		`<a href="tel:000-1234-5678">`
プレースホルダ（リンク先が未定の場合などに使用）		`<a>`

`<a>` で指定できる属性は次の通りです。

属性	機能
href	リンク先のURL
target	ブラウジングコンテキスト
download	ダウンロードリンク
ping	トラッキング

属性	機能
rel	リンク先のリンクタイプ (P.123)
hreflang	リンク先の言語の種類 (P.123)
type	リンク先のMIMEタイプ (P.123)
referrerpolicy	リファラポリシー (P.126)

■ ブラウジングコンテキストの指定　target属性

target 属性ではリンク先の表示場所を指定します。表示場所は「ブラウジングコンテキスト」と呼ばれ、ブラウザのウィンドウ、タブ、`<iframe>` で作成したインラインフレームのことを指します。たとえば、target 属性を「_blank」と指定すると、主要ブラウザは新しいタブを開いてリンク先を表示します。

```
<a href="~" target="_blank">新しいタブで開く</a>
```

target属性の値	ブラウジングコンテキスト
_blank	新規ウィンドウ/タブで開く
_self	現在のウィンドウ/タブ/インラインフレームで開く
_parent※	親階層のウィンドウ/タブ/インラインフレームで開く
_top※	最上位階層のウィンドウ/タブで開く
名前	指定した名前のウィンドウ/タブ/インラインフレームで開く

> **target="_blank" と rel="noopener"について**
> リンク先のページからリンク元のページが操作されるのを防ぐため、古いブラウザでは「target="_blank"」とセットで「rel="noopener"（IE用にはrel="noopener noreferrer"）」の指定が必要でした。現在、主要ブラウザは「target="_blank"」の指定だけで「rel="noopener"」の処理も行います。

※ インラインフレームは入れ子にできるため、階層構造を構成します。target属性を「_parent」または「_top」と指定したとき、リンクから見て親階層のウィンドウ/タブ/インラインフレームがない場合、リンク先は「_self」と同じ処理で表示されます

■ ダウンロードリンクの作成　download属性

リンク先のファイルをダウンロードさせたい場合、download 属性を指定します。ダウンロード時のファイル名を指定することも可能です。

```
<a href="help.pdf" download>PDF</a>

<a href="help.pdf" download="ヘルプ.pdf">PDF</a>
```

■ トラッキング　ping属性

リンクがクリックされると、ping 属性で指定したURL に POST リクエストを送ります。URL はスペース区切りで複数指定が可能です。アクセス数の把握など、トラッキングに使用されます。

```
<a href="subscription.html"
ping="https://example.com/check https://example.com/count">応募する</a>
```

※ Firefoxはping属性に内部的には対応済みです。ただし、プライバシーの問題が懸念されるとし、標準では無効化されています。

Chapter 2　HTML 要素

2-7 フォームコントロール

「フォームコントロール」は入力フィールドやボタンなどを構成する要素です。特に「送信可能（Submittable）」に分類された要素は、入力内容や設定がフォームで送信され、フォーカス可能な要素（P.086）としても扱われます。
「ラベル可能」に分類された要素には P.088 の <label> でラベルをつけることが可能です。ここには「フォーム関連」に分類されない <meter> と <progress> も含まれます。

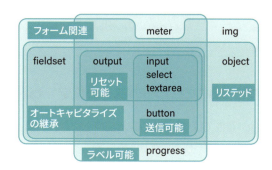

フォームコントロールのデフォルトのディスプレイタイプは「inline-block（インラインブロック）」になりますが、<fieldset>のみ「block（ブロック）」になります

■ 基本的なフォームの構成

フォームコントロールは単体で使用することも、以下のように <form> の中に入れてフォームの構成要素として機能させることもできます。
フォームの構成要素とする場合、フォームコントロールには name 属性でコントロール名を指定します。これで、サーバーには name と value のペアとしてフォームデータが送信されます。たとえば、name 属性が「fullname」の名前の入力フィールドに「moniker」と入力して送信すると、「fullname=moniker」という形でデータが送信されます。
各フォームコントロールで使用できる属性については P.098 を参照してください。

```
<form action="〜" method="post">
  <label> お名前
    <input type="text" name="fullname" placeholder=" 例）山田花子 ">
  </label>
  <label> メールアドレス
    <input type="email" name="mail"
      placeholder=" 例）name@example.com">
  </label>
  <label> お問い合わせ内容
    <textarea name="comment"
      placeholder=" お問い合わせの内容をご入力ください "></textarea>
  </label>

  <input type="submit" value=" 送信 ">
</form>
```

入力フィールド／ボタン
`<input type="〜">`

カテゴリー（分類）	フロー／フレージング／インタラクティブ※1／パルパブル※1／フォーム関連／リステッド／送信／リセット可能／オートキャピタライズの継承／ラベル可能※1
モデル（内包可）	内包不可
暗黙のARIAロール	textbox（テキストボックス）※2　ウィジェット

※1 … type属性がhidden以外の場合　　※2 … type属性の値によって変わります

`<input>` は type 属性の指定に応じて、各種入力フィールドやボタンを構成します。type 属性を省略した場合は text で処理されます。

共通の属性については「2-8 フォームコントロールの属性」（P.098）を参照してください。ここではコントロールごとに固有の属性を見ていきます。

■ テキスト系の入力フィールド　text/search/url/email/tel/password

改行の入らないテキストの入力フィールドを構成します。URL とメールアドレスの入力フィールドについては、送信時にブラウザによって最低限のバリデーション（入力データの検証）が行われます。

ブラウザによるバリデーションメッセージ

type属性の値	構成されるフィールド	表示例	入力例	暗黙のARIAロール
`<input type="text">`	テキスト		テキスト	textbox（テキストボックス）※1
`<input type="search">`	検索 ※2		テキスト	searchbox（検索ボックス）※1
`<input type="url">`	URL		https://example.com	textbox（テキストボックス）※1
`<input type="email">`	メールアドレス		moniker@example.com	textbox（テキストボックス）※1
`<input type="tel">`	電話番号		000-1234-5678	textbox（テキストボックス）※1
`<input type="password">`	パスワード		●●●●●●●●●●●●●●●●	対応ロールなし

※1 … list属性がある場合はcomboboxになります　　※2 … 検索フィールドの表示例と入力例はiOSでの表示です

■ 日時系のコントロール　date/month/week/time/datetime-local

日時のコントロールを構成します。データは P.063 の ISO8601 をベースにした形式（例：`2024-04-01T11:00`）で送信されます。

ブラウザによってカレンダーなどのUIが提供されます

type属性の値	構成されるコントロール	表示例	入力例	暗黙のARIAロール
`<input type="date">`	年月日	年／月／日	2024/04/01	対応ロールなし
`<input type="month">`	年月	----年--月	2024年04月	
`<input type="week">`	週（年と週番号）	----年第--週	2024年第14週	
`<input type="time">`	時刻	--:--	11:00	
`<input type="datetime-local">`	年月日と時刻	年／月／日 --:--	2024/04/01 11:00	

■ 数値／レンジ／色のコントロール　number/range/color

数値、レンジ、色のコントロールを構成します。数値やレンジの範囲はP.102のmin / max属性で指定できます。レンジのデフォルトの範囲は0〜100です。
色のデータは「#ff0000」といった16進数の形で送信されます。

色のコントロールではカラーピッカーで色を選択できます

UA STYLE レンジコントロールの色はaccent-colorプロパティで変更できます。

type属性の値	構成されるコントロール	表示例	入力例	暗黙のARIAロール
`<input type="number">`	数値		3	spinbutton（スピンボタン）
`<input type="range">`	レンジ			slider（スライダー）
`<input type="color">`	色			対応ロールなし

■ チェックボックス／ラジオボタン　checkbox/radio

チェックボックスとラジオボタンを構成します。チェックボックスでは複数の選択が、ラジオボタンでは1つのみの選択が可能です。選択肢のグループにはname属性で同じコントロール名を指定します。デフォルトで選択状態にする場合、checked属性を指定します。

value属性では送信する値を指定します。value属性がないと「fruits=on」と送信されるため、注意が必要です。チェックボックスで複数選択した場合、右のような形で送信されます。

```
<label>
  <input type="checkbox" name="fruits"
    value="orange" checked> オレンジ
</label>
```

デフォルトで選択するように指定したもの

☑オレンジ ☐バナナ ☑林檎

↓

`fruits=orange&fruits=apple`

複数選択したときに送信されるデータ

UA STYLE チェックボックスやラジオボタンの色はaccent-colorプロパティで変更できます。

type属性の値	構成されるコントロール	表示例	選択例	暗黙のARIAロール
`<input type="checkbox">`	チェックボックス	☐	☑	checkbox（チェックボックス）

☐オレンジ ☐バナナ ☐林檎
☑オレンジ ☐バナナ ☑林檎
	`<label><input type="checkbox" name="fruits" value="orange">オレンジ</label>`
	`<label><input type="checkbox" name="fruits" value="banana">バナナ</label>`
	`<label><input type="checkbox" name="fruits" value="apple">林檎</label>`			

`<input type="radio">`	ラジオボタン	○	●	radio（ラジオボタン）

○オレンジ ○バナナ ○林檎
○オレンジ ○バナナ ●林檎
	`<label><input type="radio" name="fruits" value="orange">オレンジ</label>`
	`<label><input type="radio" name="fruits" value="banana">バナナ</label>`
	`<label><input type="radio" name="fruits" value="apple">林檎</label>`			

■ ファイル選択のコントロール　file

ファイル選択のコントロール（ファイルピッカー）を構成します。accept 属性では選択できるファイルの種類を指定します。複数選択を可能にする場合は multiple 属性を指定します。

capture 属性を指定すると、モバイルデバイスではファイルピッカーの代わりにカメラやマイクを起動し、撮影・収録したファイルを選択できるようにします。撮影・収録するファイルの種類は accept 属性の image/*、video/*、audio/* で指定します。

capture属性	❌ 🤖 ❌ ⭕ ❌ ❌	起動するキャプチャ機器
environment		背面のカメラとマイク
user		前面のカメラとマイク

accept属性の値	選択できるファイル
MIMEタイプ（image/jpegなど）	指定した種類のファイル
拡張子（.pdfなど）	指定した拡張子のファイル
image/*	画像（写真）
video/*	ビデオ
audio/*	オーディオ

ファイルピッカー

accept属性で指定した種類のファイルを選択できます

```
<form action="～" method="post"
  enctype="multipart/form-data">
    <input type="file" name="photo"
      accept="image/jpeg,.pdf" multiple>
</form>
```

JPEG形式の画像とPDFを複数選択可能にしたもの

```
<form …
  enctype="multipart/form-data">
    <input type="file"
      name="photo"
      capture="environment">
</form>
```

モバイルデバイスで背面カメラを起動するように指定したもの

カメラ

ファイルを処理するためには<form>のenctype属性（P.044）を「multipart/form-data」にする必要があります

type属性の値	構成されるコントロール	表示例	入力例	暗黙のARIAロール
`<input type="file">`	ファイル選択	ファイルを選択 選択されていません	ファイルを選択 photo.jpg	対応ロールなし

※「ファイルを選択」ボタンのスタイルは::file-selector-button擬似要素（P.216）で指定できます

■ 隠しフィールド　hidden

隠しフィールドを構成します。ブラウザ画面やアクセシビリティツリーには公開されませんが、name と value 属性で指定したデータが送信されます。

name 属性の値を「_charset_」と指定した場合、フォームデータのエンコードの種類が送信されます。この場合、value 属性を指定しても無視されます。

```
<input type="hidden"
  name="session" value="page-01" />
<input type="hidden" name="_charset_" />
```

2つの隠しフィールドを用意したもの。「session=page-01」と「_charset_=UTF-8」というデータが送信されます

type属性の値	構成されるコントロール	表示例	入力例	暗黙のARIAロール
`<input type="hidden">`	隠しフィールド	-	-	対応ロールなし

ユーザーに見せたくない（隠す）／触らせたくないフィールド

`<input type="hidden">`以外にも、次の属性を使用してユーザーに見せたくない／触らせたくないフィールドを設定できます。

`<input>`にグローバルのhidden属性（P.135）を指定した場合は`<input type="hidden">`と同じように機能します。

属性の設定	画面表示	アクセシビリティツリー	値の編集	フォーカス	データ送信	参照
`<input type="hidden" value="非表示">`	なし	非公開	×	×	○	-
`<input value="非表示" hidden>`	なし	非公開	×	×	○	P.135
`<input value="無効" disabled>`	無効	公開	×	×	×	P.101
`<input value="読み取り専用" readonly>`	読み取り専用	公開	×	○	○	P.101

■ ボタン　submit/reset/button/image

submitとresetではフォームデータの送信とリセットの機能を持つボタン、buttonでは特定の機能を持たない汎用ボタンを構成します。ボタンに表示するラベルはvalue属性で指定できます。

imageでは画像を使った送信ボタンを構成します。P.072の`<img>`と同じように、src属性で画像のURL、alt属性で代替テキスト、width/height属性で画像サイズを指定します。

type属性の値	構成されるボタンコントロール	表示例	暗黙のARIAロール
`<input type="submit">`	送信ボタン	送信	button（ボタン）
`<input type="reset">`	リセットボタン	リセット	button（ボタン）
`<input type="button" value="ボタン">`	汎用ボタン	ボタン	button（ボタン）
`<input type="image" src="~" alt="~" width="~" height="~">`	画像を使った送信ボタン	Post	button（ボタン）

ボタン

```
<button type="～">...</button>
```

カテゴリー（分類）	フロー/フレージング/インタラクティブ/パルパブル/フォーム関連/リステッド/送信/オートキャピタライズの継承/ラベル可能
モデル（内包可）	フレージング（インタラクティブ/tabindex属性を持つ要素を除く）
暗黙のARIAロール	button（ボタン）　ウィジェット

`<button>`はtype属性で指定したボタンを構成します。ボタンに表示するラベルは`<button>`内に記述します。

type属性を省略した場合は「submit」で処理されることになっており、`<form>`内では送信ボタンとして機能します。ただし、主要ブラウザでは`<form>`外では汎用ボタンと同じ扱いになります。

コピーする

```
<button type="button">コピーする</button>
```

汎用ボタンにした場合、ボタンの機能はスクリプトで用意する必要があります

type属性の値	構成されるボタンコントロール
`<button type="submit">`	送信ボタン
`<button type="reset">`	リセットボタン
`<button type="button">`	汎用ボタン

セレクトボックス（選択式メニュー）

```
<select>
  <option> ... </option>
</select>

<select>
  <optgroup label=" ～ ">
    <option> ... </option>
  </optgroup>
</select>
```

	項目	内容
`<select>`	カテゴリー（分類）	フロー/フレージング/インタラクティブ/パルパブル/フォーム関連/リステッド/送信/リセット可能/オートキャピタライズの継承/ラベル可能
	モデル（内包可）	0以上の`<option>`/`<optgroup>`/`<hr>`/スクリプト
	暗黙のARIAロール	combobox/listbox※　ウィジェット
`<option>`	カテゴリー（分類）	なし ※`<select>`/`<datalist>`/`<optgroup>`内で使用
	モデル（内包可）	テキスト/label属性とvalue属性がある場合は内包不可
	暗黙のARIAロール	option　ウィジェット
`<optgroup>`	カテゴリー（分類）	なし ※`<select>`内で使用
	モデル（内包可）	0以上の`<option>`/スクリプト
	暗黙のARIAロール	group　文書構造

※multiple属性を持つまたはsize属性が1より大きい場合はlistbox、それ以外はcombobox

`<select>` はセレクトボックス（選択式メニュー）を構成します。選択肢は `<option>` で用意し、標準で選択した状態にするものは selected 属性で示します。selected 属性が未指定な場合、最初の `<option>` が選択されます。表示するテキストは `<option>` 内に記述するか label 属性で指定します。
フォームデータとしては `<select>` の name 属性と `<option>` の value 属性の値がペアで送信されます。

バナナを選択すると、「fruits=banana」というデータが送信されます

```
<select name="fruits">
  <option value="orange"> オレンジ </option>
  <option value="banana" selected> バナナ </option>
  <option value="apple"> 林檎 </option>
</select>
```

`<optgroup>` では選択肢のグループを示します。

グループのラベル（ここでは定番と季節限定）は選択できません

```
<select name="fruits">
  <optgroup label=" 定番 ">
    <option value="orange"> オレンジ </option>
    <option value="banana"> バナナ </option>
  </optgroup>
  <optgroup label=" 季節限定 ">
    <option value="apple"> 林檎 </option>
    <option value="orange"> イチゴ </option>
  </optgroup>
</select>
```

リストボックスの形にする場合、`<select>` の size 属性で行数を指定します。multiple 属性も指定すると、複数選択が可能になります。

fruits=orange&fruits=banana

複数選択したときに送信されるデータ

```
<select name="fruits" size="3" multiple>
  <option value="orange"> オレンジ </option>
  <option value="banana"> バナナ </option>
  <option value="apple"> 林檎 </option>
</select>
```

`<select>`要素と選択肢`<option>`のスタイルは、P.407のように::picker(select)とappearanceプロパティでカスタマイズする方法が提案されています

テキストエリア
`<textarea> ... </textarea>`

カテゴリー（分類）	フロー/フレージング/インタラクティブ/パルパブル/フォーム関連/リステッド/送信/リセット可能/オートキャピタライズの継承/ラベル可能
モデル（内包可）	テキスト
暗黙のARIAロール	textbox（テキストボックス）　ウィジェット

`<textarea>` は複数行のテキストの入力欄を構成します。`<textarea>` 内にテキストを記述した場合、入力データのデフォルト値となります。P.098 の属性に加えて、次の属性を指定できます。

属性	指定できる値	
cols	1行の文字数	
rows	行数	
wrap	soft	改行の追加なし（初期値）
	hard	cols属性の文字数で改行(CR+LF) を追加

テキストエリアの表示

```
<textarea rows="4" cols="30"></textarea>
```

入力データのデフォルト値を指定したもの

```
<textarea rows="4" cols="30"> コメントを記述
</textarea>
```

プログレスバー
`<progress></progress>`

カテゴリー（分類）	フロー/フレージング/パルパブル/ラベル可能
モデル（内包可）	フレージング（`<progress>`を除く）
暗黙のARIAロール	progressbar（プログレスバー）　ウィジェット

`<progress>` はタスクの進捗状況を示します。0 〜最大値の範囲で、現在の値を value 属性で指定します。最大値は max 属性で指定しますが、省略した場合は「1」で処理されます。最小値は変更できません。

```
<progress max="100" value="30"></progress>
```

UA STYLE プログレスバーの色はaccent-colorプロパティで変更できます。

出力
`<output></output>`

カテゴリー（分類）	フロー/フレージング/パルパブル/フォーム関連/リステッド/リセット可能/オートキャピタライズの継承/ラベル可能
モデル（内包可）	フレージング
暗黙のARIAロール	status（ステータス）　ライブリージョン

`<output>` は処理結果の出力であることを示します。次のコードでは oninput イベントハンドラーの処理結果を示すのに使用しています。for 属性では関連する要素のコントロール名を明示できます。

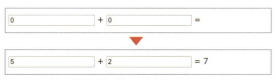

ここでは入力した数値の処理結果を表示しています

```
<form oninput="total.value=parseInt(A.value)+parseInt(B.value)">
  <input type="number" name="A" value="0" /> + <input type="number" name="B" value="0" /> =
  <output name="total" for="A B"></output>
</form>
```

HTML

メーター

`<meter></meter>`

カテゴリー（分類）	フロー/フレージング/パルパブル/ラベル可能
モデル（内包可）	フレージング（<meter>を除く）
暗黙のARIAロール	meter（メーター）　文書構造

<meter> は特定範囲の値を示します。範囲は min と max 属性で、現在の値は value 属性で示します。
low / high 属性では範囲を「低」「中」「高」に分類し、optimum 属性で最適な範囲（バーを緑色にする範囲）を示します。右の例では 0 〜 100 の範囲を「低（0 〜 60）」「中（61 〜 80）」「高（81 〜 100）」に分類し、「50」を含む範囲を最適と指定しています。

value="30"の場合　value="70"の場合　value="90"の場合

使用量 `<meter value=" 〜 " min="0" max="100" low="60" high="80" optimum="50"></meter>`

UA STYLE バーの色は::-webkit-meter-barプロパティなどで変更できますが、CSSの仕様には採用されておらず、使用しないことが推奨されています。

HTML

フィールドセット

```
<fieldset>
  <legend> ... </legend>
  ...
</fieldset>
```

<fieldset>		
	カテゴリー（分類）	フロー/パルパブル/フォーム関連/リステッド/オートキャピタライズの継承
	モデル（内包可）	任意の<legend>とそれに続くフロー
	暗黙のARIAロール	group（グループ）　文書構造

<legend>		
	カテゴリー（分類）	なし ※<fieldset>内の最初の要素として使用
	モデル（内包可）	フレージング/見出し
	暗黙のARIAロール	対応ロールなし

<fieldset> はフォームコントロールのグループを示します。グループには <legend> でキャプションをつけることが可能です。
<fieldset> にはコントロールを無効化する disabled 属性（P.101）と、<form> と関連付ける form 属性（P.102）を指定できます。これらの処理はグループ化したすべてのコントロールに対して適用されます。

好きなフルーツ
☐オレンジ ☐バナナ ☐林檎

P.092のチェックボックスを<fieldset>でグループ化したもの

```
<fieldset>
  <legend> 好きなフルーツ </legend>
  <label><input type="checkbox"…> オレンジ </label>
  …略…
</fieldset>
```

2-8 フォームコントロールの属性

フォーム関連の要素で使用できる属性です。

属性	フォームコントロール	テキスト・検索 (text, search)	URL・電話番号 (url, tel)	メールアドレス (email)	パスワード (password)	日時のコントロール (date など)	数値 (number)	レンジ (range)	色のコントロール (color)	チェックボックス・ラジオボタン (checkbox, radio)	ファイルアップロード (file)	隠しフィールド (hidden)	送信・画像送信ボタン (submit, image)	リセット・汎用ボタン (reset, button)	ボタン \<button\>	セレクトボックス \<select\>	選択肢のグループ \<optgroup\>	選択肢 \<option\>	テキストフィールド \<textarea\>	出力 \<output\>	プログレスバー \<progress\>	メーター \<meter\>	参照
name	○	○	○	○	○	○	○	○	○	○	○	○	○	○	○	○	-	-	○	○	-	-	P.090
value	○	○	○	○	○	○	○	○	○	○	○	○	○	○	○	-	-	○	-	-	○	○	-
type	○	○	○	○	○	○	○	○	○	○	○	○	○	○	○	-	-	-	-	-	-	-	P.091
autocomplete	○	○	○	○	○	○	○	-	-	-	-	-	-	-	-	-	-	-	○	-	-	-	
dirname	○	○	-	-	-	-	-	-	-	-	-	-	-	-	-	-	-	-	-	-	-	-	
disabled	○	○	○	○	○	○	○	○	○	○	○	○	○	○	○	○	○	○	○	-	-	-	
readonly	○	○	○	○	○	○	○	-	-	-	-	-	-	-	-	-	-	-	○	-	-	-	
form	○	○	○	○	○	○	○	○	○	○	○	○	○	○	○	○	-	-	○	○	-	-	
formaction	-	-	-	-	-	-	-	-	-	-	-	-	○	-	○	-	-	-	-	-	-	-	
formenctype	-	-	-	-	-	-	-	-	-	-	-	-	○	-	○	-	-	-	-	-	-	-	
formmethod	-	-	-	-	-	-	-	-	-	-	-	-	○	-	○	-	-	-	-	-	-	-	
formnovalidate	-	-	-	-	-	-	-	-	-	-	-	-	○	-	○	-	-	-	-	-	-	-	
formtarget	-	-	-	-	-	-	-	-	-	-	-	-	○	-	○	-	-	-	-	-	-	-	
list	○	○	○	-	○	○	○	○	-	-	-	-	-	-	-	-	-	-	-	-	-	-	P.071
max	-	-	-	-	-	○	○	○	-	-	-	-	-	-	-	-	-	-	-	-	○	○	
min	-	-	-	-	-	○	○	○	-	-	-	-	-	-	-	-	-	-	-	-	-	○	
step	-	-	-	-	-	○	○	○	-	-	-	-	-	-	-	-	-	-	-	-	-	-	
maxlength	○	○	○	○	○	-	-	-	-	-	-	-	-	-	-	-	-	-	○	-	-	-	
minlength	○	○	○	○	○	-	-	-	-	-	-	-	-	-	-	-	-	-	○	-	-	-	
size	○	○	○	○	○	-	-	-	-	-	-	-	-	-	-	○	-	-	-	-	-	-	
multiple	-	-	○	○	-	-	-	-	-	-	○	-	-	-	-	○	-	-	-	-	-	-	
pattern	○	○	○	○	○	-	-	-	-	-	-	-	-	-	-	-	-	-	-	-	-	-	
placeholder	○	○	○	○	○	-	○	-	-	-	-	-	-	-	-	-	-	-	○	-	-	-	
popovertarget	-	-	-	-	-	-	-	-	-	-	-	-	○	○	○	-	-	-	-	-	-	-	P.139
popovertargetaction	-	-	-	-	-	-	-	-	-	-	-	-	○	○	○	-	-	-	-	-	-	-	P.139

2-8 フォームコントロールの属性

属性	フォームコントロール	テキスト・検索 (text, search)	URL・電話番号 (url, tel)	メールアドレス (email)	パスワード (password)	日時のコントロール (date など)	数値 (number)	レンジ (range)	色のコントロール (color)	チェックボックス・ラジオボタン (checkbox, radio)	ファイルアップロード (file)	隠しフィールド (hidden)	送信・画像送信ボタン (submit, image)	リセット・汎用ボタン (reset, button)	ボタン \<button\>	セレクトボックス \<select\>	選択肢のグループ \<optgroup\>	選択肢 \<option\>	テキストフィールド \<textarea\>	出力 \<output\>	プログレスバー \<progress\>	メーター \<meter\>	参照
required	○	○	○	○	○	○	○	-	-	○	○	-	-	-	-	○	-	-	○	-	-	-	-
accept	-	-	-	-	-	-	-	-	-	-	○	-	-	-	-	-	-	-	-	-	-	-	P.093
capture	-	-	-	-	-	-	-	-	-	-	○	-	-	-	-	-	-	-	-	-	-	-	P.093
checked	-	-	-	-	-	-	-	-	-	○	-	-	-	-	-	-	-	-	-	-	-	-	P.092
label	-	-	-	-	-	-	-	-	-	-	-	-	-	-	-	-	○	○	-	-	-	-	P.095
selected	-	-	-	-	-	-	-	-	-	-	-	-	-	-	-	-	-	○	-	-	-	-	P.095
cols	-	-	-	-	-	-	-	-	-	-	-	-	-	-	-	-	-	-	○	-	-	-	P.096
rows	-	-	-	-	-	-	-	-	-	-	-	-	-	-	-	-	-	-	○	-	-	-	P.096
wrap	-	-	-	-	-	-	-	-	-	-	-	-	-	-	-	-	-	-	○	-	-	-	P.096

■ フォームコントロールのデフォルト値　value属性

value 属性はフォームコントロールのデフォルトの値を示し、入力欄には入力済みのデータとして表示されます。ユーザーによって入力されたデータがない場合、サーバーには value 属性の値が送信されます。

■ オートコンプリート（自動入力支援）　autocomplete属性

autocomplete 属性は入力が期待されるデータの種類をトークンで示します。主要ブラウザはそれを手がかりに入力支援を行います。自動入力にはブラウザが保存しているデータ（過去に入力されたものやユーザーが登録したもの）が使用されます。

たとえば、「family-name（姓）」トークンを指定すると、Chrome では右のように入力候補が表示され、選択することで自動入力されます。

※自動入力支援とは別にあらかじめ入力候補リストを用意する場合、P.071の\<datalist\>を使用する方法があります

autocomplete属性に用意された主なトークンは以下のようになっています。これらのうち、特定のグループを示す「section-*」と、住所の種類を示す「shipping（配送先住所）」または「billing（支払い住所）」は次のように使用できます。

```
<label> 郵便番号：
  <input name="〜" autocomplete="section-gift01 shipping postal-code">
</label>
<label> 都道府県：
  <input name="〜" autocomplete="section-gift01 shipping address-level1">
</label>
```

郵便番号と都道府県の入力フィールドが、贈答品1（section-gift01）の配送先住所（shipping）を入力するものであることを示したもの

autocomplete属性が未指定な場合、ブラウザはnameやtype属性を手がかりに入力支援を行います。また、autocompleteを「off」とすると入力支援の無効化を指示できますが、主要ブラウザでは無視されるケースが多くなっています。無効化することはアクセシビリティの問題にもつながりますので、注意が必要です。

WCAG 2.1で追加された達成基準「1.3.5: 入力目的の特定」を満たそうとした場合、autocomplete属性を指定し、詳細な入力目的をプログラムで特定できるようにすることが求められています

トークン	意味
off	自動入力機能を無効化
on	自動入力機能を有効化（入力値の種類を指定しません）
section-*	特定のグループに属することを明示
shipping	配送先住所または連絡先住所の一部であることを明示
billing	請求先住所または連絡先住所の一部であることを明示
個人情報	
name	氏名
honorific-prefix	敬称または称号
given-name	名
additional-name	その他の名前
family-name	姓
honorific-suffix	敬称
nickname	ニックネーム
アカウント情報	
username	ユーザー名
new-password	新しいパスワード
current-password	現在のパスワード
one-time-code	ワンタイムコード
組織情報	
organization-title	役職
organization	組織名

トークン	意味
住所情報	
street-address	住所
address-line1	住所（1行目）
address-line2	住所（2行目）
address-line3	住所（3行目）
address-level4	住所の最も細かい行政レベル
address-level3	住所の3番目の行政レベル
address-level2	住所の2番目の行政レベル（市区町村など）
address-level1	住所の最も広い行政レベル（州など）
country	国コード
country-name	国名
postal-code	郵便番号
連絡先情報	
tel	電話番号
tel-country-code	国コード
tel-national	国番号を除く電話番号
tel-area-code	市外局番
tel-local	局番を除く電話番号
tel-local-prefix	局番に続く電話番号の先頭部分
tel-local-suffix	局番に続く電話番号の末尾部分
tel-extension	内線番号
email	メールアドレス
impp	インスタントメッセージングプロトコルエンドポイント

トークン	意味
支払い情報	
cc-name	クレジットカード名義
cc-given-name	クレジットカード名義 (名)
cc-additional-name	クレジットカード名義 (その他の名前)
cc-family-name	クレジットカード名義 (姓)
cc-number	クレジットカード番号
cc-exp	クレジットカード有効期限 (月/年)
cc-exp-month	クレジットカード有効期限 (月)
cc-exp-year	クレジットカード有効期限 (年)
cc-csc	クレジットカードセキュリティコード
cc-type	クレジットカードの種類
transaction-currency	トランザクション通貨
transaction-amount	トランザクション金額

トークン	意味
その他	
language	言語
bday	生年月日 (日付)
bday-day	生年月日 (日)
bday-month	生年月日 (月)
bday-year	生年月日 (年)
sex	性別
url	ホームページ
photo	写真
webauthn	公開キー資格情報を表示する必要があることを示します

> **UA STYLE** 自動入力されたフィールドには:autofill擬似クラス (P.214) でスタイルを適用できます。ただし、背景や文字色に関してはUAスタイルシートで!importantをつけたスタイルが適用されるため、作成者スタイルシートで変更できません (P.175)。

```
background-color: light-dark(…) !important;
color: fieldtext !important;
```

■ 書字方向の情報を送信　dirname属性

dirname 属性を指定すると、入力データの書字方向の情報が送信されます。この情報は ltr（左書き）または rtl（右書き）で表され、dirname 属性で指定した値を使って書字方向が送信されます。

山田花子

```
<input name="name"
dirname="name-dir">
```

▶

```
name=山田花子
&name-dir=ltr
```

送信されるデータ

■ コントロールの無効化　disabled属性

disabled 属性はコントロールが無効であることを示します。画面には表示されますが、P.094 のように値の編集、フォーカス、データ送信が無効となります。

太郎

```
<input name="～" value="太郎" disabled>
```

> **UA STYLE** input:disabledセレクタでグレーアウトした表示になります

■ 読み取り専用　readonly属性

readonly 属性は読み取り専用であることを示します。P.094 のように画面表示、フォーカス、データ送信は有効ですが、値の編集は無効となります。

太郎

```
<input name="～" value="太郎" readonly>
```

■ コントロールが属すフォーム　form属性

form 属性はコントロールが属し、処理対象となるフォーム <form> の ID を示します。form 属性が未指定の場合、デフォルトでは祖先の <form> に属します。

```
<form action="～" id="contact"> … </form>
<input name="～" form="contact">
```

■ <form>の設定変更　formaction / formenctype / formmethod / formnovalidate / formtarget属性

formaction 属性などを使用すると、コントロールの処理に対して <form> の属性で指定した設定（P.044）を変更できます。

コントロールの属性	設定が変更される<form>の属性
formaction	action
formenctype	enctype
formmethod	method
formnovalidate	novalidate
formtarget	target

```
<form action="/login">
  <input type="submit" value=" 登録済みの方 ">
  <input type="submit" value=" はじめての方 "
    formaction="/signup">
</form>
```

■ 数値や日時の最小値・最大値・ステップ　min / max / step属性

min、max、step 属性は数値や日時の最小値、最大値、ステップ値を示します。たとえば、年月日の範囲とステップ値（何日おきか）を指定すると次のようになります。

```
<input type="date" name="～"
  min="2024-12-01" max="2024-12-20" step="2">
```

step属性の指定なし

step属性で2日おきにしたもの

■ 文字数の最小値・最大値とコントロールのサイズ　minlength / maxlength / size属性

minlength / maxlength 属性は入力を求める文字数の最小値、最大値を示し、size 属性は文字数でコントロールのサイズを指定します。サイズは <input> では横幅、<select> では行数になります。
たとえば、<input> で入力文字数を 10 文字以上、15 文字以下に、横幅を 15 文字分にすると右のようになります。

```
<input type="text" name="～"
  minlength="10" maxlength="15" size="15">
```

CSSでサイズを指定した場合はsize属性よりも優先されます。

■ 複数値　multiple属性

multiple 属性は複数値の入力・選択を可能にするもので、`<input type="email">`、`<input type="file">`、`<select>` で使用できます。これらのうち、`<input type="email">` だけは値を選択する形式ではなく、複数のメールアドレスをカンマ区切りで入力できるようになります。

```
mail@example.com, moniker@example.com
```
`<input type="email" size="40" multiple>`

```
email=mail@example.com,moniker@example.com
```
メールアドレスを複数入力したときに送信されるデータ。カンマ区切りのまま1つの値として送信されます

■ パターン　pattern属性

pattern 属性はバリデーションパターンを正規表現で示します。title 属性では入力形式についての説明を記述しておくことが推奨されています。
バリデーションはブラウザによって送信時に実行され、問題がある場合は右のように表示されます。

```
ABCDEFG
```
指定されている形式で入力してください。
小文字アルファベットで入力してください

`<input type="text" name="〜" pattern="[a-z]+"`
`title="小文字アルファベットで入力してください">`

> **ブラウザによるバリデーションの無効化**
>
> URL、メールアドレス、数値などの入力フィールド、pattern属性やrequired属性などを指定したフィールドではブラウザによってバリデーションが行われます。この機能を無効化する場合は`<form>`にnovalidate属性を指定します。

`<form action="〜" method="post"`
`novalidate> … </form>`

■ プレースホルダ　placeholder属性

placeholder 属性はプレースホルダ（入力に関する簡単なヒント）を示します。データの初期値がなく、データが未入力の場合に薄いグレーの文字で表示されます。

```
メールアドレス
```
`<input type="email" placeholder="メールアドレス">`

■ 必須　required属性

required 属性は入力が必須であることを示します。

> 必須項目であることがわかるようにラベルなどで明示することは、WCAGの達成基準「3.3.2: ラベル又は説明」を満たすのにつながります

メールアドレス ※必須

このフィールドを入力してください。

```
<label>
  メールアドレス ※必須
  <input type="email"
    required>
</label>
```

Chapter 2　HTML 要素

2-9 スクリプト

HTML で「スクリプトサポーティング」に分類された要素と、それらに関連する要素です。JavaScript を使用してさまざまな処理を実行できるようになるのはもちろん、カスタム要素やシャドウ DOM の作成も可能になります。

フローコンテンツ

- script / template　スクリプトサポーティング
- noscript　メタデータコンテンツ
- カスタム要素 / slot　フレージングコンテンツ

HTML

スクリプト

```
<script> ... </script>
<script src="～"></script>
```

カテゴリー（分類）	メタデータ/フロー/フレージング/スクリプト
モデル（内包可）	src属性がない場合はスクリプトのコード、src属性がある場合は空またはスクリプトについての説明
暗黙のARIAロール	対応ロールなし

HTML

スクリプトなしのコンテンツ

```
<noscript> ... </noscript>
```

カテゴリー（分類）	メタデータ/フロー/フレージング
モデル（内包可）	<head>内では0個以上の<link>/<style>/<meta>、<head>外ではトランスペアレント
暗黙のARIAロール	対応ロールなし

<script> はスクリプト（JavaScript）やデータブロックを埋め込みます。スクリプトは <script> 内に記述するか、src 属性で外部のスクリプトファイルを指定します。
<noscript> ではスクリプトを無効化した環境で表示するコンテンツを指定します。

<script>の属性	機能
src	外部スクリプトのURLを指定
type	スクリプトの種類を指定
nomodule	モジュールスクリプトに未対応なブラウザでスクリプトを実行（type="module"に対応したブラウザでは実行されません）
async	外部スクリプトを非同期に読み込み、読み込み完了後に即座に実行
defer	外部スクリプトを非同期に読み込み、HTMLの解析とDOMの構築が完了したあとに実行
crossorigin	クロスオリジンの設定（P.126）
integrity	サブリソース完全性の設定（P.126）
referrerpolicy	リファラポリシー（P.126）
blocking	blocking="render"と指定すると、外部スクリプトの取得中はページのレンダリングをブロック
fetchpriority	先読みの優先順位（P.128）

```
<script>alert("こんにちは！")</script>
<noscript>こんにちは</noscript>
```

alert()でアラートメッセージを表示するように指定したもの

```
<script src="script.js"></script>
```

```
alert("こんにちは！")
```

外部のスクリプトファイルを指定したもの

スクリプトはデフォルトではクラシックスクリプトとして扱われます。モジュールスクリプトとして扱う場合はtype="module"と指定します。

type属性の指定	スクリプトの扱い

`<script>`
`<script type="">`
`<script type="text/javascript">`
	クラシックスクリプト

`<script type="module">`	モジュールスクリプト
`<script type="importmap">`	インポートマップ
`<script type="※">` ※JavaScript以外のMIMEタイプ	指定したMIMEタイプのデータブロック

クラシックスクリプト
- デフォルトでは読み込み時にHTMLの解析（パース）をブロックし、読み込み完了後に即座に実行されます。
- asyncとdefer属性の指定が影響します。
- グローバルスコープで実行。

モジュールスクリプト
- デフォルトでは非同期に読み込まれ、HTMLの解析とDOMの構築が完了した後に実行されます。
- async属性の指定が影響（defer属性は影響なし）。
- モジュール機能（import/export）に対応。
- モジュールスコープで実行。
- 厳格モードで実行（"use strict"の指定は不要です）。
- クロスオリジンではCORSの制約（P.126）が適用。
- サーバー環境での実行が必要。

```
<script type="module">
  import { greeting } from "./module.js"
  greeting(" こんにちは！ ")
</script>

export function greeting(message) {
  alert(message)
}
```

type="mdule"を指定してモジュールスクリプトとして扱い、import/exportを使用したもの

解析の進行やスクリプトの読み込み・実行のタイミングは次の図のようになります。

図の出典：HTML Living Standard
https://html.spec.whatwg.org/images/asyncdefer.svg
の図を元に、キャプションを日本語に変更（CC BY 4.0）

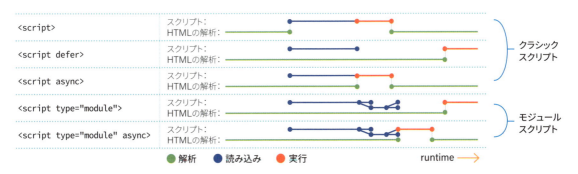

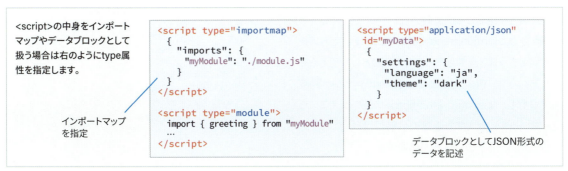

`<script>`の中身をインポートマップやデータブロックとして扱う場合は右のようにtype属性を指定します。

インポートマップを指定

データブロックとしてJSON形式のデータを記述

カスタム要素
＜カスタム＞ ... ＜/カスタム＞

カテゴリー（分類）	フロー/フレージング/パルパブル ※
モデル（内包可）	トランスペアレント ※
暗黙のARIAロール	generic（汎用）　文書構造　※

※ … 自律カスタム要素の場合（カスタマイズされた組み込み要素の場合は拡張元の要素に従う）

カスタム要素は独自に作成できるHTML要素です。カスタム要素を使って既存のHTML要素の機能を拡張することも可能です。再利用可能なコンポーネントの作成に適した機能で、Webの保守性を高めます。

P.108のようにシャドウDOMを使用すると、コードのカプセル化も可能です。カスタム要素、シャドウDOM、P.112のテンプレートといった一連の技術は「Web Components（ウェブコンポーネント）」とも呼ばれます。

■ カスタム要素の作成（自律カスタム要素）

独自に作成するカスタム要素は「自律カスタム要素（Autonomous custom element）」と呼ばれます。たとえば、<custom-attention> 要素という、注意書きを表示するだけのシンプルな自律カスタム要素を作成すると右のようになります。

カスタム要素を作成するためにはクラスを定義します。ここではHTML要素の基本的な構造と振る舞いが定義されたHTMLElementクラスを元に、カスタム要素のためのCustomAttentionクラスを作成しています。

constructorメソッドでは、super()でHTMLElementクラスのコンストラクタを呼び出し、this.innerHTMLでカスタム要素の中身を設定します。ここでは表示する注意書きを指定しています。

最後に、customElements.defineで作成したカスタム要素のクラスを登録し、カスタム要素として使える形にします。ここでは「custom-attention」という要素名で登録し、<custom-attention>タグで使えるようにしています。カスタム要素の名前には「-」を含める必要がありますので注意が必要です。

Action

環境構築を行います

※予告なく変更される場合があります

```html
<h1>Action</h1>
<p> 環境構築を行います </p>
<custom-attention></custom-attention>

<script src="custom.js"></script>
```

```js
// カスタム要素のためのクラスを定義
class CustomAttention extends HTMLElement {
    constructor() {
        super()
        // HTMLを追加する
        this.innerHTML = `
            <p> ※予告なく変更される場合があります </p>
        `
    }
}

// カスタム要素を登録する
customElements.define(
    "custom-attention", CustomAttention
)
```

custom.js

■ 既存のHTML要素の拡張（カスタマイズされた組み込み要素）

自律カスタム要素に対し、既存の HTML 要素の機能を拡張したものは「カスタマイズされた組み込み要素（Customized built-in element）」と呼ばれます。
たとえば、<p> 要素を拡張し、注意書きを表示する機能を追加すると右のようになります。

拡張する機能はカスタム要素のためのクラスとして定義します。ここでは <p> 要素の振る舞いが定義された HTMLParagraphElement クラスを元に、BuiltInAttention クラスを作成しています。
そのうえで HTMLParagraphElement クラスのコンストラクタを呼び出し、this.innerHTML でカスタム要素の中身を設定します。ここでは表示する注意書きを指定しています。
最後に、作成したカスタム要素のクラスを <p> 要素の拡張として customElements.define で登録します。ここでは「built-in-attention」という名前で登録しています。これで、<p> の is 属性で「built-in-attention」と指定すると注意書きが表示されます。

```html
<h1>Action</h1>
<p> 環境構築を行います </p>
<p is="built-in-attention"></p>
<script src="custom.js"></script>
```

```js
// カスタム要素のためのクラスを定義
class BuiltInAttention extends HTMLParagraphElement {
    constructor() {
        super()
        // HTML を追加する
        this.innerHTML = `
            <span>※予告なく変更される場合があります</span>
        `
    }
}

// カスタム要素を p 要素の拡張として登録する
customElements.define(
    "built-in-attention",
    BuiltInAttention,
    { extends: "p" }
)
```

custom.js

■ シャドウDOMによるカスタム要素のカプセル化

カスタム要素をカプセル化すると、外部のスクリプトや CSS からの干渉を防ぐのと同時に、要素内部から外部への干渉も防ぎます。これにより、コードの構造や動作の一貫性が保証され、より保守性を高めることが可能です。
ここまでに作成したカスタム要素は、HTML を通常の DOM（Light DOM）に追加していますので、カプセル化されていません。カプセル化するためには、シャドウ DOM（Shadow DOM）という閉じた領域に追加する必要があります。
次の例は P.106 の自律カスタム要素をカプセル化したものです。this.innerHTML で HTML を追加する代わりに、this.attachShadow でシャドウ DOM を作成し、this.shadowRoot.innerHTML でシャドウ DOM に HTML を追加しています。

カプセル化されているかどうかは、カスタム要素の外側から CSS を適用することで確認できます。ここでは `<p>` の背景をピーチ色にするスタイルを適用しています。このスタイルは通常の `<p>` やカプセル化していないカスタム要素の `<p>` には適用されます。しかし、カプセル化したカスタム要素の `<p>` には適用されないことがわかります。

カプセル化なし（通常のDOMにHTMLを追加した場合）

Action

環境構築を行います

※予告なく変更される場合があります

```css
p {background-color: peachpuff;}
```

```html
<h1>Action</h1>
<p> 環境構築を行います </p>
<custom-attention></custom-attention>
```

```js
// カスタム要素のためのクラスを定義
class CustomAttention extends HTMLElement {
    constructor() {
        super()
        // HTML を追加する
        this.innerHTML = `
            <p> ※予告なく変更される場合があります </p>
        `
    }
}

// カスタム要素を登録する
customElements.define(
    "custom-attention", CustomAttention
)
```

カプセル化あり（シャドウDOMにHTMLを追加した場合）

Action

環境構築を行います

※予告なく変更される場合があります

```css
p {background-color: peachpuff;}
```

```html
<h1>Action</h1>
<p> 環境構築を行います </p>
<custom-attention></custom-attention>
```

```js
// カスタム要素のためのクラスを定義
class CustomAttention extends HTMLElement {
    constructor() {
        super()
        // シャドウ DOM を作成する
        this.attachShadow({ mode: "open" })
        // シャドウ DOM に HTML を追加する
        this.shadowRoot.innerHTML = `
            <p> ※予告なく変更される場合があります </p>
        `
    }
}

// カスタム要素を登録する
customElements.define(
    "custom-attention", CustomAttention
)
```

attachShadow()のパラメータについてはP.115を参照

逆に、カスタム要素側から `<style>` を使って CSS を適用すると次のようになります。ここでは `<p>` の背景を黄色にするスタイルを適用しています。カプセル化していない場合はカスタム要素外の `<p>` にも適用されますが、カプセル化している場合は適用されません。それぞれの DOM ツリーの構造を比較すると、干渉する範囲の違いが明確になります。

カプセル化なし（通常のDOMにHTMLを追加した場合）

Action

環境構築を行います

※予告なく変更される場合があります

```css
p {background-color: peachpuff;}
```

```html
<h1>Action</h1>
<p> 環境構築を行います </p>
<custom-attention></custom-attention>
```

```js
// カスタム要素のためのクラスを定義
class CustomAttention extends HTMLElement {
    constructor() {
        super()
        // HTML を追加する
        this.innerHTML = `
            <style>
                p {background-color: yellow;}
            </style>
            <p> ※予告なく変更される場合があります </p>
        `
    }
}

// カスタム要素を登録する
customElements.define(
    "custom-attention", CustomAttention
)
```

カプセル化あり（シャドウDOMにHTMLを追加した場合）

Action

環境構築を行います

※予告なく変更される場合があります

```css
p {background-color: peachpuff;}
```

```html
<h1>Action</h1>
<p> 環境構築を行います </p>
<custom-attention></custom-attention>
```

```js
// カスタム要素のためのクラスを定義
class CustomAttention extends HTMLElement {
    constructor() {
        super()
        // シャドウ DOM を作成する
        this.attachShadow({ mode: "open" })
        // シャドウ DOM に HTML を追加する
        this.shadowRoot.innerHTML = `
            <style>
                p {background-color: yellow;}
            </style>
            <p> ※予告なく変更される場合があります </p>
        `
    }
}

// カスタム要素を登録する
customElements.define(
    "custom-attention", CustomAttention
)
```

HTML		
スロット `<slot> ... </slot>`	カテゴリー（分類）	フロー/フレージング
	モデル（内包可）	トランスペアレント
	暗黙のARIAロール	対応ロールなし

`<slot>` はコンテンツを割り当てるスロット（プレースホルダ）を示します。`<slot>` 内には割り当てたコンテンツがないときに表示する「フォールバックコンテンツ（代替コンテンツ）」を記述できます。

シャドウ DOM に `<slot>` を用意しておき、外側からコンテンツを渡すために使用します。シャドウ DOM 外に `<slot>` を用意しても、フォールバックコンテンツが表示されるだけですので注意が必要です。

仕組みとしては、シャドウ DOM に用意した `<slot>` に、シャドウホスト内に記述したコンテンツが割り当てられます。シャドウホストはシャドウ DOM を紐付けた要素です。P.109 でカプセル化したカスタム要素の場合、`<custom-attention>` がシャドウホストとなっています。

そのため、シャドウ DOM に `<slot>` を用意し、`<custom-attention>` 内に `<slot>` に割り当てる注意書きを記述すると右のようになります。これで、`<custom-attention>` を使用するときに注意書きの内容を変更できるようになります。

```html
<h1>Action</h1>
<custom-attention>
    <span>予告なく変更される場合があります</span>
</custom-attention>

<custom-attention>
    <span><a href="…">注意事項</a>をご確認の上、
    ご利用ください</span>
</custom-attention>

<custom-attention></custom-attention>
```

```js
// カスタム要素のためのクラスを定義
class CustomAttention extends HTMLElement {
    constructor() {
        super()
        // シャドウ DOM を作成する
        this.attachShadow({ mode: "open" })
        // シャドウ DOM に HTML を追加する
        this.shadowRoot.innerHTML = `
            <style>
                p {background-color: yellow;}
            </style>
            <p>
                ※
                <slot>注意書き</slot>
            </p>
        `
    }
}

// カスタム要素を登録する
customElements.define(
    "custom-attention", CustomAttention
)
```

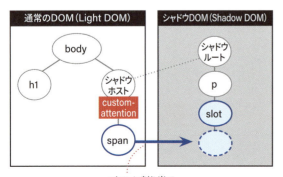

`<slot>`に割り当て

なお、`<slot>` に割り当てた要素 `<span>` はシャドウ DOM の外側に存在します。そのため、シャドウ DOM で用意した CSS は適用されません。

たとえば、`<span>` を罫線で囲むスタイルを適用すると、右のようになります。罫線の色は通常の DOM では青色、シャドウ DOM では赤色に指定していますが、適用されるのは青色のスタイルです。

```
…略…
        this.shadowRoot.innerHTML = `
          <style>
            p {background-color: yellow;}
            span {border: solid 4px red;}
          </style>
          <p>
            ※
            <slot> 注意書き </slot>
          </p>
        `
…略…
```

```
span {border: solid 4px blue;}
```

```
<h1>Action</h1>
<custom-attention>
    <span> 予告なく変更される場合があります </span>
</custom-attention>

<custom-attention>
    <span><a href="…">注意事項</a>をご確認の上、
    ご利用ください </span>
</custom-attention>

<custom-attention></custom-attention>
```

シャドウDOMの境界を超えてCSSを適用する方法

シャドウ DOM の境界を超えて CSS を適用する方法も用意されています。そのためには、次のような擬似クラスや擬似要素を使用します。ただし、スタイルが競合した場合は P.169 のように処理されます。

■ シャドウDOMから外へCSSを適用する場合

擬似クラス／擬似要素	機能	参照
`:host`	シャドウホストと一致	P.171
`:host()`	引数で指定したシャドウホストと一致	P.172
`:host-context()`	引数で指定した階層構造に位置するシャドウホストと一致	P.172
`::slotted()`	スロットに割り当てた要素のうち引数で指定したものと一致	P.172

■ 外からシャドウDOM内へCSSを適用する場合

擬似クラス／擬似要素	機能	参照
`::part()`	引数で指定したpart属性を持つシャドウDOM内の要素と一致	P.170

■ スロット名　name属性

複数のスロットを用意する場合、<slot> の name 属性でスロット名を指定して区別できるようにします。たとえば、注意書きのマークとテキストのスロットを、「mark」と「text」という名前で用意すると右のようになります。

どのスロットにコンテンツを割り当てるかは、slot 属性で指定します。

```
…略…
        this.shadowRoot.innerHTML = `
            <style>
                p {background-color: yellow;}
            </style>
            <p>
                <slot name="mark">※</slot>
                <slot name="text">注意書き</slot>
            </p>
        `,
…略…
```

2つのスロットを用意

```html
<h1>Action</h1>
<custom-attention>
    <span slot="mark">【注】</span>
    <span slot="text">
        予告なく変更される場合があります
    </span>
</custom-attention>

<custom-attention>
    <span slot="mark">⚠</span>
    <span slot="text">
        <a href="…">注意事項</a>をご確認の上、
        ご利用ください
    </span>
</custom-attention>

<custom-attention></custom-attention>
```

HTML

テンプレート

`<template> ... </template>`

カテゴリー（分類）	メタデータ/フロー/フレージング/スクリプト
モデル（内包可）	なし ※
暗黙のARIAロール	対応ロールなし

※<template>の中身はスクリプトで取得して使用するもので、<template>の子とはみなされません

<template> はスクリプトによって使用される HTML コードを示します。<template> 内の HTML が直接画面に表示されることはありません。たとえば、カスタム要素の HTML は <template> で用意できます。

さらに、<template> の shadowrootmode 属性を使用すると、スクリプトを使用せず、HTML だけでシャドウ DOM を作成できます。これは宣言的シャドウ DOM（Declarative Shadow DOM）と呼ばれます。

■ カスタム要素のHTMLを<template>で用意する

P.109 のカスタム要素の HTML を <template> で用意し、その中身をスクリプトで取得して使用すると次のようになります。カプセル化なし、カプセル化ありのどちらのケースでも使用できます。

カプセル化したケースでは、取得した中身をシャドウ DOM に追加しています。そのため、<template> そのものは通常の DOM に記述していますが、その中身はシャドウ DOM に入っています。

カプセル化なし(通常のDOMにHTMLを追加した場合)

Action

環境構築を行います

※予告なく変更される場合があります

```css
p {background-color: peachpuff;}
```

```html
<h1>Action</h1>
<p> 環境構築を行います </p>
<custom-attention></custom-attention>

<template id="custom-template">
    <style>
        p {background-color: yellow;}
    </style>
    <p> ※予告なく変更される場合があります </p>
</template>
```

```js
// カスタム要素のためのクラスを定義
class CustomAttention extends HTMLElement {
    constructor() {
        super()
        // テンプレートの中身を取得する
        const template =
            document.getElementById(
                "custom-template"
            ).content
        // HTML を追加する
        this.appendChild(
            template.cloneNode(true)
        )
    }
}
// カスタム要素を登録する
customElements.define(
    "custom-attention", CustomAttention
)
```

カプセル化あり(シャドウDOMにHTMLを追加した場合)

Action

環境構築を行います

※予告なく変更される場合があります

```css
p {background-color: peachpuff;}
```

```html
<h1>Action</h1>
<p> 環境構築を行います </p>
<custom-attention></custom-attention>

<template id="custom-template">
    <style>
        p {background-color: yellow;}
    </style>
    <p> ※予告なく変更される場合があります </p>
</template>
```

```js
// カスタム要素のためのクラスを定義
class CustomAttention extends HTMLElement {
    constructor() {
        super()
        // シャドウ DOM を作成する
        this.attachShadow({ mode: "open" })
        // テンプレートの中身を取得する
        const template =
            document.getElementById(
                "custom-template"
            ).content
        // シャドウ DOM にテンプレートの中身を追加する
        this.shadowRoot.appendChild(
            template.cloneNode(true)
        )
    }
}
// カスタム要素を登録する
customElements.define(
    "custom-attention", CustomAttention
)
```

■ 宣言的シャドウDOMの作成

これまで、シャドウDOMはJavaScriptで作成するしかありませんでした。そのため、クライアントサイドで実行されるまでコンテンツが表示されない、サーバーサイドレンダリング（SSR）での使用が困難といった課題を抱えていました。

宣言的シャドウDOM（Declarative Shadow DOM）はこうした課題を解決するために導入されたもので、HTMLだけでシャドウDOMを作成できます。<template>のshadowrootmode属性を指定すると、<template>がシャドウルートになり、シャドウDOMが作成されます。シャドウホストとなるのは直近の親要素で、シャドウDOMが紐付けられます。

右の例の場合、<div>がシャドウホストとなり、<template>で作成したシャドウDOMが紐付けられます。<template>の中身はシャドウDOMでカプセル化されるため、<p>の背景を黄色にするCSSは<template>内の<p>にだけ適用されます。

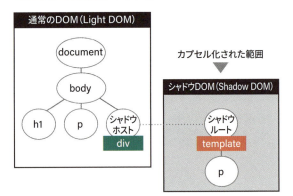

```
p {background-color: peachpuff;}
```

```
<h1>Action</h1>
<p> 環境構築を行います </p>
<div>
    <template shadowrootmode="open">
        <style>
            p {background-color: yellow;}
        </style>
        <p> ※予告なく変更される場合があります </p>
    </template>
</div>
```

シャドウホストにできる要素

セキュリティ上の理由から、シャドウホストにできる要素（シャドウDOMを紐付けることのできる要素）は右のように規定されています。

カスタム要素 / article / aside / blockquote / body / div / footer / h1 / h2 / h3 / h4 / h5 / h6 / header / main / nav / p / section / span

<template> で指定できる属性は次のようになっています。それぞれ、P.108 でシャドウ DOM を作成する際に使用した attachShadow() で指定できるパラメータ（mode、delegatesfocus、clonable、serializable）と同じです。

<template>の属性	特徴と使用例	

shadowrootmode	シャドウ DOM のモードを指定します。外部からのアクセスが open では許可され、closed では制限されます。	```html
		<div>
		  <template shadowrootmode="open">
		    …
		  </template>
		</div>
		``

shadowrootdelegatesfocus	シャドウホストへのフォーカス（マウスクリックやキーボードの Tab キーによる選択）を有効化します。さらに、シャドウホストへフォーカスした際にはシャドウ DOM にある最初のフォーカス可能な要素にフォーカスします。
	右の例の場合、シャドウホストの <div> をクリックすると、<div> とともに最初のフォーカス可能な要素 <input> にフォーカスします。
		``html
		<style>
		  div:focus {border: solid 2px red;}
		</style>
		
		<div>
		  <template shadowrootmode="open"
		    shadowrootdelegatesfocus>
		    <form>
		      <input placeholder="アカウント名">
		      <button>登録</button>
		    </form>
		  </template>
		</div>
		``

shadowrootclonable	Node.cloneNode() または Document.importNode() によるシャドウホストの複製を許可します。複製したシャドウホストにはシャドウ DOM が含まれます。
	右の例ではシャドウホストの <div id="host"> を複製し、<div id="clone"> に追加しています。
		``html
		<div id="host">
		  <template shadowrootmode="open"
		    shadowrootclonable>
		    <input placeholder="テキストを入力">
		  </template>
		</div>
		
		<div id="clone"></div>
		
		<script>
		  // シャドウホストdiv.hostを複製
		  const cloneHost = document
		    .getElementById("host")
		    .cloneNode(true)
		
		  // div.cloneに追加
		  document.getElementById("clone")
		    .appendChild(cloneHost)
		</script>
		``

shadowrootserializable	Element.getHTML() または ShadowRoot.getHTML() によるシャドウルートのシリアライズを許可します。
	右の例では <div id="host"> のシャドウルートを取得し、コンソールに出力しています。
		``html
		<div id="host">
		  <template shadowrootmode="open"
		    shadowrootserializable>
		    <input placeholder="テキストを入力">
		  </template>
		</div>
		
		<script>
		  const serialized = document
		    .getElementById("host")
		    .getHTML({
		      serializableShadowRoots: true,
		    })
		  console.log(serialized)
		</script>
		``

■ 宣言的シャドウDOMとスロット

P.110のスロット<slot>は宣言的シャドウDOMでも使うことができます。<slot>はシャドウDOM（<template>内）に用意し、<slot>に割り当てるコンテンツはシャドウホスト直下に記述します。右の例では<div>の直下に記述した<span>が<slot>に割り当てられます。

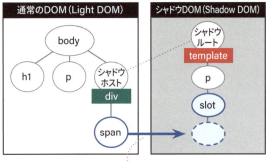
<slot>に割り当て

```
p {background-color: peachpuff;}

<h1>Action</h1>
<p> 環境構築を行います </p>

<div>
    <template shadowrootmode="open">
        <style>
            p {background-color: yellow;}
        </style>
        <p> ※ <slot></slot></p>
    </template>
    <span> 予告なく変更される場合があります </span>
</div>
```

■ カスタム要素と宣言的シャドウDOM

カスタム要素は便利ですが、あくまでもクライアントサイドの技術です。クライアントサイドでJavaScriptが実行されてからDOMが構築されるため、ハイドレーションやレイアウトシフトなどの問題が生じます。

しかし、そうした問題は宣言的シャドウDOMと組み合わせることで解決できます。通常のHTMLと同じようにサーバーサイドでDOMを構築し、JavaScriptの実行を待たずに正しい構造とスタイルを表示することが可能になるためです。

たとえば、P.109のカスタム要素<custom-attention>のDOMを宣言的シャドウDOMで用意すると右のようになります。

```
<h1>Action</h1>

<custom-attention>
    <template shadowrootmode="open">
        <style>
            p {background-color: yellow;}
        </style>
        <p> ※予告なく変更される場合があります </p>
    </template>
</custom-attention>
```

JavaScript は右のような形で用意しておくことで、クライアントサイドにきてからカスタム要素として定義できます。宣言的シャドウ DOM で DOM は構築済みですので、クライアントサイドでの初期化や DOM 操作の処理が減少し、パフォーマンスの向上にも寄与します。

この JavaScript が実行されなくても注意書きはスタイルが適用された状態で表示されますので、JavaScript が無効な環境まで考慮したプログレッシブエンハンスメントも実現されます。結果的に、SEO やアクセシビリティの向上にもつながります。

```javascript
// カスタム要素のためのクラスを定義
class CustomAttention extends HTMLElement {
  constructor() {
    super()
  }
}
// カスタム要素を登録する
customElements.define(
  "custom-attention", CustomAttention
)
```

カスタム要素の定義の中で以下のように指定すると、シャドウ DOM の有無で処理を切り替えることも可能です。ここでは、シャドウ DOM がある場合は何もせず、ない場合は作成し、注意書きを追加するように指定しています。

宣言的シャドウ DOM を指定した `<custom-attention>` と、指定していない `<custom-attention>` を記述すると、次のような表示結果になります。

```javascript
// カスタム要素のためのクラスを定義
class CustomAttention extends HTMLElement {
  constructor() {
    super()

    if (this.shadowRoot) {
      // シャドウ DOM がある場合の処理
    } else {
      // シャドウ DOM がない場合の処理
      this.attachShadow({ mode: "open" })
      this.shadowRoot.innerHTML = `
        <p> ※注意書きを記述 </p>
      `
    }
  }
}
// カスタム要素を登録する
customElements.define(
  "custom-attention", CustomAttention
)
```

Action

※予告なく変更される場合があります

※注意書きを記述

```html
<h1>Action</h1>

<custom-attention>
    <template shadowrootmode="open">
        <style>
            p {background-color: yellow;}
        </style>
        <p> ※予告なく変更される場合があります </p>
    </template>
</custom-attention>

<custom-attention></custom-attention>
```

2-10 HTMLの基本構造とメタデータ

HTMLの基本構造は <html>、<head>、<body> で構成します。このうち、<body> 内には「フローコンテンツ」カテゴリー、<head> 内には「メタデータコンテンツ」カテゴリーの要素を記述します。

「メタデータコンテンツ」カテゴリーの要素はタイトルやスタイルシートといった、Webページに関する情報や設定を示します。これらがユーザーに対して直接表示されることはありません。ここでは「スクリプトサポーティング」以外のこれら要素について見ていきます。

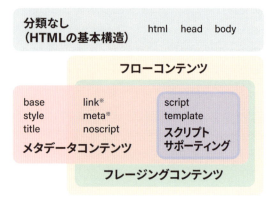

※条件に応じて分類が変わる要素

■ Webページに最低限求められるHTMLの基本構造とメタデータの設定

現在のWebページに最低限求められる標準的な設定は次のようになっています。HTMLの基本構造を構成する要素に加えて、3つのメタデータを記述しています。メタデータはエンコードの種類、ビューポートの設定、タイトルを示すものです。

ブラウザ画面に表示するコンテンツは <body> 内に記述します。

> コードエディタのVisual Studio Code (VS Code) では、Emmetの機能を使用して「！」+ Tabキーでこのコードを挿入できます。

```html
<!DOCTYPE html>
<html lang="ja">
  <head>
    <meta charset="UTF-8">
    <meta name="viewport" content="width=device-width, initial-scale=1.0">
    <title> タイトル </title>
  </head>
  <body>
    …略…
  </body>
</html>
```

メタデータ

コンテンツ

■ ファビコンとSEO関連のメタデータの設定

Webページではfavicon（ファビコン）やSEO（検索エンジン最適化）に関するメタデータの設定も求められます。

ファビコンはブラウザのタブなどで使用されるサイトアイコンです。SafariがSVG形式のファビコンに未対応なため、.ico、.svg、.png形式で用意し、以下のように<link>で示します。.ico形式のファビコンは「favicon.ico」というファイル名でサイトルート（/）に置くことで、<link>を参照しないツールなどにも対応できます。

SNSなどでページをシェアしたときに使用されるOpen Graphプロトコル（OGP）やX/Twitter Cardの情報は<meta>で示します。

```
<svg xmlns="…" viewBox="0 0 512 512">
  <style>
    circle {fill: #ffce00;}
    @media (prefers-color-scheme: dark) {
      circle {fill: #ffa203;}
    }
  </style>
  <circle cx="256" cy="256" r="256" />
</svg>
```

SVG形式のファビコン（〜.svg）はprefers-color-scheme（P.202）を使うことでダークモードにも対応できます。ここではモードによってファビコンの色を変えています

```
<!DOCTYPE html>
<html lang="ja">
  <head>
    <meta charset="UTF-8">
    <meta name="viewport"
      content="width=device-width, initial-scale=1.0">
    <title> タイトル </title>
    <link rel="canonical" href=" ページの正規 URL ">
    <meta name="description" content=" ページの説明 ">
    <link rel="icon" href="/favicon.ico" sizes="32x32">
    <link rel="icon" href="/favicon.svg" type="image/svg+xml">
    <link rel="apple-touch-icon" href="/favicon-192x192.png">
    <meta property="og:title" content=" ページのタイトル ">
    <meta property="og:url" content=" ページの正規 URL ">
    <meta property="og:description" content=" ページの説明 ">
    <meta property="og:type" content=" コンテンツの種類（website、article など） ">
    <meta property="og:locale" content=" コンテンツの言語（ja_JP、en_US など ）">
    <meta property="og:site_name" content=" サイト名 ">
    <meta property="og:image" content=" 画像の URL ">
    <meta property="og:image:width" content=" 画像の横幅 ">
    <meta property="og:image:height" content=" 画像の高さ ">
    <meta name="twitter:card" content="summary_large_image">
    <meta name="twitter:title" content=" ページのタイトル ">
    <meta name="twitter:description" content=" ページの説明 ">
    <meta name="twitter:image" content=" 画像の URL ">
    <meta name="twitter:image:width" content=" 画像の横幅 ">
    <meta name="twitter:image:height" content=" 画像の高さ ">
  </head>
  …略…
```

※ Safari用にfavicon.ico、Safari以外のブラウザ用にSVGのfavicon.svgを用意。favicon.icoを指定した<link>のsizesを省略すると、ChromeやEdgeでSVGが認識されなくなるため注意が必要です。<link rel="apple-touch-icon">はiOSでホーム画面にリンクを追加する際に使用されます。

※ SVGを使用せず、PNGに置き換えることも可能です。

favicon（ファビコン）

Open Graphプロトコル（OGP）

X/Twitter Card

HTML の基本構造

```
<!DOCTYPE html>
<html lang="〜">
    <head> ... </head>
    <body> ... </body>
</html>
```

<html>	カテゴリー（分類）	なし　（ドキュメントルートとして使用）
	モデル（内包可）	1つの<head>とそれに続く1つの<body>
	暗黙のARIAロール	document（ドキュメント）　文書構造
<head>	カテゴリー（分類）	なし　（<html>内の最初の子要素として使用）
	モデル（内包可）	<title>を含む1つ以上のメタデータ ※
	暗黙のARIAロール	対応ロールなし
<body>	カテゴリー（分類）	なし　（<html>内の2つ目の子要素として使用）
	モデル（内包可）	フロー
	暗黙のARIAロール	geneic（汎用）　文書構造

※<iframe>のsrcdoc属性（P.081）で指定した場合や上位プロトコル（メールの件名など）からタイトルが使用可能な場合は0個以上のメタデータ

HTML の基本構造は DOCTYPE、<html>、<head>、<body> で構成します。

■ DOCTYPE

<!DOCTYPE html> は DOCTYPE や DOCTYPE 宣言と呼ばれる HTML の前書きです。ブラウザを標準仕様（HTML Living Standard）に従って動作させるため、1 行目に記述するのが必須となっています。DOCTYPE を省略したり、異なる表記形式で記述した場合、歴史的背景から現在でも主要ブラウザは標準と異なるレンダリングモード（quirks mode など）で動作しますので注意が必要です。

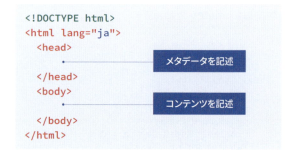

■ <html>

<html> はルート要素と呼ばれ、HTML のルートを示します。lang 属性ではコンテンツで使用されている主要な言語の種類を示します。たとえば、日本語なら「ja」、英語なら「en」と指定します。lang 属性について詳しくは P.138 を参照してください。

> コンテンツで使用した主要言語の種類を<html>のlang属性で示すことは、WCAGの達成基準「3.1.1: ページの言語」を満たすことにつながります。

■ <head>

<head> はメタデータのコレクションを示します。メタデータには基本的にページのタイトルを示す <title>（P.121）を含める必要があります。

■ <body>

<body> は Web ページのコンテンツを示します。P.142 のイベントハンドラ属性を指定することも可能です。

ページのタイトル
`<title> ... </title>`

カテゴリー（分類）	メタデータ
モデル（内包可）	テキスト
暗黙のARIAロール	対応ロールなし

`<title>`はページのタイトルを示します。ブラウザのタブやブックマークでの表示に使用されることから、ページを特定できるタイトルをつけることが求められます。

`<title>`HTML 要素について`</title>`

`<title>`でページのタイトルを適切に示すことは、WCAGの達成基準「2.4.2: ページタイトル」を満たすことにつながります。

内部スタイルシート
`<style> ... </style>`

カテゴリー（分類）	メタデータ
モデル（内包可）	CSS
暗黙のARIAロール	対応ロールなし

`<style>` 内には CSS を記述します。この CSS は内部スタイルシート（Internal style sheet）と呼ばれ、記述したページに適用されます。

`<style>` は複数記述することが可能です。指定できる属性は右のようになっています。

`<style>h1 {color: red;}</style>`

`<style>`の属性	機能
media	メディアクエリ (P.198)
blocking	ブロックする処理 (P.128)
title	スタイルシートセット名

代替スタイルシート

複数の `<style>` を用意し、title 属性でスタイルシートセット名を指定すると、推奨/代替スタイルシートとして扱われます。主要ブラウザは通常のスタイルシートに加えて、標準で推奨スタイルシートを適用します。代替スタイルシートは適用しません。

代替スタイルシートはユーザーが選択した場合にのみ適用されます。ただし、主要ブラウザのうち、選択メニューを持つのは Firefox のみとなっています。

Firefoxに用意された代替スタイルシートの選択メニュー
[表示>スタイルシート]

title属性の設定		スタイルシートの種類
title属性なしの`<style>`		**通常のスタイルシート** 常に適用されます
title属性を持つ`<style>`	最初のもの	**推奨スタイルシート** 標準で適用されますが代替が選ばれると無効になります
	最初以外のもの	**代替スタイルシート** 標準では無効ですがユーザーの選択によって適用されます

```
<style title="暖色">…</style>
<style title="寒色">…</style>
```

推奨スタイルシート 標準で適用される

代替スタイルシート 標準で適用されない

ベース URL
`<base href="〜">`

カテゴリー（分類）	メタデータ
モデル（内包可）	内包不可
暗黙のARIAロール	対応ロールなし

`<base>` は相対パスのベース URL を示します。ベース URL は `<base>` より後に相対パスで指定したリンクに対し、右のような処理となります。

```
<base href="https://example.com/news/">
…略…
<a href="post/link.html">...</a>  ──❶
<a href="/post/link.html">...</a> ──❷
```

❶ リンク先: https://example.com/news/post/link.html

❷ リンク先: https://example.com/post/link.html

`<base>`の属性	機能
href	ベースURL
target	ブラウジングコンテキスト (P.089)

リソースへのリンク
`<link rel="〜" href="〜">`

カテゴリー（分類）	メタデータ/フロー ※/フレージング ※
モデル（内包可）	内包不可
暗黙のARIAロール	対応ロールなし

※body-ok (P.123) な場合

`<link>` は各種リソースへのリンクを示します。rel 属性でリンクタイプ（リソースの種類）を、href 属性で URL を示すのが基本形です。たとえば、外部スタイルシートへのリンクは右のように記述します。指定したスタイルシートはページに適用されます。

以下の属性と組み合わせると、リソースに関する情報や指示を補足することも可能です。

```
<link rel="stylesheet" href="style.css">
```
外部スタイルシートへのリンク

```
<link rel="stylesheet" href="style.css"
  media="(width <= 768px)">
```
media属性を追加して、画面幅が768px以下のときに外部スタイルシートを適用するように指定したもの

`<link>`の属性	機能	参照
rel	リンクタイプ	-
href	リソースのURL	-
hreflang	言語の種類	P.123
media	メディアクエリ	P.198
sizes	アイコンサイズ	P.119
title	スタイルシートセット名	P.121
type	MIMEタイプ	P.123
disabled	外部スタイルシートの無効化	P.125
crossorigin	クロスオリジンの設定	P.126
integrity	サブリソース完全性（SRI）の設定	P.126

`<link>`の属性	機能	参照
referrerpolicy	リファラの設定	P.126
as	先読みするリソースの種類	P.127
imagesrcset	先読みする画像のsrcset	P.127
imagesizes	先読みする画像のsizes	P.127
fetchpriority	先読みの優先順位	P.128
blocking	ブロックする処理	P.128
color	rel="mask-icon"時に使用する色 ※	-

※Safariのピン留めアイコン用の設定でしたが、Safari 12以降は通常のファビコンが使用されるようになっており、rel="mask-icon" は使用されなくなっています

■ リンクタイプ　rel属性

rel属性ではリンクタイプ（リソースの種類）を示します。ここでは3つに分類して下記の表にまとめています。

・各種情報のURLを明示するもの
・ブラウザが使用するリソースを明示するもの
・ブラウザや検索エンジンへの指示・提案を行うもの

これらのうち「各種情報のURLを明示するもの」については、明示した情報をブラウザでどのように扱うかが定義されていません。正規URL（canonical）や多言語版（alternate）の情報が検索エンジンで使用されることを除くと、明示した情報が実際に使用されるケースはほとんどありません。

▼ 使用可能なリンクタイプについて

リンクタイプによっては\<link\>で使用できないものもあります。この表ではrel属性を持つ\<link\>、\<a\>、\<area\>、\<form\>で使用できるリンクタイプを○で示していますので参考にしてください。

▼ body-okという分類について

\<link\>は\<head\>内で使用しますが、「body-ok」に分類されたリンクタイプの場合は\<body\>内での使用が認められます。pingback、stylesheetと先読み系のリンクタイプ（dns-prefetch、preconnect、prefetch、preload、modulepreload）が該当します。

rel属性の値	リンクタイプ	使用例	\<link\>	\<a\> \<area\>	\<form\>	body-ok
各種情報のURLを明示するリンクタイプ						
canonical	正規URL	ページの正規URLを示します。同じコンテンツで複数のURLが存在する場合に、検索エンジンではcanonicalで示したURLが正規のものとして扱われます `<link rel="canonical" href="https://example.com/">`	○	×	×	-

alternate	代替情報	代替情報のURLを示します。多言語ページのURLは検索エンジンで、フィードのURLはRSSリーダーなどのツールで使用されます
		
		英語版のURLを示す場合：
		hreflang属性でリソースの言語の種類を示します。言語の種類はP.138のlang属性と同じ値で指定します
		`<link rel="alternate" href="/en" hreflang="en">`
		
		フィードを示す場合：
		type属性でフィードのMIMEタイプを示します
		`<link rel="alternate" href="/feed" type="application/rss+xml">`
		
		代替スタイルシート（P.121）を示す場合：
		rel属性にはスペース区切りで「alternate」と「stylesheet」を指定し、title属性でスタイルシートセット名を指定します
		`<link rel="alternate stylesheet" href="other.css" title="スタイルシートセット名">`
			○	○	×	-

author	著者に関する情報	著者に関する情報のURLを示します `<link rel="author" href="https://~">`	○	○	×	-

rel属性の値	リンクタイプ	使用例	`<link>`	`<a>` `<area>`	`<form>`	body -ok
privacy-policy	プライバシーポリシー	プライバシーポリシーのURLを示します `<link rel="privacy-policy" href="https://~">`	○	○	×	-
terms-of-service	利用規約	利用規約のURLを示します `<link rel="terms-of-service" href="https://~">`	○	○	×	-
pingback	ピングバック	ブログなどで使用されるピングバック用のURLを示します `<link rel="pingback" href="https://~">`	○	×	×	○
help	ヘルプ	ヘルプ情報のURLを示します `<link rel="help" href="https://~">`	○	○	○	-
license	ライセンス	ライセンス情報のURLを示します `<link rel="license" href="https://~">`	○	○	○	-
next	次のページ	一連のシリーズの次のページのURLを示します `<link rel="next" href="https://~">`	○	○	○	-
prev	前のページ	一連のシリーズの前のページのURLを示します `<link rel="prev" href="https://~">`	○	○	○	-
search	検索	検索のために使用できるリソースのURLを示します `<link rel="search" href="https://~">`	○	○	○	-
bookmark	ブックマーク	ブックマークに適したURLであることを示します。ただし、現在はrel="canonical"を使用し、正規URLとして示すのが一般的です。 `<a rel="bookmark" href="https://~">...</a>`	×	○	×	-
tag	タグ	ブログシステムなどで生成されたタグページのURLを示し、リンク元のページがそのタグで分類されていることを示します `<a rel="tag" href="https://~">...</a>`	×	○	×	-
external	外部リンク	外部サイトへのリンクであることを示します `<a rel="external" href="https://~">...</a>`	×	○	○	-
ブラウザが使用するリソースを明示するもの						
icon	ファビコン(アイコン)	ページのファビコン(アイコン)の画像を示します。ブラウザはP.119のようにタブなどで使用します `<link rel="icon" href="/favicon.png">`	○	×	×	-
manifest	マニフェスト	PWAのマニフェストファイルを示します ※参照: https://developer.mozilla.org/ja/docs/Web/Manifest `<link rel="manifest" href="/manifest.json">`	○	×	×	-
stylesheet	外部スタイルシート	外部スタイルシートのURLを示します。ブラウザは指定されたスタイルシートをページに適用します `<link rel="stylesheet" href="style.css">`	○	×	×	○
ブラウザや検索エンジンへの指示・提案を行うもの						
nofollow	不支持 (クロール禁止)	リンク先を支持していないことを示します。Google検索エンジンではリンク元との関連付けや、このリンクを元にしたリンク先のクロールを行わなくなります `<a rel="nofollow" href="https://~">...</a>`	×	○	○	-

rel属性の値	リンクタイプ	使用例	\<link\>	\<a\>\<area\>	\<form\>	body-ok
noreferrer	リファラ送信禁止	リンク先にリファラ（リンク元のURL）を送信しません `<a rel="noreferrer" href="https://~">...</a>`	×	○	○	-
noopener	リンク元への操作を禁止	target属性（P.089）でリンク先を開いたときに、リンク先からリンク元のページが操作されるのを防ぎます。ただし、現在の主要ブラウザは標準でrel="noopener"の処理を行うようになっています `<a rel="noopener" target="_blank" href="~">`	×	○	○	-
opener	リンク元への操作を許可	標準でrel="noopener"の処理を行うブラウザに対し、リンク先からリンク元のページへの操作を許可する場合に使用します `<a rel="opener" target="_blank" href="~">`	×	○	○	-
expect	レンダリングブロック	ページ内のターゲットIDを持つ要素の解析が終わり、DOMに追加されるまでレンダリングをブロックします `<link rel="expect" href="#~" blocking="render">`	○	×	×	-
dns-prefetch	先読み DNSプリフェッチ	ターゲットリソースのドメインの名前解決（DNSルックアップ）を先行して開始するようブラウザに提案します `<link rel="dns-prefetch" href="https://~">`	○	×	×	○
preconnect	先読み プリコネクト	他のサイト（異なるオリジン）への接続が必要であることを伝え、できるだけ早く処理を開始するようにブラウザに提案します `<link rel="preconnect" href="https://~">`	○	×	×	○
prefetch	先読み プリフェッチ	ユーザーの操作などに応じて将来的に必要になるリソースであることを示します。ブラウザは現在のページの読み込みが完了した後に、指定されたリソースを読み込みます `<link rel="prefetch" href="https://~">`	○	×	×	○
preload	先読み プリロード	リソースの先読みをブラウザに指示します。これは強制的な指示となりますので、注意が必要です。as属性（P.127）ではリソースの種類を明示します。外部スタイルシートを先読みする場合は次のように指定します `<link rel="preload" href="style.css" as="style">`	○	×	×	○
modulepreload	先読み モジュールプリロード	モジュールスクリプトの先読みをブラウザに指示します `<link rel="modulepreload" href="https://~">`	○	×	×	○

preloadやpretechといった先読みの機能を効果的に活用することは、パフォーマンスの改善につながります

■ 外部スタイルシートの無効化　disabled属性

disabled属性はrel属性の値が「stylesheet」の、外部スタイルシートのリンクを無効化します。無効化した外部スタイルシートは適用されなくなります。

```
<link rel="stylesheet" href="style.css"
 disabled>
```

■ クロスオリジンの設定　crossorigin属性

外部サイト上のスクリプトや画像、フォントなどを利用すると、標準ではエラーの詳細が得られない、Canvasでの再利用ができないといった制限がかかります。これはCORSという、異なるサイト間（クロスオリジン）でのデータのやりとりを制限する仕組みによるものです。

ただし、外部サイト側で許可されている場合には、crossorigin属性の指定によって同じサイト（同一オリジン）にあるリソースとして扱うことができます。crossorigin属性は<script>、<img>、<video>、<audio>、<link>で指定することが可能です。詳しくは、右のドキュメントを参照してください。

```
<link rel="preconnect"
 href="https://fonts.gstatic.com" crossorigin>
```

Google Fontsの埋め込みコードに含まれている
クロスオリジンの設定

crossorigin属性の値	処理
anonymous 空の値	認証情報なしでリクエスト
use-credentials	認証情報ありでリクエスト

同一オリジン

以下の3つが等しい場合、同一オリジンと判別されます。

・スキーム（プロトコル）：HTTP、HTTPSなど
・ホスト（ドメイン）：example.org、sub.example.orgなど
・ポート：80、443などのポート番号

■ サブリソース完全性（SRI）の設定　integrity属性

integrity属性を利用すると、読み込むリソースが意図せず改ざんされていないかをブラウザが検証できるようになります。integrity属性ではリソース側と一致するハッシュ値を指定します。rel属性の値が「stylesheet」、「preload」、「modulepreload」の場合に指定できます。

```
<link href="https://cdn…/bootstrap.min.css"
 rel="stylesheet"
 integrity="sha384-9ndCyUaIbzA…iuK6FUUVM"
 crossorigin="anonymous">
```

BootStrapのCSSを適用する設定に含まれている
integrity属性の設定

■ リファラポリシー　referrerpolicy属性

referrerpolicy属性はリファラポリシーを示します。それにより、リソースを読み込む際にリファラ（リンク元の情報）をどのように送信するかを制御します。

この属性は<a>、<area>、<img>、<iframe>、<link>、<script>で指定できます。指定できる値は次のようになっています。

```
<link rel="stylesheet" href="https://～/
styles.css" referrerpolicy="no-referrer">
```

リンク先にリファラを送りたくない場合の設定

リファラポリシー（referrerpolicy属性の値）	処理
no-referrer	リファラを送信しない
no-referrer-when-downgrade	完全なリファラを送信。ただし、安全性が下がる（https→http）場合は送信しない
same-origin	同一オリジンの場合は完全なリファラを送信
origin	オリジンのみを含めたリファラを送信
strict-origin	オリジンのみを含めたリファラを送信。ただし、安全性が下がる（https→http）場合は送信しない
origin-when-cross-origin	同一オリジンの場合は完全なリファラを送信。それ以外の場合はオリジンのみを送信
strict-origin-when-cross-origin ※	origin-when-cross-originと同じだが、安全性が下がる（https→http）場合は送信しない
unsafe-url	常に完全なリファラを送信する

※デフォルトの処理

■ 先読みするリソースの種類　as属性

as属性は先読みするリソースの種類を示します。ブラウザはこの情報を参考に、優先的に先読みするリソースを判断します。as属性で指定できる主な値は次のようになっています。

```
<link rel="preload" as="font"
 href="/_next/static/media/～.woff2"
 crossorigin=""
 type="font/woff2">
```

Next.jsのnext/fontを使用したときに出力される、フォントを先読みする設定

as属性の値	リソースの種類	as属性の値	リソースの種類
script	スクリプト	audio	音声
style	スタイルシート	video	動画
font	フォント	track	テキストトラック
image	画像	fetch ※	フェッチリクエスト

※crossorigin属性の指定が求められます

■ 先読みする画像のsrcsetとsizes　imagesrcset/imagesizes属性

レスポンシブイメージで使う画像をimagesrcsetとimagesizes属性を使って先読みします。先読みしたい画像のsrcset属性とsizes属性の値を指定します。これらの属性については P.074 を参照してください。

```
<link rel="preload" as="image"
 imagesrcset="assets/500w.jpg 500w,
              assets/1000w.jpg 1000w,
              assets/1500w.jpg 1500w"
 imagesizes="100vw"
>
```

レスポンシブイメージを先読みするように指定したもの

■ 先読みの優先順位　fetchpriority属性

fetchpriority 属性は先読みするリソースの相対的な優先度をブラウザに提案します。

fetchpriority属性の値	処理
high	優先度を高くします
low	優先度を低くします
auto ※	ブラウザにまかせます（初期値）

※デフォルトの処理

```
<link rel="preload" href="photo.jpg"
  as="image" fetchpriority="high">
```

画像の先読みの優先度を高くしたもの

■ ブロックする処理　blocking属性

blocking 属性はリソースの取得時にブロックすべき処理を示します。rel 属性の値が「stylesheet」、「expect」の場合に指定できます。

blocking属性の値	ブロックする処理
render	レンダリング

```
<link rel="stylesheet" href="style.css"
  blocking="render">
```

外部スタイルシートの取得中はレンダリングをブロックするように指定したもの

HTML

メタデータ

文字エンコーディング宣言
`<meta charset="UTF-8">`

ドキュメントレベルのメタデータ
`<meta name="～" content="～">`

HTTP ヘッダーと同等の情報
`<meta http-equiv="～" content="～">`

カテゴリー（分類）	メタデータ/フロー ※/フレージング ※
モデル（内包可）	内包不可
暗黙のARIAロール	対応ロールなし

※itemprop属性がある場合

`<meta>` は、`<title>`、`<base>`、`<link>`、`<style>`、`<script>` では明示できないメタデータを示します。使用する属性に応じて、文字エンコーディング宣言、ドキュメントレベルのメタデータ、HTTP ヘッダーと同等の情報を示すことが可能です。

`<meta>`の属性	機能
charset	文字エンコーディング宣言
name	ドキュメントレベルのメタデータ
http-equiv	HTTPヘッダーと同等の情報
content	メタデータや情報の値
media	メディアクエリ ※name="theme-color"で使用可

■ 文字エンコーディング宣言　charset属性

charset 属性はページで使用したエンコードの種類を示します。ただし、HTML Living Standard では唯一「UTF-8」のみが推奨されています。
`<meta charset=" ～ ">` は HTML の最初の 1024 バイト内に記述する必要があります。

```
<meta charset="UTF-8">
```

エンコードが「UTF-8」であることを示したもの
（値の大文字・小文字の区別はされません）

■ ドキュメントレベルのメタデータ　name属性

name 属性を使用した場合、ドキュメントレベルのメタデータ（ページに関する情報）を示します。name 属性ではメタデータ名（メタデータの種類）を、content 属性ではその値を示します。
メタデータ名には HTML Living Standard で定義されたスタンダードなものと、拡張されたものがあり、以下の表のようになっています。拡張されたメタデータ名は WHATWG の Wiki に登録されています。

```
<meta name="description"
 content=" おいしいケーキのレシピ ">
```

ページの概要を示したもの

```
MetaExtensions
https://wiki.whatwg.org/wiki/MetaExtensions
```

拡張されたメタデータ名が登録されたWHATWGのWiki

name属性の値	情報	使用例
スタンダードなメタデータ名		
application-name	Webアプリとして構築した場合にアプリケーション名を示します。Androidでホーム画面に追加するときに使用されます。iOSにも対応する場合は拡張されたメタデータ名の「apple-mobile-web-app-title」を使用します	`<meta name="application-name" content="アプリ名">`
author	ページの著者名を示します	`<meta name="author" content="著者名">`
color-scheme	ページが対応しているカラースキーム（配色）を示します。ブラウザはこの情報をもとに、デフォルトの背景や文字などの色を決定します。 指定できる値はP.383のcolor-schemeプロパティと同じです。ライトモード（light）とダークモード（dark）の両方に対応している場合はスペース区切りで「light dark」と指定します。ダークモードに設定された閲覧環境では、ブラウザのデフォルトの背景色が黒に、文字色が白になります	`<meta name="color-scheme" content="light dark">`
description	ページの概要を示します	`<meta name="description" content="ケーキのレシピ">`
generator	ページを生成したソフトウェアやサービスなどを示します	`<meta name="generator" content="wordpress">`
keywords	ページのキーワードをカンマ区切りで示します	`<meta name="keywords" content="レシピ,ケーキ">`

name属性の値	情報	使用例
referrer	リファラポリシー（P.126）を示します。ページ内のすべてのリンクに影響します。リファラを送信しない場合は次のように指定します	`<meta name="referrer" content="no-referrer">`
theme-color	ページのテーマカラーを示します。AndroidやiOSで、ブラウザのステータスバーなどの色として使用されます	`<meta name="theme-color" content="orange">`
	`<meta>`のmedia属性でメディアクエリ（P.198）を指定すると、ダークモード時に使用するテーマカラーも指定できます	`<meta name="theme-color" content="orange" media="(prefers-color-scheme: dark)">`

拡張された主なメタデータ名

name属性の値	情報	使用例
viewport	ビューポートの設定を示します。モバイルデバイスでページが小さく表示されるのを防ぎ、デバイスサイズに合わせてレスポンシブを機能させるため、右のように指定するのがベストプラクティスとなっています。width=device-widthはビューポートの幅をデバイスの幅に合わせ、initial-scale=1.0はページが開かれたときの初期ズームレベルを等倍に指定します。ユーザーによる拡大を禁止するuser-scalable=noの指定は推奨されません ユーザーによるページの拡大を許容することは、WCAGの達成基準「1.4.4: テキストのサイズ変更」を満たすことにつながります	`<meta name="viewport" content="width=device-width, initial-scale=1.0">`
	interactive-widgetではモバイルブラウザでキーボードを表示したときの表示範囲（ビジュアルビューポート）とレイアウトビューポート（P.282のposition: fixedの要素が固定されるダイナミックビューポート）の扱いを指定します。dvhといったビューポート単位（P.183）はレイアウトビューポートに合わせて処理されます	`<meta name="viewport" content="width=device-width, initial-scale=1.0, interactive-widget=resizes-content">` ※デフォルトではresizes-visualで処理されます
robots	検索エンジンのロボット（クローラー）への指示を示します。たとえば、ページをインデックスに登録せず、リンクの追跡も禁止する場合は次のように指定します	`<meta name="robots" content="noindex,nofollow">`
format-detection	iOSではページ内の電話番号や類似した数字に対し、自動的に電話をかけるリンクが設定されます。次の指定はこの機能を無効化します	`<meta name="format-detection" content="telephone=no">`
apple-mobile-web-app-title	Webアプリとして構築した場合にアプリケーション名を示します。iOSでホーム画面に追加するときに使用されます	`<meta name="aapple-mobile-web-app-title" content="アプリ名">`
twitter:~	X/Twitter Cardの情報を示します。画像を大きく表示する場合は次のように指定します	`<meta name="twitter:card" content="summary_large_image">`
og:~	Open Graphプロトコル（OGP）の情報を示します。name属性ではなく、RDFaで規定されたproperty属性を使用します	`<meta property="og:title" content="ページのタイトル">`

■ HTTPヘッダーと同等の情報　http-equiv属性

http-equiv属性を使用した場合、HTTPヘッダーと同等の情報を示します。HTTPヘッダーを変更できないといった場合に利用できます。指定できる値は以下の表のようになっています。

```
<meta http-equiv="Content-Security-Policy"
 content="default-src 'self';">
```

コンテンツセキュリティポリシーを示したもの

http-equiv属性の値	使用例	
content-language ※不適合	言語の種類を示しますが、HTML Living Standardはこの指定を不適合としています。言語の種類はP.120のように<html>のlang属性で指定することが推奨されます	-
content-type	エンコードの種類を示す、P.129の<meta charset="UTF-8">の代替設定です。<meta charset="UTF-8">といっしょに指定することはできません	`<meta http-equiv="content-type" content="text/html; charset=UTF-8">`
content-security-policy	コンテンツセキュリティポリシー（CSP）を示し、ページに読み込めるリソースを制限します。たとえば、同一オリジンのリソースのみを許可する場合は右のように指定します	`<meta http-equiv="content-security-policy" content="default-src 'self';">`

default-style	<style>や<link>で指定した代替スタイルシートのうち、推奨スタイルシートにしたい設定のスタイルシートセット名を指定します。たとえば、P.121の設定で推奨スタイルシートを「暖色」から「寒色」に変更する場合、右のように指定します。「暖色」は代替スタイルシートになります	`<style title="暖色">…</style>`
		`<style title="寒色">…</style>`
		`<meta name="default-style" content="寒色">`

refresh	ページのリロードやリダイレクトを指定します
	
	ページのリロードやリダイレクトを自動で行うことは、WCAGの達成基準「2.2.1: タイミング調整可能」の達成を阻害することにつながりますので、注意が必要です
		60秒間隔でリロード:
		`<meta http-equiv="refresh" content="60">`
		
		10秒後に指定したページにリダイレクト:
		`<meta http-equiv="refresh" content="10; url=https://example.com/">`

set-cookie ※不適合	クッキーの設定を示しますが、HTML Living Standardはこの指定を不適合とし、ブラウザには無視することを求めています。サーバーサイドでHTTPヘッダーを通じて設定することが推奨されます	-
x-ua-compatible	古いブラウザのIE（Internet Explorer）に対し、標準規格に準拠したレンダリングを行うように指示します。HTML Living Standardは現在のブラウザに対し、この指定を無視することを求めています	`<meta http-equiv="X-UA-Compatible" content="IE=edge">`

Chapter 2　HTML 要素

2-11　グローバル属性

グローバル属性はすべての要素で使用できる属性です。

グローバル属性	機能
class	クラス
id	ID
role	ARIAロール
aria-*	ARIAのステートやプロパティ
accesskey	キーボードショートカット
autocapitalize	自動キャピタライズ
autofocus	自動フォーカス
contenteditable	編集の可否
data-*	カスタムデータ
dir	書字方向
draggable	ドラッグの可否
enterkeyhint	Enterキーのアクションラベル
hidden	隠す
inert	不活性化

グローバル属性	機能
inputmode	最適な入力メカニズム
is	カスタムな動作の組み込み
item-*	構造化データ
lang	言語の種類
nonce	ノンス
popover	ポップオーバー
slot	スロットに割り当て
spellcheck	スペルチェック
style	インラインスタイルシート
tabindex	フォーカス可能
title	補助的な情報
translate	翻訳の可否
writingsuggestions	文章作成支援
on*	イベントハンドラ

■ クラス　class属性

class 属性は要素にクラスを割り当てます。複数のクラスを割り当てる場合はスペース区切りで指定します。同じクラスを複数の要素に割り当てることも可能です。

```
<div class="message primary"> … </div>
<div class="message secondary"> … </div>
```

message、primary、secondaryというクラスを割り当てたもの

■ ID　id属性

id 属性は要素に ID を割り当てます。ID は Unique Identifier（一意識別子）とも呼ばれ、要素ごとに 1 つの ID しか割り当てることはできません。同じページ内で ID が重複することも認められません。
P.088 のように設定すると、ページ内リンク（アンカーリンク）のリンク先として使用できます。

```
<div id="introduction"> … </div>
<div id="contact"> … </div>
```

introduction、contactというIDを割り当てたもの

■ ARIAロール　role属性

role 属性は ARIA ロールを示します。詳しくは P.021 を参照してください。

```html
<button role="switch" aria-checked="true"> …
```

■ ARIAのステートやプロパティ　aria-*属性

aria-* 属性は ARIA のステート（状態）やプロパティ（各種情報）を示します。詳しくは P.021 を参照してください。

```html
<button role="switch" aria-checked="true"> …
```

■ キーボードショートカット　accesskey属性

accesskey 属性は要素にフォーカスして実行するキーボードショートカットを作成します。たとえば、リンク <a> の accesskey 属性でアクセスキーの値を「c」と指定します。すると、Chrome では「Alt + c」でこのリンクにフォーカスし、リンク先にアクセスする処理も実行されます。主要ブラウザでは次のようなショートカットになります。

```html
<a href="〜" accesskey="c"> お問い合わせ </a>
```
リンクにキーボードショートカットを設定したもの

ブラウザ	ショートカット
Chrome / Edge	Alt + アクセスキー
Safari	Ctrl + Option + アクセスキー
Firefox	Shift + Alt + アクセスキー

WCAG 2.1で追加された達成基準「2.1.4: 文字キーのショートカット」では、文字キーのみのショートカットを実装しないことが求められます。accesskey属性が作成するショートカットの場合、Altなどの修飾キーを含むことになるため、この基準の達成を妨げることはありません

accesskey属性ではブラウザや支援ツールの機能と競合する可能性がある、キーの存在をユーザーに伝える必要があるなど、考慮すべき問題が指摘されています。そのため、使用する場合には細心の注意を払って設定することが求められています

■ 自動キャピタライズ　autocapitalize属性

autocapitalize 属性は、モバイルデバイスの仮想キーボードや音声でテキスト入力する際のキャピタライズ（入力文字列の大文字化）を制御します。
指定できる値は右のようになっています。<input> の type 属性の値が url、email、password の場合には適用されません。未指定の場合、閲覧環境の設定に従います。

```html
<form autocapitalize="none">…</form>
```
フォームの自動キャピタライズを無効化

autocapitalize属性の値	機能
off または none	自動キャピタライズを無効化
on または sentences	文の最初の文字を大文字にする
words	語句の最初の文字を大文字にする
characters	すべての文字を大文字にする

■ 自動フォーカス　autofocus属性

autofocus 属性は論理属性です。ページをロードしたときに自動的にフォーカスする要素を示します。フォームコントロールに自動フォーカスさせると、すぐに入力できる状態になります。
P.059 の <dialog> では、モーダルを開いたときに初期フォーカスする要素を指定できます。

ページをロードした段階でフォーカスされます

```
<input type="text"
    name="〜" autofocus>
```

 WCAGの達成基準「2.4.3 フォーカス順序」ではコンテンツの流れとフォーカス順の一致が求められます。自動フォーカスはこれを崩し、基準達成を妨げる可能性がありますので注意が必要です。

■ 編集の可否　contenteditable属性

contenteditable 属性は要素の編集の可否を示します。「true」と指定すると、ブラウザ画面上での編集が可能になります。ただし、編集後の処理などについては JavaScript で設定する必要があります。

ここのテキストは編集できます
▼
ここのテキストは編集できます

```
<p contenteditable="true"> ここのテキストは編集
できます </p>
```

contenteditable属性の値	機能
true または 空の値	編集可能であることを示す
false	編集不可であることを示す
plaintext-only	テキストのみ編集可能であることを示す（リッチテキスト形式の編集は不可）

■ カスタムデータ　data-*属性

「data-*」はカスタムデータ属性と呼ばれ、要素に対して独自の情報を付加します。属性名も、「*」に1文字以上の語句を入れて独自に設定します。1つの要素に複数のカスタムデータ属性を指定することも可能です。

```
<div data-item-id="100" data-item-lot="XXX">
    …
</div>
```

■ 書字方向　dir属性

dir 属性は書字方向を示します。

dir属性の値	書字方向
ltr	左から右
rtl	右から左
auto	自動判別

```
<strong dir="ltr">ROBOT</strong>
```

書字方向が左から右であることを示したもの

■ ドラッグの可否　draggable属性

draggable 属性はドラッグの可否を示します。

draggable属性の値	機能
true	ドラッグ可能であることを示す
false	ドラッグ不可であることを示す
auto	自動判別 ※

※`<img>`、画像を埋め込む`<object>`、href属性を持つ`<a>`はドラッグ可能、これら以外はドラッグ不可として扱われます

このテキストはドラッグできます

```
<div draggable="true"> このテキストはドラッグでき
ます </div>
```

■ Enterキーのアクションラベル　enterkeyhint属性

enterkeyhint 属性は仮想キーボードの Enter キーにどのようなアクションラベル（またはアイコン）を表示するかを示します。指定できる値と、Android と iOS での表示は以下のようになっています。

```
<input enterkeyhint="send">
```

enterkeyhint属性の値	Android	iOS（日本語入力）	iOS（英語入力）
enter	←	改行	return
done	✓	完了	done
go	→	開く	go
next	→│	次へ	next

enterkeyhint属性の値	Android	iOS（日本語入力）	iOS（英語入力）
previous	←│	改行	return
search	🔍	検索	search
send	▶	送信	send

■ 隠す（非表示・非公開）　hidden属性

hidden 属性を指定すると、画面とアクセシビリティツリーの両方で非表示・非公開となり、ユーザーに提供されません。現状のページとは関連がない、他のパーツから使用するコンテンツであるといったことを示します。

```
<div hidden> このテキストは隠されています </div>
```

> hidden属性を「hidden="hidden"」、「hidden=""」、「hidden」と指定すると、display: noneが適用されて非表示・非公開になります

hidden属性の値	機能
hidden または 空の値	ユーザーに提供されません
until-found	標準ではユーザーに提供されませんが、コンテンツ検出時に提供されます

■ コンテンツの検出で隠蔽を解除する場合

hidden 属性を「hidden="until-found"」と指定すると、デフォルトでは隠しておき、ページ内検索やページ内リンクなどでコンテンツが検出されときに隠蔽を解除できます。

> **UA STYLE** hidden属性を「hidden="until-found"」と指定すると、P.314の content-visibility: hiddenが適用され、非表示・非公開になります。コンテンツが検出されるとcontent-visibilityの適用が解除され、隠蔽も解除されます

■ hidden

■ hidden
このテキストは隠されています

■ hidden
```
<div hidden="until-found"> このテキストは隠されています </div>
```

要素を隠す（非表示・非公開にする）設定

要素を隠す設定には次のようなものがあります。これらのうち、hidden や hidden="until-found" 属性の動作は UA スタイルシートの display や content-visibility プロパティで実現されています。そのため、プロパティの設定を変更すると隠蔽が解除されますので、注意が必要です。

設定	画面表示	表示領域の確保	アクセシビリティツリーでの公開	隠蔽解除	参照
`<div style="display: none">`	なし	なし	非公開（子孫も非公開）	displayを noneにする	P.223
`<div hidden>`				none以外にする	-
`<div style="content-visibility: hidden">`	なし	なし	非公開（子孫も非公開）	content-visibility をvisibleにする	P.314
`<div hidden="until-found">`					-
`<div style="visibility: hidden">`	なし	確保される	非公開（子孫も非公開）	visibilityを visibleにする	P.309
`<div aria-hidden="true">`	表示される	確保される	非公開（子孫も非公開）	aria-hiddenを falseにする	P.085
`<div role="presentation">`	表示される	確保される	非公開（子孫は公開）	-	P.073

■ 不活性化　inert属性

inert 属性は不活性であることを示す論理属性です。不活性にした要素とその子孫要素は、クリック、選択、フォーカス、編集といったユーザーによるインタラクションを受け付けなくなります。さらに、不活性にしたコンテンツは画面には表示されますが、アクセシビリティツリーでは非公開になります。

```
<div inert> 現在操作できません </div>
```

```
[inert] {opacity: 0.5;}
```

> モーダルの背面コンテンツや、オフスクリーン（画面外）になったカルーセルやドロワーメニューのコンテンツなどでの利用が想定されています。誤って操作したり、フォーカスされるのを防ぎ、アクセシビリティを向上させる効果が期待できます

> **UA STYLE** 不活性化した要素にデフォルトで適用されるスタイルはありません。そのため、不活性であることがわかるようにスタイリングすることが求められます。ここではopacityプロパティで不透明度を0.5にしています

■ 最適な入力メカニズム　inputmode属性

inputmode 属性は最適な入力メカニズムを示します。編集可能な要素を選択した場合、ブラウザはこの情報を元にどのような仮想キーボードを表示するかを決定します。

```
<input inputmode="tel">
```

電話番号の入力に最適な仮想キーボードを使うように指定したもの

inputmode属性の値	Android	iOS
text	標準的な仮想キーボード	
tel	電話番号の入力に最適な仮想キーボード	
url	URLの入力に最適な仮想キーボード	
email	メールアドレスの入力に最適な仮想キーボード	

inputmode属性の値	Android	iOS
numeric	数字（PIN）の入力に最適な仮想キーボード	
decimal	小数を含む数字の入力に最適な仮想キーボード	
search	検索の入力に最適な仮想キーボード	
none	仮想キーボードを表示しない	

■ カスタムな動作の組み込み　is属性

is属性は既存の要素を拡張して作成したカスタム要素を呼び出すために使用します。詳しくはP.107を参照してください。

```
<p is="built-in-attention"></p>
```
カスタム要素として定義したbuilt-in-attentionを指定したもの

■ 構造化データ　item-*属性

item-*属性はMicrodata形式でHTML内に構造化データを埋め込み、コンテンツに関するより詳細な情報を伝えます。ボキャブラリ（語彙）にはschema.orgで規定されたものを使うのが一般的です。ただし、GoogleではMicrodata形式ではなく、JSON-LD形式の使用を推奨しています。

たとえば、それぞれの形式で映画のタイトルと公式サイトのURLを明示すると右のようになります。Googleが提供している支援ツールを利用すると、それぞれの形式で簡単に構造化データのコードを作成できます。

item-*属性	機能
itemtype	情報の種類を示すアイテムタイプ。schema.orgでは「Movie（映画）」や「人物（Person）」など、さまざまなタイプが用意されています
itemscope	アイテムタイプのスコープを明示
itemprop	アイテムに関する情報を示すプロパティ
itemref	情報の関連を明示
itemid	識別子

Microdata形式
```
<div itemscope itemtype="http://schema.org/Movie">
  <h1 itemprop="name"> 映画タイトル </h1>
  <div itemprop="url">https://example.com/</div>
</div>
```

JSON-LD形式
```
<script type="application/ld+json">
{
  "@context": "http://schema.org",
  "@type": "Movie",
  "name": " 映画タイトル ",
  "url": "https://example.com/"
}
</script>
```

構造化データ マークアップ支援ツール
https://www.google.com/webmasters/markup-helper/

■ 言語の種類　lang属性

lang属性は使用している言語の種類を示します。RFC 5646で標準化された言語タグを使用し、日本語なら「ja」、英語なら「en」と指定します。

```
<strong lang="en">Robot</strong>
```

RFC 5646 (BCP 47)
https://datatracker.ietf.org/doc/html/rfc5646

■ ノンス　nonce属性

nonce属性は認証のために使用するノンス（使い捨てのランダムな値 / number used onceの略）を示します。たとえば、P.131のようにコンテンツセキュリティポリシー（CSP）を設定すると、<script>や<style>でHTML内に直接記述したスクリプトやスタイルは実行されなくなります。これらはセキュリティリスクが高いと判断されるためです。

個別に実行を許可する場合、ランダムな値を用意し、CSPとnonce属性で指定します。この値はページのリクエストごとに生成することが推奨され、CSPでは「nonce-」をつけて指定します。

```
<meta http-equiv="Content-Security-Policy"
 content="default-src 'self';
 script-src 'nonce-Su8BQbVtkk56r5UsvFqs3d4r';
 style-src 'nonce-Ld7kWjXqTCpf5a7fukpqW2Fm'">

<script nonce="Su8BQbVtkk56r5UsvFqs3d4r">
 ...</script>
<style nonce="Ld7kWjXqTCpf5a7fukpqW2Fm">
 ...</style>
```

<script>と<style>にnonce属性を指定したもの

■ ポップオーバー　popover属性

popover属性を指定した要素は、ポップオーバー要素として扱われます。ポップオーバー要素はトップレイヤー（P.284）に追加され、確実に他の要素より上に表示されます。そのため、メニューやツールチップ、通知、トースト、非モーダルなダイアログなど、さまざまなUIの構築に利用できます。

ポップオーバーの使用例(P.286)　開閉ボタン　ポップオーバー要素

ポップオーバー要素を開いたときの扱いは、popover属性の値（auto/manual/hint）によって以下のように変わります。値を省略した場合はautoで処理されます。

ポップオーバー要素はデフォルトでは非表示になりますので、開閉用のボタンを用意します。ボタンはpopovertarget属性とpopovertargetaction属性で構成します。popovertargetaction属性を省略した場合はtoggleで処理されます。また、ポップオーバー要素のメソッドで設定することも可能です。

ポップオーバー要素の設定

```
<div popover id="ポップオーバー要素のID">...</div>
```

ポップオーバー要素が開いたときの扱い	popover属性の値		
	auto	manual	hint※3
トップレイヤー（最上位レイヤー）に追加され、::backdropが作成される	○	○	○
ポップオーバー以外が不活性化される	×	×	×
ポップオーバー内にフォーカスが移動する	○	○	○
ポップオーバー外をクリックして閉じることができる（ライトディスミス機能がある）	○	×	○
Escキーで閉じることができる	○	×	○
開くときに他のポップオーバーを閉じる	○※1	×	○※2
開いたポップオーバーに:popover-open擬似クラスのCSSが適用される	○	○	○

※1…autoおよびhintのポップオーバーを閉じる（ネストされた親のautoは除く）
※2…hintのポップオーバーを閉じる
※3…

ポップオーバー要素の開閉ボタンの設定

```
<button popovertarget="ポップオーバー要素のID"
 popovertargetaction="適用する処理">...</button>
```

popovertargetaction属性の値	ポップオーバー要素のメソッド	処理
toggle（初期値）	togglePopover()	ポップオーバー要素を開閉
show	showPopover()	ポップオーバー要素を開く
hide	hidePopover()	ポップオーバー要素を閉じる

次の例は <div> をポップオーバー要素に指定して、メッセージボタンで開閉できるようにしたものです。popover属性の値は省略していますので、autoのポップオーバー要素として扱われます。

ポップオーバー要素内には×印の閉じるボタンも用意していますが、ポップオーバーの外側をクリックして閉じることもできます。::backdrop（バックドロップ）は半透明の黒色にしていますが、メッセージボタンを含む背後のコンテンツは操作可能です。

メッセージボタンをクリックするとポップオーバーが開きます

```html
<button popovertarget="message"> メッセージ </button>

<div popover id="message">
  <h2>Welcome!</h2>
  <button
    popovertarget="message"
    popovertargetaction="hide"
    aria-label=" 閉じる ">
    <span aria-hidden="true">✖</span>
  </button>
</div>
```

```css
::backdrop {
    background-color: rgb(0 0 0 / 0.6);
}

[popovertargetaction="hide"] {
    position: absolute;
    top: 12px;
    right: 12px;
    filter: grayscale(1);
}
```

参照　・ポップオーバーやバックドロップの表示と配置 …… P.284
　　　・アンカーとの組み合わせ …………………………… P.286
　　　・ポップオーバーのスクロール………………………… P.418
　　　・ポップオーバーの開閉アニメーション ……………… P.426

■ スロット　slot属性

slot属性はシャドウDOM内に用意したスロット名を指定し、コンテンツを割り当てます。詳しくはP.112を参照してください。

`<span slot=" スロット名 ">…</span>`

■ スペルチェック　spellcheck属性

spellcheck属性は編集可能なテキストコンテンツに対し、スペルチェックを行うかどうかを示します。「true」で有効化、「false」で無効化されます。

※spellcheck="true"と指定しても、ブラウザの設定でスペルチェックが無効になっている場合、スペルチェックは行われません

スペルチェックが有効　`<input spellcheck="true">`

スペルチェックが無効　`<input spellcheck="false">`

■ インラインスタイルシート　style属性

style属性は要素に適用するCSSを示し、インラインスタイルシートとも呼ばれます。

文字の色を赤色にしたもの

`<div style="color: red;">Apple</div>`

■ フォーカス可能　tabindex属性

tabindex 属性を指定すると、フォーカス可能な要素（P.086）として扱われます。Tab キーでの選択可否や選択順は、指定した値によって次のように変わります。

```
<div tabindex="0"> フォーカス可能 </div>
```

WCAGの達成基準「2.4.3 フォーカス順序」ではコンテンツの流れとフォーカス順が一致することが求められます。tabindexはこの要件を考慮して設定する必要があります

tabindex属性の値	フォーカス可能	クリックで選択	Tabキーで選択	Tabキーでの選択順
0	○	○	○	正の数の要素が選択された後に、DOMでの出現順で選択
正の数	○	○	○	指定した数値順（1から順）に選択
-1	○	○	×	-

■ 補助的な情報　title属性

title 属性は補助的な情報を示します。デスクトップ環境ではカーソルを重ねるとツールチップの形で表示されます。ただし、モバイル環境では表示されないといった問題があるため、ツールチップ効果を目的に使用することは推奨されません。

P.067 の <abbr> のように、要素によっては特別な役割を持つ場合があります。

WHATWGの規格
Web Hypertext Application Technology Working Group

```
<abbr title="Web Hypertext Application Technology Working Group">WHATWG</abbr> の規格
```

<abbr>で略語の元の語句を示したもの

ブラウザや支援ツールは、アクセシブル名が提供されていない場合にフォールバックとしてtitle属性の値を使用します。ただし、その対応は保証されたものではないため、アクセシブル名はP.023の手法を用いて提供することが推奨されます

■ 翻訳の可否　translate属性

translate 属性は「yes（または空の値）」と「no」で翻訳の可否を示します。

```
<span translate="no"> ブランド名 </span>
```

ブランド名を翻訳しないように指定したもの

■ 文章作成支援　writingsuggestions属性

writingsuggestions 属性は「true（または空の値）」と「false」で文章作成支援の可否を示します。主要ブラウザではデフォルトで true に設定されています。

```
<textarea writingsuggestions="false"></textarea>
```

文章作成支援の機能を無効化したもの

EdgeでCopilotによる文章作成支援（Alt+i）を使用したもの。writingsuggestionsがfalseな場合は使用できません

■ イベントハンドラ　on*属性

onで始まる属性はイベントハンドラ属性と呼ばれ、要素に対する特定のイベント（クリック、入力、フォーカスなど）に対して実行する処理を指定します。たとえば、右のようにonclick属性を指定すると、ボタンクリックでボタンの背景色が黄色に変わります。イベントハンドラ属性は次のように用意されています。

```
<button id="myButton"
 onclick="this.style.backgroundColor='yellow';">
    クリックしてください
</button>
```

onauxclick	oncopy	onerror※	onmouseleave	onscrollend※
onbeforeinput	oncuechange	onfocus※	onmousemove	onsecuritypolicyviolation
onbeforematch	oncut	onformdata	onmouseout	onseeked
onbeforetoggle	ondblclick	oninput	onmouseover	onseeking
onblur※	ondrag	oninvalid	onmouseup	onselect
oncancel	ondragend	onkeydown	onpaste	onslotchange
oncanplay	ondragenter	onkeypress	onpause	onstalled
oncanplaythrough	ondragleave	onkeyup	onplay	onsubmit
onchange	ondragover	onload※	onplaying	onsuspend
onclick	ondragstart	onloadeddata	onprogress	ontimeupdate
onclose	ondrop	onloadedmetadata	onratechange	ontoggle
oncontextlost	ondurationchange	onloadstart	onreset	onvolumechange
oncontextmenu	onemptied	onmousedown	onresize※	onwaiting
oncontextrestored	onended	onmouseenter	onscroll※	onwheel

※ <body>で使用した場合、同じ名前のイベントハンドラがWindowオブジェクトに対して登録されます

ただし、HTMLとJavaScriptが混在することになるといった理由から、イベントハンドラ属性は使用しないほうがよいとされています。代わりに、右のようにaddEventListener()を使うことが推奨されます。イベントハンドラ属性が示すイベントはHTML要素（Elementオブジェクト）に対して登録されるものとなっています。

なお、<body>のみで使用できるイベントハンドラ属性は以下のように用意されています。これらはWindowオブジェクトに対して登録されます。

```
<button id="myButton">クリックしてください</button>

<script>
  // ボタン要素を取得
  const button = document.getElementById('myButton')

  // clickイベントリスナーを登録
  button.addEventListener('click', function () {
    // ボタンの背景色を黄色に設定
    this.style.backgroundColor = 'yellow'
  })
</script>
```

onafterprint	onpageswap
onbeforeprint	onpagehide
onbeforeunload	onpagereveal
onhashchange	onpageshow
onlanguagechange	onpopstate
onmessage	onrejectionhandled
onmessageerror	onstorage
onoffline	onunhandledrejection
ononline	onunload

Chapter

3

CSS

Modern HTML and CSS Standard Guide

Chapter 3 CSS

3-1 CSSの歴史と分類

CSSはもともと1つの仕様ですべての機能が策定されていましたが、CSS2以降は機能ごとにモジュールに分割して策定が進められています。実装のしやすさなどを考慮し、モジュール化した仕様は機能の拡張度合いに応じてレベル分けされ、CSS2をもとに拡張したものはレベル3から、新規に策定したものはレベル1からリリースされています。

ここからはモジュールの分類に従い、CSSの各種機能を次のように分けて見ていきます。

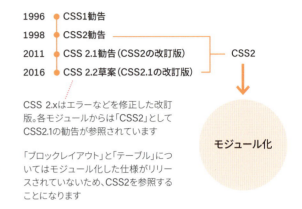

モジュール	レベル						機能	参照
	1	2	3	4	5	6		
Chapter 3　CSS								P.143
CSS Syntax Module	CSS2		○	-	-	-	CSSのシンタックス（構文）	P.146
Selectors	CSS2		○	○	-	-	セレクタ	P.148
CSS Nesting Module	○	-	-	-	-	-	ネスト記法	P.154
CSS Cascading and Inheritance	CSS2		○	○	○	○	カスケードレイヤー	P.158
							スコープ	P.162
							カスケードと継承	P.174
CSS Values and Units Module	CSS2		○	○	○	-	値と単位	P.182
CSS Custom Properties for Cascading Variables Module	○	○	-	-	-	-	カスタムプロパティ（CSS変数）	P.196
CSS Properties and Values API	○	-	-	-	-	-		
CSS Scoping Module	○	-	-	-	-	-	シャドウDOM	P.168
CSS Shadow Parts	○	-	-	-	-	-		
Media Queries	CSS2		○	○	○	-	メディアクエリ	P.198
CSS Conditional Rules Module	CSS2		○	○	○	-	コンテナクエリ	P.203
							機能クエリ	P.210
CSS Paged Media Module	CSS2		○	-	-	-	印刷ページ	P.211
CSS Pseudo-Elements Module	CSS2		-	○	-	-	擬似要素 ※Selectors Level3を元に拡張	P.216
Chapter 4　レイアウト								P.219
CSS Display Module	CSS2		○	○	-	-	ディスプレイタイプ（レイアウトモデル）	P.220
CSS Box Model Module	CSS2		○	○	-	-	ボックスモデル	P.224
CSS Box Sizing Module	CSS2		○	○	-	-	ボックスサイズ	P.226

モジュール	レベル 1	2	3	4	5	6	機能	参照
CSS Inline Layout Module	CSS2	○	-	-	-	-	フローレイアウト（インラインレイアウト）	P.238
CSS2	CSS2	-	-	-	-	-	フローレイアウト（ブロックレイアウト）	P.238
CSS Writing Modes	CSS2	○	○	-	-	-	フローの方向（書字方向／縦書き）	P.249
CSS Logical Properties and Values	○	-	-	-	-	-	論理プロパティ／論理値	P.249
CSS Ruby Annotation Layout Module	○	-	-	-	-	-	ルビ	P.252
CSS2	CSS2	-	-	-	-	-	テーブル	P.253
CSS Flexible Box Layout Module	○	-	-	-	-	-	フレックスボックスレイアウト	P.256
CSS Grid Layout Module	○	○	○	-	-	-	CSSグリッドレイアウト	P.260
CSS Positioned Layout Module	CSS2	○	○	-	-	-	ポジションレイアウト	P.276
CSS Positioned Layout Module	CSS2	○	○	-	-	-	トップレイヤー	P.284
CSS Anchor Positioning	○	-	-	-	-	-	アンカーポジション	P.286
CSS Multi-column Layout Module	○	○	-	-	-	-	マルチカラムレイアウト	P.294
CSS Fragmentation Module	CSS2	○	○	-	-	-	ボックスの分割	P.297
CSS Box Alignment Module	CSS2	○	-	-	-	-	ボックスの配置（位置揃え）	P.300
CSS Containment Module	○	○	○	-	-	-	レンダリングの最適化（封じ込め）	P.310

Chapter 5　タイポグラフィ　P.319

モジュール	レベル 1	2	3	4	5	6	機能	参照
CSS Fonts Module	CSS2	○	○	○	-	-	フォント（基本設定／高度な制御／定義）	P.320
CSS Text Module	CSS2	○	○	-	-	-	テキスト（基本処理／自動改行／配置など）	P.341
CSS Text Decoration	CSS2	○	○	-	-	-	テキストの装飾	P.358

Chapter 6　コンテンツと視覚効果　P.363

モジュール	レベル 1	2	3	4	5	6	機能	参照
CSS Generated Content Module	CSS2	○	-	-	-	-	コンテンツの生成	P.369
CSS Lists and Counters Module	CSS2	○	-	-	-	-	リスト	P.376
CSS Lists and Counters Module	CSS2	○	-	-	-	-	カウンター	P.373
CSS Counter Styles	CSS2	○	-	-	-	-	カウンタースタイル	P.379
CSS Color Module	CSS2	○	○	○	-	-	色	P.382
CSS Color Adjustment Module	○	-	-	-	-	-	カラースキーム（ライトモード／ダークモード）	P.383
CSS Images Module	CSS2	○	○	-	-	-	画像	P.364
CSS Backgrounds and Borders Module	CSS2	○	-	-	-	-	背景画像と背景色	P.386
CSS Masking Module	○	-	-	-	-	-	マスク	P.397
CSS Masking Module	○	-	-	-	-	-	クリッピングパス	P.395
CSS Shapes Module	○	○	-	-	-	-	シェイプ	P.398
Compositing and Blending	○	-	-	-	-	-	ブレンド	P.399
Filter Effects Module	○	○	-	-	-	-	フィルター	P.401

Chapter 7　インタラクションとアニメーション　P.403

モジュール	レベル 1	2	3	4	5	6	機能	参照
CSS Basic User Interface Module	CSS2	○	○	-	-	-	UI（ユーザーインターフェース）	P.404
CSS Overflow Module	CSS2	○	○	○	-	-	オーバーフローとスクロール	P.410
CSS Transitions	○	○	-	-	-	-	トランジション	P.422
CSS Animations	○	○	-	-	-	-	アニメーション	P.430
Scroll-driven Animations	○	-	-	-	-	-	スクロール駆動アニメーション	P.436
CSS View Transitions Module	○	○	-	-	-	-	ビュー遷移	P.449
CSS Transforms Module	○	○	-	-	-	-	トランスフォーム	P.476
Motion Path Module	○	-	-	-	-	-	オフセットトランスフォーム（モーションパス）	P.485

Chapter 3　CSS

CSSのシンタックス（構文）

CSSはHTMLの要素ごとのスタイルをプロパティと値で指定します。フォントサイズ、色、配置など、さまざまなスタイルを指定するプロパティが用意されており、これらを組み合わせてレイアウトやデザインを形にしていきます。

プロパティと値のセットは「宣言」となり、複数の宣言をまとめて「宣言ブロック」を構成します。「セレクタ」では宣言ブロックの設定をどの要素に適用するか（適用対象）を指定します。セレクタと宣言ブロックのまとまりは「ルール」になります。

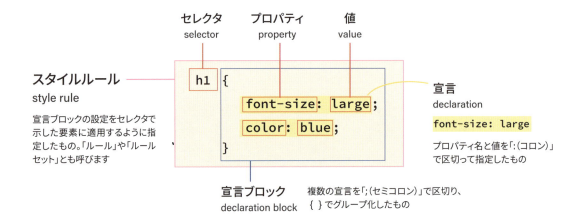

■ 2種類のルール：スタイルルール（style rules）とアットルール（at-rules）

CSSの設定として記述できるのは、複数のスタイルルール（style rules）とアットルール（at-rules）です。

アットルールは @ から始まるもので、スタイルルールでは指定できない各種設定を行います。
たとえば、@media（メディアクエリ）を使用すると、スタイルルールに条件をつけて適用できます。

```
h1 {
    font-size: large;
    color: blue;
}
p {
    line-height: 1.8;
}
@media (width > 768px) {
    h1 {
        font-size: xx-large;
    }
}
```

アットルールには「ステートメントアットルール」と「ブロックアットルール」の2つの記述形式があります。ステートメントアットルールは「;」で終わるもので、各種情報や定義を示します。
ブロックアットルールは{ }ブロックで終わるものです。ブロック内にはルール（スタイルルールとアットルール）または各種定義を行う記述子（descriptor）を記述できます。どちらを記述できるかは使用するアットルールによって変わります。CSSで使用できるアットルールについてはP.210を参照してください。

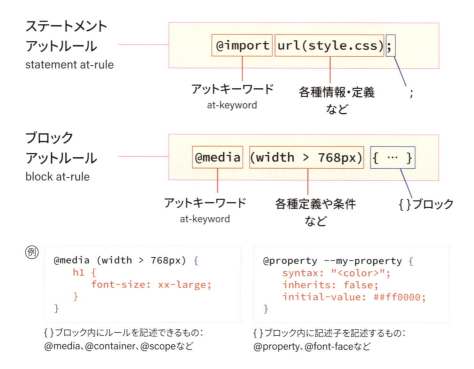

{ }ブロック内にルールを記述できるもの：
@media、@container、@scopeなど

{ }ブロック内に記述子を記述するもの：
@property、@font-faceなど

CSSファイルのエンコードの種類と@charset

@charsetはCSSファイルの行頭でエンコードの種類を示します。ただし、CSS2.1ではアットルールとして有効でしたが、CSS3ではアットルールの定義から除外され、無効なものとして扱われるようになっています。その代わり、CSSファイルもHTMLと同じUTF-8で作成し、HTTPヘッダーの情報でUTF-8であることを宣言するか、参照元のHTMLでUTF-8と示しておくことが求められています（後者はHTMLにP.129の<meta charset="UTF-8">を記述することで達成されます）。
なお、どちらの方法も使用できない場合はBOM（テキストの先頭に付与される符号）を付加するか、@charsetを記述して対応します。@charsetは上記のどの方法でもエンコードを確定できないときに、ファイルの最初にあるバイトシーケンスとして確認されることになっています。

```
<!DOCTYPE html>
<html lang="ja">
  <head>
    <meta charset="UTF-8">
    <title>…</title>
    <link rel="stylesheet" href="style.css">
    …略…
```
CSSファイルの参照元のHTML (UTF-8)

```
@charset "UTF-8";
h1 {…}
…略…
```
UTF-8で作成したstyle.css

（アットルールとしては無効）

3-3 セレクタの種類とシンタックス(構文)

Chapter 3　CSS

セレクタは、HTMLの特定の要素や要素群と一致するパターンです。条件に応じて要素の絞り込みを行うフィルタのようなものと考えることができます。
CSSではスタイルの適用対象を指定するために、JavaScriptでは操作対象を指定するために使用します。

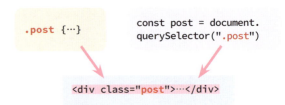

クラスセレクタを使用し、CSSの適用対象やJavaScriptの操作対象を「post」クラスを持つ要素に指定したもの

シンプルセレクタ(simple selector)

シンプルセレクタ(単純セレクタ)は単一の条件で要素を示す基本的なセレクタです。タイプ、ユニバーサル、ID、クラス、擬似クラス、属性の全部で6種類のシンプルセレクタがあります。さらに、属性セレクタには属性値と一致させる形式が6種類用意されています。

たとえば、タイプセレクタで「button」と指定すると、右のようにすべての `<button>` 要素にスタイルが適用されます。

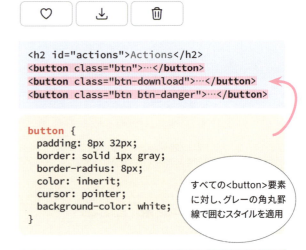

すべての`<button>`要素に対し、グレーの角丸罫線で囲むスタイルを適用

セレクタの形式	セレクタの種類	使用例と適用対象	

要素名	タイプセレクタ
	(要素セレクタ)
		指定した名の要素と一致します
		`button {…}`
			`<h2 id="actions">…</h2>`
			`<button class="btn">…</button>`
			`<button class="btn-download">…</button>`
			`<button class="btn btn-danger">…</button>`

*	ユニバーサルセレクタ
	(全称セレクタ)
		すべての要素と一致します。
		擬似要素(P.216)は含まれません
		`* {…}`
			`<h2 id="actions">…</h2>`
			`<button class="btn">…</button>`
			`<button class="btn-download">…</button>`
			`<button class="btn btn-danger">…</button>`

セレクタの形式	セレクタの種類	使用例と適用対象	

`#id`	IDセレクタ	指定したIDの要素と一致します
		`#actions {…}`
			`<h2 id="`**`actions`**`">…</h2>`
			`<button class="btn">…</button>`
			`<button class="btn-download">…</button>`
			`<button class="btn btn-danger">…</button>`

`.class`	クラスセレクタ	指定したクラスの要素と一致します
		`.btn {…}`
			`<h2 id="actions">…</h2>`
			`<button class="`**`btn`**`">…</button>`
			`<button class="`**`btn-download`**`">…</button>`
			`<button class="`**`btn`** `btn-danger">…</button>`

`:pseudo-class`	擬似クラス	特定の状態にある要素と一致します。たとえば、:focus擬似クラスを使うと、Tabキーでフォーカスした状態の要素と一致します。
		右の例ではフォーカスした要素の背景をピンク色にしています。
		CSSに用意された擬似クラスについてはP.212を参照してください
		`:focus {…}`
			Actions
			
			Tabキーでフォーカスした要素
			`<h2 id="actions">…</h2>`
			`<button class="btn">…</button>`
			`<button class="btn-download">…</button>`
			`<button class="btn btn-danger">…</button>`
			
			`:focus {`
			`    background-color: lightpink;`
			`}`

`[属性]`		指定した属性を持つ要素と一致します
		`[id] {…}`
			`<h2 `**`id`**`="actions">…</h2>`
			`<button class="btn">…</button>`
			`<button class="btn-download">…</button>`
			`<button class="btn btn-danger">…</button>`

`[属性="value"]`		指定した属性の値がvalueな要素と一致します
		`[class="btn"] {…}`
			`<h2 id="actions">…</h2>`
			`<button class="btn">…</button>`
			`<button class="btn-download">…</button>`
			`<button class="btn btn-danger">…</button>`

`[属性~="value"]`		指定した属性の、空白区切りの値のうちの1つがvalueな要素と一致します
		`[class~="btn-danger"] {…}`
			`<h2 id="actions">…</h2>`
			`<button class="btn">…</button>`
			`<button class="btn-download">…</button>`
			`<button class="btn btn-danger">…</button>`

`[属性^="value"]`	属性セレクタ	指定した属性の値がvalueで始まる要素と一致します `[class^="btn"] {…}`	`<h2 id="actions">…</h2>` **`<button class="btn">…</button>`** **`<button class="btn-download">…</button>`** **`<button class="btn` btn-danger">…</button>`**

`[属性|="value"]`		指定した属性の値がvalueな要素、またはvalueで始まりハイフン(-)が続く要素と一致します
		`[class|="btn"] {…}`
			`<h2 id="actions">…</h2>`
			`<button class="btn">…</button>`
			`<button class="btn-download">…</button>`
			`<button class="btn btn-danger">…</button>`

`[属性$="value"]`		指定した属性の値がvalueで終わる要素と一致します
		`[class$="danger"] {…}`
			`<h2 id="actions">…</h2>`
			`<button class="btn">…</button>`
			`<button class="btn-download">…</button>`
			`<button class="btn btn-danger">…</button>`

`[属性*="value"]`		指定した属性の値がvalueを含む要素と一致します
		`[class*="btn-"] {…}`
			`<h2 id="actions">…</h2>`
			`<button class="btn">…</button>`
			`<button class="btn-download">…</button>`
			`<button class="btn btn-danger">…</button>`

複合セレクタ（compound selector）

複合セレクタは、シンプルセレクタを連結することで複数の条件を指定します。条件は AND で処理され、すべての条件を満たす要素と一致します。

シンプルセレクタは順不同でいくつでも連結できます。ただし、タイプセレクタ（要素名）とユニバーサルセレクタ（*）は1番最初にどちらか一方を記述します。省略した場合は * を指定したものして処理されます。

右の例では、3つのシンプルセレクタを連結し、Tabキーでフォーカスした「btn-danger」クラスを持つ<button>要素にスタイルを適用しています。

Actions

btn-dangerクラスを持つ<button>要素にTabキーでフォーカスしたときにスタイルが適用されます

```html
<h2 id="actions">Actions</h2>
<button class="btn">…</button>
<button class="btn-download">…</button>
<button class="btn btn-danger">…</button>
```

```css
button.btn-danger:focus {
    background-color: lightcoral;
}
```

セレクタの形式	セレクタの種類	使用例と適用対象

要素名#id.class[属性]:pseudo-class
または
*#id.class[属性]:pseudo-class
（省略可／順不同で、省略、複数指定が可能）
	複合セレクタ	要素名や*を省略した場合、「*」があるものとして処理されるため、次のセレクタはクラスが「btn」のすべての要素と一致します
		`*.btn {…}` または `.btn {…}`
		`<h2 id="actions">…</h2>`
		`<button class="btn">…</button>`
		`<button class="btn-download">…</button>`
		`<button class="btn btn-danger">…</button>`

擬似要素セレクタ（pseudo-element selector）

擬似要素セレクタは DOM に存在しない仮想的な要素を示すもので、複合セレクタの末尾に1つだけ指定できます。たとえば、::first-letter 擬似要素セレクタを使用し、「h2::first-letter」と指定すると、<h2>要素の最初の一文字を仮想的な要素として扱い、スタイルを適用できます。

Actions

```html
<h2 id="actions">Actions</h2>
```

```css
h2::first-letter {
    background-color: yellow;
}
```

セレクタの形式	セレクタの種類	使用例と適用対象
複合セレクタ::pseudo-element （省略可／1つのみ指定可）	擬似要素セレクタ	複合セレクタを省略すると「*」があるものとして処理され、すべての要素の最初の一文字と一致します `::first-child {…}` または `*::first-child {…}`

※「Selectors Level 4」のEditor's Draftでは、擬似要素のあとに擬似クラスを付加したり、複数の擬似要素の指定を可能にすることが提案されています。それにより、「::before:hover」や「::before::first-child」といった指定が可能になります。
現在のところ、P.171のように::part()で機能します

複雑セレクタ(complex selector)

複雑セレクタは要素間の関係性を条件に要素を示します。各要素は複合セレクタで、関係性は結合子（combinator）で示します。複合セレクタは結合子で区切りながらいくつでも指定できます。擬似要素を使用する場合、最後の複合セレクタの末尾に指定できます。

右の例では、containerクラスを持つ要素内の、<section>直下の子要素<h3>の最初の一文字にスタイルを適用しています。

ホームオフィス
自宅で快適に働く環境を作る
環境づくりに必要なこと

空間づくり
専用のスペースを確保する

```html
<div class="container">
  <h2> ホームオフィス </h2>
  <p>…</p>
  <p>…</p>
  <section>
    <h3> 空間づくり </h3>
    <p>…</p>
  </section>
</div>
```

```css
.container section > h3::first-letter {
  background-color: yellow;
}
```

セレクタの記述形式	結合子	結合子の種類	使用例と適用対象	

A B	半角スペース	子孫結合子
		(descendant combinator)
			Aの階層下のすべてのBと一致。次の例では、containerクラスを持つ要素内のすべての<p>と一致します
			`.container p {…}`
				`<div class="container">`
				`  <h2>…</h2>`
				`  <p>…</p>`
				`  <p>…</p>`
				`  <section>`
				`    <h3>…</h3>`
				`    <p>…</p>`
				`  </section>`
				`</div>`

A > B	>	子セレクタ
		(child combinator)
			Aの1階層下（直下）のすべてのBと一致。次の例では、containerクラスを持つ要素直下のすべての<p>と一致します
			`.container > p {…}`
				`<div class="container">`
				`  <h2>…</h2>`
				`  <p>…</p>`
				`  <p>…</p>`
				`  <section>`
				`    <h3>…</h3>`
				`    <p>…</p>`
				`  </section>`
				`</div>`

A + B	+	次兄弟結合子
		(next-sibling combinator)
			Aの次に記述したBと一致。次の例では、<h2>の次に記述した<p>と一致します
			`h2 + p {…}`
				`<div class="container">`
				`  <h2>…</h2>`
				`  <p>…</p>`
				`  <p>…</p>`
				`  <section>`
				`    <h3>…</h3>`
				`    <p>…</p>`
				`  </section>`
				`</div>`

A ~ B	~	後続兄弟結合子
		(subsequent-sibling combinator)
			Aのあとに記述した同階層のすべてのBと一致。次の例では、<h2>のあとに記述した同階層のすべての<p>と一致します
			`h2 ~ p {…}`
				`<div class="container">`
				`  <h2>…</h2>`
				`  <p>…</p>`
				`  <p>…</p>`
				`  <section>`
				`    <h3>…</h3>`
				`    <p>…</p>`
				`  </section>`
				`</div>`

※AとB＝複合セレクタ

Chapter 3 CSS

3-4 セレクタの詳細度（specificity）

セレクタはさまざまなパターンで特定の要素と一致します。そのため、同じプロパティの宣言（スタイル）が競合して適用されるケースが出てきます。このとき、どのスタイルが表示に反映されるかはセレクタの詳細度（specificity）で決まります。

たとえば、右の例はさまざまなセレクタで button 要素の背景色（background-color プロパティ）を指定したものです。このような場合、背景色は詳細度が最も高いセレクタの宣言で決まります。
セレクタの詳細度は「A-B-C」の形で算出され、A から順に数値の高低が比較されます。ここでは「#heart h2 + button.btn」セレクタの「1-1-2」が最も高い詳細度となり、勝利します。その結果、ボタンの背景は柔らかいピーチ色（peachpuff）になります。

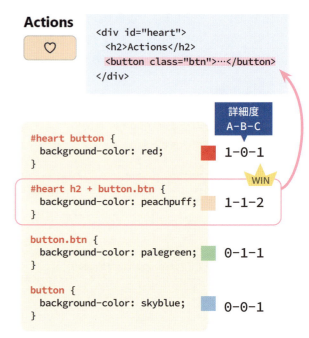

詳細度の算出

詳細度はセレクタに含まれる「シンプルセレクタ」と「擬似要素」の数を右の A、B、C の 3 つに分けてカウントしたものです。合計数は「A-B-C」や「A,B,C」といった形で表記します。サンプルの場合、A～C にカウントするセレクタと詳細度の関係は以下のようになっています。

Aにカウント	Bにカウント	Cにカウント
IDセレクタ	クラス	タイプ
	擬似クラス	擬似要素
	属性	

詳細度A-B-Cの算出でカウントするセレクタの種類

※ ユニバーサルセレクタ(*)とP.157の:where()はカウントしません
※ P.157の:is()/:not()/:has()は引数の中で最も高い詳細度のセレクタがカウントされます

サンプルのセレクタ	Aにカウント	Bにカウント	Cにカウント	詳細度
#heart button	#heart	-	button	1-0-1
#heart h2 + button.btn	#heart	.btn	h2 と button	1-1-2
button.btn	-	.btn	button	0-1-1
button	-	-	button	0-0-1

詳細度の比較と勝利するセレクタの決定

セレクタの詳細度 A-B-C の値は A から順に❹～❻のように比較され、勝利するセレクタが確定します。サンプルの場合、❺まで比較した段階で確定します。❻まで比較しても決まらない場合、P.174 のカスケードの処理に移ります。

style 属性についてもカスケードの処理で詳細度より先に処理されるため、常に勝者となります。

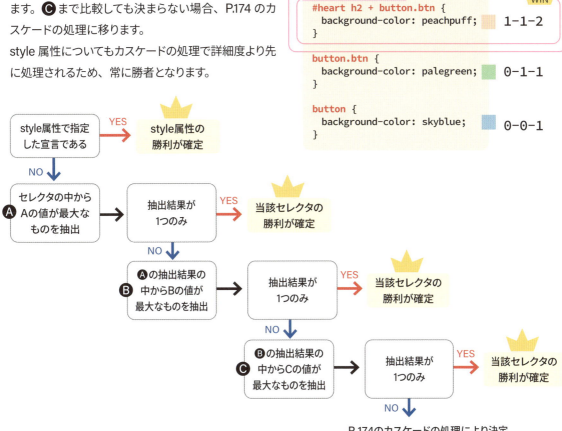

!important

!important は重要な宣言を示すもので、スペース区切りで値のあとに付加します。!important をつけた宣言は詳細度よりも優先され、表示に反映されます。ただし、!important をつけた宣言が競合した場合は詳細度の高い方が使用されます。

3-5 ネスト記法（CSS Nesting）

CSSのネスト記法（CSS Nesting）を用いると、セレクタを分け、スタイルルールを入れ子にした形で記述できます。たとえば、前ページのセレクタをネスト記法で記述すると右のようになります。適用対象となる要素も詳細度も変化しません。

Actions

```
<div id="heart">
  <h2>Actions</h2>
  <button class="btn">…</button>
</div>
```

ネストなし
```
#heart h2 + button.btn {
  background-color: peachpuff;
}
```
詳細度　1-1-2

＝

ネスト記法
```
#heart {
    h2 {
        + button {
            &.btn {
                background-color: peachpuff;
            }
        }
    }
}
```
詳細度　1-1-2

■ 相対セレクタ（relative selector）

ネスト内のルールでは、セレクタを「相対セレクタ」の形で記述します。相対セレクタは複雑セレクタと同じように要素間の関係性を条件に要素を示すものです。ただし、基準となる要素を含まないため、先頭を結合子で始めます。

ネスト記法の場合、基準となる要素は親ルールのセレクタです。ネスト記法のほかに、相対セレクタはP.157の:has()やP.162のスコープ@scopeでも使用され、基準となる要素はそれぞれの仕様に応じて決まります。

右の表では、結合子とBが相対セレクタ、Aが基準となる親ルールのセレクタとなっています。パース結果はネストなしで記述したときの形式です。結合子で始まっていない相対セレクタは通常、子孫結合子があるものとして処理されます。

相対セレクタの記述形式	パース結果	結合子の種類と一致する対象

A {
　B
}
	A B	子孫結合子
		（descendant combinator）
		Aの階層下のすべてのBと一致

A {
　> B
}
	A > B	子セレクタ
		（child combinator）
		Aの1階層下（直下）のすべてのBと一致

A {
　+ B
}
	A + B	次兄弟結合子
		（next-sibling combinator）
		Aの次に記述したBと一致

A {
　~ B
}
	A ~ B	後続兄弟結合子
		（subsequent-sibling combinator）
		Aのあとに記述した同階層のすべてのBと一致

詳細度はAとBの詳細度を足し合わせたものになります。ただし、AがP.156のセレクタリストの場合、:is()と同じようにセレクタリストに含まれるセレクタの詳細度のうち、最も高い詳細度で処理されます。

■ &セレクタ（nesting selector）

ネスト記法の相対セレクタでは「&」セレクタを使用できます。このセレクタは基準となる親ルールのセレクタを示します。

たとえば、「a:hover」のような複合セレクタも、&セレクタを使用すると次のように記述できます。この場合、「&」は「a」セレクタを示しています。

```
<a href="..."> 無料ではじめる </a>
```

リンク<a>の文字色を黒に、リンク<a>にカーソルを重ねてホバーしたときの背景色を黄色にするスタイルを適用

ネスト記法
```
a {
    color: black;

    &:hover {
        background-color: yellow;
    }
}
```

＝

ネストなし
```
a {
    color: black;
}
a:hover {
    background-color: yellow;
}
```

また、& を含む相対セレクタは、結合子で始まっていなくても子孫結合子があるものとしては処理されません。つまり、上記の「&:hover」は「a a:hover」ではなく「a:hover」とパースされます。これを利用すると、「span a」セレクタを「span &」と記述することも可能です。「a span a」とはなりません。

```
<a href="..."> 無料ではじめる </a>
<span><a href="...">FAQ</a></span>
```

リンク<a>の文字色を黒に、<span>内のリンク<a>に黒枠で囲むスタイルを適用

ネスト記法
```
a {
    color: black;

    span & {
        padding: 2px;
        border: solid 1px black;
        text-decoration: none;
    }
}
```

＝

ネストなし
```
a {
    color: black;
}
span a {
    padding: 2px;
    border: solid 1px black;
    text-decoration: none;
}
```

3-6 セレクタリスト（selector list）

セレクタリストは複数のセレクタをカンマ区切りで指定するものです。各セレクタが示す条件は OR で処理されます。これにより、複数の要素に同じスタイルを適用できます。

たとえば、「section .heading, section p」と指定すると、「<section> 内の heading クラスを持つ要素」または「<section> 内の <p> 要素」にスタイルが適用されます。詳細度はセレクタごとに算出されます。

Home Office
快適な空間を作り出す

```
<section>
  <h2 class="heading">…</h2>
  <p>…</p>
</section>
```

セレクタリスト
```
section .heading, section p {
  background-color: peachpuff;
}
```

詳細度　section .heading … 0-0-1 + 0-1-0 = 0-1-1
　　　　section p ………… 0-0-1 + 0-0-1 = 0-0-2

セレクタの形式	セレクタの種類	寛容	擬似要素	使用例と適用対象
セレクタ，セレクタ…	セレクタリスト	不寛容	○ 使用可	headingクラスを持つ要素または<p>要素と一致します `.heading, p {…}`

論理コンビネーション擬似クラス　:is()/:not()/:where()/:has()

:is()、:not()、:where()、:has() は関数形式の論理コンビネーション擬似クラス（logical combination pseudo-class）です。引数としてセレクタリストを指定し、さまざまな条件を付加します。これらを使用することで、セレクタリストを複合・複雑セレクタ内に含めることも可能になります。たとえば、先ほどのセレクタリストは :is() を使用して右のように記述できます。詳細度については、擬似クラス自身はカウントせず、引数の中で最も高い詳細度のセレクタがカウントされます。たとえば、:is(.heading, p) では .heading がカウントされ、クラスセレクタ 1 つ分の詳細度（0-1-0）になります。

ただし、詳細度調整擬似クラスの :where() の場合のみ、引数の詳細度が 0 で処理されます。

Home Office
快適な空間を作り出す

```
<section>
  <h2 class="heading">…</h2>
  <p>…</p>
</section>
```

:is() 擬似クラス
```
section :is(.heading, p) {
  background-color: peachpuff;
}
```

詳細度　section :is(.heading, p)
　　　　………………… 0-0-1 + 0-1-0 = 0-1-1

<section> 内の <p> に適用される場合でも詳細度は 0-1-1 になります

セレクタの形式	セレクタの種類	寛容	擬似要素	使用例と適用対象

`:is(セレクタリスト)`	一致(Matches-Any)
	擬似クラス
	リスト内のいずれかのセレクタと一致する要素を示します
		寛容	×
			使用不可
				headingクラスを持つ要素または\<p>要素と一致します
				`:is(.heading, p) {…}` 詳細度 0-1-0
				`<section>`
				`  <h2 class="heading">…</h2>`
				`  <p>…</p>`
				`</section>`

`:where(セレクタリスト)`	詳細度調整(Specificity-adjustment)
	擬似クラス
	:is()と同じ処理を行いますが詳細度を0にします
		寛容	×
			使用不可
				headingクラスを持つ要素または\<p>要素と一致します。詳細度は0となります
				`:where(.heading, p) {…}` 詳細度 0-0-0
				`<section>`
				`  <h2 class="heading">…</h2>`
				`  <p>…</p>`
				`</section>`

`:not(セレクタリスト)`	否定(Matches-None)
	擬似クラス
	リスト内のいずれかのセレクタと一致しない要素を示します
		不寛容	×
			使用不可
				\<section>内の\<p>以外のすべての要素と一致します
				`section :not(p) {…}` 詳細度 0-0-2
				`<section>`
				`  <h2 class="heading">…</h2>`
				`  <p>…</p>`
				`</section>`

`:has(相対セレクタリスト)`	相対(Relative)
	擬似クラス
	基準に対して相対関係が一致する要素を示します。:has()を付加した要素が基準となり、リスト内のセレクタはP.154の相対セレクタで記述します
		不寛容	×
			使用不可
				直下(1つ下の階層)に\<h2>要素がある\<section>要素と一致します
				`section:has(> h2) {…}` 詳細度 0-0-2
				`<section>`
				`  <h2 class="heading">…</h2>`
				`  <p>…</p>`
				`</section>`

寛容・不寛容なセレクタリスト

通常のセレクタリストは不寛容(unforgiving)です。セレクタリストにブラウザが未対応なセレクタが含まれていた場合、セレクタリスト全体が無効になります。

一方、:is() と :where() で指定したセレクタリストは寛容(forgiving)です。未対応なセレクタが含まれていても、それ以外のセレクタは有効です。

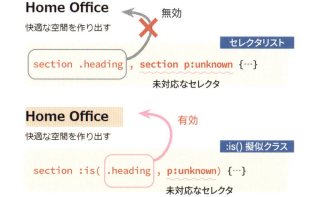

3-7 カスケードレイヤー @layer

カスケードレイヤーは @layer でレイヤーを作成し、ルール（スタイルルールやアットルール）をレイヤーで分割する機能です。レイヤー単位で優先順位が設定され、あとから作成したレイヤーほど優先順位が高くなります。スタイルが競合した場合、優先順位の高いレイヤーのスタイルが勝利します。詳細度は同じレイヤー内でのみ使用されるため、異なるレイヤーで設定されたスタイルの詳細度を気にする必要がなくなります。

たとえば、次の例は「button.btn」セレクタでボタンを黒色にしたものです。削除ボタンには「.danger」セレクタで赤色にカスタマイズするスタイルを適用していますが、詳細度が低いため表示に反映されていません。

このようなケースでは、カスケードレイヤーを使うことで詳細度を気にせずにスタイルを管理できます。ここでは1行目の「@layer base, theme;」で base（ベース）、theme（テーマ）の順に2つのレイヤーを作成しています。優先順位はあとから作成した theme レイヤーが高くなります。

「@layer レイヤー名 {…}」では作成したレイヤーに追加するスタイルを指定します。ここでは base レイヤーにボタンを黒色にするスタイルを、theme レイヤーに赤色にするスタイルを追加しています。これで、優先順位の高い theme レイヤーのスタイルが表示に反映され、削除ボタンが赤色になります。

3-7　カスケードレイヤー @layer

カスケードレイヤーの記述形式は次のようになっています。レイヤーなしで記述したルールは暗黙のレイヤー（implicit layer）に属すものとして扱われます。

暗黙のレイヤーは作成順序とは関係なく、優先順位が最も高くなりますので注意が必要です。

カスケードレイヤーの記述形式	特徴と使用例	
`@layer レイヤー名, レイヤー名, …;`	**ルールなしの @layer 宣言** レイヤー名をカンマ区切りで指定し、名前付きレイヤーを作成します。この形式で作成しておくと簡単に優先順位をコントロールできるため、通常はCSSの一番最初に記述して使用します。	`@layer base, theme;` ← baseレイヤーとthemeレイヤーを作成

`@layer レイヤー名 {ルール}`	**ルール付きの @layer 宣言**
	上のような方法で作成済みの名前付きレイヤーがある場合はルールを追加し、そうでない場合はルールの定義とともにレイヤーを作成します。
	右の例ではbase、themeレイヤーの順に作成し、ルールを定義しています。themeレイヤーの優先順位が高くなり、削除ボタンは赤色になります。
	[登録] [削除]
		```@layer base {```
		``` button.btn {```
		``` color: white;```
		``` background-color: black;```
		``` }```
		```}```
		← baseレイヤーを作成
		
		```@layer theme {```
		``` .danger {```
		``` background-color: red;```
		``` }```
		```}```
		← themeレイヤーを作成

`@layer {ルール}`	**無名レイヤーの宣言**
	名前を持たない無名レイヤーを作成します。無名レイヤーにはあとからルールを追加することはできません。
	右の例の場合、1行目でbaseとthemeレイヤーを作成し、最後に無名レイヤーを作成しています。これにより、すべてのボタンが無名レイヤーで指定した紫色になります。
	[登録] [削除]
		`@layer base, theme;` ← baseレイヤーとthemeレイヤーを作成
		`@layer base { … }`
		`@layer theme { … }`
		```@layer {```
		``` button {```
		``` background-color: darkviolet;```
		``` }```
		```}```
		← 無名レイヤーを作成

ルール	**暗黙レイヤー（レイヤー外のルール）**
	@layer外に記述したルールは暗黙のレイヤーに入れたものとして扱われ、優先順位が最も高くなります。
	右の例では1行目でbaseとthemeレイヤーを作成し、最後にレイヤー外のルールを記述しています。このルールは暗黙レイヤーに追加され、すべてのボタンが青色になります。
	[登録] [削除]
		`@layer base, theme;` ← baseレイヤーとthemeレイヤーを作成
		`@layer base { … }`
		`@layer theme { … }`
		```button {```
		``` background-color: royalblue;```
		```}```
		← 暗黙レイヤーに追加したルール

カスケードレイヤーと!important

!important をつけた宣言（スタイル）の優先順位は、!important をつけていないノーマルな宣言よりも高くなります。!important をつけた宣言同士では、カスケードレイヤーの優先順位が逆順で適用され、右のようになります。

たとえば、背景色（background-color）をノーマルな宣言と !important な宣言で指定すると、次のように反映される色が変わります。

高
↑ 先に作成したレイヤーの!importantな宣言
　 後に作成したレイヤーの!importantな宣言
　 レイヤー外（暗黙レイヤー）の!importantな宣言
　 レイヤー外（暗黙レイヤー）のノーマルな宣言
　 後に作成したレイヤーのノーマルな宣言
↓ 先に作成したレイヤーのノーマルな宣言
低

ノーマルな宣言の場合

［登録］［削除］

```
<button class="btn"> 登録 </button>
<button class="btn danger"> 削除 </button>

@layer base, theme;

@layer base {
    button.btn {
        color: white;
        background-color: black; ■
    }
}

@layer theme {
    .danger {
        background-color: red; ■
    }
}

button {
    background-color: royalblue; ■
}
```

高
↑ レイヤー外（暗黙レイヤー）のノーマルな宣言 ■
　 後に作成したthemeレイヤーのノーマルな宣言 ■
↓ 先に作成したbaseレイヤーのノーマルな宣言 ■
低

!importantな宣言の場合

［登録］［削除］

```
<button class="btn"> 登録 </button>
<button class="btn danger"> 削除 </button>

@layer base, theme;

@layer base {
    button.btn {
        color: white;
        background-color: black !important; ■
    }
}

@layer theme {
    .danger {
        background-color: red !important; ■
    }
}

button {
    background-color: royalblue !important; ■
}
```

高
↑ 先に作成したbaseレイヤーの!importantな宣言 ■
　 後に作成したthemeレイヤーの!importantな宣言 ■
↓ レイヤー外（暗黙レイヤー）の!importantな宣言 ■
低

カスケードレイヤー@layerのネスト

カスケードレイヤー @layer もネスト構造で記述し、子孫レイヤーを作ることができます。親と子孫レイヤーとでは、必ず親レイヤーの優先順位が高くなります。

たとえば、右の例は theme レイヤー内の base レイヤーに button.btn セレクタでボタンを緑色にするスタイルを、親の theme レイヤーに .danger セレクタでボタンを赤色にするスタイルを用意したものです。この場合、親の theme レイヤーに属すスタイルの優先順位が高くなり、削除ボタンは赤色になります。
ただし、親子の比較はあくまでもそのレイヤー内での優劣に限定されたものです。親の階層では同じ階層の base レイヤーと theme レイヤーが比較されます。1 行目の「@layer base, theme」によって theme レイヤーが優先されるため、登録ボタンは theme レイヤー内の base レイヤーのスタイルで緑色になります。

子孫レイヤーはレイヤー名を「.（ピリオド）」でつないだ形でも表記できます。theme レイヤー内の base レイヤーは「theme.base」と表記します。この形式で表記した場合、右のように親レイヤーの外側に記述しますが、親子関係が変わることはありません。

```html
<button class="btn"> 登録 </button>
<button class="btn danger"> 削除 </button>
```

```css
@layer base, theme;

@layer base {                    /* themeと同階層の
    button.btn {                    baseレイヤー
        color: white;               に属すスタイル */
        background-color: black;
    }
}

@layer theme {                   /* themeレイヤー
    .danger {                       に属すスタイル */
        background-color: red;
    }

    @layer base {                /* theme内のbaseレイヤー
        button.btn {                に属すスタイル */
            background-color: green;
        }
    }
}
```

‖

```css
@layer base, theme;

@layer base {                    /* baseレイヤー
    button.btn {                    に属すスタイル */
        color: white;
        background-color: black;
    }
}

@layer theme {                   /* themeレイヤー
    .danger {                       に属すスタイル */
        background-color: red;
    }
}

@layer theme.base {              /* theme内のbaseレイヤー
    button.btn {                    に属すスタイル */
        background-color: green;
    }
}
```

Chapter 3 CSS

3-8 スコープ @scope

CSS のスタイルは、標準ではグローバルで作用します。それに対し、スコープは @scope を使用して、スタイルをスコープ内（特定要素とその内部／サブツリー）にだけ作用させます。

たとえば、次の例では通常のリンクは黒に、注意書き（.attention）内のリンクは赤に、記事（.post）内のリンクは青に指定しています。これにより、記事外のプライバシーポリシーのリンクは黒に、記事内のリンクは青になります。しかし、スタイルの出現順（記述順）の影響で記事内に入れた注意書きのリンクは赤くならず、青になってしまいます。

そこで、@scope を使用してスコープを作成します。スコープは次の形式で作成します。

```
@scope （スコープルートを示すセレクタ） { ルール }
```

ここでは注意書きと記事のスコープを作成します。スコープルートを示すセレクタは .attention および .post と指定し、スコープ内のリンクに適用するスタイルを指定します。スタイルのセレクタはスコープルートを基準とした相対セレクタ（P.154）の形で記述します。これで、記事内のリンクは青、注意書きのリンクは赤になります。

スコープなし(すべてグローバル)	注意書きと記事のスタイルはスコープ

Home Office
環境を整えることで快適な空間を作り出します
※注意事項をご確認の上、ご利用ください
プライバシーポリシー

```
<article class="post">
  <h1>Home Office</h1>
  <p>…で <a …> 快適な空間 </a> を…ます </p>
  <p class="attention"> ※ <a …> 注意事項 </a>…</p>
</article>
<small><a …> プライバシーポリシー </a></small>
```

```
a {
    color: black;
}
.attention a {
    color: red;
}
.post a {
    color: royalblue;
}
```

Home Office
環境を整えることで快適な空間を作り出します
※注意事項をご確認の上、ご利用ください
プライバシーポリシー

```
<article class="post">
  <h1>Home Office</h1>
  <p>…で <a …> 快適な空間 </a> を…ます </p>
  <p class="attention"> ※ <a …> 注意事項 </a>…</p>
</article>
<small><a …> プライバシーポリシー </a></small>
```

```
a {
    color: black;
}
@scope (.attention) {
    a {
        color: red;
    }
}
@scope (.post) {
    a {
        color: royalblue;
    }
}
```

スコープと詳細度と近接性

スコープで指定したスタイルが他のスタイルと競合した場合、どのスタイルが勝利するかは詳細度と近接性で決まります。詳細度は P.152 の通りで、詳細度の高いものが勝利します。そして、詳細度が同じ場合はスコープの近接性（scope proximity）が使用され、スコープルートまでの階層数が最も少ないものが勝利します。

■ 詳細度が同じ場合

左ページの例では、スコープの構成は以下のようになっています。注意書きのリンクにはスコープ外（他のスコープとグローバル）のものも含め、全部で3つのスタイルが適用されています。これらはすべて同じ 0-0-1 の詳細度です。そのため、スコープの近接性が使用され、最も近い注意書きスコープのスタイルが勝利します。その結果、注意書きのリンクは赤くなります。

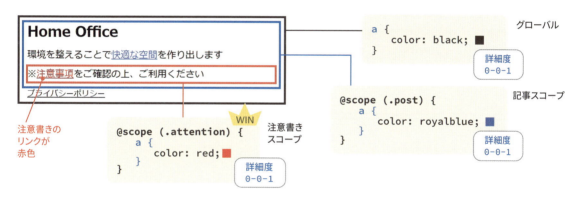

■ 詳細度が異なる場合

グローバルや記事スコープのスタイルの詳細度が高い場合、注意書きのリンクは黒や青になります。

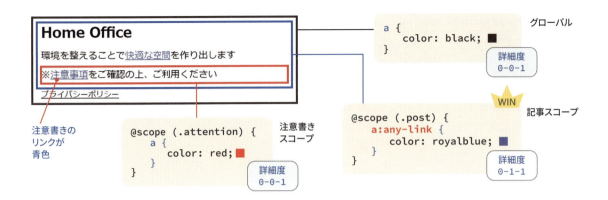

スコープリミット

@scope ではスコープの下限を示す「スコープリミット」を右の形式で指定できます。たとえば、記事スコープの下限を注意書き（.attention）に指定すると、記事スコープのスタイルは詳細度と関係なく、注意書きに適用されなくなります。

```
@scope ( スコープルートを示すセレクタ ) to
( スコープリミットを示す相対セレクタ ) {
    ルール
}
```

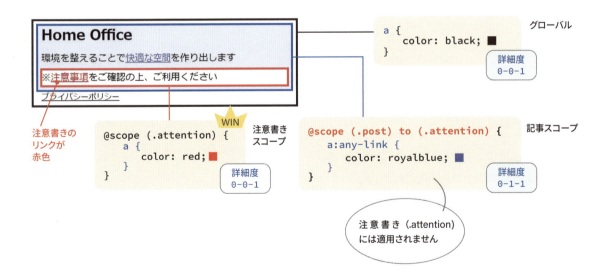

:scope擬似クラスと&セレクタ

スコープルートにスタイルを適用する場合、詳細度を考慮しながら :scope 擬似クラスまたは & セレクタ（P.155）を使い分けます。
:scope には擬似クラスそのものの詳細度（0-1-0）が適用されます。一方、& セレクタは & が示すもの（スコープルートを示すセレクタ）の詳細度になります。

たとえば、次の例では複数のスコープの作成を想定し、スコープルートをセレクタリスト（P.156）の形で「.post, section.content」と示しています。この場合、.post または section.content でスコープが作成されます（適用先の section.content はこのサンプルコードには含まれていません）。

その上で、:scope 擬似クラスまたは & セレクタを使用して、スコープルートの背景色をピーチ色に指定しています。

この例では :scope と & のどちらを使用した場合でも表示結果は同じですが、スコープルートに適用したスタイルの詳細度は異なります。:scope は規定通り 0-1-0 です。
一方、& が示すものは「.post, section.content」です。その詳細度は .post または section.content のうち、最も高い詳細度（0-1-1）で決まります。

:scopeを使用した場合

Home Office
環境を整えることで快適な空間を作り出します
※注意事項をご確認の上、ご利用ください

プライバシーポリシー

```
<article class="post"> …略… </article>
```

```
@scope (.post, section.content) {
    :scope {
        background-color: peachpuff;
        padding: 16px;
    }
    a {
        color: royalblue;
    }
}
```

詳細度 0-1-0

:scope の詳細度で処理

&を使用した場合

Home Office
環境を整えることで快適な空間を作り出します
※注意事項をご確認の上、ご利用ください

プライバシーポリシー

```
<article class="post"> …略… </article>
```

```
@scope (.post, section.content) {
    & {
        background-color: peachpuff;
        padding: 16px;
    }
    a {
        color: royalblue;
    }
}
```

詳細度 0-1-1

.post および section.content の高い方の詳細度で処理

なお、:scope や & を含むセレクタは、P.155 のようにスコープルートに対する相対セレクタではなく、通常のセレクタとして処理されます。そのため、次のような形で使用することも可能です。

ここでは「main > :scope」と「section > :scope」セレクタで、スコープルートの記事（.post）が <main> 直下にある場合はピーチ色、<section> 直下にある場合はレモン色になるように指定しています。

```css
@scope (.post) {
    main > :scope {
        background-color: peachpuff;
        padding: 16px;
    }

    section > :scope {
        background-color: lemonchiffon;
        padding: 16px;
    }

    a {
        color: royalblue;
    }
}
```

スコープルートが<main>直下にある場合

```html
<main>
  <article class="post"> …略… </article>
</main>
```

スコープルートが<section>直下にある場合

```html
<section>
  <article class="post"> …略… </article>
</section>
```

スコープ@scopeのネスト

スコープ @scope もネスト構造で記述できます。たとえば、記事（.post）と、記事（.post）直下の注意書き（.attention）でスコープを作成する場合、次ページのような形で記述します。

ネストした @scope のスコープルートは、親スコープに対する相対セレクタの形で指定します。ここでは「> .attention」と指定しています。ネストせずに記述する場合は「.post > .attention」と指定します。

記事スコープ

記事直下の注意書きスコープ

```html
<article class="post">
  <h1>Home Office</h1>
  <p>…で <a …> 快適な空間 </a> を…ます </p>
  <p class="attention"> ※ <a …> 注意事項 </a>…</p>
</article>
```

ネスト記法

```
@scope (.post) {
    @scope (> .attention) {
        a {
            color: red;
        }
    }
    a {
        color: royalblue;
    }
}
```

記事スコープ
記事直下の注意書きスコープ

ネストなし

```
@scope (.post) {
    a {
        color: royalblue;
    }
}

@scope (.post > .attention) {
    a {
        color: red;
    }
}
```

=

<style>とスコープルートの省略

<style> 要素（P.121）で @scope を指定する場合、スコープルートの指定を省略できます。その場合、<style> 要素の親要素がスコープルートとなってスコープが作成されます。

たとえば、右のように <article> 内に <style> を追加し、@scope を指定します。スコープルートを省略しているため、<style> の親要素である <article> がスコープルートとなり、スコープが作成されます。スコープルートを省略せずに @scope (.post) のように指定した場合は、通常と同じように post クラスを持つすべての要素でスコープが作成されます。

なお、HTML Living Standard では <style> を記述できる場所は <head> 内に限られています。ただし、主要ブラウザでは <body> 内に <style> で記述した CSS も機能します。CSS の仕様書でも右のような @scope の使用例が取り上げられています。

Home Office

環境を整えることで快適な空間を作り出します

※注意事項をご確認の上、ご利用ください

プライバシーポリシー

```html
<article class="post">
<style>
    @scope {
        :scope {
            background-color: peachpuff;
            padding: 16px;
        }

        a {
          color: royalblue;
        }
    }
</style>
<h1>Home Office</h1>
<p>…で <a …> 快適な空間 </a> を…ます </p>
<p class="attention">※ <a …> 注意事項 </a>…</p>
</article>
```

Chapter 3　CSS

シャドウDOMによるスコープ（カプセル化）

3-9

シャドウ DOM（P.107）を使用することで、CSS をカプセル化できます。

たとえば、右の例では `<template>` を使用して、注意書き `<p>` の中身を宣言的シャドウ DOM（P.114）にしています。この中で指定したリンクを赤色にするスタイルは、シャドウ DOM 内のリンクのみに適用されます。

逆に、通常の DOM で指定した記事内のリンクを青色にするスタイルは、詳細度がどれだけ高くてもシャドウ DOM 内のリンクには適用されません。!important をつけても同様です。

ツリー構造を図にすると以下のようになります。CSS において、通常の DOM やシャドウ DOM は個別に「カプセル化コンテキスト（encapsulation-contexts）」を形成するものとして扱われます。そして、「異なるコンテキスト由来の CSS は適用されない」と規定されています。

Home Office

環境を整えることで快適な空間を 作り出します
※注意事項をご確認の上、ご利用ください

```
.post a {
    color: royalblue;
}
```

```html
<article class="post">
  <h1>Home Office</h1>
  <p>
    環境を整えることで <a href="…"> 快適な空間 </a> を
    作り出します
  </p>

  <p>
    <template shadowrootmode="open">
      <style>
        a {
          color: red;
        }
      </style>
      ※ <a href="…"> 注意事項 </a> をご確認の上、
      ご利用ください
    </template>
  </p>
</article>
```

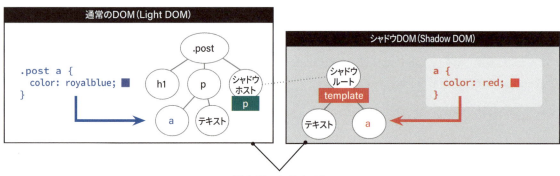

異なるコンテキスト

異なるコンテキスト由来のCSSが当たるときのルール

擬似クラスや擬似要素には、シャドウ DOM の境界を超えてスタイルを適用するものがあります。これらを使用し、異なるコンテキスト由来の CSS が当たるケースでは、まずは右のルールが適用されます。その上で、同じコンテキスト内で競合するスタイルがあれば詳細度で比較されます。

- 外側のコンテキストのスタイルが勝利する
- 内側のスタイルに !important がついている場合、内側のコンテキストのスタイルが勝利する

たとえば、次の例は記事内のリンク（.post a）に加えて、::part() 擬似要素でシャドウホスト内のリンク <a> も青色に指定したものです。シャドウホスト内ではリンクを赤色に指定していますが、外側のコンテキストのスタイルが勝利するルールにより、シャドウホスト内のリンクは青色になります。

これに対し、シャドウホスト内のスタイルに !important をつけると、外側のスタイルよりも強くなります。これは外側のスタイルに !important をつけても変わりません。リンクを赤色に指定したスタイルが勝利し、シャドウホスト内のリンクは赤色になります。

```
.post a,
::part(link) {
    color: royalblue;
}

<article class="post">
  <h1>Home Office</h1>
  <p> 環境を整えることで <a href="…"> 快適な空間 </a>…</p>

  <p>
    <template shadowrootmode="open">
      <style>
        a {
          color: red;
        }
      </style>
      ※ <a href="…" part="link"> 注意事項 </a>
        をご確認の上、ご利用ください
    </template>
  </p>
</article>
```

```
.post a,
::part(link) {
    color: royalblue !important;
}

<article class="post">
  <h1>Home Office</h1>
  <p> 環境を整えることで <a href="…"> 快適な空間 </a>…</p>

  <p>
    <template shadowrootmode="open">
      <style>
        a {
          color: red !important;
        }
      </style>
      ※ <a href="…" part="link"> 注意事項 </a>
        をご確認の上、ご利用ください
    </template>
  </p>
</article>
```

外側からシャドウDOM内へCSSを適用する擬似要素

■ シャドウDOM内の要素のスタイル ::part()

外側のコンテキストからシャドウ DOM 内の要素にスタイルを適用する場合、::part() 擬似要素を使用します。::part() の引数には、シャドウ DOM 内の要素に part 属性で指定したパート名を指定します。パート名はスペース区切りで複数指定すると、and で処理されます。詳細度にはパート名は影響せず、::part() の詳細度である 0-0-1 となります。

※ part属性はHTML Living Standardのグローバル属性ではありません（CSS Shadow Partsで定義された属性です）

たとえば、右の例ではシャドウ DOM 内に記述した 2 つのリンク <a> に、part 属性で「link」とパート名を指定しています。さらに、プライバシーポリシーのリンクには「extra」というパート名も追加しています。

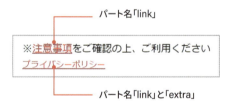

その上で、シャドウ DOM の外側から ::part() 擬似要素でスタイルを適用しています。
ここでは p::part(link) セレクタで、シャドウホスト <p> に紐付けたシャドウ DOM 内のパート名が「link」の要素を赤色にしています。
p::part(link extra) セレクタでは、「link」と「extra」の両方のパート名を持つ要素を小さいフォントサイズにしています（そのため、注意事項の <a part="link"> には適用されません）。

Home Office

環境を整えることで快適な空間を 作り出します
※注意事項をご確認の上、ご利用ください
プライバシーポリシー

```
.post a {
    color: royalblue;
}
p::part(link) {        詳細度
    color: red;        0-0-2
}
p::part(link extra) {  詳細度
    font-size: smaller; 0-0-2
}
```

```
<article class="post">
  <h1>Home Office</h1>
  <p> 環境を整えることで…略…</p>

  <p>
    <template shadowrootmode="open">
      ※ <a href="#" part="link"> 注意事項 </a>
      をご確認の上、ご利用ください <br>
      <a href="#" part="link extra">
      プライバシーポリシー </a>
    </template>
  </p>
</article>
```

::part() では、::part() に続けて擬似クラスや ::part() 以外の擬似要素を指定することも可能です。

たとえば、p::part(link):hover と指定すると、パート名が「link」の要素にカーソルを重ねたときのスタイルを指定できます。背景色を黄色に指定すると右のようになります。

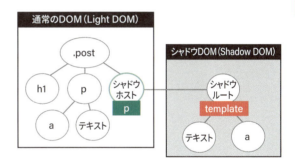

```
p::part(link):hover {
    background-color: yellow;
}
```
詳細度 0-1-2

シャドウDOMから外側へCSSを適用する擬似クラス・擬似要素

■ シャドウホストのスタイル　:host/:host()/:host-context()

シャドウホストはシャドウ DOM を紐付けた要素ではあるものの、シャドウ DOM そのものではありません。シャドウホストはシャドウ DOM の外側のコンテキストに存在します。そのため、そのままではシャドウ DOM からシャドウホストにスタイルを適用できません。適用するためには :host、:host()、:host-context() 擬似クラスを使用します。これらは自身が属するシャドウ DOM を紐付けたシャドウホストにスタイルを適用します。詳細度は擬似クラス自身の 0-1-0 に、引数の詳細度を足したものとなります。

擬似クラス	特徴と使用例	
:host	シャドウホストと一致します。右の例ではシャドウホストの `<p>` と一致し、`<p>` の背景が黄色になります。	```<article class="post"> ... <p> <template shadowrootmode="open"> <style> :host { background-color: yellow; } ... </style> ※<a href="...">注意事項</a>を…略… </template> </p></article>``` 詳細度 0-1-0

171

擬似クラス	特徴と使用例		
| :host() | 引数で指定したシャドウホストと一致します。引数として指定できるのは複合セレクタです。<br><br>右の例のように :host(.active) と指定すると、シャドウホストに active クラスが付加されているときにだけスタイルが適用されます。ここでは赤色の罫線で囲むように指定しています。<br><br>Home Office<br>環境を整えることで快適な空間を 作り出します<br>※注意事項をご確認の上、ご利用ください | ```html
<article class="post">
  …
  <p class="active">
    <template shadowrootmode="open">
      <style>
        :host(.active) {
          border: solid 2px red;
        }

        :host {
          background-color: yellow;
        }
        …
      </style>
      ※<a href="…">注意事項</a>を…略…
    </template>
  </p>
</article>
``` | 詳細度<br>0-2-0<br><br>詳細度<br>0-1-0 |
| :host-context()<br>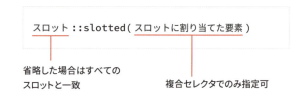 | 引数で指定したシャドウホスト、または引数で指定した要素が祖先要素に含まれるシャドウホストと一致します。引数として指定できるのは複合セレクタです。<br><br>右の例のように :host-context(.post) と指定すると、シャドウホストに post クラスが付加されている場合か、シャドウホストが post クラスを持つ要素内にある場合にだけスタイルが適用されます。ここでは青色の罫線で囲むように指定しています。<br><br>Home Office<br>環境を整えることで快適な空間を 作り出します<br>※注意事項をご確認の上、ご利用ください | ```html
<article class="post">
  …
  <p>
    <template shadowrootmode="open">
      <style>
        :host-context(.post) {
          border: solid 2px royalblue;
        }

        :host {
          background-color: yellow;
        }
        …
      </style>
      ※<a href="…">注意事項</a>を…略…
    </template>
  </p>
</article>
``` | 詳細度<br>0-2-0<br><br>詳細度<br>0-1-0 |

■ スロットに割り当てたコンテンツのスタイル　::slotted()

スロット <slot> に割り当てたコンテンツは、P.110 のようにシャドウ DOM の外側のコンテキストに存在します。そのため、シャドウ DOM からスタイルを適用するためには ::slotted() 擬似要素を使用します。::slotted() の引数では、スロットに割り当てた要素を複合セレクタで指定します。

::slotted() の詳細度は、::slotted() 自身の 0-1-0 に、引数の詳細度を足したものとなります。

スロット ::slotted(スロットに割り当てた要素)

省略した場合はすべてのスロットと一致

複合セレクタでのみ指定可

たとえば、右の例ではシャドウホスト `<p>` の直下に記述した `<span>` が `<slot>` に、`<span slot="extra">` が `<slot name="extra">` に割り当てられます。

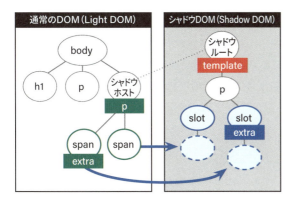

スロットに割り当てたすべての `<span>` にシャドウ DOM からスタイルを適用するには、セレクタを ::slotted(span) と指定します。ここでは `<span>` の背景を黄色にするスタイルを適用しています。さらに、`<span slot="extra">` には ::slotted(span[slot="extra"]) でフォントサイズを小さくするスタイルを適用しています。このセレクタは slot[name="extra"]::slotted(span) と指定することも可能です。

なお、::slotted() の引数では複合セレクタしか指定できないため、複雑セレクタで `<span>` の子孫要素にスタイルを適用することはできません。これはブラウザのパフォーマンスに配慮した規定です。

`<span>` の子孫要素にスタイルを適用したい場合、あらかじめ（通常の DOM 側で）スタイルを適用しておきます。たとえば、`<span>` 内のリンク `<a>` を赤色にするには、右のようなスタイルを適用しておきます。

Home Office

環境を整えることで快適な空間を作り出します

※ 注意事項をご確認の上、ご利用ください
プライバシーポリシー

```css
.post a {
    color: royalblue;
}
```

```html
<article class="post">
  ...
  <p>
    <template shadowrootmode="open">
      <style>
        ::slotted(span) {
          background-color: yellow;     詳細度
        }                               0-1-1

        ::slotted(span[slot="extra"]) { 詳細度
          font-size: smaller;           0-2-2
        }
      </style>
      ※<slot></slot><br>
      <slot name="extra"></slot>
    </template>
    <span>
      <a href="…">注意事項</a> をご確認の上、
      ご利用ください
    </span>
    <span slot="extra">
      <a href="…">プライバシーポリシー</a>
    </span>
  </p>
</article>
```

Home Office

環境を整えることで快適な空間を作り出します

※ 注意事項をご確認の上、ご利用ください
プライバシーポリシー

```css
.post a {
    color: royalblue;
}

.post span a {
    color: red;
}
```

Chapter 3　CSS

3-10　カスケード

カスケード（Cascading）は、特定の要素に同じプロパティの宣言が適用されたときに優先順位を比較し、どの宣言を使用するかを決める処理です。CSSがカスケーディングスタイルシート（Cascading Style Sheets）の略であることからもわかるように、カスケードはCSSの中核をなす基本的な設計原理となっています。

ここまでに見てきた詳細度、レイヤー @layer、スコープ @scope、シャドウDOMによるカプセル化コンテキストは、いずれもカスケードの基準となるものです。ここでは、これらがどのような順で処理され、勝利する宣言が決まるのかを確認しておきます。

カスケードの処理の順番

カスケードは次のような順で処理されます。最初にオリジンを比較し、オリジンが同じ場合は次のコンテキストを比較し…と順番に比較していきます。途中で勝利する宣言が決まればそこで処理は完了です。最後まで決まらなかった場合は出現順（記述した順）で決まります。

コンテキスト、レイヤー、詳細度、近接性の詳しい処理についてはそれぞれの項目を参照してください。オリジン、style属性、出現順については右ページのようになっています。

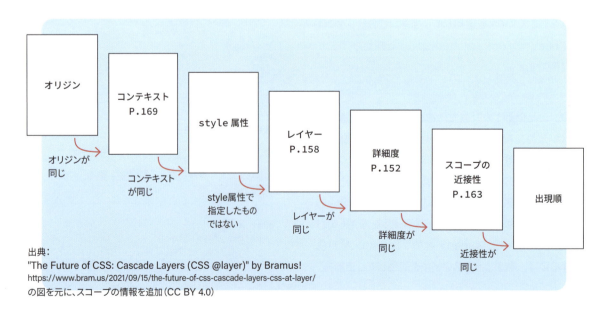

出典：
"The Future of CSS: Cascade Layers (CSS @layer)" by Bramus!
https://www.bram.us/2021/09/15/the-future-of-css-cascade-layers-css-at-layer/
の図を元に、スコープの情報を追加（CC BY 4.0）

■ オリジン

オリジン（Origin）は CSS の起源です。3 つの起源があり、右のように優先順位が決まります。

UAスタイルシート
ユーザーエージェント（ブラウザ）が P.024 のようにデフォルトで適用する CSS です。

ユーザースタイルシート
閲覧者が適用する CSS ですが、主要ブラウザは適用する機能を提供していません。

作成者スタイルシート
Web の制作者・開発者が適用する CSS です。<link>（P.122）、<style>（P.121）、style 属性（P.140）、@import（P.211）を使って適用します。

高
↑
トランジション（transition）の宣言 ※1
UAスタイルシートの!importantな宣言 ※2
ユーザースタイルシートの!importantな宣言
作成者スタイルシートの!importantな宣言
アニメーション（animation）の宣言 ※1
作成者スタイルシートのノーマルな宣言
ユーザースタイルシートのノーマルな宣言
UAスタイルシートのノーマルな宣言
↓
低

※1 宣言の値を変化させるトランジション（P.422）とアニメーション（P.430）は別扱いになります

※2 UAスタイルシートで!importantがついている宣言には、自動入力されたフォームフィールドに適用されるスタイル（P.101）や、トップレイヤーの要素に適用されるoverlayの設定（P.285）があります

■ style属性

style 属性で要素に直接指定した宣言はセレクタを持たず、@layer などのアットルールも指定できません。カスケードにおいても、セレクタを持つ宣言の通常の比較とは異なる高い優先順位を持ちます。ただし、!important を持つ宣言には上書きされますので注意が必要です。

高
↑
style属性で指定した!importantな宣言
セレクタを持つ!importantな宣言
style属性で指定したノーマルな宣言
セレクタを持つノーマルな宣言
↓
低

■ 出現順

出現順（Order of Appearance）は、CSS を記述した順番です。一番最後に比較されるもので、詳細度や近接性などがすべて同じだった場合、あとから記述した宣言ほど優先順位が高くなります。

低

高

```
h1 {
    color: red;
}

h1 {
    color: blue;
}
```

3-11 プロパティの値を決定するプロセス

ここまでは要素に対して適用したCSSがどう処理されるかを見てきました。しかし、すべての要素にスタイルを適用していなくても、各要素は色やサイズなどが決まり、レイアウトされる仕組みになっています。たとえば、右の例では<div>の文字色や横幅を指定していませんが、文字は赤色になり、横幅も画面幅に合わせたサイズになります。

これは、次の6段階のプロセスによって要素ごとにすべてのプロパティの値が決まり、それに基づいてブラウザが表示を行うためです。基本的に、DOMの上から順に処理されていきます。

```html
<body>
  <div>Home Office</div>
</body>
```

```css
body {
    color: red;
}
div {
    background-color: yellow;
    font-size: 1.2rem;
}
```

宣言値 Declared Values

要素に適用されたプロパティのすべての値が抽出されます。この値が宣言値です。例の<div>の場合、宣言値は右のようになります。

<div>のプロパティ	宣言値
background-color	yellow
font-size	1.2rem

カスケード値 Cascadded Values

宣言値にカスケードの処理(P.174)が施され、勝利した値がカスケード値となります。例の<div>の場合、競合する値がないため、宣言値がカスケード値となります。

<div>のプロパティ	カスケード値
background-color	yellow
font-size	1.2rem

指定値 Specified Values

すべてのプロパティに指定値が設定されます。カスケード値がある場合はそれが使用されます。ない場合、継承ありのプロパティでは継承値(親の同じプロパティの計算値)が、継承なしのプロパティではプロパティの初期値が使用されます。継承の有無や初期値はプロパティごとに規定されています(詳しくは各プロパティの情報を参照してください)。
<div>の場合、background-colorとfont-sizeはカスケード値が、colorは<body>から継承した値が、これら以外のプロパティ(font-weightなど)は初期値が指定値となります。

<div>のプロパティ	指定値	
background-color	yellow	※カスケード値
font-size	1.2rem	※カスケード値
color	red	※<body>のcolorからの継承値
font-weight	normal	※font-weightの初期値
width	auto	※widthの初期値
vertical-align	baseline	※vertical-alignの初期値
⋮	⋮	

計算値 Computed Values

指定値を元に、相対的な値（emや%）が可能な限り絶対値（px）に変換されます。ただし、レイアウトに依存する値（%やautoで指定された横幅など）はこの段階では変換されません。

<div>では、相対値で1.2remと指定したフォントサイズの値が、1.2rem×16px=19.2px と変換されます（ルート要素のフォントサイズが16pxの場合）。

<div>のプロパティ	計算値
background-color	yellow
font-size	19.2px ※ルート要素が16pxの場合
color	red
font-weight	normal
width	auto
vertical-align	baseline
⋮	⋮

使用値 Used Values

実際のレイアウトに基づいて、残っていた相対値が絶対値に変換されます。<div>では横幅が絶対値になります。

また、適用先が適用対象外の要素だったり、必要なレイアウトモデルの設定がなかったりした場合、「使用値なし」という扱いになります。たとえば、vertical-align（P.244）はブロックレベルの要素<div>には適用できないため、使用値なしとなります。

<div>のプロパティ	使用値
background-color	yellow
font-size	19.2px
color	red
font-weight	normal
width	359px ※レイアウトに基づいて計算
vertical-align	－ ※使用値なし
⋮	⋮

実効値 Actual Values

使用値を元に、最終的に使用される実効値が決まります。このとき、必要に応じて値が調整されます。たとえば、閲覧環境に応じて19.2pxが19pxに整えられるといった具合です。以上の処理で右のようにすべてのプロパティの値が決まり、<div>が表示されます。なお、画面幅などを変更すると、必要に応じて再計算が行われます。

<div>のプロパティ	実効値
background-color	yellow
font-size	19px ※必要に応じて値を調整
color	red
font-weight	normal
width	359px
vertical-align	－
⋮	⋮

Home Office

デベロッパーツールで全プロパティの値を確認する

ブラウザのデベロッパーツールでは、Computed（計算済み）タブで要素ごとの全プロパティの値を確認できます。ただし、ここには仕様における理論上の計算値（Computed Values）が表示されているわけではありません。使用値と実効値を合わせ、開発者が実際のレンダリング結果を理解し、デバッグするのに役立てやすい形で値が表示されています。

Show allをチェック

すべてのプロパティの値が表示されます

3-12 プロパティの値の継承

CSS の継承（inheritance）は親要素から子要素にプロパティの値を引き継ぐ仕組みです。継承の有無はプロパティごとに定義されています。継承ありのプロパティはテキスト関連のスタイルが中心で、要素ごとにスタイルを指定しなくても統一した書式で表示したり、まとめてフォントサイズを変えるといったことが可能になります。逆に、レイアウト関連のスタイルなど、継承すると問題が出る可能性の高いものは継承なしのプロパティとなっています。

継承の処理は、プロパティの値を決めるプロセスで「指定値（P.176）」を決めるときに行われます。要素に適用された値（宣言値／カスケード値）がない場合、継承ありのプロパティでは継承値（親要素の計算値）が、継承なしのプロパティではプロパティの初期値が使用されます。親要素のないルート要素 <html> では、どちらのプロパティでもプロパティの初期値が使用されます。

継承ありの主なプロパティ	
color	文字色
font-family	フォントファミリー
font-size	フォントサイズ
font-weight	フォントの太さ
line-height	行の高さ
text-align	テキストの行揃え
など	

継承なしの主なプロパティ	
background	背景
border	ボーダー
width	横幅
height	高さ
padding	パディング（余白）
position	ポジション
など	

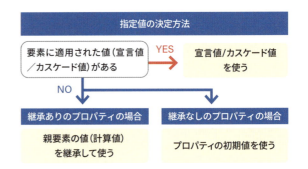

■ 継承ありのプロパティの処理

たとえば、継承ありの font-size プロパティ（フォントサイズ）の値がどう処理されるかを見ていきます。
右の例は記事 <article> 内に見出し <h1> と 2 つの文章 <p> を記述したものです。<h1> 内には最初の単語をマークアップした <span>、<p> 内にはリンク <a> を入れてあります。CSS では <span> を赤色にしただけでフォントサイズは指定していません。ただし、ブラウザの UA スタイルシートで <article> 内の <h1> にはデフォルトで「font-size: 1.5em」が適用されています。この 1.5em は <h1> の font-size プロパティの宣言値／カスケード値となります。

Home Office
環境を整えることで快適な空間を作り出します
※注意事項をご確認の上、ご利用ください

UAスタイルシート
```
article h1 {
    font-size: 1.5em;
}
```

作成者スタイルシート
```
span {
    color: red;
}
```

値を決める処理は DOM の上から順に行われます。まずはルート要素 <html> です。適用された font-size プロパティはなく、親要素もありません。そのため、font-size プロパティの初期値「medium」になります。この値はブラウザの設定を反映するキーワードで、デフォルトの設定では 16px になります。これが <html> の計算値として扱われ、font-size の指定がない子要素に継承されていきます。その結果、<body>、<article>、<p>、<a> のフォントサイズはすべて 16px になります。

一方、<h1> の font-size は相対長単位で 1.5em と指定されていますので、親要素 <body> の font-size の計算値 16px に対し、1.5 倍の 24px のサイズになります。これが計算値として扱われますので、<h1> 内の <span> はこの値を継承し、<h1> と同じ 24px になります。

```html
<html>
 …略…
 <body>
  <article>
   <h1><span>Home</span> Office</h1>
   <p> 環境を整えることで <a …> 快適な空間 </a> を…</p>
   <p class="attention">※<a …> 注意事項 </a> を…</p>
  </article>
 </body>
</html>
```

要素	フォントサイズ　font-size			
	指定値			計算値
	宣言値/カスケード値	継承値	初期値	
html（ルート要素）	-	-	medium	16px
└body	-	16px	-	16px
└article.post	-	16px	-	16px
├h1	1.5em	-	-	24px※
│└span	-	24px	-	24px
├p	-	16px	-	16px
│└a	-	16px	-	16px
└p.attention	-	16px	-	16px
└a	-	16px	-	16px

※親要素のフォントサイズの1.5倍（16×1.5）で24px

このように継承によってフォントサイズが決まることを利用すると、まとめてサイズを変えることが可能です。たとえば、記事 <article> の font-size を 1.25em と指定すると、以下のように子要素のフォントサイズも 1.25 倍になります。

Home Office

環境を整えることで快適な空間を作り出します
※注意事項をご確認の上、ご利用ください

```css
article {
    font-size: 1.25em;
}
```

要素	フォントサイズ　font-size			
	指定値			計算値
	宣言値/カスケード値	継承値	初期値	
html（ルート要素）	-	-	medium	16px
└body	-	16px	-	16px
└article.post	1.25em	-	-	20px※1
├h1	1.5em	-	-	30px※2
│└span	-	30px	-	30px
├p	-	20px	-	20px
│└a	-	20px	-	20px
└p.attention	-	20px	-	20px
└a	-	20px	-	20px

※1…親要素のフォントサイズの1.25倍（16×1.25）で20px
※2…親要素のフォントサイズの1.5倍（20×1.5）で30px

> 見出し<h1>のフォントサイズも大きくなるのは、font-sizeがemで指定されているためです。親やルート要素のフォントサイズを基準にする相対長単位のemやremを使用することは、WCAGの達成基準「1.4.4 テキストのサイズ変更」を満たすことにつながります。この基準ではブラウザの標準機能で文字を200%まで拡大できることが求められます。なお、ブラウザの設定でフォントサイズを大きくすると、mediumの計算値が大きくなります

■ 継承なしのプロパティの処理

継承なしのプロパティの処理についても見ておきます。たとえば、<article> に border と padding を適用し、記事を黄色いボーダーで囲むと右のようになります。border と padding は継承なしのプロパティなため、その値が子要素に継承されることはありません。子要素の border と padding はそれぞれの初期値「none」と「0」になります。これにより、<article> だけがボーダーで囲まれた表示になります。

```
article {
    border: solid 4px gold;
    padding: 16px;
}
```

※borderではボーダーを太さ4pxの黄色に、paddingではボーダー内の余白サイズを16pxに指定しています

■ 継承の有無によるカスタムプロパティの処理

P.196 の登録カスタムプロパティでは継承の有無を設定できます。次の例は --size プロパティを初期値 1px で作成し、継承の有無を変えたものです。--size の値は <article> で 4px に指定し、<article> と子要素 <h1> でボーダーの太さを var(--size) にします。これにより、<article> のボーダーは太さが 4px になります。

--size の継承の有無で変わるのは子要素 <h1> のボーダーの太さです。子要素 <h1> の --size の値は、継承ありの --size では親から継承した 4px になります。一方、継承なしの --size では初期値の 1px になります。

継承ありのカスタムプロパティの場合

```
@property --size {
    syntax: "<length>";
    inherits: true;
    initial-value: 1px;
}
article {
    --size: 4px;
    border: solid var(--size) gold;
    padding: 16px;
}
h1 {
    border: solid var(--size) red;
}
```

値の種類を長さ、継承をあり、初期値を1pxに指定

継承なしのカスタムプロパティの場合

```
@property --size {
    syntax: "<length>";
    inherits: false;
    initial-value: 1px;
}
article {
    --size: 4px;
    border: solid var(--size) gold;
    padding: 16px;
}
h1 {
    border: solid var(--size) red;
}
```

値の種類を長さ、継承をなし、初期値を1pxに指定

■ スコープリミットへの継承

スコープ @scope では P.164 のようにスコープリミットを設定し、子要素へのスタイルの適用を制限できます。しかし、親からの値の継承は行われます。

たとえば、次の例では <article> でスコープを作成し、子要素 <p class="attention"> をスコープリミットにしています。そのため、スコープ内で <p> の背景を黄色に指定したスタイルは <p class="attention"> には適用されません。しかし、:scope 擬似クラスを使って <article> の font-size を 1.25 倍に指定すると、<p class="attention"> のフォントサイズも 1.25 倍になります。

```css
@scope (article) to (.attention) {
    :scope {
        font-size: 1.25em;
    }
    p {
        background-color: yellow;
    }
}

<article>
    <h1><span>Home</span> Office</h1>
    <p> 環境を整えることで <a …> 快適な空間 </a> を…</p>
    <p class="attention"> ※ <a …> 注意事項 </a> を…</p>
</article>
```

<article>にfont-size: 1.25emの指定を適用したときの表示

■ シャドウDOMへの継承

シャドウ DOM を使用すると P.168 のように CSS をカプセル化できます。しかし、シャドウ DOM への値の継承も行われます。

たとえば、次の例では <p class="attention"> の中身をカプセル化しています。そのため、この中身に含まれるリンク <a> には、通常の DOM で指定した <a> の背景を黄色にするスタイルは適用されません。しかし、<article> の font-size を 1.25 倍に指定すると、カプセル化した部分のフォントサイズも 1.25 倍になります。

```css
article {font-size: 1.25em;}

a {background-color: yellow;}

<article>
    <h1><span>Home</span> Office</h1>
    <p> 環境を整えることで <a …> 快適な空間 </a> を…</p>
    <p class="attention">
        <template shadowrootmode="open">
            ※ <a …> 注意事項 </a> を…
        </template>
    </p>
</article>
```

<article>にfont-size: 1.25emの指定を適用したときの表示

3-13 プロパティの値の種類と単位

CSSではプロパティごとに指定できる値がデータ型として定義されています。主なデータ型とそこに定義される値の種類は以下の通りです。なお、データ型の表記は "<string>" のように書くと定められています。通常のCSSで使うことはありませんが、P.196のようにカスタムプロパティを定義する際に使用します。

すべてのプロパティで使用できる値

値の種類	値の表記	例
CSS-wide キーワード	initial / inherit / unset / revert / revert-layer → P.218を参照	color: inherit; /* 継承値にリセット */

属性参照	attr(属性名 タイプ, フォールバック値)
	P.370のように属性の値を取得して使用しますが、「タイプ」でデータ型または単位を指定すると、すべてのプロパティで使用できます。
	データ型はP.196の@propertyと同じものをtype()で指定可能です
		div {
		  scale: attr(data-size type(<number>)); /* 5 */
		  width: attr(data-size px); /* 5px */
		}
		<div data-size="5">...</div>

変数	var(--カスタムプロパティ名, フォールバック値) → P.196を参照 env(環境変数名) → P.235を参照	color: (--primary); padding-top: env(safe-area-inset-top);

テキストデータ型 (Textual Data Types)

値の種類	データ型の表記	値の表記	例
文字列	<string>	※文字列を引用符で囲んで指定	content: "挿入するコンテンツ";
識別子	<ident>	※規定の識別子を指定	width: auto;
カスタム識別子	<custom-ident>	※任意の識別子を指定	grid-area: hero;
URL	<url>	url(リソースのURL)	background-image: url(/assets/photo.jpg);

数値データ型 (Numeric Data Types)

値の種類	データ型の表記	値の表記	例
整数	<integer>	※整数を指定	z-index: 2;
数値	<number>	※単位なしで数値を指定	opacity: 0.5;
長さ	<length>	※長さの単位をつけた数値を指定	width: 100px;
%	<percentage>	※%をつけた数値を指定	width: 100%;
時間	<time>	※時間の単位をつけた数値を指定	transition-duration: 2s;
解像度	<resolution>	※解像度の単位をつけた数値を指定	@media (resolution >= 2dppx) {...}
角度	<angle>	※角度の単位をつけた数値を指定	rotate: 45deg;
比率	<ratio>	※横幅/高さを 数値 で指定	aspect-ratio: 16/9;

※数値データ型の値を科学的記数法(指数表記)で記述する場合、$m \times 10^n$ を「men」と記述します。たとえば、「3e2px」と指定すると、$3 \times 10^2 = 300px$ で処理されます

長さの単位 - 絶対長

cm	センチメートル
mm	ミリメートル
Q	級数（1Q=1/40cm=0.25mm）
in	インチ（1in=約2.54cm=96px）
pt	ポイント（1pt=1/72in）
pc	パイカ（1pc=12pt=1/6in）
px	ピクセル

長さの単位 - フォントサイズに基づく相対長

em	1em=フォントサイズ
rem	1rem=ルート要素のフォントサイズ
ex	1ex=エックスハイト（小文字xの高さ）
rex	1rem=ルート要素のex
cap	1cap=キャップハイト（大文字の高さ）
rcap	1rcap=ルート要素のcap
ch	1ch=数字「0」（ゼロ）の横幅
rch	1rch=ルート要素のch
ic	1ic=全角文字「水」の大きさ
ric	1ric=ルート要素のic
lh	1lh=line-height（行の高さ）
rlh	1rlh=ルート要素のlh

長さの単位 - ビューポートに基づく相対長（ビューポート単位）

		スモール	ラージ	ダイナミック
vw	100vw=ビューポートの幅	svw	lvw	dvw
vh	100vh=ビューポートの高さ	svh	lvh	dvh
vmin	100vmin=ビューポートの幅・高さの小さい方の値	svmin	lvmin	dvmin
vmax	100vmax=ビューポートの幅・高さの大きい方の値	svmax	lvmax	dvmax
vi	100vi=インライン方向のビューポートサイズ	svi	lvi	dvi
vb	100vb=ブロック方向のビューポートサイズ	svb	lvb	dvb

※クエリコンテナに基づく相対長の単位（cqwなど）についてはP.206を参照してください

モバイルブラウザではアドレスバーなどの有無でビューポートサイズが変わります。これがダイナミックビューポート（レイアウトビューポート）で、サイズはdv*で指定します。さらに、ダイナミックビューポートの小さいサイズはsv*で、大きいサイズはlv*で指定できます。通常の単位（vw/vhなど）はラージビューポートのサイズで処理されます

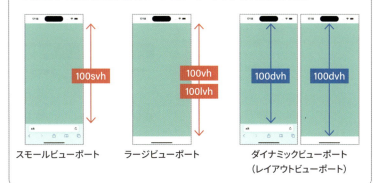

スモールビューポート　ラージビューポート　ダイナミックビューポート（レイアウトビューポート）

時間の単位

ms	ミリ秒
s	秒

解像度の単位

dppx	dots per pixel ※DPR (device pixel ratio)
dpi	dots per inch （96dpi=1dppx）
dpcm	dots per centimeter （1dpcm=約0.39dpi）

角度の単位

deg	度（°）
grad	グラード（100grad=90deg）
rad	ラジアン（1rad=約57.29578deg）
turn	回転数（1turn=360deg）

■ CSS数学関数（Mathematical Expressions）

数値データ型の値は計算式の形で記述することもできます。ここでは計算式を表現するために用意された関数を見ていきます。これらの関数の引数では右の算術演算子を使用できます。

算術演算子	
+	… 加算
-	… 減算
*	… 乗算
/	… 除算

算術演算		例
calc()	基本的な算術演算を行います	calc(100% - 80px)
calc-size()	サイズキーワード（autoなど）を使った算術演算を行います → P.230を参照	calc(auto, size + 20px)

比較関数 (Comparison Functions)		表示結果

min()	カンマ区切りの値の中から最小のものが使用されます
	
	例：
	`img {`
	`  width: min(100%, 650px);`
	`}`
		画面幅375px ／ 画面幅600px ／ 画面幅768px
		横幅100%で可変表示 ／ 横幅650pxで固定表示

max()	カンマ区切りの値の中から最大のものが使用されます
	
	例：
	`button {`
	`  width: max(70%, 320px);`
	`}`
		画面幅375px ／ 画面幅600px ／ 画面幅768px
		横幅320pxで固定表示 ／ 横幅70%で可変表示

clamp()	引数を「最小値, 推奨値, 最大値」の形で指定します。基本的に推奨値が使用されますが、最小値より小さい値、最大値より大きい値にはなりません
	
	例：
	`h1 {`
	`  font-size:`
	`    clamp(32px, 7vw, 48px);`
	`}`
		画面幅375px ／ 画面幅600px ／ 画面幅768px
		フォントサイズ32px（最小値）で固定表示 ／ フォントサイズ7vw（推奨値）で可変表示 ／ フォントサイズ48px（最大値）で固定表示

	clamp()とmin()/max()の関係は右のようになっています	`clamp( 最小値, 推奨値, 最大値 ) = max( 最小値, min( 推奨値, 最大値 ) )`

ステップ値関数 (Stepped Value Functions)		例

round(丸め方, A, B)	Aの値を、最も近いBの倍数に丸めます。「丸め方」は以下のようになっており、どのBの倍数に丸めるかを指定できます。省略時はnearestで処理されます
	
	up .... 上の近い値
	down .... 下の近い値
	nearest .... 近い値
	to-zero .... ゼロに近い値
		`margin: round(93.33px, 20px); /* 100px */`
		`margin: round(up, 93.33px, 20px); /* 100px */`
		`margin: round(down, 93.33px, 20px); /* 80px */`
		`margin: round(nearest, 93.33px, 20px); /* 100px */`
		`margin: round(to-zero, -93.33px, 20px); /* -80px */`
		
		※ここではわかりやすいように数値を直接指定していますが、既知の値にround()を使うのは冗長です。そのため、AとBの値はどちらか一方、もしくは両方をカスタムプロパティ(CSS変数)で与えるのがよいとされます

mod(A, B)	AをBで割ったときの剰余(余り)を返します。ただし、剰余の符号はBの符号を取ります	`rotate: mod(70deg, 20deg); /* 10deg */`
		`rotate: mod(-70deg, 20deg); /* 10deg */`
		`rotate: mod(70deg, -20deg); /* -10deg */`
		`rotate: mod(-70deg, -20deg); /* -10deg */`

rem(A, B)	AをBで割ったときの剰余(余り)を返します。ただし、剰余の符号はAの符号を取ります	`rotate: rem(70deg, 20deg); /* 10deg */`
		`rotate: rem(-70deg, 20deg); /* -10deg */`
		`rotate: rem(70deg, -20deg); /* 10deg */`
		`rotate: rem(-70deg, -20deg); /* -10deg */`

三角関数（Trigonometric Functions）

関数	説明	例
sin()	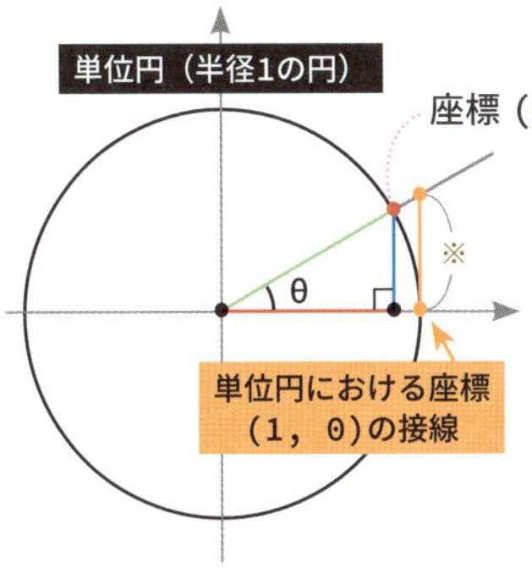	`--x: calc(cos(30deg) * 100px);` `/* 86.6025px */`
cos()	サイン、コサイン、タンジェントの関係は、単位円（半径が1の円）を使うと上図のようになります。半径を変えたときの値はこの単位円を元に考えれば簡単です。右の例は半径 r=100px とし、角度 θ が 30 度の場合に x、y、tan(θ) を求めたものです	`--y: calc(sin(30deg) * 100px);` `/* 50px */`
tan()		`--tan: tan(30deg);` `/* 0.57735 */`

単位円における座標(1, 0)の接線

$$x = \cos(\theta)$$
$$y = \sin(\theta)$$
$$x : y = 1 : \tan(\theta)$$
$$※\ \tan(\theta) = \tan(\theta)/1 = y/x$$

関数	説明	例
asin()	`asin(y) = θ` ※ -90deg 〜 90deg `acos(x) = θ` ※ 0deg 〜 180deg `atan( y / x ) = θ` ※ -90deg 〜 90deg	`rotate: calc(asin(50 / 100));` `/* 0.5236rad ≈ 30deg */`
acos()	アークサイン、アークコサイン、アークタンジェントはサイン、コサイン、タンジェントの逆関数です。x、y の値から角度 θ（ラジアン）を求めることができます。単位円における x、y の値は -1 〜 1 なため、表現できる角度は上のようになります。半径を変えたときの値は単位円に戻して求めます。右の例は半径 r=100px のときの x と y を元に角度 θ を求めたものです ※ 1rad（1 ラジアン）=180deg/π = 約 57.29578deg	`rotate: calc(acos(86.6025 / 100));` `/* 0.5236rad ≈ 30deg */`
atan()		`rotate: calc(atan(50 / 86.6025));` `/* 0.5236rad ≈ 30deg */`

atan2()	`atan2( y, x ) = θ` ※ -180deg 〜 180deg
	atan2() は atan() を拡張し、x と y を個別の引数として指定することで 360 度の表現を可能にしたものです
		`rotate: calc(atan(1 / -1));`
		`/* -0.7854rad ≈ -45deg */`
		`rotate: calc(atan2(1, -1));`
		`/* 2.3561rad ≈ 135deg */`

指数関数（Exponential Functions）

関数	説明	例
pow(A, B)	べき乗（累乗）の計算を行い、AのB乗の値を返します	`--value: pow(2, 3); /* 8 */`
sqrt(A)	Aの平方根（二乗するとAになる値）を返します	`--value: sqrt(9); /* 3 */`
hypot(A, B, ...)	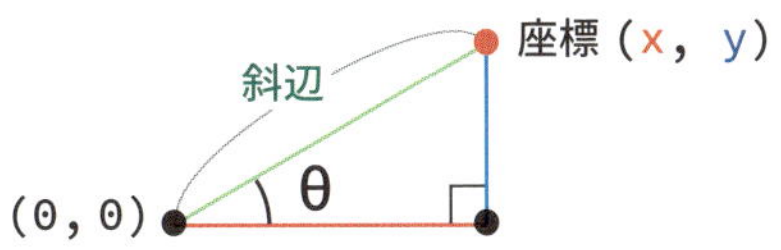 hypot() は、2 次元または多次元空間での距離計算に使います。たとえば 2 次元の場合、上の図のように原点から座標 (x, y) までの距離を hypot(x, y) として求めることができます。これは三平方の定理そのもので、斜辺の長さ = √(x² + y²) です	`--value: hypot(50px, 86.6025px);` `/* 100px */`

指数関数 (Exponential Functions)		例
log(A, B)	log() は与えられた値の対数（ある底を何乗したら真数になるか）を返す関数です。真数が A、対数の底が B の場合、log(A, B) という形で使います。また、B を省略した場合は、自然対数の底 e※ が使用されます。 対数は指数の逆関数ですので、グラフのように y = x に対して対称な関係になります。 なお、log() 関数は以下のような点が数学的な対数とは異なります。 底（B）について： ・B が 1 より大きい場合、0 より大きく 1 未満の場合、有効です。 ・B が 1 またはマイナスの場合、結果は NaN※ (Not a Number ／非数) となります。 真数（A）について： ・A が負の数の場合、結果は NaN となります。 ・A が正の極小数（0⁺）または負の極小数（0⁻）の場合、結果は負の無限大※（−∞）となります。 ・A が 1 の場合、結果は正の極小数（0⁺）となります。 ・A が正の無限大（+∞）の場合、結果も正の無限大（+∞）となります。 ※ P.187	`--value: log(100, 10); /* 2 */`
exp(A)	e※（自然対数の底）の A 乗の値を返します　※ P.187	`--value: exp(2); /* 7.38393 */`

符号関連関数 (Sign-Related Functions)		例

abs(A)	A の絶対値を返します。単位のない数値に加えて、単位のある数値も受け付けます。戻り値は A と同じ型になります	`--value: abs(5px); /* 5px */`
		`--value: abs(-5px); /* 5px */`
		`--value: abs(0); /* 0 */`

sign(A)	A の符号が正の場合は 1 を、負の場合は -1 を返します。単位のない数値に加えて、単位のある数値も受け付けますが、戻り値は単位のない数値となります	`--value: sign(5px); /* 1 */`
		`--value: sign(-5px); /* -1 */`
		`--value: sign(0); /* 0 */`

■ 数値キーワード（Numeric Keywords）

数値キーワードは表現が難しい値を表すもので、計算式の中で使用できます。

数量定数(Numeric Constants)	値	
e	自然対数の底	約 2.7182818284590452354
pi	円周率（π）	約 3.1415926535897932

退化数量定数(Degenerate Numeric Constants)	
infinity	正の無限大（+∞）
-infinity	負の無限大（-∞）
NaN	非数(Not a Number)

色のデータ型（Color Data Type）

値の種類	データ型の表記	値の表記	例
色	`<color>`	※以下の色名や色関数などで個々に定義された形式で指定	`color: red;`

■ 色名（Named Colors）

基本的な16色の色名です。これらに加えて、Named Colorsで定義された色名を使用できます。色空間はsRGBになります。

Named Colors
https://www.w3.org/TR/css-color-4/#named-colors

色名	16進数	rgb()
black	#000000	0 0 0
silver	#C0C0C0	192 192 192
gray	#808080	128 128 128
white	#FFFFFF	255 255 255
maroon	#800000	128 0 0
red	#FF0000	255 0 0
purple	#800080	128 0 128
fuchsia	#FF00FF	255 0 255

色名	16進数	rgb()
green	#008000	0 128 0
lime	#00FF00	0 255 0
olive	#808000	128 128 0
yellow	#FFFF00	255 255 0
navy	#000080	0 0 128
blue	#0000FF	0 0 255
teal	#008080	0 128 128
aqua	#00FFFF	0 255 255

■ 16進数（Hex Color）

色空間	16進数		例
sRGB	#RRGGBB #RGB	R（赤）、G（緑）、B（青）を16進数（00〜ff）で指定	`#ff0000 = #f00 = rgb(255 0 0)` `#990000 = #900 = rgb(153 0 0)`
	#RRGGBBAA #RGBA	R（赤）、G（緑）、B（青）、A（アルファチャンネル）を16進数（00〜ff）で指定	`#ff000055 = #f005 = rgba(255 0 0 0.33)`

■ 色関数（Color Functions）

色を指定する関数です。3つのカラーチャンネル（C1〜C3）はスペースで区切り、アルファチャンネル（A）は「/」で区切ります。アルファチャンネルは不透明度を指定するもので、省略可能です。この記法がモダンカラー構文です。rgb()とhsl()については、カンマ区切りのレガシーカラー構文も使用できます。
なお、どちらの構文においても、引数の値にP.183の数学関数を使用できます。

モダンカラー構文	`rgb(C1 C2 C3)`
	`rgb(C1 C2 C3 / A)`
レガシーカラー構文	`rgb(C1, C2, C3)`
	`rgba(C1, C2, C3, A)`

※ レガシーカラー構文のC1〜C3は数値と%のどちらかに統一して指定する必要があります。アルファチャンネル（A）を指定する場合はrgba()またはhsla()を使用します

色空間	関数	C1〜C3とAのチャンネルキーワード	各チャンネルの値	例
sRGB	`rgb(r g b / alpha)`	r（赤）	0〜255 または 0%〜100%	`rgb(255 0 0)`
		g（緑）		`rgb(153 0 0)`
		b（青）		
		alpha（アルファチャンネル）	0〜1 または 0%〜100%	`rgb(255 0 0 / 0.33)`
	`hsl(h s l / alpha)`	h（色相）	角度 ※単位は省略可	`hsl(360deg 100% 50%)`
		s（彩度）	0%〜100%	`hsl(360deg 100% 30%)`
		l（輝度）		
		alpha（アルファチャンネル）	0〜1 または 0%〜100%	`hsl(360deg 100% 50% / 33%)`
	`hwb(h w b / alpha)`	h（色相）	角度 ※単位は省略可	`hwb(0 0% 0%)`
		w（白色度）	0%〜100%	`hwb(0 0% 40%)`
		b（黒色度）		
		alpha（アルファチャンネル）	0〜1 または 0%〜100%	`hsl(0 0% 0% / 33%)`
LAB	`lab(l a b / alpha)`	l（明度）	0〜100 または 0%〜100%	`lab(53.24% 80.09 67.2)`
		a（緑から赤）	-125〜125 または -100%〜100%	`lab(31.27% 47.66 39.99)`
		b（青から黄）		
		alpha（アルファチャンネル）	0〜1 または 0%〜100%	`lab(53.24% 80.09 67.2 / 33%)`
LCH	`lch(l c h / alpha)`	l（明度）	0〜100 または 0%〜100%	`lch(54% 106 40deg)`
		c（彩度）	0〜150 または 0%〜100%	`lch(31.27% 62.22 40deg)`
		h（色相）	角度 ※単位は省略可	
		alpha（アルファチャンネル）	0〜1 または 0%〜100%	`lch(54% 106 40deg / 33%)`
okLAB	`oklab(l a b / alpha)`	l（明度）	0〜1 または 0%〜100%	`oklab(0.627 0.225 0.125)`
		a（緑から赤）	-0.4〜0.4 または -100%〜100%	`oklab(0.381 0.198 0.110)`
		b（青から黄）		
		alpha（アルファチャンネル）	0〜1 または 0%〜100%	`oklab(0.627 0.225 0.125 / 33%)`
okLCH	`oklch(l c h / alpha)`	l（明度）	0〜1 または 0%〜100%	`oklch(0.627 0.257 29.234)`
		c（彩度）	0〜0.4 または 0%〜100%	`oklch(0.381 0.226 29.234)`
		h（色相）	角度 ※単位は省略可	
		alpha（アルファチャンネル）	0〜1 または 0%〜100%	`oklch(0.627 0.257 29.234 / 33%)`

■ 色空間を含めて指定する色関数　color()

color() は使用する色空間（color space）を含めて色を指定する関数です。モダンカラー構文を使用し、色空間、3つのカラーチャンネル（C1 〜 C3）、アルファチャンネル（A）の値を指定します。

色空間は以下のように規定されています。広域な色空間ではより鮮やかな色表現が可能です。各チャンネルの値は 0 〜 1 または 0% 〜 100% で指定しますが、範囲外の値も許容されます。出力デバイスが範囲外の値を表示できない場合や、指定した色空間に未対応な場合、対応した色域にマッピングして表示されます。

0〜1 または 0%〜100%
（Aは省略可能）

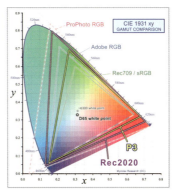

色空間ごとの色域の違い

出典: Wikipedia

"CIE1931xy gamut comparison CreativeCommons v03 P3 Rec2020.svg" (CC BY-SA 4.0)
https://commons.wikimedia.org/wiki/Category:Color_spaces

※ CSS Color Module Level 5では@color-profileを用いてカラープロファイル（ICCプロファイル）を読み込み、カスタムの色空間を定義する方法が提案されています。

色空間	特徴		C1〜C3とAの チャンネルキーワード	例
srgb	sRGB	Webや多くのデバイスで使用されているスタンダードなRGB色空間です	r g b / alpha	color(srgb 1 0 0)
srgb-linear	sRGB Linear	sRGBのガンマ補正を取り除いた線形バージョンです	r g b / alpha	color(srgb-linear 1 0 0)
display-p3	Display p3	Appleがディスプレイ用に開発した広色域規格です	r g b / alpha	color(display-p3 1 0 0)
rec2020	Rec. 2020	UHDTV（4K/8K）用に設計された広色域規格です	r g b / alpha	color(rec2020 1 0 0)
a98-rgb	a98 RGB （Adobe RGB）	Adobeが開発した、印刷や写真編集などに適した色空間です	r g b / alpha	color(a98-rgb 1 0 0)
prophoto-rgb	ProPhoto RGB	Kodakが開発した非常に広い色域を持つRGB色空間です	r g b / alpha	color(prophoto-rgb 1 0 0)
xyz	XYZ （CIE 1931 XYZ）	理論的に人が知覚できるすべての色を包んでおり、色の変換や定義に使用される基準となる色空間です 上記の図「色空間ごとの色域の違い」を示すのにも使用されています	x y z / alpha	color(xyz 1 0 0)
xyz-d50	XYZ d50	D50光源（5000K）に基づいたXYZ色空間です	x y z / alpha	color(xyz-d50 1 0 0)
xyz-d65	XYZ d65	D65光源（6500K）に基づいたXYZ色空間です	x y z / alpha	color(xyz-d65 1 0 0)

基準色を元に新しい色を作る相対カラー構文（Relative Color Syntax）

色関数では通常、各チャンネルの値を指定して色を作りますが、相対カラー構文を使うことによって基準色を元に新しい色（相対色）を作ることができます。

新しい色は「基準色の各チャンネルの値」を指定した値で上書きすることで作成します。また、指定する値に「基準色の各チャンネルの値」を参照するチャンネルキーワードを使用できます。

たとえば、基本色に「orange（オレンジ色）」を指定します。このオレンジ色を構成するRGBチャンネルのうち、Gの値を255で上書きした色を作ると次のようになります。

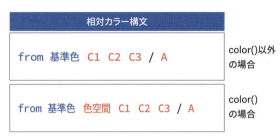

※ アルファチャンネル（A）の値は省略できます

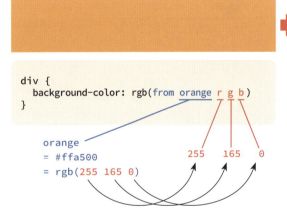

さらに、チャンネルキーワードとcalc()を組み合わせると、基準色を基点に色を変化させることもできます。たとえば、オレンジ色を構成するLCHチャンネルのうち、Lの値を基点に明度を変化させると右のようになります。

なお、チャンネルキーワードを含む計算式は単位をつけない形で記述します。

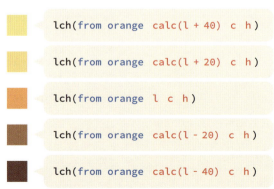

■ 色を混ぜ合わせて新しい色を作る関数　color-mix()

color-mix() は 2 つの色を混ぜ合わせて新しい色を作る関数です。使用する色空間と、混ぜたい 2 つの色をカンマ区切りで指定します。各色をどのぐらいの割合で混ぜるかはスペース区切りの % で指定します。

```
color-mix(in 色空間, 色1 ○%, 色2 ○%)
```

※両方の%を省略した場合、それぞれ50%で処理されます
※片方の%を省略した場合、100%の残りの割合が適用されます

たとえば、srgb 色空間を使用して yellow（黄色）と skyblue（水色）を混ぜ合わせると右のようになります。

```
color-mix(in srgb, yellow 100%, skyblue 0%)
color-mix(in srgb, yellow 75%, skyblue 25%)
color-mix(in srgb, yellow 50%, skyblue 50%)
color-mix(in srgb, yellow 25%, skyblue 75%)
color-mix(in srgb, yellow 0%, skyblue 100%)
```

h（色相）を持つ色空間 hsl、hwb、lch、oklch を使用する場合は、以下のような形式で色相の補間方法を指定できます。例では lch 色空間を使用して、yellow（黄色）と magenta（マゼンタ）を混ぜ合わせています。補間方法はカスタムプロパティ（CSS 変数）で変更できるようにしています。

```
color-mix(in 色空間 補間方法 hue, 色1 ○%, 色2 ○%)
```

補間方法	処理
shorter	色相環の短いルートで補間
longer	色相環の長いルートで補間
increasing	色相角が増えるルートで補間
decreasing	色相角が減るルートで補間

※省略した場合はshorterで処理されます

--method: shorter;
または
--method: decreasing;

--method: longer;
または
--method: increasing;

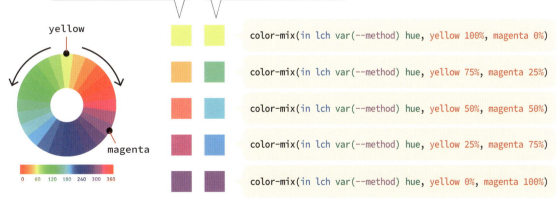

■ 色のキーワード（Color Keywords）

キーワード	値	例
transparent	完全に透明な色を表します。色の値としては透明な黒rgb(0 0 0 / 0%)として処理されます。 右の例ではcolor-mix()を使ってオレンジ色（orange）と透明色（transparent）を50%の割合で混ぜ合わせています	transparent color-mix(in srgb, orange 50%, transparent 50%) orange

currentColor	同じ要素のcolorプロパティの値を表します。たとえば、colorプロパティで文字色をマゼンタ（magenta）に指定し、ボーダーをcurrentColorにすると、ボーダーの色はマゼンタになります	```h1 {
		  color: magenta;
		  border: solid 2px currentColor;
		}```

■ color-scheme（ライトモード／ダークモード）の指示に従う色

P.383 の color-scheme プロパティの指示に従い、ライトモードとダークモードで使用する色を変えたい場合、システムカラーキーワードや light-dark() 関数を使用します。詳しくは右記を参照してください。

色指定の方法	参照
システムカラーキーワード	P.384
light-dark()関数	P.385

色に関する策定中のCSS関数

CSS Color Module Level 4では、右のような色に関する関数も提案されています。本書執筆時点での対応ブラウザはありません。

関数	機能
device-cmyk()	印刷で使用するCMYK（シアン、マゼンタ、イエロー、ブラック）で色を指定します
contrast-color()	ベースカラーに対し、WCAGの基準に基づいてコントラスト比が確保される色を自動選択します

色に関するアクセシビリティ

WCAGでは色に関して次のような達成基準を満たすことが求められます。

- WCAGの達成基準「1.4.1 色の使用」では、色の違いだけで情報を伝えず、白黒に変換しても伝わるようにすることが求められます

- WCAGの達成基準「1.4.3 コントラスト（最低限）」では、文字と背景の色に十分なコントラスト比を確保することが求められます。通常の文字列で4.5:1以上、大きめの文字列で3:1以上のコントラスト比を確保します。大きめの文字列は24px（18pt）以上、太字なら18.66px（14pt）以上のサイズです

- WCAG 2.1で追加された達成基準「1.4.11 非テキストのコントラスト」では、UIコンポーネントの隣接した色の間にも3:1以上のコントラスト比を確保することが求められます

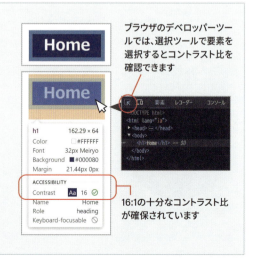

ブラウザのデベロッパーツールでは、選択ツールで要素を選択するとコントラスト比を確認できます

16:1の十分なコントラスト比が確保されています

画像のデータ型（Image Data Type）

値の種類	データ型の表記	値の表記	例
画像	<image>	※画像のURLや、以下の関数で個々に定義された形式で指定	`background-image: url(home.jpg);`

■ 画像ファイルのURL　url()

画像ファイルは url() で URL を指定して表示します。

```
div {background-image: url(home.jpg);}
```

■ グラデーション関数　linear-gradient() / radial-gradient() / conic-gradient()

グラデーション関数は線形、円形、扇形（円錐）のグラデーション画像を生成します。関数名に repeat- を付けると、グラデーションが繰り返すパターンを生成できます。
生成サイズは使用するプロパティによって変わります。background-image プロパティでは適用先のパディングボックス（P.224）のサイズが使用されます。右の例の場合は 320 × 100 ピクセルです。

```
div {
  background-image:
    linear-gradient(limegreen, yellow);
  width: 320px;
  height: 100px;
}
```

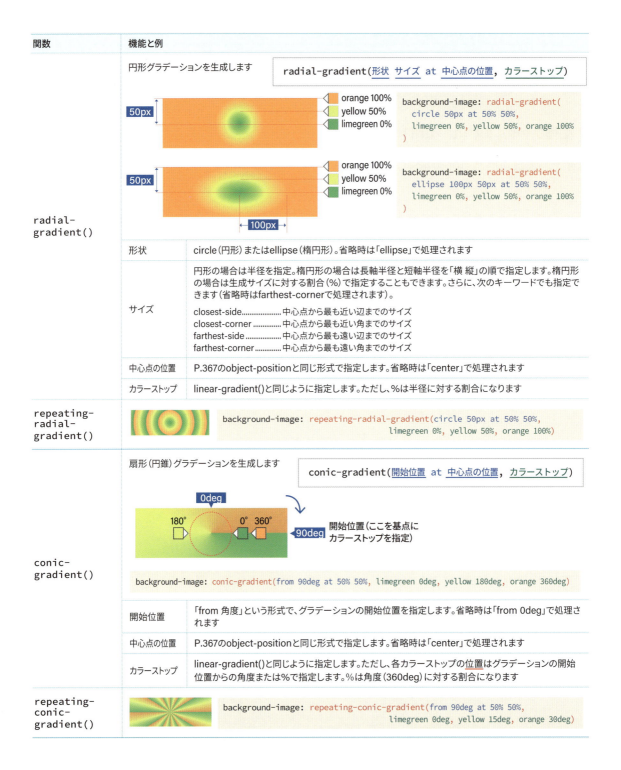

グラデーション関数では使用する色空間と補間方法も指定できます。指定形式は P.191 の color-mix() と同じです。グラデーション関数の第1引数内の前または後に追加して使用します。たとえば、conic-gradient() の例に追加すると次のようになります。

`in 色空間` または `in 色空間 補間方法 hue`

```
background-image: conic-gradient(
    from 90deg at 50% 50% in lch shorter hue,
    limegreen 0deg, yellow 180deg, orange 360deg
)
```

```
background-image: conic-gradient(
    in lch longer hue from 90deg at 50% 50%,
    limegreen 0deg, yellow 180deg, orange 360deg
)
```

lch色空間を使用し、色相環の短いルート (shorter) および長いルート (longer) で補間するように指定

■ デバイスのDPRに応じて最適なサイズの画像を提供する関数　image-set()

image-set() はデバイスの DPR（Device Pixel Ratio）を基準に画像を提供する関数です。P.074 の srcset 属性と同じように、「画像　DPRx」という形で DPR ごとの画像を指定します。画像の URL は url() を使うか、文字列として指定します。

```
div {
    background-image: image-set(
        "img/1000w.jpg" 1x,
        "img/1500w.jpg" 2x
    );
    background-size: cover;
    aspect-ratio: 3/2;
}
```

画面幅375px　画面幅768px　　画面幅375px　画面幅768px

DPR 1 の閲覧環境
（PCなど）

DPR 2 の閲覧環境
（スマートフォンやタブレットなど）

画像に関する策定中のCSS関数

CSS Images Module Level 4では、右のような関数も提案されていますが、対応ブラウザはありません。element() には古くからFirefoxが実験的に対応していますが、他のブラウザは未対応なままです。

関数	機能
element()	指定したIDのHTML要素を画像として使用します
image()	画像の切り抜きや単色表示などの機能を提供します
cross-fade()	2つの画像のクロスフェードを実現します

Chapter 3　CSS

3-14 カスタムプロパティ（CSS変数） --*/@property

カスタムプロパティ（CSS 変数）はさまざまな値の管理に使用でき、接頭辞「--」をつけた任意のプロパティ名で定義します。定義には 2 つの方法があり、登録の有無によって「未登録カスタムプロパティ」または「登録カスタムプロパティ」となります。

カスタムプロパティの使い方はどちらの方法で定義した場合でも同じで、その値は var() 関数を通して使用します。さらに、var() 関数ではフォールバック値を指定でき、カスタムプロパティが存在しない場合に使用されます。

```
var(--カスタムプロパティ名, フォールバック値)
```

※カスタムプロパティ名は大文字と小文字が区別されます
※フォールバック値は省略できます

登録カスタムプロパティは初期値や継承の有無（P.178）を指定できるのに加えて、データ型によって定義されている補間方法も設定されます。そのため、カスタムプロパティの値を変化させ、アニメーションさせることが可能です。

	未登録カスタムプロパティ (Unregistered custom property)	登録カスタムプロパティ (Registered custom property)
登録	なし	あり

定義	`--カスタムプロパティ名: 値;`	`@property --カスタムプロパティ名 {`
		`    syntax: "データ型";`
		`    inherits: 継承の有無;`
		`    initial-value: 初期値;`
		`}`

データ型	なし	syntax 記述子で次のデータ型を定義。ブラウザはこの指定に基づいて型チェックを行います \<length\>……………………長さ \<number\>…………………単位なしの数値 \<percentage\>……………% \<length-percentage\>………長さと% \<string\>……………………文字列 \<color\>………………………色 \<image\>……………………画像 \<url\>…………………………URL \<integer\>……………………整数 \<angle\>………………………角度 \<time\>…………………………時間 \<resolution\>………………解像度 \<transform-function\>………トランスフォーム関数 (P.476) \<custom-ident\>……………カスタム識別子
継承	あり	inherits 記述子で定義: true…継承あり　false…継承なし
初期値	なし	initial-value 記述子で定義
アニメーション	補間なし	補間あり

たとえば、次の例はグラデーション関数の linear-gradient() を使用し、ボタンの背景に黄色いバーを表示したものです。黄色を管理する --primary と、黄色の表示範囲を管理する --bar の2つのカスタムプロパティを定義しています。未登録・登録のどちらの方法でも、カスタムプロパティを定義する箇所以外のコードは同じです。

--bar の値は 8% と指定し、デフォルトでは黄色いバーを左端に表示しています。ホバー時にはトランジションで --bar の値を 100% に変化させ、バーが伸びるようにします。しかし、未登録のカスタムプロパティでは値の補間が行われないため、アニメーションになりません。一方、登録カスタムプロパティでは値が滑らかに変化し、アニメーションになります。

--barで管理している黄色の表示範囲の値

未登録カスタムプロパティの場合

カーソルを重ねても
アニメーションになりません

```css
:root {
  --primary: gold;
  --bar: 8%;
}
button {
  background-image: linear-gradient(
    to right,
    var(--primary) var(--bar),
    white var(--bar)
  );
  transition: --bar 0.2s ease-in-out;

  &:hover {
    --bar: 100%;
  }
}
```

未登録カスタムプロパティの定義。ルート要素 <html> で定義することで、DOMツリー全体で使用できるようになります

カスタムプロパティを使用せず、linear-gradient()の値を直接変化させてもアニメーションになりません。これはlinear-gradient()のデータ型が画像<image>で、値が補間されないためです

登録カスタムプロパティの場合

カーソルを重ねると
アニメーションで滑らかに変化します

```css
@property --primary {
  syntax: "<color>";
  inherits: false;
  initial-value: gold;
}
@property --bar {
  syntax: "<percentage>";
  inherits: false;
  initial-value: 8%;
}
button {
  background-image: linear-gradient(
    to right,
    var(--primary) var(--bar),
    white var(--bar)
  );
  transition: --bar 0.2s ease-in-out;

  &:hover {
    --bar: 100%;
  }
}
```

登録カスタムプロパティの定義。データ型は--primaryを色<color>、--barを%<percentage>に指定しています

Chapter 3 CSS

3-15 メディアクエリ @media

メディアクエリは、デバイスが条件を満たすときにルール（スタイルルールやアットルール）を適用する仕組みです。条件文はメディア特性と値のセットを()で囲み、@mediaに続けて記述します。

メディア特性は値が範囲を持つレンジタイプ（range）と、持たない離散タイプ（discrete）に分けられます。離散タイプでは特性名と値を「:」でつなげて記述します。レンジタイプでは比較演算子を使ったレンジ型の記法（Range context）か、特性名にmin-/max- 接頭辞を付けた形式で条件を指定します。

たとえば、右の例では離散タイプのany-hover特性を使い、マウスなどでカーソルを重ねることができるデバイスにだけホバー時（カーソルを重ねたとき）のスタイルを適用しています。

レンジタイプのwidth特性では、600px以上の画面幅でフォントサイズが1.5倍のサイズになるように指定しています。

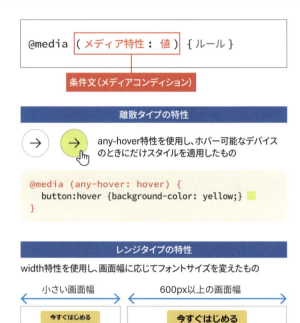

■ 比較演算子によるレンジ型の記法（Range context）

比較演算子	条件文	例	min-/max-接頭辞を付けた形式での記述
以上	(メディア特性 >= 値)	/* 320px以上の画面幅と一致 */ @media (width >= 320px) {…}	/* 320px以上の画面幅と一致 */ @media (min-width: 320px) {…}
	(値 <= メディア特性)	/* 320px以上の画面幅と一致 */ @media (320px <= width) {…}	
以下	(メディア特性 <= 値)	/* 768px以下の画面幅と一致 */ @media (width <= 768px) {…}	/* 768px以下の画面幅と一致 */ @media (max-width: 768px) {…}
	(値 >= メディア特性)	/* 768px以下の画面幅と一致 */ @media (768px >= width) {…}	
以上〜以下	(値 <= メディア特性 <= 値)	/* 320px以上〜768px以下の画面幅と一致 */ @media (320px <= width <= 768px) {…}	/* 320px以上〜768px以下の画面幅と一致 */ @media (min-width: 320px) and 　　　　(max-width: 768px) {…}
より大 〜より小	(値 < メディア特性 < 値)	/* 320pxより大きく、768pxより小さい画面幅と一致 */ @media (320px < width < 768px) {…}	ー
等価	(メディア特性 = 値)	/* 320pxの画面幅と一致 */ @media (width = 320px) {…}	/* 320pxの画面幅と一致 */ @media (width: 320px) {…}

■ 論理演算子

複数の条件文を指定したり、条件文を否定したい場合には論理演算子を使います。

論理演算子	記述形式	
and	@media 条件文A and 条件文B {…}	/* 「画面幅600px以上」かつ「画面が縦長」の場合に一致 */ @media (width >= 600px) and (orientation: portrait) {…}
or または ,	@media 条件文A or 条件文B {…}	/* 「画面幅600px以上」または「画面が縦長」の場合に一致 */ @media (width >= 600px) or (orientation: portrait) {…}
	@media 条件文A , 条件文B {…}	/* 「画面幅600px以上」または「画面が縦長」の場合に一致 */ @media (width >= 600px), (orientation: portrait) {…}
not	@media (not 条件文A) and 条件文B {…}	/* 「画面幅600px未満」かつ「画面が縦長」の場合に一致 */ @media (not (width >= 600px)) and (orientation: portrait) {…}
	@media (not (条件文A or 条件文B)) {…}	/* 「画面幅600px以上」でも「画面が縦長」でもない場合に一致 */ @media (not ((width >= 600px) or (orientation: portrait))) {…}

■ ブーリアン型の記法（Boolean context）

値を省略するとブーリアン型（真偽値）で評価され、「0」、「none」、「no-preference」以外の値で一致するときにルールが適用されます。
たとえば、any-hover や update、color 特性の値を省略すると右のように指定したことになります。

(any-hover) = (any-hover: hover)
ホバー可能な場合に一致

(update) = (update: fast) or (update: slow)
遅い・速いにかかわらず更新可能（アニメーション再生が可能）な場合に一致

(color) = (color > 0)
カラーデバイスと一致

■ メディアタイプの指定

メディアタイプはデバイスの大まかな種類を指定するものです。単体で指定するか、メディア特性の条件文の前に and で付加して使用します。
もともとは HTML4 で定義された機能でしたが、デバイスの進化に伴い使いづらいものとなったため、仕様の管理が CSS に移された際にほとんどの値が非推奨となっています。現在使用できるのは右の 3 つの値のみです。CSS の Media Queries Level 4 では、将来的にすべてのメディアタイプをメディア特性に置き換える可能性が示唆されています。

メディアタイプ	一致するもの
all	すべてのデバイス
print	プリンターなどの印刷デバイス
screen	「print」と一致しないすべてのデバイス

/* 縦長の用紙に印刷する場合に一致 */
@media print and (orientation: portrait) {…}

/* 印刷する場合に一致 */
@media print {…}

メディア特性

CSS の Media Queries Level 5 に採用され、主要ブラウザが対応したメディア特性です。

■ ビューポート／印刷ページのメディア特性

メディア特性	指定できる条件と値	タイプ	例
width	ビューポート（ブラウザ画面）の横幅	レンジ	`/* 320px以上の画面幅と一致 */` `@media (width >= 320px) {…}`
height	ビューポート（ブラウザ画面）の高さ	レンジ	`/* 320px以上の画面高と一致 */` `@media (height >= 320px) {…}`
aspect-ratio	ビューポート（ブラウザ画面）の縦横比	レンジ	`/* 縦横比が16:9以上の画面と一致 */` `@media (aspect-ratio >= 16/9) {…}`
orientation	ビューポート（ブラウザ画面）の向き portrait............縦長（縦向き） landscape..........横長（横向き）	離散	`/* 縦長な画面と一致 */` `@media (orientation: portrait) {…}`

overflow-block	コンテンツがビューポートからブロック軸方向（縦方向）にオーバーフローしたときのデフォルトの処理
	none..........オーバーフローの表示なし
	scroll..........スクロールで表示
	paged........ページ分割で表示（印刷メディア）
		離散	`/* スクロールで表示するもの`
			`   （印刷メディア以外）と一致 */`
			`@media (overflow-block: scroll) {…}`
			`/* ページを分けて表示するもの`
			`   （印刷メディア）と一致 */`
			`@media (overflow-block: paged) {…}`

overflow-inline	コンテンツがビューポートからインライン軸方向（横方向）にオーバーフローしたときのデフォルトの処理
	none..........オーバーフローの表示なし
	scroll..........スクロールで表示
		離散	`/* スクロールで表示するもの`
			`   （印刷メディア以外）と一致 */`
			`@media (overflow-inline: scroll) {…}`

display-mode	PWAのマニフェストファイル（P.124）に基づく表示モード。マニフェストファイルを用意していない場合でも判別されます
	fullscreen..........フルスクリーン表示
	standalone......ネイティブアプリのようなスタンドアロン表示
	minimal-ui........スタンドアロンに最小限のUIを加えた表示
	browser............通常の表示
		離散	`/* フルスクリーン表示の場合に一致 */`
			`@media (display-mode: fullscreen)`
			`{…}`

■ ディスプレイ品質のメディア特性

メディア特性	指定できる条件と値	タイプ	例
resolution	ディスプレイ解像度 解像度 / infinite	レンジ	`/* DPR (device pixel ratio) が2以上のデバイスと一致 */` `@media (resolution >= 2dppx) {…}`
scan	ディスプレイの走査方式 progressive ......プログレッシブ interlace............インターレース	離散	`/* 走査方式がインターレース方式のデバイスと一致 */` `@media (scan: interlace) {…}`
grid	グリッドベースの機器（TTYターミナルなど） 1......................グリッドベース 0......................グリッドベース以外	離散	`/* グリッドベースの機器と一致 */` `@media (grid: 1) {…}`
update	レンダリング済みコンテンツの更新能力 none........更新なし（印刷メディア） slow..........遅い（アニメーションが滑らかに再生できない） fast............速い（アニメーションが滑らかに再生できる）	離散	`/* アニメーションが滑らかに再生できるデバイスと一致 */` `@media (update: fast) {…}`

■ 色のメディア特性

メディア特性	指定できる条件と値	タイプ	例
color	出力デバイスの色（RGB）ごとのビット数 整数	レンジ	`/* カラーデバイス（ビット数が1以上）と一致 */` `@media (color) {…}`
color-index	カラールックアップテーブルのエントリー数 整数	レンジ	`/* カラールックアップテーブルを使用するデバイスと一致 */` `@media (color-index) {…}`
monochrome	モノクロフレームバッファのビット数 整数	レンジ	`/* モノクロデバイス（ビット数が1以上）と一致 */` `@media (monochrome) {…}`
color-gamut	色の範囲（色空間） srgb................sRGB p3....................Display P3 rec2020...........Rec. 2020	離散	`/* Display P3色空間に対応したデバイスと一致 */` `@media (color-gamut: p3) {…}`
dynamic-range	ダイナミックレンジ standard ... あらゆる視覚デバイス high .... 高輝度、高コントラスト比、24ビット 　　　　　　以上の色深度を持つデバイス	離散	`/* あらゆる視覚デバイスと一致 */` `@media (dynamic-range: standard) {…}`
inverted-colors	ブラウザまたはOSによる色の反転 none............ 通常の表示 inverted...... 反転表示	離散	`/* 反転表示したデバイスと一致 */` `@media (inverted-colors: inverted) {…}`

■ インタラクションのメディア特性

メディア特性	指定できる条件と値	タイプ	例

pointer	ポインティングデバイスの有無と精度を
	主要な入力方法に対して判別
	none............ 利用できるポインティングデバイスなし
	coarse.......... 正確性が低いポインティングデバイスあり
	　　　　　　（タッチスクリーンなど）
	fine.............. 正確性が高いポインティングデバイスあり
	　　　　　　（マウス、タッチパッドなど）
		離散	`/* 主要な入力方法が`
			`    ポインティングデバイスではない場合に一致 */`
			`@media (pointer: none) {…}`

any-pointer	ポインティングデバイスの有無と精度を
	すべての入力方法に対して判別
	※ 指定できる値は「pointer」と同じです
	※ 複数の入力方法がある場合、「coarse」と「fine」の両方
	　と一致する可能性があります。「none」はポインティング
	　デバイスがない場合にのみ一致します。
		離散	`/* すべての入力方法が`
			`    ポインティングデバイスではない場合に一致 */`
			`@media (any-pointer: none) {…}`

hover	ホバーの可否（ポインターを重ねることができるか）を 主要な入力方法に対して判別 none............ ホバーできない hover .... ホバーできる	離散	`/* 主要な入力方法がホバーできる場合に一致 */` `@media (hover) {…}`
any-hover	ホバーの可否（ポインターを重ねることができるか）を すべての入力方法に対して判別 none............ ホバーできる入力方法がない hover .... ホバーできる入力方法がある	離散	`/* ホバーできる入力方法がある場合に一致 */` `@media (any-hover:hover) {…}`

■ ビデオのメディア特性

メディア特性	指定できる条件と値	タイプ	例
`video-dynamic-range`	ビデオのダイナミックレンジ ※ビデオとグラフィックを分けて処理するブラウザ（TVなど）でビデオ側のダイナミックレンジを判別 ※指定できる値は色のメディア特性の「dynamic-range」と同じです	離散	`/* あらゆる視覚デバイスと一致 */` `@media (video-dynamic-range: standard) {…}`

■ スクリプトメディア特性

メディア特性	指定できる条件と値	タイプ	例
`scripting`	JavaScriptなどのスクリプトの利用可否を判別 none............スクリプトが利用できない（JavaScriptが無効化されている場合を含む） initial-only........ページ読み込み時のみ実行されるデバイス enabled............スクリプトが利用できる	離散	`/* JavaScriptが利用できない場合に一致 */` `@media (scripting: none) {…}`

■ ユーザー設定のメディア特性

OSにおけるユーザー設定を判別します。

メディア特性	指定できる条件と値	タイプ	例
`prefers-reduced-motion`	アニメーションの抑制をユーザーが要求しているかどうかを判別 no-preference.........要求の設定なし reduce....................要求の設定あり	離散	`/* アニメーションの抑制が要求されている場合に一致 */` `@media (prefers-reduced-motion) {…}`
`prefers-reduced-transparency`	透明または半透明のレイヤーエフェクトの抑制をユーザーが要求しているかどうかを判別 no-preference.........要求の設定なし reduce....................要求の設定あり	離散	`/* 透明・半透明のレイヤーエフェクトの抑制が要求されている場合に一致 */` `@media (prefers-reduced-transparency) {…}`
`prefers-contrast`	高コントラストまたは低コントラストの表示をユーザーが要求しているかどうかを判別 no-preference.........コントラストの設定なし more....................より高いコントラストを要求 less....................より低いコントラストを要求	離散	`/* 高いコントラストが要求されている場合に一致 */` `@media (prefers-contrast: more) {…}`
`forced-colors`	強制カラーモード（Windowsのハイコントラストモード）をユーザーが要求しているかどうかを判別 none....................強制カラーモードが無効 active..................強制カラーモードが有効	離散	`/* 強制カラーモードが有効な場合に一致 */` `@media (forced-colors) {…}`
`prefers-color-scheme`	ユーザーが要求しているカラースキーム（ライトモードまたはダークモード）を判別 light....................ライトモード dark....................ダークモード	離散	`/* ユーザー設定がダークモードな場合に一致 */` `@media (prefers-color-scheme: dark) {…}`

3-16 コンテナクエリ @container

コンテナクエリはクエリコンテナに設定した祖先要素が条件（クエリ）を満たすときに、ルール（スタイルルールやアットルール）を適用する仕組みです。条件は次の3種類に分類され、以下のような形式で利用できます。

- 横幅や高さを条件にする「サイズクエリ」
- スタイルを条件にする「スタイルクエリ」
- スクロール位置を条件にする「スクロールステートクエリ」

```
クエリコンテナにしたい要素 {
    container-type: クエリコンテナの種類 ;
    container-name: クエリコンテナ名 ;
}

@container クエリコンテナ名 条件文 {
    クエリコンテナの子孫要素に適用するルール
}
```

クエリコンテナにする要素には container-type でクエリコンテナの種類を、container-name でクエリコンテナ名を指定します。クエリコンテナの種類は使用するクエリの種類に応じて指定します。

@container ではクエリコンテナ名と条件文を指定し、条件が一致したときに適用したいルールを指定します。ただし、ルールを適用できるのはクエリコンテナの子孫要素に限られます。
クエリコンテナ名は省略することも可能です。省略したときの処理については、クエリの種類ごとの解説を参照してください。

たとえば、以下の例はサイズクエリを使用して、<div>の横幅に応じて中身のボタンのフォントサイズが変わるようにしたものです。<div>をサイズクエリのコンテナにして横幅を判別できるようにするため、container-type でクエリコンテナの種類を inline-size に、container-name でクエリコンテナ名を button-container と指定しています。ボタンのフォントサイズは @container を使用して、クエリコンテナ button-container の横幅が 300px 以上のときに大きくするように指定しています。
複数の条件を指定したり、条件を否定する場合には and、or、not を使います。

width特性を使用し、コンテナ幅に応じてフォントサイズを変えたもの

```
.container {
    container-type: inline-size;
    container-name: button-container;
    border: solid 4px royalblue;
    padding: 10px 20px;
}

@container button-container (width >= 300px) {
    button {font-size: 1.5em;}
}
```

```
<div class="container">
    <button> ログイン </button>
</div>
```

論理演算子	記述形式
and	@container クエリコンテナ名 条件文A and 条件文B {…}
or	@container クエリコンテナ名 条件文A or 条件文B {…}
not	@container クエリコンテナ名 not 条件文A {…}

クエリコンテナの種類

container-type：クエリコンテナの種類

初期値	normal
適用対象	全要素
継承	なし

クエリコンテナの種類	normal / size / inline-size / scroll-state

クエリコンテナは、使用するクエリに合わせてcontainer-typeプロパティで種類を指定して用意します。ただし、3種類あるクエリのうち、スタイルクエリだけはcontainer-typeの指定の有無にかかわらず、すべての要素をクエリコンテナとして使用できます。
サイズクエリ用のクエリコンテナは、横幅と高さを判別する場合はsize、横幅のみを判別する場合はinline-sizeと指定して用意します。これらには自動的にP.310のsizeまたはinline-size、style、layoutの封じ込めが適用されますので注意が必要です。
スクロールステートクエリ用のクエリコンテナはscroll-stateと指定して用意します。

```
.container {
  container-type: inline-size;
}
```

.containerを横幅のサイズクエリ用のクエリコンテナに設定したもの

| 値 | 形成されるクエリコンテナ | 適用される封じ込め |||||
		size	inline-size	style	layout	paint
normal	なし	×	×	×	×	×
size	横幅と高さのサイズクエリ用のクエリコンテナ	○	×	○	○	×
inline-size	横幅のサイズクエリ用のクエリコンテナ	×	○	○	○	×
scroll-state	スクロールステートクエリ用のクエリコンテナ	×	×	×	×	×

クエリコンテナ名の指定

container-name：クエリコンテナ名

初期値	none
適用対象	全要素
継承	なし

クエリコンテナ名	none / カスタム識別子

container-nameプロパティはクエリコンテナに名前をつけます。それにより、@containerで名前を指定し、クエリに使用するクエリコンテナを明確に指定できます。

```
.container {
  container-type: inline-size;
  container-name: button-container;
}
```

クエリコンテナにbutton-containerと名前をつけたもの

クエリコンテナの名前と種類の指定

`container: クエリコンテナ名 / クエリコンテナの種類`

初期値	none / normal
適用対象	全要素
継承	なし

クエリコンテナ名	container-nameの値	クエリコンテナの種類	container-typeの値

container プロパティはクエリコンテナ名と種類をまとめて指定します。クエリコンテナ名は省略できません。種類を省略した場合、container-type の初期値 normal で処理され、スタイルクエリでのみ使用できるクエリコンテナとなります。

```css
.container {
  container-type: inline-size;
  container-name: button-container;
}
```

＝

```css
.container {
  container: button-container / inline-size;
}
```

サイズクエリ

`@container クエリコンテナ名 ( サイズ特性：値 ) { ルール }`
（条件文：サイズ特性：値）

サイズクエリは、クエリコンテナの横幅や高さを条件にします。条件文はサイズ特性と値のセットで指定します。特性がレンジタイプの場合、P.198 の比較演算子によるレンジ型の記法が使用できます。なお、横幅を条件とする width 特性は、size または inline-size のクエリコンテナで機能します。それ以外の特性は高さの判別を必要とするため、size のクエリコンテナを使用する必要があります。

サイズ特性	指定できる条件と値	タイプ	例
width または inline-size	クエリコンテナのコンテンツボックスの横幅 数値	レンジ	`/* 500px以上のクエリコンテナの横幅と一致 */` `@container (width >= 500px) {…}`
height または block-size	クエリコンテナのコンテンツボックスの高さ 数値	レンジ	`/* 500px以上のクエリコンテナの高さと一致 */` `@container (height >= 500px) {…}`
aspect-ratio	クエリコンテナのコンテンツボックスの縦横比 比率	レンジ	`/* 縦横比が16:9以上のクエリコンテナと一致 */` `@container (aspect-ratio >= 16/9) {…}`
orientation	クエリコンテナのコンテンツボックスの向き portrait .... 縦長（縦向き） landscape .... 横長（横向き）	離散	`/* 縦長なクエリコンテナと一致 */` `@container (orientation: portrait) {…}`

クエリコンテナ名を省略した場合、祖先要素のうち、直近の size または inline-size のクエリコンテナ（サイズ特性がマッチしたもの）が使用されます。該当するクエリコンテナが見つからない場合、クエリは処理されません。

P.203 の例の場合、@container でクエリコンテナ名を指定しなくても、`<div class="container">` がボタンのクエリコンテナとして処理されます。

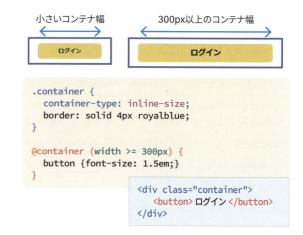

■ クエリコンテナに対する相対長の単位

右の単位は size または inline-size のクエリコンテナの中で使える相対長の単位です（@container の中に限りません）。祖先要素のうち、size または inline-size のクエリコンテナを基準としますが、該当するクエリコンテナが見つからない場合、スモールビューポートが基準になります。

たとえば、inline-size のクエリコンテナ `<div class="container">` の横幅に合わせてボタンのフォントサイズが変わるように指定すると次のようになります。ここではフォントサイズを 10cqw と指定しています。クエリコンテナに依存する単位ですので、@container (width >= 0px) {…} 内に記述して依存関係を明確にすることもできます。

クエリコンテナに対する相対長の単位	
cqw	100cqw = クエリコンテナの横幅
cqi	100cqi = クエリコンテナのインライン方向のサイズ
cqh	100cqh = クエリコンテナの高さ
cqb	100cqb = クエリコンテナのブロック方向のサイズ
cqmin	cqiとcqbの小さい方の値
cqmax	cqiとcqbの大きい方の値

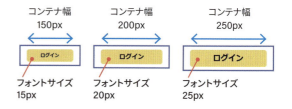

```
.container {
  container-type: inline-size;
  border: solid 4px royalblue;
}
button {
  font-size: 10cqw;
}
```
=
```
.container {
  container-type: inline-size;
  border: solid 4px royalblue;
}
@container (width >= 0px) {
  button {font-size: 10cqw;}
}
```

```
<div class="container">
  <button> ログイン </button>
</div>
```

スタイルクエリ

`@container クエリコンテナ名 style( スタイル特性 : 値 ) { ルール }`

条件文

スタイルクエリはクエリコンテナに適用されたスタイルを条件にします。クエリコンテナ名が指定された要素をクエリコンテナとして指定できます。クエリコンテナ名を省略した場合、直近の親要素がクエリコンテナとして使用されます。

条件文は style() を使用し、スタイル特性と値のセットで指定します。スタイル特性として指定できるのは CSS のプロパティです。スタイルの値は計算値（P.177）で比較されます。

現在のところ、主要ブラウザはカスタムプロパティの値の判別のみに対応しています。右の例は親要素 <div class="container"> で指定されたカスタムプロパティ「--color」の値に応じて、ボタンの色を変えるようにしたものです。--color が青色（royalblue）の場合は水色（aqua）に、--color がオレンジ色（orange）の場合は赤色（red）になります。

なお、値を省略して「@container style(--color)」と指定すると、--color プロパティの計算値を持っていれば真となります。

--color: royalblue;   --color: orange;

```css
.container {
  --color: ~;
  border: solid 4px var(--color);
}

@container style(--color: royalblue) {
  button {background-color: aqua;}
}

@container style(--color: orange) {
  button {background-color: red;}
}
```

```html
<div class="container">
  <button>ログイン</button>
</div>
```

スクロールステートクエリ

`@container クエリコンテナ名 scroll-state( スクロールステート特性 : 値 ) { ルール }`

条件文

スクロールステートクエリでは scroll-state() で指定する特性に応じて、position: sticky による固定、スクロールスナップによるスナップ、スクロールコンテナの中身のオーバーフローを判別できます。

クエリコンテナ名を省略した場合、祖先要素のうち、直近の scroll-state のクエリコンテナが使用されます。

特性	判別できるもの
stuck	position: stickyによる固定
snap	スクロールスナップによるスナップ
scrollable	スクロールコンテナの中身のオーバーフロー

■ position: stickyによる固定を判別　stuck特性

stuck特性では粘着位置指定要素（position: stickyを適用した要素）をscroll-stateのクエリコンテナにします。それにより、位置指定要素が指定位置に固定されたことを判別できます。

たとえば、P.278の例では3つ目の<div>にposition: stickyとtop: 0pxを適用し、位置指定要素にしています。これにより、スクロールするとビューポートの上部で固定されます。この<div>にcontainer-typeを適用してscroll-stateのクエリコンテナにすると、@container scroll-state(stuck: top)で上部に固定されたことを判別できます。<div>が固定されたときに中身の<span>の文字色を赤くすると次のようになります。

stuck特性の値		一致する条件
none	-	位置指定要素が固定されていないとき
top	block-start	位置指定要素の上が固定されたとき
right	inline-end	位置指定要素の右が固定されたとき
bottom	block-end	位置指定要素の下が固定されたとき
left	inline-start	位置指定要素の左が固定されたとき

```css
div:nth-child(3) {
  position: sticky;
  top: 0px;
  container-type: scroll-state;

  @container scroll-state(stuck: top) {
    span {
      color: red;
    }
  }
}
```

```html
<section>
  <div>Home</div>
  <div>Services</div>
  <div><span>Design</span></div>
  <div>Setup</div>
  <div>Solutions</div>
</section>
```

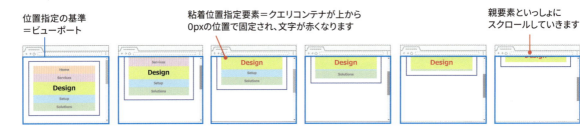

位置指定の基準＝ビューポート

粘着位置指定要素＝クエリコンテナが上から0pxの位置で固定され、文字が赤くなります

親要素といっしょにスクロールしていきます

■ スクロールスナップによるスナップを判別　snap特性

snap特性ではスナップエリアをscroll-stateのクエリコンテナにします。それにより、スナップエリアがスナップコンテナにスナップしたことを判別できます。

P.416の例の場合、scroll-snap-type: y mandatoryを適用した<div class="container">がスナップコンテナ、scroll-snap-align: startを適用した<section>がスナップエリアになっています。そのため、縦方向のスクロールでスナップコンテナの上部に各<section>がスナップします。

そこで、<section>にcontainer-typeを適用してscroll-stateのクエリコンテナにすると、@container scroll-state(snapped: y)で縦方向にスナップしたことを判別できます。

snap特性の値		一致する条件
none	-	スナップエリアがスナップしていないとき
x	inline	スナップエリアが横方向でスナップしたとき
y	block	スナップエリアが縦方向でスナップしたとき

`<section>` がスナップしたときに中身の `<span>` のフォントサイズを大きくすると次のようになります。

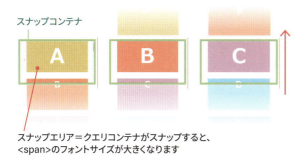

スナップエリア＝クエリコンテナがスナップすると、`<span>`のフォントサイズが大きくなります

```css
.container {
  scroll-snap-type: y mandatory;
  overflow: auto;
  height: 200px;
  border: solid 10px #abcf3e;
}

.container section {
  scroll-snap-align: start;
  container-type: scroll-state;

  @container scroll-state(snapped: y) {
    span {
      font-size: 100px;
    }
  }
}
```

```html
<div class="container">
  <section …><span>A</span></section>
  <section …><span>B</span></section>
  <section …><span>C</span></section>
  <section …><span>D</span></section>
  <section …><span>E</span></section>
</div>
```

■ スクロールコンテナの中身のオーバーフローを判別　scrollable特性

scrollable 特性ではスクロールコンテナを scroll-state のクエリコンテナにします。それにより、スクロールコンテナの中身が指定した方向にオーバーフローしているかどうかを判別できます。

たとえば、次の例はページをスクロールしたら「トップへ戻るボタン」を表示するようにしたものです。`<html>` に container-type を適用し、スクロールコンテナ（ビューポート）を scroll-state のクエリコンテナにしています。そのうえで、@container scroll-state(scrollable: top) でビューポートの中身が上方向にオーバーフローしたときにボタンを表示しています。

scrollabel特性の値	一致する条件	
none	–	オーバーフローがないとき
top	block-start	上にオーバーフローしているとき
right	inline-end	右にオーバーフローしているとき
bottom	block-end	下にオーバーフローしているとき
left	inline-start	左にオーバーフローしているとき
x	inline	横方向にオーバーフローしているとき
y	block	縦方向にオーバーフローしているとき

```css
html {
  container-type: scroll-state;
}

button {
  opacity: 0;
  transition: opacity 1s;

  @container scroll-state(scrollable: top) {
    opacity: 1;
  }
}
```

```html
<html>
  …
  <body>
    <main><h1>Office Design</h1>…</main>
    <button aria-label=" トップへ戻る ">…</button>
  </body>
</html>
```

スクロールコンテナ（ビューポート）＝クエリコンテナ

スクロールによってビューポートの中身が上方向にオーバーフロー

ボタンが表示されます

Chapter 3　CSS

3-17 アットルール

CSSに用意されたアットルールです。P.147の形式で使用します。

アットルール		参照
@charset	エンコードの種類	P.147
@container	コンテナクエリ	P.203
@counter-style	カウンターの定義	P.380
@font-face	フォントの定義	P.337
@font-feature-values	OpenType機能の設定	P.333
@font-palette-values	パレットの設定	P.335
@import	CSSファイルの読み込み	-
@keyframes	アニメーションの定義	P.430
@layer	カスケードレイヤー	P.158

アットルール		参照
@media	メディアクエリ	P.198
@page	印刷ページの設定	-
@position-try	配置オプションの定義	P.292
@property	登録カスタムプロパティの定義	P.196
@scope	スコープ	P.162
@starting-style	開始スタイル	P.426
@supports	機能クエリ	-
@view-transition	ビュー遷移	P.452

機能クエリ　@supports

@supportsは機能クエリを行い、指定した条件にブラウザが対応しているかどうかに応じてルール（スタイルルールやアットルール）を適用します。条件は右のような形式で指定し、プロパティと値、セレクタ、フォントのフォーマットと技術への対応を判別できます。and、or、notの使用も可能です。

```
@supports (position-anchor: --name) {…}
```
position-anchorプロパティに対応している場合に適用するスタイルを指定

```
@supports selector(::cue) {…}
```
セレクタの::cue擬似要素に対応している場合に適用するスタイルを指定

```
@supports font-tech(color-COLRv1) {…}
```
COLRv1テーブルを使用するカラーフォントに対応している場合に適用するスタイルを指定

`@supports` 条件文 `{ ルール }`

条件文	指定できる値
（プロパティ：値）	プロパティと値
selector(セレクタ)	セレクタ
font-format(フォーマット)	P.338のformat()で指定できるフォントのフォーマットの値
font-tech(技術)	P.338のtech()で指定できるフォントの技術の値

論理演算子	記述形式
and	@supports 条件文A and 条件文B {…}
or	@supports 条件文A or 条件文B {…}
not	@supports not 条件文A {…}

CSSファイルの読み込み　@import

`@import url(CSSファイルのURL) layer(レイヤー名) supports(機能クエリ) メディアクエリ ;`

文字列だけでも指定可　　　　　　　　　　　　　　省略可

@import は URL で指定した CSS ファイルを読み込んで適用します。他のアットルールやスタイルルールよりも前に記述する必要があります（ただし、@charset とルールなしの @layer 宣言は除きます）。@import にはメディアクエリの条件や、supports() で機能クエリの条件をつけることも可能です。layer() では CSS ファイルをどのレイヤーに追加するかを指定できます。無名レイヤーに追加したい場合は、layer とだけ指定します。

```
@import url(style.css);
```
style.cssを適用

```
@import url(style.css) layer(custom);
```
style.cssをcustomレイヤーに追加して適用

```
@import url(style.css) supports(position-anchor: --name);
```
position-anchorプロパティに対応している場合にstyle.cssを適用

```
@import url(style.css) (width >= 500px);
```
画面幅が500px以上の場合にstyle.cssを適用

印刷ページの設定　@page

@page は印刷ページの設定を行います。ページプロパティではページのサイズや向きを、マージンアットルールでは余白部分のボックスに表示するコンテンツを指定できます。ページセレクタでは設定対象のページを限定することも可能です。

`@page ページセレクタ {ページプロパティとマージンアットルール}`

ページセレクタ	適用対象	例
:left	左ページ	/* 左ページに設定を適用 */ @page :left {…}
:right	右ページ	
:first	最初のページ	
:blank	空ページ	

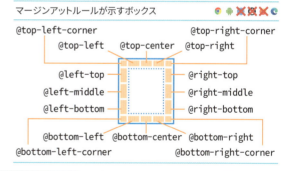

マージンアットルールが示すボックス

@top-left-corner / @top-left / @top-center / @top-right / @top-right-corner
@left-top / @right-top
@left-middle / @right-middle
@left-bottom / @right-bottom
@bottom-left-corner / @bottom-left / @bottom-center / @bottom-right / @bottom-right-corner

ページプロパティ	指定できる値		
size	ページのサイズと向きを size: サイズ 向き; の形で指定。サイズまたは向きの指定は省略できます		
	ページサイズ	A5 / A4 / A3 / B5 / B4 / JIS-B5 / JIS-B4 / letter / legal / ledger / 長さ（横幅 高さ）	
	ページの向き	portrait（縦向き）/ landscape（横向き）	
page-orientation	コンテンツの向き	upright（上向き）/ rotate-left（左回転）/ rotate-right（右回転）	
margin	ページの余白	長さ / %	

※ 仕様ではbackgroundやborderなども指定できますが、主要ブラウザは未対応です

```
@page {
  size: JIS-B5 portrait;
  margin: 15mm;

  @top-left {
    content: "CSSについて";
  }
}
```
ページサイズをJIS-B5（182×257mm）の縦向きに、余白を15mmに、左上に「CSSについて」と入れるように指定しています

Chapter 3　CSS

3-18 擬似クラス

擬似クラスは要素の特定の状態と一致するセレクタです。

言語擬似クラス (Linguistic Pseudo-classes)

セレクタ	説明	例

:dir(書字方向)	指定した書字方向の要素と一致。左から右はltr、右から左はrtlと指定します	`/* 右書きの要素と一致 */`
		`:dir(rtl) {…}`
		`<p dir="rtl">Text</p>`

:lang(言語)	指定した言語の要素と一致。:lang(en)と指定した場合、lang="en"が指定された要素とその子孫と一致します	`/* 英語の要素と子孫要素と一致 */`
		`:lang(en) {…}`
		`<div lang="en"><p>…</p></div>`

ロケーション擬似クラス (Location Pseudo-classes)

セレクタ	説明	例
:any-link	リンク(href属性を持つ<a>または<area>)と一致。 :is(:link, :visited) と同じ処理になります	`a:any-link {color: #0000ee;}`
:link	リンク先にアクセスしていないリンクと一致	`a:link {color: #0000ee;}`
:visited	リンク先にアクセス済みのリンクと一致	`a:visited {color: #551a8b;}`
:target	ページ内リンクのリンク先の要素(ターゲット要素)と一致。たとえば、URLがhttps://〜/#helpの場合、IDが「help」の要素がターゲット要素となります	`:target {…}`

:scope	ルート要素<html>と一致しますが、@scope内で使用した場合はスコープルートと一致します
	→ P.165を参照
		`@scope (.post) {`
		`  /* スコープルートと一致 */`
		`  :scope {…}`
		`}`

ユーザーアクション擬似クラス (User Action Pseudo-classes)

セレクタ	説明	例

:hover	ホバーされた要素、つまりカーソル(マウスポインター)が重ねられた要素と一致。クリック中やタップ中も一致するため注意が必要です。右の例ではホバー時にボタンがピンク色になるようにしています	`button:hover {`
		`  background-color: lightpink;`
		`}`
		`button:active {`
		`  background-color: yellow;`
		`}`

:active	アクティブな要素(クリック中やタップ中の要素)と一致。右の例ではアクティブ時にボタンが黄色になるようにしています	
:focus	フォーカスされた要素と一致。クリックやタップしたリンク、ボタン、選択したフォームの入力フィールド、Tabキーで選択した要素などが該当します	Tabキーでフォーカス

:focus-visible	フォーカスされた要素のうち、視覚的にフォーカスしていることを示す必要があるとブラウザが判断したものと一致。たとえば、選択したフォームの入力フィールドやTabキーで選択した要素とは一致します。一方、リンクやボタンをクリック・タップしたときには一致しません	`button:focus-visible {`
		`  outline: solid 2px black;`
		`}`

:focus-within	指定した要素またはその子孫要素がフォーカスされた場合に一致。右のように指定すると、<form>または<form>の子孫要素がフォーカスされた場合に、<form>と一致します	`form:focus-widhin {…}`

タッチデバイスにおけるリンクやボタンをタップしたときのスタイル

タッチデバイスではホバーはできないものの、リンクやボタンをタップしたときには:hoverのスタイルが適用されてしまいます。さらに、そのあとにページ遷移があれば問題ありませんが、ページ遷移がないと:hoverのスタイルが適用されたままになる「sticky hover」と呼ばれる問題が生じます。そのため、ホバーができるかどうかを判別し、ホバー可能なデバイスの場合にだけ:hoverのスタイルを適用してこの問題を回避します。判別にはメディアクエリのhoverやany-hover (P.201) を使用します。

また、iOSやAndroidでは、タップしたリンクがデフォルトでハイライト表示されます。これを無効化するためには、-webkit-tap-highlight-color: transparent を適用します。また、iOSではリンクの長押しでポップアップメニューが表示されますが、これを無効化する場合は-webkit-touch-callout: none を適用します。ただし、これらは標準化されたプロパティではありません。

```
@media (hover: hover) {
  /* ホバーできるデバイスのときに適用するスタイル */
}

@media (hover: none) {
  /* ホバーできないデバイスのときに適用するスタイル */
}

a, button {
  -webkit-tap-highlight-color: transparent;
  -webkit-touch-callout: none;
}
```

時間軸擬似クラス (Time-dimensional Pseudo-classes)

		例

`:past / :future`	WebVTTのテキストトラックのうち、:pastは再生済みなもの、:futureはこれから再生されるものと一致します
	
	`WEBVTT`
	`00:00:02.000 --> 00:00:05.000`
	`<00:00:02.000><b>オフィスの</b><00:00:03.000><b>デザインを</b><00:00:04.000><b>始めます</b>`
		`::cue(:past) {color: white;}`
		`::cue(:future) {color: gray;}`

リソースの状態擬似クラス (Resource State Pseudo-classes)

`:playing`	再生中のビデオなどと一致
`:paused`	ポーズ中のビデオなどと一致
`:seeking`	シーク中のビデオなどと一致
`:buffering`	バッファリング中のビデオなどと一致
`:stalled`	データの読み込みに失敗し、一定時間停止したビデオなどと一致
`:muted`	ミュート中のビデオなどと一致
`:volume-locked`	ボリュームがユーザーによってロックされた状態 (JavaScriptなどでの変更が不可能な状態と一致

表示状態擬似クラス (Element Display State Pseudo-classes)

`:modal`	モーダルとして表示した要素 (それ以外の操作を排除した要素) と一致します。たとえば、showModal()で開いた`<dialog>` (P.057) や、requestFullscreen() でフルスクリーン表示にした要素と一致します

`:fullscreen`	フルスクリーンAPIを使ってフルスクリーンで表示した要素と一致します
	`/* <video>をフルスクリーン表示 */`
	`document.querySelector("video").requestFullscreen()`

`:picture-in-picture`	ピクチャインピクチャAPIを使ってピクチャインピクチャで表示した要素と一致します
	`/* <video>をピクチャインピクチャで表示 */`
	`document.querySelector("video").requestPictureInPicture()`

`:open`	開いた状態の`<dialog>`、`<details>`、`<select>`、`<input>` (日時や色のピッカー) と一致します
`:popover-open`	開いたポップオーバー要素 (P.139) と一致します

入力擬似クラス (Input Pseudo-classes)

:enabled / :disabled	有効/無効なフォームコントロールと一致。 :disabledはdisabled属性(P.101)を持つ要素と一致します
:read-only / :read-write	読み取り専用/読み書き可能なフォームコントロールと一致。:read-onlyはreadonly属性(P.101)を持つ要素と一致します
:valid / :invalid	入力内容の検証結果が正しい/正しくないフォームコントロールと一致。 :invalidは空の状態でロードされたrequired属性を持つ要素(必須のフォームコントロール)とも一致します
:user-valid / :user-invalid	入力内容の検証結果が正しい/正しくないフォームコントロールのうち、ユーザーによる入力・操作が行われたものと一致。たとえば、:user-invalidは空の状態でロードされたrequired属性を持つ要素とは一致せず、ユーザーの入力後に空だった場合に一致します
:required / :optional	入力が必須/必須でないフォームコントロールと一致。たとえば、:requiredはrequired属性(P.103)を持つ要素と一致します
:in-range / :out-of-range	入力内容が範囲内/範囲外のフォームコントロールと一致。min/max属性(P.102)で示した範囲に応じて判別されます
:placeholder-shown	placeholder属性(P.103)が指定され、プレースホルダが表示されたフォームコントロールと一致
:autofill	値が自動入力支援(P.099)で入力されたフォームコントロールと一致。ただし、主要ブラウザはUAスタイルシートで!importantをつけたスタイルを適用するため、背景や文字色の変更はできません(P.101)
:default	フォーム内の送信ボタン、checked属性を持つ\<input\>、selected属性を持つ\<option\>と一致
:checked	選択されたチェックボックス、ラジオボタン、\<option\>と一致
:indeterminate	未確定のフォームコントロールと一致。たとえば、同じグループ内で選択中のものがないラジオボタン、\<input\>のindeterminateプロパティがJavaScriptでtrueにされたチェックボックス、value属性を持たない\<progress\>と一致

論理コンビネーション擬似クラス (Logical Combination Pseudo-class)

:is() / :where() / :not() / :has()	セレクタリストの処理を指定します → P.157を参照

定義擬似クラス (Defined Pseudo-class)

:defined	すべてのHTML要素やcustomElements.define()で登録したカスタム要素(P.106)と一致します

シャドウDOM関連の擬似クラス

:host / :host() / :host-context()	シャドウホストのスタイルを指定します → P.171を参照
:has-slotted	:has-slottedはコンテンツが割り当てられた\<slot\>と一致します。 コンテンツが割り当てられていない\<slot\>(フォールバックコンテンツが表示されるまたは空のスロット)に一致させる場合は :not(:has-slotted) と指定します。 この擬似クラスはシャドウDOM側のCSSで使用します。 割り当てられたコンテンツにスタイルを適用する場合はP.172の::slotted()擬似要素を使用します。

アクティブビュー遷移擬似クラス (Active View Transition Pseudo-class)

:active-view-transition / :active-view-transition-type()	遷移タイプに応じて適用するスタイルを指定します → P.469を参照

ページセレクタ (Page Selector Pseudo-class)

:left / :right / :first / :blank	印刷ページを指定します → P.211を参照

ツリー構造擬似クラス (Tree-Structural pseudo-classes)

		例
:root	ルート要素\<html\>と一致	`:root {--primary: orange;}`

:empty	中身が空の要素と一致。要素内にコメント以外の要素やホワイトスペース(P.341)を含む場合は一致しません(Selectors Level 4ではホワイトスペースのみを含むものは一致すると定義されましたが、主要ブラウザは未対応です)	`/* 空の<p>と一致 */`
		`p:empty {border: solid 1px red;}`
		`<p></p>`

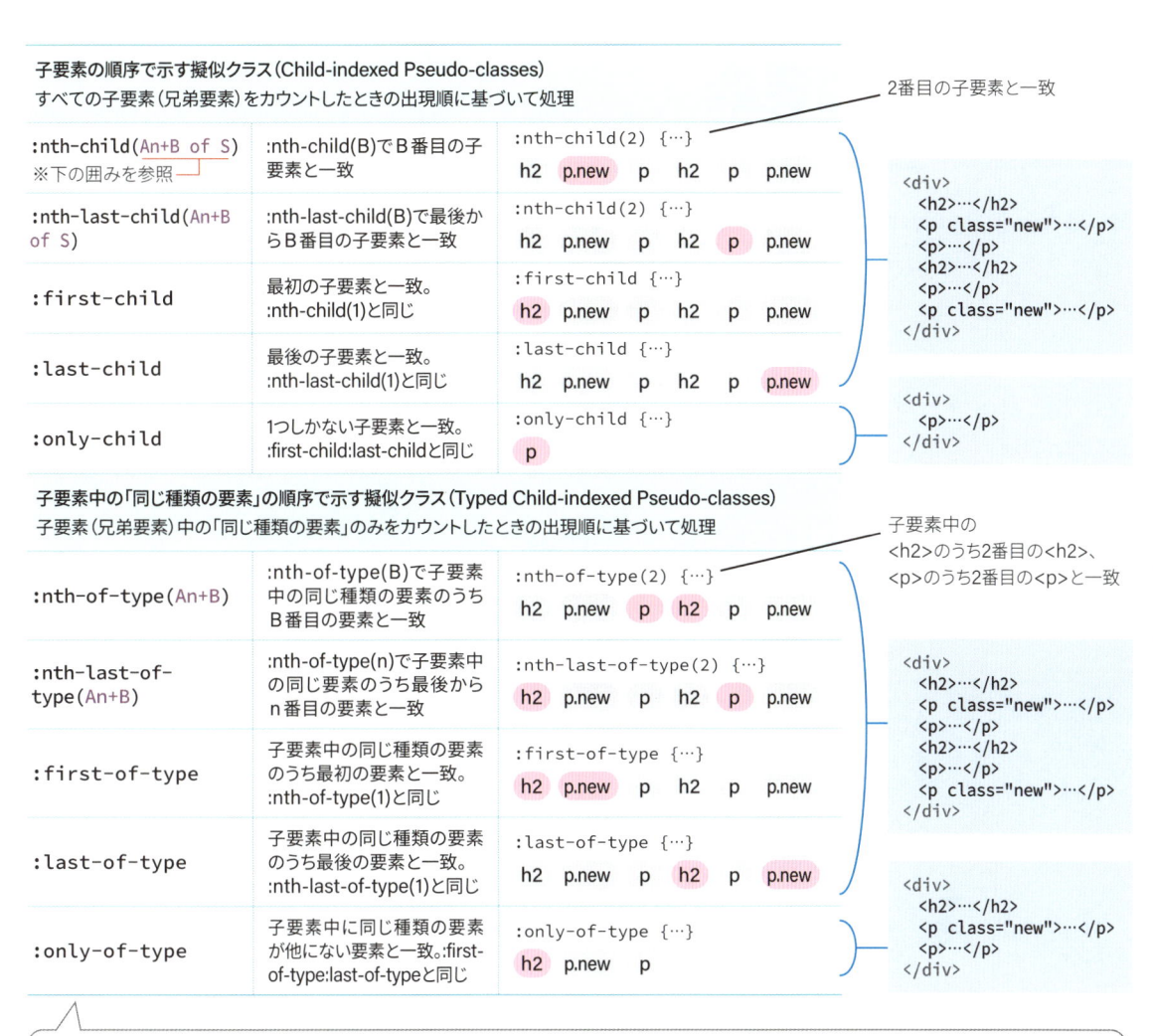

子要素の順序で示す擬似クラス（Child-indexed Pseudo-classes）
すべての子要素（兄弟要素）をカウントしたときの出現順に基づいて処理

2番目の子要素と一致

:nth-child(An+B of S) ※下の囲みを参照	:nth-child(B)でB番目の子要素と一致	`:nth-child(2) {…}` h2　p.new　p　h2　p　p.new
:nth-last-child(An+B of S)	:nth-last-child(B)で最後からB番目の子要素と一致	`:nth-child(2) {…}` h2　p.new　p　h2　p　p.new
:first-child	最初の子要素と一致。 :nth-child(1)と同じ	`:first-child {…}` h2　p.new　p　h2　p　p.new
:last-child	最後の子要素と一致。 :nth-last-child(1)と同じ	`:last-child {…}` h2　p.new　p　h2　p　p.new
:only-child	1つしかない子要素と一致。 :first-child:last-childと同じ	`:only-child {…}` p

```
<div>
  <h2>…</h2>
  <p class="new">…</p>
  <p>…</p>
  <h2>…</h2>
  <p>…</p>
  <p class="new">…</p>
</div>
```

```
<div>
  <p>…</p>
</div>
```

子要素中の「同じ種類の要素」の順序で示す擬似クラス（Typed Child-indexed Pseudo-classes）
子要素（兄弟要素）中の「同じ種類の要素」のみをカウントしたときの出現順に基づいて処理

子要素中の
<h2>のうち2番目の<h2>、
<p>のうち2番目の<p>と一致

:nth-of-type(An+B)	:nth-of-type(B)で子要素中の同じ種類の要素のうちB番目の要素と一致	`:nth-of-type(2) {…}` h2　p.new　p　h2　p　p.new
:nth-last-of-type(An+B)	:nth-of-type(n)で子要素中の同じ要素のうち最後からn番目の要素と一致	`:nth-last-of-type(2) {…}` h2　p.new　p　h2　p　p.new
:first-of-type	子要素中の同じ種類の要素のうち最初の要素と一致。 :nth-of-type(1)と同じ	`:first-of-type {…}` h2　p.new　p　h2　p　p.new
:last-of-type	子要素中の同じ種類の要素のうち最後の要素と一致。 :nth-last-of-type(1)と同じ	`:last-of-type {…}` h2　p.new　p　h2　p　p.new
:only-of-type	子要素中に同じ種類の要素が他にない要素と一致。:first-of-type:last-of-typeと同じ	`:only-of-type {…}` h2　p.new　p

```
<div>
  <h2>…</h2>
  <p class="new">…</p>
  <p>…</p>
  <h2>…</h2>
  <p>…</p>
  <p class="new">…</p>
</div>
```

```
<div>
  <h2>…</h2>
  <p class="new">…</p>
  <p>…</p>
</div>
```

An+B of S 構文

An+B of S	子要素中のS（セレクタリスト）で指定した要素のうち、B番目の要素と、B番目からA個おきの要素と一致	`/* 子要素中の.new要素のうち2番目のものと一致 */`
		`:nth-child(2 of .new) {…}`
		h2　p.new　p　h2　p　p.new

An+B		すべての子要素の中でB番目の要素とそこからA個おきの要素と一致。
		「An+B of *」と同じです
			`/* 2番目 (n=0) の要素とそこから3個おきの要素 (n=1以降) と一致 */`
			`:nth-child(3n + 2) {…}`
			h2　p.new　p　h2　p　p.new

odd	2n+1	奇数番目の要素と一致	`:nth-child(odd) {…}` h2　p.new　p　h2　p　p.new
even	2n+2	2n	偶数番目の要素と一致	`:nth-child(even) {…}` h2　p.new　p　h2　p　p.new
n+B		B番目とそれ以降の要素	`:nth-child(n+3):nth-child(-n+5) {…} /* 3〜5番目と一致 */` h2　p.new　p　h2　p　p.new
−n+B		1番目からB番目までの要素	

3-19 擬似要素

擬似要素は DOM に存在しない仮想的な要素を示します。要素内のコンテンツの一部にスタイルを適用したり、新たな要素を追加するために使用します。

タイポグラフィ擬似要素 (Typographic Pseudo-elements)		例	

`::first-line`	要素内の最初の行と一致。使用できるプロパティは以下の通りです（ブラウザによっては他のプロパティが使用できる場合もあります）
	`font-*` / `color` / `opacity` / `background-*` / `text-decoration` / `text-shadow` / `text-transform` / `letter-spacing` / `word-spacing` / `line-height` / `vertical-align`
		家でリラックスしながら仕事をする。そんなことが実現可能な世の中になってきました。	`p::first-line {`
			`  color: red;`
			`}`

`::first-letter`	要素内の最初の1文字と一致。`::first-line`で使用できるプロパティに加えて、以下のプロパティを使用できます。また、P.247のinitial-letterプロパティで大きさと沈み込みを指定することも可能です
	`margin` / `padding` / `border` / `box-shadow` / `float`
		家でリラックスしながら仕事をする。そんなことが実現可能な世の中になってきました。
		
		`<p>`家でリラックスしながら仕事をする。そんなことが実現可能な世の中になってきました。`</p>`
			`p::first-letter {`
			`  font-size: 40px;`
			`}`

ツリーに現れる擬似要素 (Tree-abiding Pseudo-elements)		例
`::before` / `::after`	ボックスを生成 → P.369を参照	`h1::before {…}`
`::marker`	マーカーボックスと一致 → P.378を参照	`li::marker {…}`
`::placeholder`	フォームコントロールのプレースホルダ(P.103)と一致	メールアドレス　`::placeholder {color: red;}` `<input type="email" placeholder="メールアドレス">`

`::file-selector-button`	ファイル選択のフォームコントロール(P.093)に含まれるボタンと一致	ファイル選択 選択されていません
		`::file-selector-button {background: pink;}`
		`<input type="file" name="photo" accept="image/*">`

`::details-content`	`<details>`のコンテンツ部分と一致 → P.428を参照	`details:[open]::details-content {…}`

テキストトラック関連の擬似要素		例
`::cue`	WebVTTのビデオのテキストトラック(P.080)と一致。 右の例ではテキストトラックの文字色を指定しています	`video::cue {color: yellow;}`

`::cue(セレクタ)`	WebVTTのテキストトラックに含まれる要素と一致。
	右の例ではテキストトラックに含まれる`<b>`の文字色を指定しています
	
	`WEBVTT`
	`00:02.303 --> 00:04.504`
	`～<b>効果音</b>～`
		`video::cue(b) {color: yellow;}`
		～効果音～

ハイライト擬似要素 (Highlight Pseudo-elements)

			例

`::selection`	カーソルなどで選択したテキストを示します		Home Office
			`::selection {`
			`  background: rgb(255 255 0 / 0.5);`
			`}`

`::target-text`	テキストフラグメント（`#:~:text=テキスト`）でアクセスしたときに、ターゲットのテキストを示します		Home Office
			`::target-text {`
			`  background: rgb(0 255 0 / 0.5);`
			`}`
			`http://…/target-text.html#:~:text=Home%20Office`
			でアクセスした場合、ページ内のテキスト「Home Office」と一致

`::spelling-error`	ブラウザがスペルエラーおよび文法エラーがあると判断した箇所を示します。		Applle pie

`::grammar-error`	右の例ではスペルエラーがある箇所に::spelling-errorで指定したスタイルが適用されています。ここでは背景を赤色にしています。UAスタイルシートで適用される波線はtext-decoration: noneで削除しています		`::spelling-error {background: rgba(255 0 0 / 0.5);`
			`               text-decoration: none;}`
			`::grammar-error  {background: rgba(255 255 0 / 0.5);`
			`               text-decoration: none;}`
			`<textarea spellcheck="true">Applle pie</textarea>`

※ ハイライト擬似要素で適用できるプロパティはcolor、background-color、text-decoration、text-shadow、カスタムプロパティです

カスタムハイライト擬似要素 (Custom Highlight Pseudo-elements)

		例

`::highlight()`	CSS Custom Highlight API（カスタムハイライトAPI）を使用して、HighlightRegistryに登録した範囲にスタイルを適用します。右の例では登録した範囲を黄色でハイライトしています	Home Office
		`<h1>Home Office</h1>`
		
		`::highlight(my-highlight) {`
		`  background-color: yellow;`
		`}`

```
const text = document.querySelector("h1")

// ハイライトする範囲を指定
const range1 = new Range()
range1.setStart(text.firstChild, 2)
range1.setEnd(text.firstChild, 6)

const range2 = new Range()
range2.setStart(text.firstChild, 8)
range2.setEnd(text.firstChild, 10)
```

```
// 指定した範囲でHighlightオブジェクトを作成
const highlight = new Highlight(range1, range2)

// 作成したオブジェクトをHighlightRegistryに登録
CSS.highlights.set("my-highlight", highlight)
```

2文字目のあと〜6文字目の前までの範囲をrange1、
8文字目のあと〜10文字目の前までの範囲をrange2と指定

シャドウDOM関連の擬似要素

`::slotted()`	スロットに割り当てたコンテンツと一致 → P.172を参照
`::part()`	part属性を持つシャドウDOM内の要素と一致 → P.170を参照

トップレイヤー関連の擬似要素

`::backdrop`	モーダルダイアログやポップオーバーのバックドロップと一致 → P.285を参照

ビュー遷移擬似要素

`::view-transition /`
`::view-transition-group() /`
`::view-transition-image-pair() /`
`::view-transition-old() /`
`::view-transition-new()`
	ビュー遷移で作成される要素と一致
	→ P.456を参照

3-20 値のリセット

プロパティの値はCSS-wideキーワードを使って初期値や継承値などにリセットできます。CSS-wideキーワードはすべてのプロパティで指定できる値です。

CSS-wideキーワード	設定される値
initial	プロパティの初期値 P.178 に設定
inherit	継承値（親要素の計算値）P.178 に設定
unset	継承ありのプロパティでは「inherit」、継承なしのプロパティでは「initial」に設定
revert	優先順位が低いオリジン P.175 の値（ユーザースタイルシートの値、それがない場合はUAスタイルシートの値）に設定
revert-layer	優先順位が低いカスケードレイヤー P.158 の値（1つ低いレイヤーの値、それがない場合はさらに低いレイヤーの値）に設定

すべてのプロパティ値のリセット
`all: 値`

初期値	
適用対象	プロパティごとの定義に従う
継承	

値	initial / inherit / unset / revert / revert-layer

all プロパティはすべてのプロパティの値をリセットします（direction、unicode-bidi、カスタムプロパティは除く）。どの値にリセットするかは、CSS-wide キーワードで指定します。

たとえば、ボタン <button> には UA スタイルシートでフォントサイズや背景、ボーダーなど、さまざまなスタイルがデフォルトで適用されています。これらをまとめてリセットするためには、all: unset を適用します。継承ありのプロパティは inherit（継承）、継承なしのプロパティは initial（初期値）にリセットされます。

ただし、すべてをリセットすると問題になりやすいプロパティもあります。たとえば、ディスプレイタイプを指定する display や、フォーカス時のアウトラインを指定する outline をリセットすると、レイアウトやアクセシビリティに影響します。そのため、右の例では display と outline プロパティを revert と指定し、UA スタイルシートの設定に戻しています。

UAスタイルシートだけを適用したボタンとフォーカス時のボタンの表示

displayとoutline以外のUAスタイルシートをリセットしたときの表示

```
button {
    display: inline-block;
    font-size: 13px;
    background-color: ButtonFace;
    border-color: buttonborder;
    ...
    &:focus-visible {
        outline: -webkit-focus-ring-color auto 1px;
    }
}
```
UAスタイルシート

```
button {
    all: unset;
    display: revert;

    &:focus-visible {
        outline: revert;
    }
}
```
作成者スタイルシート

Chapter

4

レイアウト

Modern HTML and CSS Standard Guide

Chapter 4　レイアウト

CSSによるレイアウト
― レイアウトモデル

4-1

HTMLの要素とテキストは、P.028のようにレンダリングの処理でボックスに変換され、ボックスツリーを構成します。CSSでは個々のボックスの位置とサイズをコントロールしてレイアウトを形にしますが、どのようにコントロールできるかは使用するレイアウトモデルによって変わります。

現在、フローレイアウト、ルビ、テーブル、フレックスボックス、CSSグリッドの5つのレイアウトモデルがあります。これらのうち、フローレイアウトはデフォルトで使用されるレイアウトモデルです。残りのうち、CSSグリッド以外の3つはフローレイアウトをベースにしたものとなっています。そのため、レイアウトモデルは「フロー系」と「グリッド系」の大きく2つに分類できます。

フロー系では、ボックスは縦または横にシングルラインで並びます。位置とサイズはボックス同士の直接的な相互関係でコントロールするため、個々のボックスの設定を把握した上でレイアウトする必要があります。

一方、グリッド系ではグリッドを介して位置とサイズをコントロールします。個々のボックスがどのような設定になっているかを知らなくてもコントロールでき、多様なレイアウトに対応できます。

たとえば、作例でも主要なパーツ／コンポーネントのレイアウトにはCSSグリッドを使用しています。レイアウトに使用するレイアウトモデルはdisplayプロパティで指定します。

使用したグリッドの構造を表示したもの

フロー系のレイアウトモデル

ボックス同士の直接的な相互関係で
各ボックスの位置とサイズをコントロール

Flow　フローレイアウト
Flex　フレックスボックス
Ruby　ルビ
Table　テーブル

↔

グリッド系のレイアウトモデル

グリッドを介して
各ボックスの位置とサイズをコントロール

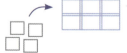

CSS Grid　グリッド

4-1 CSSによるレイアウト — レイアウトモデル

ディスプレイタイプ（レイアウトモデルの指定）

`display:` アウター・ディスプレイタイプ　インナー・ディスプレイタイプ
`display:` シングルキーワード

初期値	inline
適用対象	全要素
継承	なし

アウター	外から見たそのボックス自身のフローレイアウト内での役割を指定	`block` / `inline`	※「run-in」という古くから定義されたキーワードもありますが、主要ブラウザは対応していません
インナー	ボックス内で使用するレイアウトモデルを指定	`flow` / `flow-root` / `ruby` / `table` / `flex` / `grid`	
シングルキーワード	`none` / `contents` / `block` / `flow-root` / `inline` / `inline-block` / `list-item` / `ruby` / `table` / `inline-table` / `flex` / `inline-flex` / `grid` / `inline-grid` / `table-*` （P.253を参照） / `ruby-text` （P.252を参照）		

displayプロパティではマルチキーワード（2値構文）でアウターとインナーのディスプレイタイプを指定します。レイアウトモデルはインナー・ディスプレイタイプで「ボックス内で使用するレイアウトモデル」として指定します。displayの値は継承されないため、指定したレイアウトモデルの規則に従ってレイアウトされるのはボックスの中身（直接の子要素が構成するボックス）のみとなります。

たとえば、次の例ではUAスタイルシートの指定により、`<body>`、`<main>`、`<div class="cta">` の中身はフローレイアウト（flow）の規則でレイアウトされ、縦一列に並びます。一方、`<div class="hero">` の中身は作成者スタイルシートで指定したCSSグリッド（grid）の規則でレイアウトされています。
マルチキーワードの値はシングルキーワードで短縮指定も可能です。

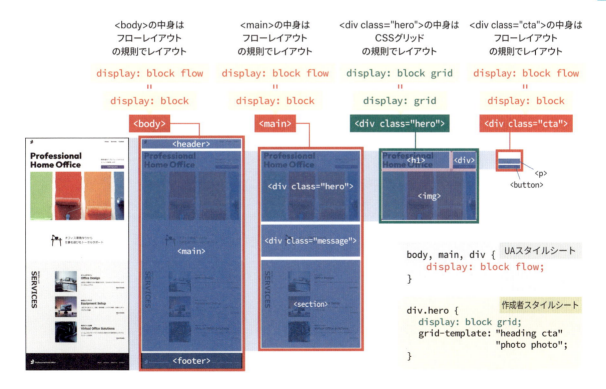

221

■ シングルキーワード／マルチキーワードの組み合わせと生成されるボックス（コンテナ）

displayプロパティの値		アウター	インナー	生成されるボックス／コンテナ	参照
シングルキーワード	マルチキーワード	ボックス自身の役割	レイアウトモデル		
none	-	-	-	子孫ボックスも含めて生成なし	P.223
contents	-	-	-	子孫ボックスに置き換え	P.223
block	block flow	ブロックレベル	フローレイアウト	**ブロックボックス** （ブロックレベルのブロックコンテナ） 親の横幅いっぱいに表示されるボックス。内包したボックスに応じて内部がブロックレイアウトになるため、ブロックコンテナとして扱われます	P.238
flow-root	block flow-root ※	ブロックレベル			
inline	inline flow	インラインレベル		**インラインボックス** 中身に合わせた横幅になる、テキストの流れの中に配置できるボックス。横幅と高さの指定はできません	P.238
inline-block	inline flow-root ※	インラインレベル		**インラインブロックボックス** （インラインレベルのブロックコンテナ） インラインレベルでありながら、横幅と高さの指定ができるボックス。内包したボックスに応じて内部がブロックレイアウトになるため、ブロックコンテナとして扱われます	P.242
list-item	block flow list-item	ブロックレベル		**リストアイテム** リスト項目としてマーカーが付加されるブロックボックスまたはインラインボックス	P.376
inline list-item	inline flow list-item	インラインレベル			
-	block ruby	ブロックレベル	ルビレイアウト	**ルビコンテナ** 内部がルビレイアウトになるコンテナ	P.252
ruby	inline ruby	インラインレベル			
table	block table	ブロックレベル	テーブルレイアウト	**テーブルボックス** テーブルを構成するテーブルラッパーボックスとテーブルインナーボックス	P.253
inline-table	inline table	インラインレベル			
flex	block flex	ブロックレベル	フレックスボックスレイアウト	**フレックスコンテナ** 内部がフレックスレイアウトになるコンテナ	P.256
inline-flex	inline flex	インラインレベル			
grid	block grid	ブロックレベル	グリッドレイアウト	**グリッドコンテナ** 内部がグリッドレイアウトになるコンテナ	P.260
inline-grid	inline grid	インラインレベル			

※flow-rootではフローレイアウトの新しいブロック整形コンテキスト（P.247）が形成されます。

マルチキーワードの1つ目の値であるアウター・ディスプレイタイプでは、「外から見たそのボックス自身のフローレイアウト内での役割」を指定します。
指定できる値は「block」または「inline」で、それぞれの役割が「ブロックレベル」、「インラインレベル」となります。どちらになるかによって、ボックスのサイズ（P.226）やフローレイアウトでの処理（P.238）が変わります。そのため、HTMLの主要要素はUAスタイルシートによってP.036のようにデフォルトでどちらかに設定されます。

マルチキーワードの2つ目の値であるインナー・ディスプレイタイプでは、「ボックス内で使用するレイアウトモデル」を指定します。

ただし、フローレイアウトに関しては、歴史的な理由によってアウターの値がインナーの処理に影響します。そのため、アウターとインナーの組み合わせによって生成されるボックスが変わります。

生成されたボックスを「コンテナ」として扱うケースがありますが、コンテナという呼称はインナー・ディスプレイタイプで指定した「ボックス内で使用するレイアウトモデル」を注視した場合に使われます。
ただし、インラインボックスをコンテナとして扱うことは通常ありません。これはインラインボックス内ではテキストの流れしかなく、コンテナという概念が希薄なためです。

■ ボックスを生成しないキーワード　none / contents

displayプロパティにはボックスを生成せず、ツリーから削除する「none」と「contents」というシングルキーワードも用意されています。ツリーの形で確認すると、それぞれ次のように削除されることがわかります。

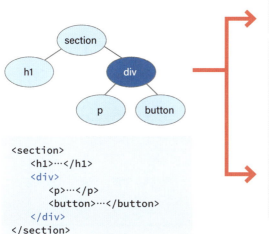

```
<section>
    <h1>…</h1>
    <div>
        <p>…</p>
        <button>…</button>
    </div>
</section>
```

<div>にdisplay: none を適用した場合
レンダリングツリー（P.028）から<div>とその子孫ノードが削除されます。これらはアクセシビリティツリーからも削除されます

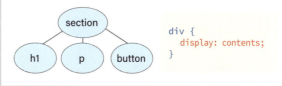

```
div {
    display: none;
}
```

<div>にdisplay: contents を適用した場合
レイアウトの処理の段階でボックスツリー（P.028）から<div>が削除され、子孫ボックスがずれてきます。ボックスツリーから削除されるだけなので、アクセシビリティツリーからは削除されず、セレクタなども<div>が存在するものとして処理されます ※

```
div {
    display: contents;
}
```

※ 現在のところ、display: contentsを適用した<button>が主要ブラウザでアクセシブルにならないという問題が報告されています

Chapter 4　レイアウト

ボックスの基本構造
― ボックスモデルと包含ブロック

「ボックスモデル」はすべてのボックスが持つ構造で、コンテンツ、パディング、ボーダー、マージンの4つのエリアで構成されます。エリアごとに4辺の「エッジ」が、コンテンツボックス、パディングボックス、ボーダーボックス、マージンボックスを作り出します。

ボックスは親のコンテンツボックスに配置されることで P.028 のようなボックスツリーを構成します。フロー系のレイアウトモデルでは親のコンテンツボックスそのものを、CSS グリッドでは親のコンテンツボックスの中に構成されるグリッドエリアを**包含ブロック (containing block)** と呼びます。そして、<u>ボックスの位置とサイズは包含ブロックを元に決まっていきます</u>。

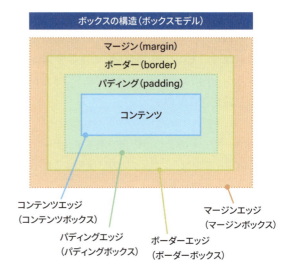

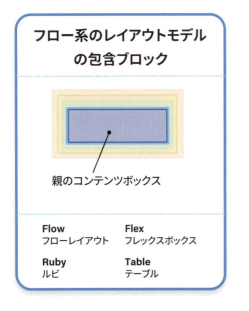

224

処理のスタート地点となるルート要素 \<html\> の包含ブロックは**初期包含ブロック（Initial Containing Block）** で、ビューポート（ブラウザ画面）の横幅と高さに設定されます。

初期包含ブロック内のレイアウトモデルはフローレイアウトとなりますので、\<html\> はこの横幅に収まるように処理され、高さは中身に合わせて伸びていきます。あとはボックスツリーを構成していき、この連鎖によって Web ページのコンテンツはブラウザ画面に合わせた横幅でレイアウトされる仕組みになっています。

たとえば、次の例は \<html\>、\<body\>、\<h1\> の3 つのボックスでページを構成したものです。各ボックスのマージン、パディング、ボーダーは margin、padding、border プロパティで 20px に指定し、ボーダーの色は黄色にしています。

ボックスの構造を確認すると、マージンまで含めてそれぞれの包含ブロックに収まるようにレイアウトされていることがわかります。

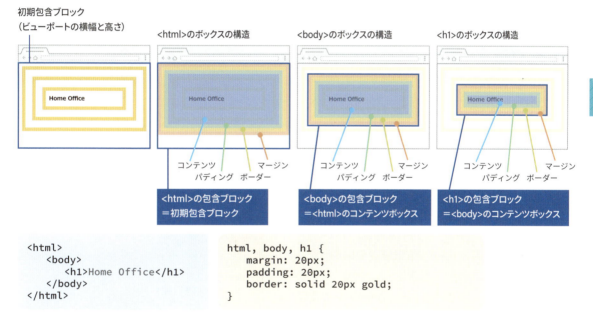

```
<html>
    <body>
        <h1>Home Office</h1>
    </body>
</html>
```

```
html, body, h1 {
    margin: 20px;
    padding: 20px;
    border: solid 20px gold;
}
```

デベロッパーツールでボックスの構造を確認する

Chromeブラウザのデベロッパーツールでは、Elements（要素）パネルで要素を選択するとボックスの構造を確認できます。Computed（計算済み）タブにはコンテンツ、パディング、ボーダー、マージンのサイズが表示されます。たとえば、\<h1\>を選択すると右のように表示されます。

マージン、ボーダー、パディング、コンテンツのサイズ

ボックスの横幅と高さ

```
width: 横幅    height: 高さ
```

初期値	auto
適用対象	全要素（インラインボックスを除く）
継承	なし

最小サイズ

```
min-width: 最小幅    min-height: 最小高
```

初期値	auto
適用対象	width / heightプロパティと同じ
継承	なし

最大サイズ

```
max-width: 最大幅    max-height: 最大高
```

初期値	none
適用対象	width / heightプロパティと同じ
継承	なし

サイズ ※	長さ / % / auto / none / min-content / max-content / fit-content / stretch / calc-size() / anchor-size()

※サイズの範囲は0〜∞。%は包含ブロックに対する割合。noneはmax-width/max-heightで指定可。
autoはmax-width/max-height以外で指定可。anchor-size()はアンカーポジション（P.291）で有効な関数です

サイズが示す対象

```
box-sizing: 対象
```

初期値	content-box
適用対象	width / heightプロパティと同じ
継承	なし

対象	content-box / border-box

width と height プロパティはボックスを構成するコンテンツボックスの横幅と高さを指定します。ただし、box-sizing プロパティを border-box と指定すると、ボーダーボックスの横幅と高さを指定したものとして処理されます。

たとえば、右の例は `<h1>` の横幅と高さを width で 300px、height で 100px に指定したものです。マージン、パディング、ボーダーは 20px の大きさで形成していますが、コンテンツボックスは 300 × 100px になっていることがわかります。マージンを含む全体（マージンボックス）の大きさは 420 × 220px になります。

一方、box-sizing を border-box と指定すると、ボーダーボックスが 300 × 100px になり、コンテンツボックスが小さくなります。マージンボックスは 340 × 140px になります。

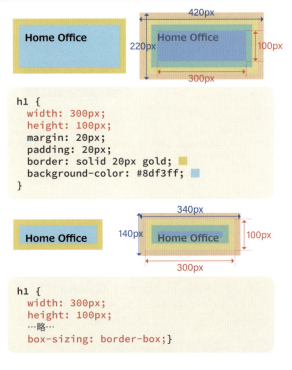

```
h1 {
  width: 300px;
  height: 100px;
  margin: 20px;
  padding: 20px;
  border: solid 20px gold;
  background-color: #8df3ff;
}
```

```
h1 {
  width: 300px;
  height: 100px;
  …略…
  box-sizing: border-box;}
```

マージンを大きくすると、マージンボックスは大きくなります。右の例ではマージンを 40px にしたことで 380 × 180px になっています。

なお、横幅と高さは次の論理プロパティでも指定できます。

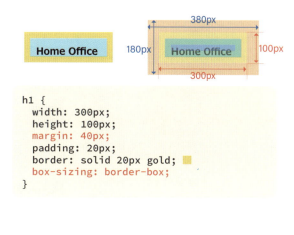

```
h1 {
  width: 300px;
  height: 100px;
  margin: 40px;
  padding: 20px;
  border: solid 20px gold;
  box-sizing: border-box;
}
```

物理プロパティ	論理プロパティ(左横書きの場合)	指定できるサイズ
width	inline-size	横幅
min-width	min-inline-size	横幅の最小サイズ
max-width	max-inline-size	横幅の最大サイズ
height	block-size	高さ
min-height	min-block-size	高さの最小サイズ
max-height	max-block-size	高さの最大サイズ

■ サイズのキーワード値

横幅と高さをサイズのキーワード値で指定すると、包含ブロックや中身に合わせた大きさになります。ここでは親要素の <div> で大きめの包含ブロックを用意し、子要素 <h1> の横幅と高さをキーワード値で指定しています。必要に応じて、包含ブロックの横幅を変えたときの表示も確認します。

```
<div>
  <h1>Home Office</h1>
</div>
```

```
div {
  width: auto;
  height: 120px;
}
```

コンテンツをベースにしていることから、サイズのキーワード値は内在サイズ(Intrinsic size)とされます。これらの大きさをアニメーションで変化させる場合、P.230のcalc-size()やP.428のinterpolate-sizeを使います

サイズの キーワード値	サイズの処理	例 <h1>のサイズ (<h1>がデフォルトのブロックレベルボックスの場合)		
		<div>に設定するレイアウトモデル		
		フローレイアウト div {display: block flow}	フレックスボックス div {display: flex}	CSSグリッド div {display: grid}
auto	自動サイズ レイアウトに使用されるレイアウトモデルに応じて<h1>のサイズが変わります	Home Office ※包含ブロックに合わせた横幅 中身に合わせた高さ	Home Office ※中身に合わせた横幅 包含ブロックに合わせた高さ	Home Office ※包含ブロックに合わせた横幅 包含ブロックに合わせた高さ
		h1 {width: auto; height: auto;}		
	マージン、パディング、ボーダーを形成すると、それらのサイズも考慮されます。右の例ではボーダーを形成しています	Home Office	Home Office	Home Office
		h1 {width: auto; height: auto; border: solid 20px gold;}		

サイズの キーワード値	サイズの処理	例 <h1>のサイズ （<h1>がデフォルトのブロックレベルボックスの場合） 以下は<div>に設定されたレイアウトモデルによらず、同じ結果になります （違いを確認するため、<div>の横幅を変えています）	

`min-content`	最小コンテンツサイズ
	コンテンツに自動改行を入れたときのサイズ。テキストコンテンツだけの場合は最も長い単語の横幅（日本語では一文字分）になります。高さはautoで処理されます
		Home Office / Home Office	`h1 {`
			`  width: min-content;`
			`  height: min-content;`
			`}`

`max-content`	最大コンテンツサイズ
	コンテンツに自動改行を入れないときのサイズ。高さはautoで処理されます
		Home Office / Home Office	`h1 {`
			`  width: max-content;`
			`  height: max-content;`
			`}`

`fit-content`	中身に合わせるサイズ
	最小〜最大コンテンツサイズの範囲で、包含ブロックに合わせたサイズになります。高さはautoで処理されます
		Home Office / Home Office / Home Office
		※min(max-content, max(min-content, stretch)) で処理されます
		※最大値を指定できるfit-content()関数も策定中ですが主要ブラウザは未対応です
			`h1 {`
			`  width: fit-content;`
			`  height: fit-content;`
			`}`

`stretch`
🍎🔔🌐🦊🎭
	ストレッチ
	包含ブロックに合わせたサイズになります。包含ブロックが不確定サイズの場合はautoで処理されます
		Home Office / Home Office / Home Office
		※主要ブラウザは-webkit-fill-availableと-moz-availableで対応（機能しないケースもあり）
			`h1 {`
			`  width: -moz-available;`
			`  width: -webkit-fill-available;`
			`  width: stretch;`
			`  height: -moz-available;`
			`  height: -webkit-fill-available;`
			`  height: stretch;`
			`}`

<h1>が構成するボックスをインラインブロックボックス（display: inline-block）にすると、フローレイアウトでのautoの処理が以下のように変わります。
インラインボックス（display: inline）にした場合はwidthとheightは適用されなくなり、P.239のようにサイズが決まります。

なお、フレックスボックスとCSSグリッドでレイアウトした場合、すべてブロックボックス相当として扱われます。そのため、処理結果は<h1>がブロックレベルボックスな場合と同じになります。

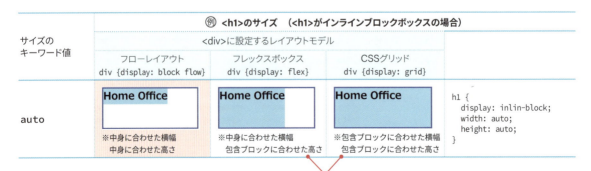

■ 確定・不確定サイズと%の処理

サイズには確定サイズと不確定サイズの2つがあります。**確定サイズ（definite size）**はレイアウトの処理なしで決まるサイズです。pxなどで指定したサイズ、改行なしのテキストのサイズ、ビューポートのサイズなどが該当します。そのため、ビューポートを継承した横幅も確定サイズになります。

一方、**不確定サイズ（indefinite size）**は、レイアウトの処理をして算出する必要があるサイズです。中身に合わせたサイズになる高さがこれに該当します。ただし、min-content/max-contentは仕様上は不確定サイズとされていますが、横幅に指定した場合、主要ブラウザでは確定サイズとして処理されます。

これらが影響するのは、ボックスの高さを%で指定した場合です。包含ブロックのサイズが不確定な場合、%の指定は反映されません。たとえば、`<div>`の横幅と高さを auto と指定すると、包含ブロックの横幅はビューポートを継承した確定サイズに、高さは中身に合わせた不確定サイズになります。このとき、`<h1>`のwidthとheightを80%に指定すると、横幅は包含ブロックの80%になりますが、高さは変化しません。ただし、CSSグリッドでは包含ブロックとなるグリッドエリアのサイズが auto であっても確定サイズとなる（先に決まる）ため、`<h1>`の高さも包含ブロックの80%として指定できます。

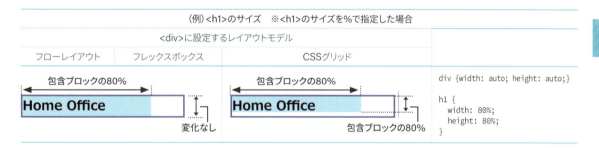

■ 最小・最大サイズ

横幅と高さの最小値、最大値は min-width/min-height、max-width/max-height プロパティで指定できます。初期値は右のように処理されます。たとえば、`<h1>`の最小幅を 320px、横幅を 70%、最大幅を 600px と指定すると次のようになります。

プロパティ	初期値	初期値の処理
min-width	auto	自動最小サイズに設定。通常は0になります。フレックスボックスではP.257、CSSグリッドではP.263の条件が満たされた場合、min-content（最小コンテンツサイズ）になります
min-height	auto	
max-width	none	最大値の設定なし
max-height	none	

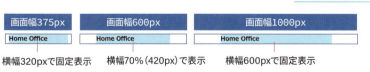

※この設定はP.184のclamp()関数を使用して、widthプロパティだけで `width: clamp(320px, 70%, 600px)` と指定することもできます

```
h1 {
  min-width: 320px;
  width: 70%;
  max-width: 600px;
  margin-inline: auto;
  background: #8df3ff;
}
```

■ サイズキーワードを使った算術演算とアニメーション　calc-size()

auto などのサイズキーワード（P.227）を使った算術演算を行う場合、P.183 の calc() ではなく、calc-size() 関数を使います。ベースにはサイズキーワードを指定します。サイズキーワードは長さ（P.177 の使用値）に変換され、size キーワードに受け渡されて計算式で使用できます。サイズキーワードを使わない場合、ベースは「any」と指定します。たとえば、auto は calc-size(auto, size)、100px は calc-size(any, 100px) と表すことができます。

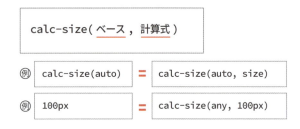

以下の例では、<h1> の横幅を max-content に 50px を足したサイズに、高さを auto の 2 倍のサイズに指定しています。

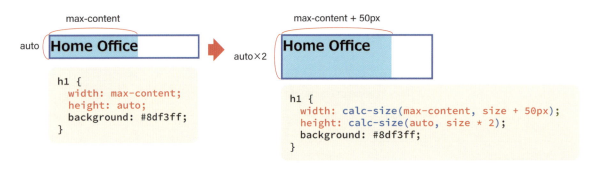

calc-size() を使用すると、サイズキーワードを使ったアニメーションも可能です。ベースの値が同じサイズキーワード、もしくはサイズキーワードと any キーワードの組み合わせの場合に補間され、アニメーションが行われます。たとえば、次の例はボタンクリックで記事が開閉するようにしたものです。
<div class="post"> の高さを 100px から auto に変化させるため、height の値は「100px」、「calc-size(auto, size)」と指定しています。100px は「calc-size(any, 100px)」と指定したものとして扱われます。そのため、ベースが any と auto の組み合わせとなり、高さがアニメーションで変化します。

なお、サイズキーワードを使ったアニメーションは P.428 の interpolate-size プロパティを使って設定することも可能です。

```html
<article>
  <div class="post">
    <p>ホームオフィスは…です。</p>
  </div>
  <button>続きを読む</button>
</article>
```

```js
const button = document.querySelector("button")
const post = document.querySelector(".post")

button.addEventListener("click", () => {
    post.classList.toggle("show")
}
```

```css
.post {
    height: 100px;
    overflow: clip;
    transition: height 1s;

    &.show {
        height: calc-size(auto, size);
    }
}
```

ボタンクリックでshowクラスを追加し、`<div class="post">`の高さが変わるようにしています

CSS

縦横比

aspect-ratio: 縦横比

初期値	auto
適用対象	全要素（インラインボックス/ルビ/テーブルを除く）
継承	なし

縦横比	比率 / auto

aspect-ratio はボックスの縦横比を「横 / 縦」の形で指定します。「/ 縦」を省略した場合は「/ 1」で処理されます。

比率は width または height で指定したサイズに対して適用されます。両方の指定がない場合、width: auto の横幅に対して比率が適用され、高さが決まります。width と height の両方の指定がある場合、aspect-ratio の指定は反映されません。

次の例では `<h1>` の横幅を 300px に、縦横比を 2:1 に指定しています。これにより、高さは 150px になります。「2 / 1」は「2」と指定することも可能です。

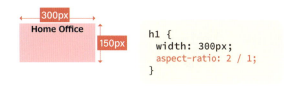

```css
h1 {
  width: 300px;
  aspect-ratio: 2 / 1;
}
```

CSS

ズーム

zoom: ズーム率

初期値	1
適用対象	全要素の長さの値（使用値）
継承	なし

ズーム率 ※	数値 / %

※ズーム率の範囲は0〜∞。1=100%で等倍になります。0または0%は100%で処理されます

zoom プロパティではズーム率を指定します。長さの値（P.177 の使用値）に適用され、中身も含めてボックスを拡大・縮小できます。右の例では1.25倍（125%）に指定しています。レイアウトに影響を与えずに拡大・縮小する場合は P.476 の scale を使用します。

```css
h1 {
  zoom: 1.25;
  width: 300px;
  aspect-ratio: 2 / 1;
}
```

CSS			
マージン margin: 厚み		初期値	0
		適用対象	全要素　（<table>内のセル以外の要素を除く）
		継承	なし
厚み ※	長さ / ％ / auto / anchor-size()		

※ ％は包含ブロックの横幅に対する割合。anchor-size()はアンカーポジション(P.291)で有効な関数です

マージンはボックスの一番外側に形成されるスペースで、他のボックスや包含ブロックのエッジとの間隔を調整するのに使用します。margin プロパティはこのスペースの厚みを指定します。4辺の厚みを一括指定することも、個別に指定することも可能です。個別に指定する場合、以下のプロパティも使用できます。
右の例では UA スタイルシートがデフォルトで挿入するマージンをすべて削除した上で、<h1> の下に 16px のマージンを入れ、<p> との間隔を調整しています。

```
*        {margin: 0;}
h1       {margin-bottom: 16px;}
h1, p    {background-color: lemonchiffon;}
```

```
<h1>Home</h1>
<p> ホーム </p>
```

<h1>や<p>の上下にはUAスタイルシートでマージンが挿入され、見出しや段落の上下に間隔が確保されます。間隔を確保することはWCAGの達成基準「1.4.12 テキストの間隔」を満たすことにつながります

物理プロパティ	論理プロパティ(左横書きの場合)	指定できるパディング	例
margin	-	上下左右	margin: 10px; /* 上下左右 */ margin: 10px 20px; /* 上下 左右 */ margin: 10px 20px 5px; /* 上 左右 下 */ margin: 10px 20px 5px 30px; /* 上 右 下 左 */
-	margin-block	上下（ブロック方向）	margin-block: 10px; /* 上下 */ margin-block: 10px 5px; /* 上 下 */
-	margin-inline	左右（インライン方向）	margin-inline: 10px; /* 左右 */ margin-inline: 10px 5px; /* 左 右 */
margin-top	margin-block-start	上（ブロック方向の開始側）	margin-top: 10px; /* 上 */
margin-right	margin-inline-end	右（インライン方向の終了側）	margin-right: 10px; /* 右 */
margin-bottom	margin-block-end	下（ブロック方向の終了側）	margin-bottom: 10px; /* 下 */
margin-left	margin-inline-start	左（インライン方向の開始側）	margin-left: 10px; /* 左 */

■ autoのマージンの処理

margin の値を auto に指定した場合、通常は 0 で処理されます。ただし、ボックスがブロックレベルで、包含ブロック内に空きがある場合、auto のマージンが空きスペースを埋めるように処理されます。

たとえば、次の例は <h1> を中身に合わせたサイズにして、<div> が構成する大きい包含ブロックの中に入れたものです。<h1> のマージンを 0px にすると、包含ブロックの中に空きスペースができます。

```
h1 {                          <div>
    margin: 0px;                  <h1>Home</h1>
    width: fit-content;       </div>
    background-color: pink;
}
```

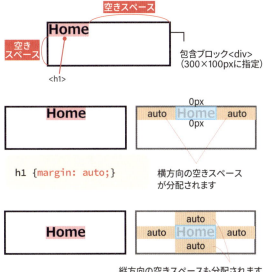

この状態で <h1> のマージンを「auto」にします。すると、左右の auto のマージンに横方向の空きスペースが分配されます。その結果、マージンを含むボックス全体が包含ブロックに合わせた横幅になります。

上下の auto のマージンは、フローレイアウトでは 0px になりますが、フレックスボックスや CSS グリッドでは縦方向の空きスペースが分配されます。その結果、<h1> は <div> の縦横中央に配置されます。

なお、ボックスが auto のマージンを持っていると包含ブロック内に空きスペースがなくなります。その場合、P.300 の配置プロパティの指定は反映されなくなりますので注意が必要です

■ フローレイアウトで適用されるマージンの相殺（margin collapsing）

フローレイアウトではブロックレベルボックスの上下マージンに相殺の処理が適用されます。上下マージンが接する場合、大きいサイズのマージンに結合されるという処理で、親子間でも適用されます。

たとえば、右の例では <hgroup> の上下に 0px、<h1> の上下に 16px、<p> の上下に 12px のマージンを入れています。これらには相殺の処理が適用され、結果的に <h1> と <p> の間には 16px、<hgroup> の上下には 16px と 12px のスペースが入ります。

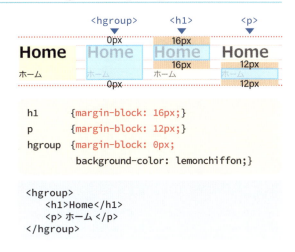

なお、<hgroup> に display: flow-root を適用すると、新しいブロック整形コンテキスト（BFC）が形成され、<hgroup> とその中身との間ではマージンの相殺が行われなくなります。ブロック整形コンテキストについては P.247 を参照してください。

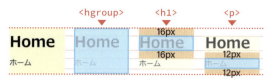

```
h1       {margin-block: 16px;}
p        {margin-block: 12px;}

hgroup {
    display: flow-root;
    margin-block: 0px;
    background-color: lemonchiffon;
}
```

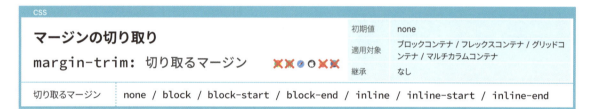

margin-trim プロパティは、ボックスの各辺と接する子のマージンを切り取ります。たとえば、前ページの相殺の例で <hgroup> に margin-trim: block を適用すると、<hgroup> のブロック方向（上下）の辺と接する子のマージンが削除されます。ここでは <h1> の上マージンと <p> の下マージンが削除されます。

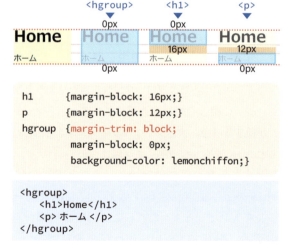

```
h1       {margin-block: 16px;}
p        {margin-block: 12px;}
hgroup   {margin-trim: block;
          margin-block: 0px;
          background-color: lemonchiffon;}
```

```
<hgroup>
    <h1>Home</h1>
    <p> ホーム </p>
</hgroup>
```

値	切り取るマージンの基準となる辺
none	なし　※マージンは切り取られません
block	ブロック方向（上下）の辺
block-start	ブロック方向の開始側（上）の辺
block-end	ブロック方向の終了側（下）の辺
inline	インライン方向（左右）の辺
inline-start	インライン方向の開始側（左）の辺
inline-end	インライン方向の終了側（右）の辺

パディング

`padding: 厚み`

初期値	0
適用対象	全要素 （<table>内のセル以外の要素を除く）
継承	なし

厚み ※　　長さ　/　%

※サイズの範囲は0〜∞。%は包含ブロックの横幅に対する割合

パディングはコンテンツとボーダーの間のスペースです。padding プロパティはこのスペースの厚みを指定します。padding だけで4辺の厚みを一括指定することも、個別に指定することも可能です。個別に指定する場合、以下のプロパティも使用できます。

右の例ではボタン <button> にパディングを挿入し、背景をピンク色に指定しています。

```
button {
    padding: 14px 24px;
    background-color: pink;
}
```

`<button> 今すぐはじめる </button>`

物理プロパティ	論理プロパティ(左横書きの場合)	指定できるパディング	例
padding	-	上下左右	padding: 10px; /* 上下左右 */ padding: 10px 20px; /* 上下 左右 */ padding: 10px 20px 5px; /* 上 左右 下 */ padding: 10px 20px 5px 30px; /* 上 右 下 左 */
-	padding-block	上下（ブロック方向）	padding-block: 10px; /* 上下 */ padding-block: 10px 5px; /* 上 下 */
-	padding-inline	左右（インライン方向）	padding-inline: 10px; /* 左右 */ padding-inline: 10px 5px; /* 左 右 */
padding-top	padding-block-start	上（ブロック方向の開始側）	padding-top: 10px; /* 上 */
padding-right	padding-inline-end	右（インライン方向の終了側）	padding-right: 10px; /* 右 */
padding-bottom	padding-block-end	下（ブロック方向の終了側）	padding-bottom: 10px; /* 下 */
padding-left	padding-inline-start	左（インライン方向の開始側）	padding-left: 10px; /* 左 */

環境変数でスペースを確保する

env()関数を使用すると、ブラウザが持つ環境変数でスペースを確保できます。iOSで拡張された機能でしたが、現在はCSS Environment Variables Module（編集者草案）で策定が進められています。

たとえば、iOSではビューポートの<meta>にviewport-fit=coverを追加すると全画面表示になります。このとき、デバイスのノッチやホームバーとコンテンツが重なるのを防ぐには、右のようにsafe-area-*という環境変数でパディングを挿入します。この変数はiPhoneのセーフエリアのサイズを取得するもので、長さの値として指定できます。デスクトップでは0pxになります。

セーフエリアなし

セーフエリアあり

```
body {
    padding-top: env(safe-area-inset-top);
    padding-right: env(safe-area-inset-right);
    padding-bottom: env(safe-area-inset-bottom);
    padding-left: env(safe-area-inset-left);
}
```

`<meta name="viewport" content="width=device-width, initial-scale=1.0, viewport-fit=cover">`

ボーダー

`border: スタイル 太さ 色`

初期値	none medium currentColor
適用対象	全要素
継承	なし

スタイル	none / hidden / dotted / dashed / solid / double / groove / ridge / inset / outset		
太さ ※	長さ / thin / medium / thick	色	色

※太さの範囲は0〜∞

borderプロパティではスタイル、太さ、色を指定してボーダーを表示します。スタイルと太さで指定できるキーワード値は右の通りです。次の例では太さ8pxのピンク色の実線を表示しています。

スタイルの値	表示	
none / hidden	なし	
dotted	点線	
dashed	破線	
solid	実線	
double	二重線	
groove	立体枠	
ridge	立体枠	
inset	立体枠	
outset	立体枠	

```
button {
    border: solid 8px deeppink;
    background-color: pink;
}
```

太さの値	表示	
thin	細	
medium	中太	
thick	太	

各値や各辺の値を個別に指定する場合、以下のプロパティを使用します。

物理プロパティ	論理プロパティ(左横書きの場合)	指定できるボーダー	例
border	-	上下左右	`border: solid 8px deeppink;`
border-style	-	上下左右のスタイル	`border-style: solid;`
border-width	-	上下左右の太さ	`border-width: 8px;`
border-color	-	上下左右の色	`border-color: deeppink;`
-	border-block ※1	上下(ブロック方向)	`border-block: solid 8px deeppink;`
-	border-inline ※2	左右(インライン方向)	`border-inline: solid 8px deeppink;`
border-top ※3	border-block-start ※4	上(ブロック方向の開始側)	`border-top: solid 8px deeppink;`
border-right ※5	border-inline-end ※6	右(インライン方向の終了側)	`border-right: solid 8px deeppink;`
border-bottom ※7	border-block-end ※8	下(ブロック方向の終了側)	`border-bottom: solid 8px deeppink;`
border-left ※9	border-inline-start ※10	左(インライン方向の開始側)	`border-left: solid 8px deeppink;`

※1 border-blockの設定を個別に指定: border-block-style / border-block-width / border-block-color
※2 border-inlineの設定を個別に指定: border-inline-style / border-inline-width / border-inline-color
※3 border-topの設定を個別に指定: border-top-style / border-top-width / border-top-color

※4 border-block-startの設定を個別に指定：border-block-start-style / border-block-start-width / border-block-start-color
※5 border-rightの設定を個別に指定：border-right-style / border-right-width / border-right-color
※6 border-inline-endの設定を個別に指定：border-inline-end-style / border-inline-end-width / border-inline-end-color
※7 border-bottomの設定を個別に指定：border-bottom-style / border-bottom-width / border-bottom-color
※8 border-block-endの設定を個別に指定：border-block-end-style / border-block-end-width / border-block-end-color
※9 border-leftの設定を個別に指定：border-left-style / border-left-width / border-left-color
※10 border-inline-startの設定を個別に指定：border-inline-start-style / border-inline-start-width / border-inline-start-color

CSS

角丸

```
border-radius: 半径
border-radius: 横方向の半径 / 縦方向の半径
```

初期値	0
適用対象	全要素
継承	なし

半径※ 　長さ / %

※サイズの範囲は0〜∞　　※%はボーダーボックスの横幅・高さに対する割合

border-radius プロパティではボックスの角丸の半径を指定します。ボーダーの表示の有無とは関係なく、ボーダーエッジの角が丸くなります。横方向と縦方向の半径を個別に指定すると、楕円の角になります。角ごとに半径を変える場合、次のプロパティを使用します。

物理プロパティ	論理プロパティ（左横書きの場合）	指定できる角丸	例
border-radius	-	4つのすべての角	border-radius: 8px; /* 4つの角 */ border-radius: 8px 16px; /* 左上と右下 右上と左下 */ border-radius: 8px 16px 4px; /* 左上 右上と左下 右下 */ border-radius: 8px 16px 4px 2px; /* 左上 右上 右下 左下 */
border-top-left-radius	border-start-start-radius	左上（ブロック方向の開始・インライン方向の開始側）	border-top-left-radius: 8px;
border-top-right-radius	border-start-end-radius	右上（ブロック方向の開始・インライン方向の終了側）	border-top-right-radius: 8px;
border-bottom-right-radius	border-end-end-radius	右下（ブロック方向の終了・インライン方向の終了側）	border-bottom-right-radius: 8px;
border-bottom-left-radius	border-end-start-radius	左下（ブロック方向の終了・インライン方向の開始側）	border-bottom-left-radius: 8px;

Chapter 4 レイアウト

4-3 フローレイアウト

フローレイアウト（flow）はデフォルトでボックスの中身に適用されるレイアウトモデルです。ドキュメントの流れに沿ってボックスの位置とサイズが決まっていくため、記事本文などのレイアウトに適しています。

フローレイアウトで適用されるレイアウトの処理は、ブロックコンテナの中身に応じて次の2パターンに分けることができます。中身がすべてインラインレベルの場合はインラインレイアウト、すべてブロックレベルの場合はブロックレイアウトになります。

ブロックレベルとインラインレベルのボックスが混在しているケースも考えられます。その場合、インラインレベルボックスは無名ブロックボックス（anonymous block box）に入れられ、すべてブロックボックスという形で処理されます。ボックスの種類についての詳細は P.222 を参照してください。

記事本文はフローレイアウトでレイアウト

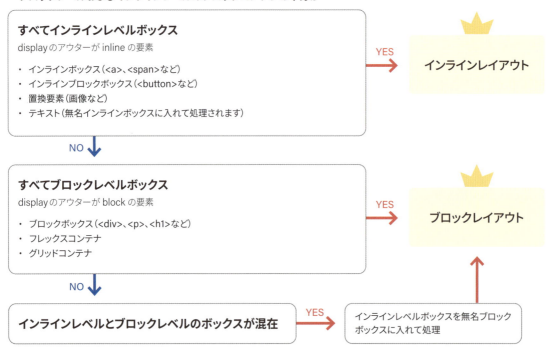

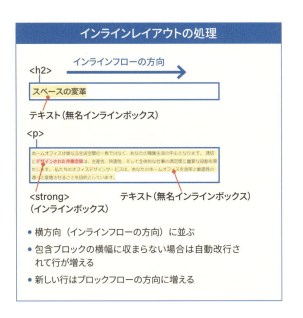

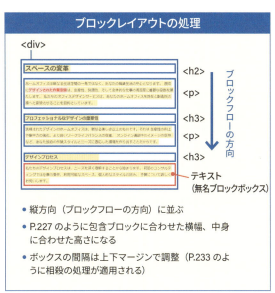

ブロックコンテナの中身に合わせた高さ

入れ子になったブロックコンテナの中身は、最終的にテキストや画像といったインラインボックスに辿り着きます。そのため、インラインボックスの高さがブロックコンテナの「中身に合わせた高さ」を決める重要な要素となっています。そこで、インラインボックスとブロックコンテナの高さがどのように決まるかを確認しておきます。

■ インラインボックスのコンテンツボックスの高さ

インラインボックスも P.224 のボックスモデルの構造を持っています。このうち、インラインボックスの高さとしてレイアウトに影響するのがコンテンツボックスの高さです。この高さは個々のフォントが持っている**フォントメトリクス（フォントを構成する各種寸法のデータ）**によって決まります。高さを直接指定することはできません。たとえば、フォントに Noto Sans JP を使用し、フォントサイズを 20px に指定した場合、コンテンツボックスの高さは約 29px になります。これは Noto Sans JP のフォントメトリクスから高さを決める ascent（アセント）と descent（ディセント）のデータが使用され、算出されるサイズです。細かな算出結果はブラウザによっても変わります。

```
<span>Design デザイン</span>

span {
  font-family: "Noto Sans JP", sans-serif;
  font-size: 20px;
  background-color: yellow;
}
```

■ インラインボックスの表示に必要な行の高さ（レイアウト領域）

インラインボックスは、インラインレイアウトで行を構成する要素です。そのため、line-height プロパティで**「望ましい行の高さ（preferred line height）」**を指定し、表示に必要な行の高さを確保できる仕組みになっています。この高さが**レイアウト領域（layout bounds）**です。

line-height を指定しなかった場合、デフォルトのレイアウト領域はコンテンツボックスの高さになります。line-height を指定した場合、コンテンツボックスの上下に余白が追加され、レイアウト領域の高さが調整されます。この余白が**ハーフレディング（half leading）**です。たとえば、右のように line-height を 2 と指定すると、<span> のレイアウト領域はフォントサイズ 20px × 2 で 40px の高さになります。

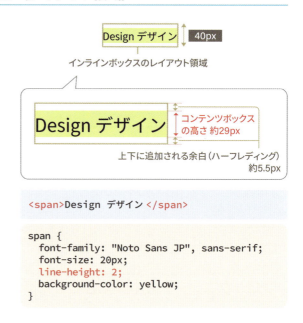

```html
<span>Design デザイン </span>
```

```css
span {
  font-family: "Noto Sans JP", sans-serif;
  font-size: 20px;
  line-height: 2;
  background-color: yellow;
}
```

■ 行ボックスとブロックコンテナの高さ

インラインレイアウトでは、インラインボックスがブロックコンテナの中でベースラインを揃えて並べられ、行を構成します。行ごとに構成されるのが**行ボックス（line box）**です。この行ボックスの高さの合計が、ブロックコンテナの高さになります。

行ボックスの高さは次のように決まります。まず、行ボックスの中にはテキスト（インラインコンテンツ）が収められる**無名インラインボックス（anonymous inline box）**が構成されます。この無名インラインボックスが**ルートインラインボックス（root inline box）**です。ルートインラインボックスには親のブロックボックスから継承したフォントや line-height のスタイルが適用され、行ボックスの基準となるベースラインの位置とレイアウト領域の高さが決まります。行内に他のインラインレベルボックスがない場合、このレイアウト領域が行ボックスの高さとなります。

ここでは `<p>` に適用した font-family、font-size、line-height が適用され、ルートインラインボックスのレイアウト領域は 40px の高さになります。その結果、行ボックスの高さも 40px に決定されます。そして、行ボックスは 3 つありますので、ブロックコンテナ `<p>` の中身に合わせた高さは 40px × 3 で 120px になります。

行内に他のインラインボックスがある場合、行ボックスはそれぞれのレイアウト領域をすべて収める高さになります。

たとえば、1 行目にフォントサイズを 30px に指定した `<strong>` がある場合、右のようになります。`<strong>` の line-height は `<p>` から継承した 2 で処理され、レイアウト領域は 30px × 2 で 60px の高さになります。さらに、`<strong>` のベースラインがルートインラインボックスのベースラインに揃えて配置されます。この状態で、1 行目の行ボックスはルートインラインボックスと `<strong>` のレイアウト領域が収まる 60px の高さに決定されます。

`<strong>` を含まない行の高さには影響しないため、2 行目と 3 行目の行ボックスの高さは 40px から変化しません。以上のことから、ブロックコンテナ `<p>` の高さは 140px となります。

このように、<u>インラインボックスの高さから始まり、行ボックス、ブロックコンテナと高さが決まっていくこと</u>がわかります。

最後に、インラインボックス以外のインラインレベルボックス（ボタンや画像など）を入れたときにどうなるのかを次ページで確認しておきます。

```
<p> 適切に Design デザインされた作業空間は、…略…役割
を果たします。</p>
```

```
p {
  font-family: "Noto Sans JP", sans-serif;
  font-size: 20px;
  line-height: 2;
  border: solid 4px royalblue;
}
```

```
<p> 適切に Design<strong> デザイン </sgrong> され
た作業空間は、…略…役割を果たします。</p>
```

```
p {
  font-family: "Noto Sans JP", sans-serif;
  font-size: 20px;
  line-height: 2;
  border: solid 4px royalblue;

  strong {
      font-size: 30px;
      background-color: #00ff0055;
  }
}
```

■ インラインブロックボックスと置換要素の高さ

行内にはインラインボックス以外のインラインレベルボックスが入るケースもあります。ボタンなどのインラインブロックボックスと、画像などの置換要素です。これらのレイアウト領域は、それぞれが構成するボックスの高さで処理されます。

たとえば、ボタン <button> と画像 <img> の高さは右のように決まります。ボタン <button> が構成するのはインラインブロックボックス（インラインレベルのブロックコンテナ）です。中身はブロックレイアウトになるため、その高さは中身の行ボックスの高さで決まります。右の例の場合、フォントを Noto Sans JP、フォントサイズを 20px、light-height を 2 と指定していますので、行ボックスの高さは P.240 と同じように 40px になります。それに上下パディング 10px ずつを加えた合計 60px がボックスの高さとなります。
置換要素の画像 <img> の場合、ボックスの高さは画像の大きさです。右の例の場合、40px となります。

■ 行内にインラインブロックボックスや置換要素を入れた場合の行ボックスの高さ

インラインブロックボックスや置換要素を行内に入れると、ルートインラインボックスのベースラインに揃えられ、それぞれのレイアウト領域が行ボックスの高さの決定に影響します。
たとえば、前ページと同じ設定の <p> の中に、高さ 60px のボタン <button> を入れると右のようになります。行ボックスは <button> とルートインラインボックスのレイアウト領域が収まる 60px の高さになります。

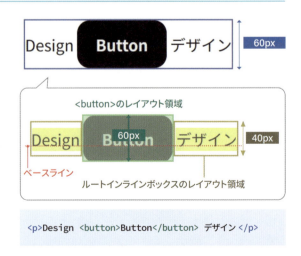

高さ 40px の画像 <img> を入れた場合は以下のようになります。行ボックスは画像とルートインラインボックスのレイアウト領域が収まる約 51.5px の高さになります。この高さは画像の 40px に、ルートインラインボックスのベースラインの下の余白である P.239 のディセント（約 6px）と P.240 のハーフレディング（約 5.5px）を加えたものです。

なお、ブロックコンテナの中にボタンや画像だけを入れた場合でも、行ボックスの基準となるルートインラインボックスは構成されます。

たとえば、画像だけを入れると以下のようになり、ルートインラインボックスと合わせて画像の配置と行ボックスの高さが決まります。画像の下にはベースラインより下の余白が入った形になりますので注意が必要です。この余白を消したい場合、P.244 の vertical-align を bottom と指定します。

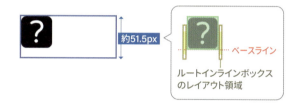

```
<p>
  Design
  <img src="mark.svg" width="40" height="40">
  デザイン
</p>
```

```
<p><img src="mark.svg" width="40" height="40"></p>
```

CSS

行の高さ
`line-height: 高さ`

初期値	normal
適用対象	非置換のインラインボックス
継承	あり

高さ ※ ： normal / 数値 / 長さ / %

※ 高さの範囲は 0〜∞。数値はフォントサイズに対する倍率で行の高さを指定し、継承時には指定した数値がそのまま継承されます。
　%はフォントサイズに対する割合で行の高さを指定し、継承時には算出結果の長さが継承されます。

line-height プロパティは P.240 のようにインラインボックスの「望ましい行の高さ」を指定し、レイアウト領域を構成します。インラインレイアウトではこれを元に行の高さ（行ボックスの高さ）が決まります。

たとえば、P.241 の下の例で <p> の line-height の値を変えると右のようになります（<strong> は <p> と同じフォントサイズにしています）。

適切にDesign**デザイン**された作業空間は、生産性、快適性、そして全体的な仕事の満足度に重要な役割を果たします。
`p {line-height: 1;}`

適切にDesign**デザイン**された作業空間は、生産性、快適性、そして全体的な仕事の満足度に重要な役割を果たします。
`p {line-height: 2;}`

※%は行ボックスの高さに対する割合

vertical-align プロパティはインラインレベルのボックスの垂直方向の配置を指定します。配置の基準となるのは行ボックスとルートインラインボックスです。デフォルトではルートインラインボックスのベースラインに揃えた配置になります。

次の例は `<p>` のフォントを Noto Sans JP、フォントサイズを 50px、line-height を 2 に指定し、テキストと画像を並べたものです。ルートインラインボックスのコンテンツボックスは約 72px、行ボックスは 100px の高さになります。画像の配置は vertical-align の指定に応じて次のように変わります。

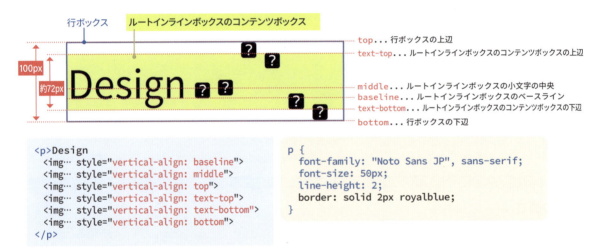

vertical-align を長さや % で指定すると、ベースラインからの距離になります。また、キーワードの super と sub を指定すると、それぞれ上付き・下付き文字に適した位置に配置されます。これらはフォントメトリクスまたはフォントサイズに基づいた位置になります。左の例ではフォントサイズ（50px）に基づき、super では上に 3 分の 1（約 16.5px）、sub では下に 5 分の 1（-10px）の位置に配置されています。

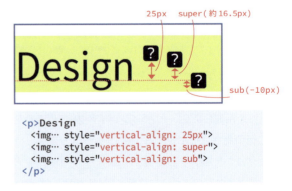

4-3 フローレイアウト

CSS			
インラインボックスの上下スペースの切り取り `text-box-trim: 切り取るサイド`		初期値	none
		適用対象	ブロックコンテナ / インラインボックス
		継承	なし
切り取るサイド	none / trim-start / trim-end / trim-both		

CSS					
上下スペースを切り取るライン `text-box-edge: 上 下`			初期値	auto	
			適用対象	ブロックコンテナ / インラインボックス	
			継承	なし	
上下	auto / text	上	text / cap / ex	下	text / alphabetic

text-box-trim と text-box-edge プロパティを使用すると、インラインボックスの上下に入る余白（P.240 のハーフレディングなど）を切り取ることができます。text-box プロパティでまとめて指定することも可能です。

ブロックコンテナに適用した場合はルートインラインボックスが対象になります。text-box-trim で切り取るサイドを指定し、text-box-edge でどのラインで切り取るかを指定します。たとえば、前ページの `<p>` に適用すると以下のようになります。

```
text-box: 切り取るサイド 上 下
         ↑              ↑
    text-box-trimの値  text-box-edgeの値
```

text-box-trimの値	切り取るサイド
none	なし
trim-start	ブロック方向の開始サイド（上）
trim-end	ブロック方向の終了サイド（下）
trim-both	ブロック方向の両サイド（上下）

text-box-edgeの値	切り取るライン
auto(leading)	textと同じ処理
text	インラインボックスのコンテンツボックス
cap	大文字の上のライン
ex	小文字の上のライン
alphabetic	ベースライン

※CJK文字のラインを示す値（ideographic/ideographic-ink）も提案されていますが、ブラウザが未対応です

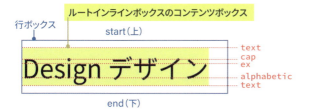

```
p {text-box-trim: none;}

p {text-box-trim: trim-both;
   text-box-edge: text;}

p {text-box-trim: trim-both;
   text-box-edge: cap alphabetic;}

p {text-box-trim: trim-both;
   text-box-edge: ex alphabetic;}
```

フロート

`float: 配置`

初期値	none
適用対象	全要素（絶対位置指定要素、フレックスアイテム、グリッドアイテムを除く）
継承	なし

配置	none / left / right

floatプロパティはフローティングボックス（浮動ボックス）を構成し、左寄せ（left）または右寄せ（right）でボックスを配置します。このとき、浮動ボックスは通常フロー（フローレイアウトのボックスの並び）から除外され、後続のボックスと重なる形で配置されます。ただし、後続のボックス内に含まれるテキストなどのインラインレベル要素は、浮動ボックスと重ならないようにレイアウトされます。

floatの値	論理値（左横書きの場合）	例		

none	-			`<img src="..." alt="">`
				`<p>ホームオフィスは…</p>`
				`<p>適切にデザイン…</p>`

left	inline-start			`img {float: left;}`
right	inline-end			`img {float: right;}`

フロートの解除

`clear: 解除する配置`

初期値	none
適用対象	ブロックレベル要素
継承	なし

解除する配置	none / left / right / both

clearプロパティはボックスが浮動ボックスと重なる処理を解除します。たとえば、2つ目の`<p>`にclear: bothを適用すると、floatを適用した画像の下に配置されます。

論理値を使用してleftはinline-start、rightはinline-endと指定することもできます。

```
p:nth-child(2 of p) {
  clear: both;
}
```

頭文字（ドロップキャップ）

`initial-letter`: 頭文字の大きさ 沈み込み

初期値	normal
適用対象※1	::first-letter擬似要素 / 1行目の行頭にあるインラインレベルボックス / インラインボックスとして行頭に挿入した::marker（マーカーボックス）
継承	なし

頭文字の大きさ	沈み込み
数値 ※2	整数 ※2 / raise / drop

※1…主要ブラウザは::first-letter擬似要素への適用に対応しています　※2…数値と整数は1〜∞

initial-letter プロパティは、1行目の行頭にある要素（頭文字）の大きさと、沈み込み（sink）を指定します。これにより、一文字目を大きくする「ドロップキャップ」のレイアウトを制御できます。

大きさと沈み込みは行数で指定します。大きさは「1.5行分」といった指定が可能ですが、沈み込みは整数（小数点以下を含まない数値）で指定する必要があります。沈み込みは以下のキーワード値でも指定できます。

キーワード値	行数
raise	1行分で処理
drop	頭文字の大きさに近い整数値

頭文字が飛び出さない設定
`initial-letter: 2;` または
`initial-letter: 2 2;` または
`initial-letter: 2 drop;`

頭文字が飛び出す設定
`initial-letter: 2 1;` または
`initial-letter: 2 raise;`

```
p::first-letter {
  -webkit-initial-letter: 〜;
  initial-letter: 〜;
}
```

`<p>` 家でリラックスしながら仕事をする。そんなことが実現可能な世の中になってきました。`</p>`

ブロック整形コンテキスト（BFC）

ブロック整形コンテキスト（BFC：Block Formatting Context）はブロックレイアウトが影響する領域です。BFC 内の要素は、BFC の領域内に収まるようにレイアウトされ、外部に影響を与えません。

デフォルトではルート要素 `<html>` で BFC が形成されます。たとえば、P.233 の例では次ページのように `<h1>` と `<p>` の上下マージンが親の `<hgroup>` の外側に影響しています。これは、`<h1>`、`<p>`、`<hgroup>` が `<html>` が形成した BFC に属しているためです。この領域に属した要素の間では、上下マージンの相殺の処理や、P.246 のフロートの処理が相互に影響を与えます。

これに対し、「display: block flow-root」を適用すると、`<html>` とは異なる新しい BFC を形成できます。たとえば、P.234 のように `<hgroup>` で新しい BFC を形成すると、`<h1>` と `<p>` の上下マージンが `<hgroup>` 内に収まり、外部に影響を与えなくなることがわかります。

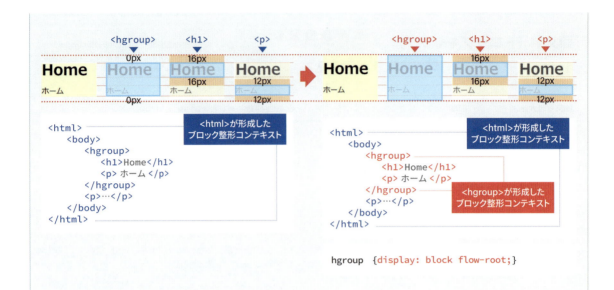

なお、新しいBFCを形成する要素は次のようになっています。

BFCを形成する要素	参照
ルート要素	-
display: block flow-rootを適用した要素	-
インラインブロック （display: inline flow-root または display: inline-block を適用した要素）	P.222
positionがabsoluteまたはfixedの要素	P.276
浮動ボックス（floatがnone以外の要素）	P.246
テーブルとテーブル関連の要素（列および列グループを除く）	P.253
overflowがvisible以外の要素	P.410
containがlayout、paint、content、strictの要素	P.310
マルチカラムレイアウト（column-countおよびcolumn-widthがauto以外の要素）	P.294
column-span: allが適用された要素	P.296
フレックスアイテム	P.256
グリッドアイテム	P.260

Chapter 4　レイアウト

CSS

4-4　フローの方向

インラインフローはインラインボックスが並ぶ方向、ブロックフローはブロックボックスが並ぶ方向です。日本語や英語の場合、言語の書字方向に合わせてP.239のようにインラインフローは左から右、ブロックフローは上から下になります。

これらの方向を変える必要がある場合、インラインフローは direction と unicode-bidi プロパティ、ブロックフローは writing-mode プロパティで変更します。ただし、Web 制作者は direction と unicode-bidi を使用せず、HTML の dir 属性（P.134）や、<bdo> と <bdi>（P.066）を使用することが求められています。

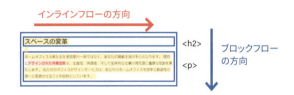

プロパティ	処理

direction	インラインフローの方向を指定（P.066を参照）
	▼ `<bdo dir="rtl">` にブラウザが適用する設定
	`direction: rtl;`
	`unicode-bidi: isolate-override;`

unicode-bidi	▼ `<bdi>` にブラウザが適用する設定 `unicode-bidi: isolate;`
writing-mode	ブロックフローの方向を指定（P.250を参照）

■ フローの方向と論理プロパティ・論理値

CSS のプロパティと値には、上下左右といった物理的な方向で指定する**物理プロパティ・物理値（physical properties and values）**と、ブロックやインラインといったフローの方向で指定する**論理プロパティ・論理値（logical properties and values）**があります。

たとえば、ボーダーは物理プロパティと論理プロパティの両方で指定できます。物理プロパティで上下の、論理プロパティでブロック方向のボーダーを指定すると右のようになります。横書きでは同じ表示結果になりますが、縦書きではブロックフローの方向が変わり、表示に違いが出ることがわかります。

縦書きにする設定については、次ページの writing-mode を参照してください。

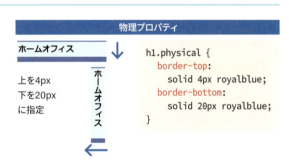

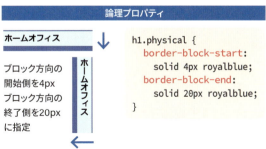

なお、CSS2 の時代には物理プロパティと物理値しかありませんでした。現在、これらには対になる論理プロパティや論理値が用意され、主要ブラウザが対応しています。

text-box-trim（P.245）や margin-trim（P.234）のように、近年採用されたプロパティは論理値のみが使用できるようになっています。

以下の物理プロパティには対になる論理プロパティが用意されています

width / height / margin / padding / border / top / right / bottom / left / overflow / overflowscroll-behavior / scroll-margin / scroll-padding

以下のプロパティには物理値と対になる論理値が用意されています

float / clear / text-align / resize

※詳細はそれぞれのプロパティを参照してください

CSS

横書き・縦書き（ブロックフローの方向）

writing-mode: 値

初期値	horizontal-tb
適用対象	全要素（テーブルの行列関連・ルビ関連の要素を除く）
継承	あり

値	horizontal-tb / vertical-rl / vertical-lr / sideways-rl / sideways-lr

writing-mode プロパティはブロックフローの方向を指定し、横書き・縦書きを切り替えます。初期値の horizontal-tb では横書きになります。vertical-* では縦書きになり、縦書きに対応した文字は縦向きで、対応していない文字は横向きで表示されます。

sideways-* は横書きの表示を 90 度回転させたものに近い表示を行います。装飾目的での利用が想定されています。

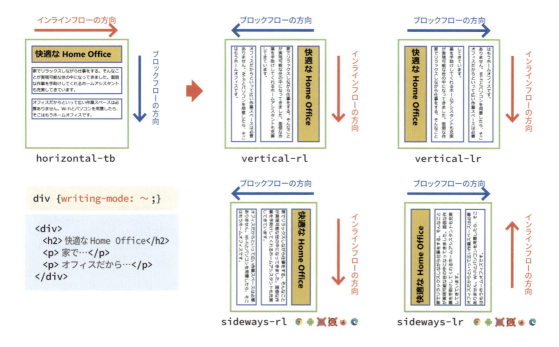

```
div {writing-mode: ~ ;}
```

```
<div>
  <h2> 快適な Home Office</h2>
  <p> 家で…</p>
  <p> オフィスだから…</p>
</div>
```

CSS

縦書きの中の文字の向き
text-orientation: 値

初期値	mixed
適用対象	全要素（テーブルの行列関連を除く）
継承	あり

値	mixed / upright / sideways

text-orientation プロパティは縦書きの中の文字の向きを指定します。writing-mode が vertical-rl または vertical-lr の場合に機能します。指定する値によって次のようになります。

```css
div {
  writing-mode: vertical-rl;
  text-orientation: ～;
}
```

mixed
縦書きに対応した文字が縦向き

upright
すべての文字が縦向き

sideways
すべての文字が横向き

CSS

縦中横
text-combine-upright: 値

初期値	none
適用対象	インラインボックス / テキスト
継承	あり

値	none / all

text-combine-upright は縦中横の表示を実現します。たとえば、次のコードで `<h1>` 全体を縦書きにすると、`<span>` でマークアップした語句はデフォルトでは none の表示になります。これを all にすると、縦書きに合わせて右のような表示になります。この表示を縦中横と呼び、writing-mode が vertical-rl または vertical-lr の場合に機能します。

```html
<h1>
  年越し
  <span>Party</span>
  <span>12</span>月
  <span>31</span>日
</h1>
```

```css
h1 {writing-mode: vertical-rl;}

span {
  text-combine-upright: all;
}
```

Chapter 4 レイアウト

4-5 ルビレイアウト

ルビレイアウトは P.069 の <ruby> が使用するレイアウトモデルです。各要素の display がデフォルトで次のように設定され、ルビレイアウトが実現されます。

要素	displayの値	生成されるボックス
<ruby>	ruby または inline ruby	ルビコンテナ
<rt>	ruby-text	ルビボックス

```
<ruby>橙色<rt>だいだいいろ</rt></ruby>

ruby  {display: ruby;}
rt    {display: ruby-text;}
```

CSS

ルビの配置
`ruby-position: 配置`

初期値	over
適用対象	ルビコンテナ
継承	あり

ルビの位置揃え
`ruby-align: 位置揃え`

初期値	space-around
適用対象	ルビコンテナ / ルビボックス
継承	あり

ルビのオーバーハング
`ruby-overhang: 重なり`

初期値	auto
適用対象	ルビコンテナ
継承	あり

配置	over / under / inter-character	位置揃え	start / center / space-between / space-around	重なり	auto / none

ruby-position はルビの配置、ruby-align は位置揃え、ruby-overhang はオーバーハング（前後の文字との重なり）を指定します。

これは <ruby>橙色<rt>だいだいいろ</rt></ruby> です

Chapter 4　レイアウト

4-6　テーブルレイアウト

テーブルレイアウトは P.051 の <table> が使用するレイアウトモデルです。各要素の display がデフォルトで次のように設定され、テーブルが形になります。

要素	displayの値	生成されるボックス
<table>	table または block table	テーブルラッパーボックスとテーブルインナーボックス
<tr>	table-row	テーブルの行
<td>/<th>	table-cell	テーブルのセル
<thead>	table-header-group	行のグループ（ヘッダー）
<tbody>	table-row-group	行のグループ（ボディ）
<tfoot>	table-footer-group	行のグループ（フッター）
<colgroup>	table-column-group	列のグループ
<col>	table-column	列
<caption>	table-caption	テーブルのキャプション

テーブルでは各要素が P.224 のボックスモデルに基づいてボックスを生成します。ただし、<table> は 2 つのボックスを生成します。キャプションまで含むテーブルラッパーボックスと、キャプション以外を含むテーブルインナーボックスです。

右の例では <table>、<th>、<td> が構成するボックスをボーダーで囲んでいます。このうち、<table> のボーダーはテーブルインナーボックスに反映されます。また、<table> のパディングはインナーボックスに、マージンはラッパーボックスに反映されますので注意が必要です。

```
<table>
  <caption> プランの比較 </caption>
  <tr>
    <th> プラン </th>
    <th>A</th><th>B</th><th>C</th>
  </tr>
  <tr>
    <th> 初期費用（円）</th>
    <td>2,000</td><td>5,000</td><td>7,000</td>
  </tr>
</table>
```

```
table  {border: solid 2px limegreen;}
th     {border: solid 2px dodgerblue;}
td     {border: solid 2px orange;}
```

テーブルの列の横幅の処理

`table-layout: 処理`

初期値	auto
適用対象	display: tableまたはinline-tableの要素
継承	なし

処理	auto / fixed

table-layout プロパティはテーブルの列の横幅の処理を指定します。

初期値の auto では各列の中身に合わせた横幅になります。

fixed では中身が考慮されなくなり、<table>、<colgroup>、<col>、および 1 行目のセルに対して width プロパティで指定した横幅になります。横幅が未指定な場合は均等割りのサイズになります。テーブルのデータを 1 行目まで読み込んだ段階で各列の横幅が決まるため、表示を速くする効果があります。ただし、<table> の横幅を指定している場合にだけ機能します。

```
table {width: 100%;
       table-layout: auto;}
```

```
table {width: 100%;
       table-layout: fixed;}
```

ボーダーの間隔

`border-spacing: 間隔`

初期値	0
適用対象	display: tableまたはinline-tableの要素
継承	あり

間隔	長さ

border-spacing プロパティはテーブルのボーダーの間隔を指定します。主要ブラウザの UA スタイルシートではデフォルトで 2px の間隔に設定されており、初期値とは異なります。縦横の間隔を個別に指定する場合、「横方向の間隔 縦方向の間隔」の順に指定します。

```
table {border-spacing: 20px 10px;}
```

ボーダーの処理

`border-collapse: 処理`

初期値	separate
適用対象	display: tableまたはinline-tableの要素
継承	あり

処理	separate / collapse

border-collapse プロパティを collapse と指定すると、隣り合うボーダーを統合できます。統合時に使用するボーダーは次の❶〜❸の条件で決まります。右の例ではボーダーの太さとスタイルに違いがないため、❸の条件で決まっています。

❶ ボーダーの太さの違いで決定。太い方が使用されます。
❷ ボーダーのスタイルの違いで、double > solid > dashed > dotted > ridge > outset > groove > inset > none の順に決定。
❸ td/th > tr > thead/tbody/tfoot > col > colgroup > table の順に決定。それでも決まらない場合は左側と上側のセルのボーダーが優先されます。

空セルの表示
empty-cells: 表示

初期値	show
適用対象	display: table-cellの要素
継承	あり

表示	show / hide

empty-cells プロパティは中身がない空セルの表示・非表示を指定します。

キャプションの配置
caption-side: 配置

初期値	top
適用対象	display: table-captionの要素
継承	あり

配置	top / bottom

caption-side プロパティはキャプションの配置を指定します。表の上または下に配置できます。

Chapter 4　レイアウト

CSS
4-7

フレックスボックスレイアウト

フレックスボックスレイアウト（Flexbox layout）はシングルラインでボックスを横並びにするレイアウトモデルです。

ボックスを横並びにする場合、P.238 のフローレイアウトでもインラインレイアウトで実現できます。ただし、高さや配置のコントロールがフォントメトリクスをベースにしており、複雑です。この問題を解決するために拡張された機能が、フレックスボックスレイアウトです。

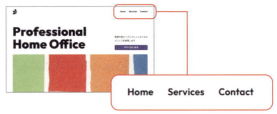

フレックスボックスレイアウトで横並びにしたメニュー

フレックスボックスレイアウトでは、display: flex（block flex）を適用することで**フレックスコンテナ**が構成されます。その子要素は**フレックスアイテム**となり、フレックスボックスの規則で横並びになります。右の例では P.307 の gap でボックスの間に 24px のギャップ（余白）を入れています。

フレックスアイテムのデフォルトの横幅は flex プロパティによって中身に合わせたサイズに、高さは P.304 の align-self によってフレックスコンテナ（包含ブロック）に合わせたサイズになります。

サイズautoの処理	横幅	高さ
フレックスアイテム	中身に合わせた横幅	フレックスコンテナ（包含ブロック）に合わせた高さ

```
<ul>
    <li><a href="#">Home</a></li>
    <li><a href="#">Services</a></li>
    <li><a href="#">Contact</a></li>
</ul>
```

```
ul {
    display: flex;
    gap: 24px;
}
```

4-7 フレックスボックスレイアウト

フレックスアイテムの横幅のコントロール
`flex`：基本値
`flex`：伸長比 縮小比 ベースサイズ

初期値	0 1 auto
適用対象	フレックスアイテム
継承	なし

基本値	`initial` / `auto` / `none` / 数値 ※1			
伸長比・縮小比 ※2	数値	ベースサイズ ※3	長さ / % / `auto` / `content` / P.227のサイズキーワード	

※1…基本値の数値の範囲は〜∞　　※2…伸長比・縮小比の範囲は0〜∞　　※3…%はフレックスコンテナ（包含ブロック）の横幅に対する割合

flex プロパティはフレックスアイテムの横幅をコントロールします。一般的に使用される設定は基本値として以下のように用意されています。フレックスアイテムの横幅はベースサイズに設定された上で、伸長比と縮小比の指定に従い、フレックスコンテナに合わせて伸縮されて決まります。伸長比と縮小比は「0」で伸縮なしとなります。

ベースサイズが auto の場合、フレックスアイテムの width プロパティで指定した横幅がベースサイズになります。width も auto な場合、ベースサイズは content キーワードの max-content（最大コンテンツサイズ）で処理されます。

さらに、フレックスアイテムが「スクロールコンテナ（P.410）ではない」という条件を満たす場合、フレックスアイテムの min-width: auto は「min-content」で処理されます。その結果、フレックスアイテムは min-content（最小コンテンツサイズ）より小さい横幅になりません。

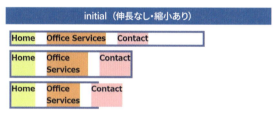

`li {flex: initial;}` または `li {flex: 0 1 auto;}`

コンテナに合わせてアイテムの横幅がmin-contentからmax-contentの範囲で変化します。P.228のfit-content相当の処理になります

`li {flex: auto;}` または `li {flex: 1 1 auto;}`

コンテナに合わせてアイテムの横幅が変化します

none（伸長なし・縮小なし）

`li {flex: none;}` または `li {flex: 0 0 auto;}`

アイテムの横幅はベースサイズ（max-content）から変化しません

`li {flex: 数値 ;}` または `li {flex: 数値 1 0;}`

上の例では flex: 1 と指定。ベースサイズ0を基準に1:1:1の比率でアイテムの横幅が伸長します

伸長比、縮小比、ベースサイズは右のプロパティで個別に指定することも可能です。

プロパティ	値
flex-grow	伸長比
flex-shrink	縮小比
flex-basis	ベースサイズ

■ 伸長比の処理

伸長比の処理はフレックスアイテムをベースサイズで並べ、コンテナ内に空き（ポジティブフリースペース）がある場合に適用されます。ポジティブフリースペースは**伸長比で分割**され、各アイテムに配分されます。たとえば、3つのアイテムのベースサイズを100px、200px、300pxに、伸長比を1、1、2に指定します。コンテナ幅が800pxの場合、200pxのポジティブフリースペースができます。この200pxが1:1:2の比率で分割され、各アイテムに配分されて右のようになります。

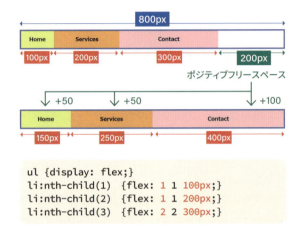

■ 縮小比の処理

縮小比の処理はフレックスアイテムをベースサイズで並べ、コンテナからのオーバーフロー（ネガティブフリースペース）がある場合に適用されます。ネガティブフリースペースは**ベースサイズに縮小率を掛け合わせた比率で分割**され、各アイテムに配分されます。

右の例ではベースサイズを100px、200px、300pxに、縮小比を1、1、2に指定しています。ベースサイズに縮小比を掛け合わせると、分割比率は100:200:600＝1:2:6になります。コンテナ幅が510pxになった場合、90pxのネガティブフリースペースができます。この90pxが1:2:6の比率で分割され、右のように配分されます。

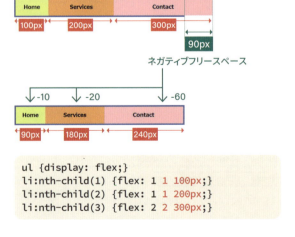

flex-direction プロパティはフレックスアイテムが並ぶ方向（主軸の向き）を指定します。flex プロパティの伸縮やベースサイズの処理は主軸の向きに対して適用されますので注意が必要です。次のようにフレックスコンテナに対して適用します。

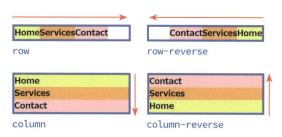

```
ul {display: flex;
    flex-direction: ～;}
```

flex-wrap プロパティは、フレックスアイテムがコンテナに収まらないときの折り返しを有効化します。次のようにフレックスコンテナに対して適用します。

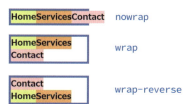

```
ul {display: flex;
    flex-wrap: ～;}
```

flex-flow プロパティを使用すると、flex-direction と flex-wrap の設定をまとめて指定できます。

```
ul {display: flex;
    flex-flow: row-reverse wrap;}
```

Chapter 4　レイアウト

CSSグリッドレイアウト

グリッドレイアウト（Grid layout）は格子状のグリッドを介してボックスの位置とサイズをコントロールするレイアウトモデルです。ボックスの直接的な相互関係でコントロールするフロー系のレイアウトモデルとは仕組みが大きく異なり、より柔軟に多様なレイアウトに対応できます。また、レスポンシブに関する機能も標準で組み込まれています。

グリッドで制御しているレイアウト

グリッドレイアウトでは display: grid（block grid）を適用することで**グリッドコンテナ**が構成されます。グリッドコンテナにはグリッドを作り出すグリッドラインが引かれます。このラインはデフォルトでは**グリッドアイテム**（グリッドコンテナの子要素）の数に合わせて自動的に引かれます。

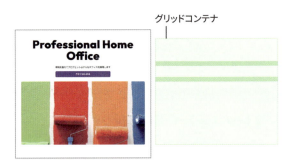

グリッドコンテナ

たとえば、グリッドコンテナ <section> 内に3つのグリッドアイテムがある場合、右のようにラインが引かれ、1列×3行のグリッドが自動生成されます。この行列が構成する**セル（グリッドエリア）**にはアイテムが自動配置されます。アイテム数に合わせて自動生成されるグリッドを**暗黙的なグリッド（implicit grid）**と呼び、その**行列（トラック）**のサイズは auto で処理されます。

ここではP.307のgapでトラックの間に32pxのガター（ギャップ／余白）を入れているため、 2 と 3 のグリッドラインは太くなっています。グリッドトラックとグリッドアイテムのデフォルトのサイズは次のようになります。

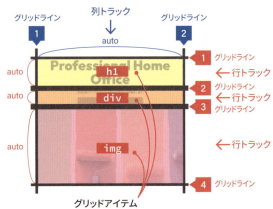

サイズautoの処理	横幅	高さ
グリッドの行列（トラック）	グリッドコンテナに合わせた横幅	中身に合わせた高さ
グリッドアイテム	配置先のグリッドエリア（包含ブロック）に合わせた横幅	配置先のグリッドエリア（包含ブロック）に合わせた高さ

```
section {
    display: grid;
    gap: 32px;
}
```

```
<section>
    <h1>Professional Home Office</h1>
    <div class="cta">…</div>
    <img src="hero.jpg" alt="" …>
</section>
```

グリッドラインの引き方を直接指定するプロパティは用意されていません。その代わり、行列のトラックサイズを指定することでコントロールします。たとえば、2列（2段組み）の構成にする場合、grid-template-columnsプロパティで各列の横幅（トラックサイズ）を指定します。ここでは「1fr 256px」と指定し、2列目を256pxの固定サイズにして、コンテナ内の余剰スペースを1列目に配分しています。これにより、3つのグリッドアイテムは右のように自動配置され、それに合わせて自動生成される行は2行になります。

なお、トラックサイズを指定して作成したグリッドは**明示的なグリッド（explicit grid）**です。右の例の場合、列のサイズだけを指定していますので、列方向が明示的なグリッド、行方向が暗黙的なグリッドとなります。

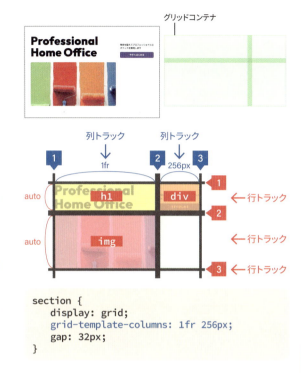

```
section {
    display: grid;
    grid-template-columns: 1fr 256px;
    gap: 32px;
}
```

グリッドアイテムは自動配置で空いたセルに順に配置されていきます。配置先をコントロールする場合、grid-columnとgrid-rowプロパティでグリッドラインの番号を指定します。たとえば、画像 <img> は横幅いっぱいに表示したいので、grid-columプロパティで列の配置先を列 1 ～ 3 、行の配置先を行 2 ～ 3 と指定します。

なお、行の配置先は自動配置でも行 2 ～ 3 になりますので、grid-rowの指定を省略しても表示結果は同じです。また、明示的なグリッドのラインには負のライン番号も付加されますので、横幅いっぱいに配置する場合は「grid-column: 1 / -1」と指定することも可能です。右の例のように2列を使った配置になればよい場合、「grid-column: span 2」と指定する方法もあります。

指定方法としてはさまざまな方法がありますので、プロパティごとに見ていきます。

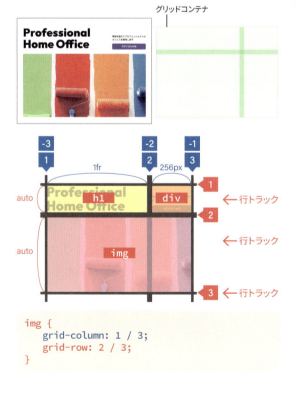

```
img {
    grid-column: 1 / 3;
    grid-row: 2 / 3;
}
```

グリッドの構成 ― トラックサイズ

grid-template-columns：列のトラックサイズ
grid-template-rows：行のトラックサイズ

初期値	none
適用対象	グリッドコンテナ
継承	なし

トラックサイズ	サイズの値	長さ / % ※/ auto / fr / min-content / max-content / fit-content() / minmax()
	繰り返し記法にする関数	repeat()
	自動生成にする値	none
	サブグリッドにする値	subgrid

※%はグリッドコンテナ（包含ブロック）に対する割合

grid-template-columns と grid-template-rows プロパティは、列と行のトラックサイズを指定します。初期値の none では P.260 のように暗黙的なグリッドが生成されます。サイズの値（px など）をスペース区切りで指定することで、明示的なグリッドが生成されます。

たとえば、右のように 3 つの列の横幅を 1fr に、2 つの行の高さを 100px と auto に指定すると、3 列×2 行のグリッドが生成されます。fr はフレックス係数というトラックサイズ専用の単位で、コンテナ内の余剰スペースをフレックス係数の比で配分します。右の例では各列が 1:1:1 の横幅になります。

なお、同じ値を繰り返し指定する場合、repeat() 関数でまとめて記述できます。右の例の場合、「1fr 1fr 1fr」は「repeat(3, 1fr)」と記述できます。

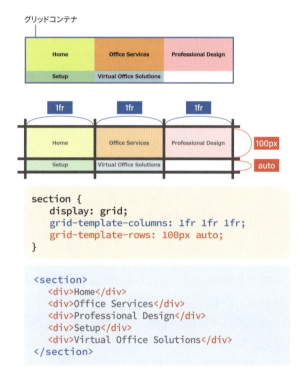

```
section {
    display: grid;
    grid-template-columns: 1fr 1fr 1fr;
    grid-template-rows: 100px auto;
}
```

```
<section>
    <div>Home</div>
    <div>Office Services</div>
    <div>Professional Design</div>
    <div>Setup</div>
    <div>Virtual Office Solutions</div>
</section>
```

■ minmax()で処理される2つの値とトラックサイズ

トラックサイズを指定する値は、レスポンシブの処理を行うため、内部的には minmax() 関数の形に変換して処理されます。minmax() 関数は最小トラックサイズと最大トラックサイズを示すもので、これら 2 つのサイズが常に渡される仕組みになっています。

```
minmax( 最小トラックサイズ , 最大トラックサイズ )
```

トラックサイズは、minmax() で示された最小・最大トラックサイズの範囲で右のように処理され、サイズが決まります。ここでは 3 列の横幅を次のように指定しています。

```
section {
    display: grid;
    grid-template-columns: 100px auto 1fr;
    grid-template-rows: 100px auto;
}
```

サイズの値のうち、auto、フレックス係数（fr）、fit-content() については、最小トラックサイズが「auto」として処理されますので注意が必要です。長さ、%、min-content、max-content については固定サイズで最小・最大トラックサイズが同じ大きさとして扱われます。なお、右の例で fr の列がなかった場合、最後に残った余剰スペースは最大トラックサイズが「auto」の列に配分されます。

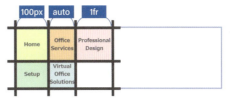

各列が最小トラックサイズに設定されます。autoと1frの列は最小トラックサイズが「auto」として処理され、ここではmin-content（アイテムの最小コンテンツサイズ）になります。

各列の最大トラックサイズを上限に余剰スペースが割り振られます。100pxの列は最大トラックサイズも100pxなので変化しません。autoの列は最大トラックサイズが「auto」として処理されるため、余剰スペースがあるかぎりmax-content（アイテムの最大コンテンツサイズ）まで拡張されます。なお、最大トラックサイズがfrになる1frの列はこの処理の対象外です。

最大トラックサイズがfrの列に残りの余剰スペースが配分されます。

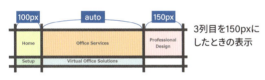

3列目を150pxにしたときの表示

サイズの値	処理
minmax()関数	minmax(最小トラックサイズ, 最大トラックサイズ)の形式でサイズを指定。 最小トラックサイズ以上、最大トラックサイズ以下の範囲でサイズが決まります。 例: minmax(0px, 100px) … 0px以上、100px以下のサイズに指定
auto	minmax(auto, auto)として処理されます。 サイズは配置されたアイテムの最小サイズ※以上、max-content以下の範囲で決まります。 さらに、fr単位を使ったトラックがない場合はコンテナ内の余剰スペースが配分されます。
フレックス係数 fr	1fr = minmax(auto, 1fr)として処理されます。 サイズは配置されたアイテムの最小サイズ※以上、1fr以下の範囲で決まります。
fit-content()関数	fit-content(最大値) = minmax(auto, 最大値)で処理されます。 サイズは配置されたアイテムの最小サイズ※以上、最大値以下の範囲で決まります
長さ / %	指定した長さ、%でサイズが決まります
min-content	配置されたアイテムのmin-content（最小コンテンツサイズ）
max-content	配置されたアイテムのmax-content（最大コンテンツサイズ）

※ アイテムの最小サイズはmin-width/min-heightの値です。値がautoの場合、グリッドレイアウトでは右の3つの条件を満たすとmin-content（最小コンテンツサイズ）、満たさない場合は0で処理されます。

- スクロールコンテナではない
- minmax()の1つ目の引数が「auto」なトラック（複数のトラックをまたぐ場合は 1 つ以上が「auto」なトラック）に配置されている
- 複数のトラックにまたがって配置されている場合、それらにフレキシブルなトラック（fr単位で指定したもの）がない

■ repeat()関数

repeat() 関数を使用すると、トラックサイズを繰り返し記法で指定できます。トラックのリピートと自動リピートの2タイプあり、記述形式は右のようになっています。

トラックのリピートでは、整数でトラックサイズの記述の繰り返し回数を指定します。たとえば、右のような記述が可能です。

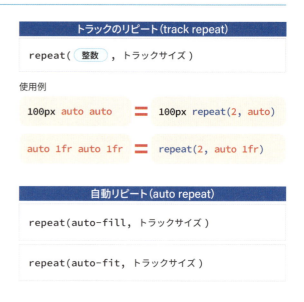

自動リピートではグリッドコンテナの幅に合わせてグリッドの列数が自動的に変わるように設定できます。特に、トラックサイズを minmax() 関数とフレックス係数（fr）を組み合わせると、コンテナ幅を均等割にした大きさで変化させることができます。たとえば、次のように「repeat(auto-fill, minmax(150px, 1fr))」と指定すると、列の横幅が 150px より小さくならないように、均等割の大きさで列の数が変化します。grid-template-rows は指定せず、行は暗黙的なグリッドとして自動生成させています。

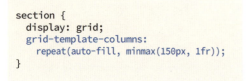

```
section {
  display: grid;
  grid-template-columns:
    repeat(auto-fill, minmax(150px, 1fr));
}
```

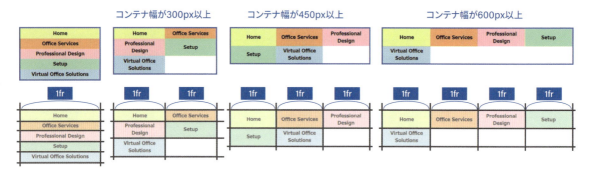

■ サブグリッド subgrid

グリッドを入れ子にした場合、子のグリッドをサブグリッドにすると、親のグリッド（メイングリッド）の構成を共有できます。部分的な共有も可能です。

たとえば、右の例は `<section>` で3列×2行のグリッドを構成したものです。各列の横幅は「1fr 3fr auto」と指定しています。そのため、3列目がアイテムに合わせた大きさになった上で、残りのスペースを1列目と2列目が1:3の比率で分け合った大きさになっています。

5つあるアイテムのうち、`<div class="subgrid">` は列 2 ～ 4 に配置しています。この中にはさらに4つの `<div>` がありますが、そのままではこれらはフローレイアウトでレイアウトされます。

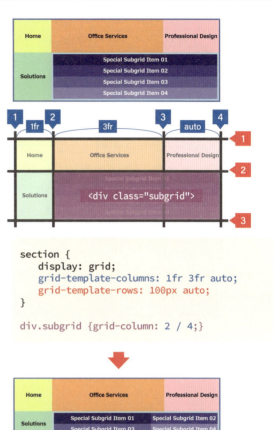

```
<section>
    <div>Home</div>
    <div>Office Services</div>
    <div>Professional Design</div>
    <div>Setup</div>
    <div class="subgrid">
        <div>Special Subgrid Item 01</div>
        <div>Special Subgrid Item 02</div>
        <div>Special Subgrid Item 03</div>
        <div>Special Subgrid Item 04</div>
    </div>
</section>
```

4つの `<div>` もグリッドでレイアウトするため、`<div class="subgrid">` で2列のグリッドを構成すると右のようになります。display: grid を適用し、各列の横幅はメイングリッドの2列目、3列目と同じ「3fr auto」に指定しています。しかし、メイングリッドとは別のグリッドですので、当然ながら列の横幅は同じ大きさにはなりません。

メイングリッドの列と揃えるためには、次ページのようにサブグリッドを構成します。

`<div class="subgrid">`で構成されたグリッド

```
…略…
div.subgrid {
    grid-column: 2 / 4;
    display: grid;
    grid-template-columns: 3fr auto;
}
```

サブグリッドを構成するためには、<div class="subgrid"> の grid-template-columns を「subgrid」と指定します。これで、メイングリッドの列の構成が共有されます。

その結果、サブグリッドではメイングリッドの2列目と3列目と同じ横幅の列が構成されます。同時に、サブグリッド内のアイテムがメイングリッド側にも影響を与え、メイングリッドの列の横幅が変わったこともわかります。これは、auto の3列目がサブグリッド内のアイテムも含めた大きさで処理され、それに合わせて残りのスペースで1列目と2列目の大きさが決まっているためです。

このように、メイングリッドとサブグリッドは相互に影響し合う関係になります。

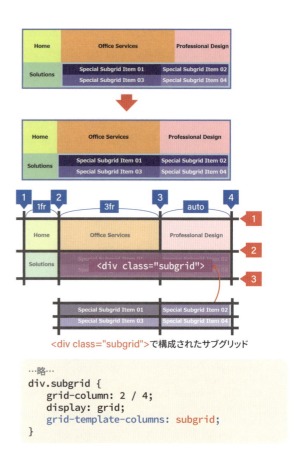

<div class="subgrid">で構成されたサブグリッド

```
…略…
div.subgrid {
    grid-column: 2 / 4;
    display: grid;
    grid-template-columns: subgrid;
}
```

P.307 の gap でトラックの間に入れるガター（ギャップ）については、デフォルトではメイングリッドと同じ大きさになりますが、サブグリッド側で変更できます。右の例ではメイングリッドに入れたガターがないため、サブグリッドにも入っていません。サブグリッド側にだけ 32px のガターを入れると右のようになります。

```
…略…
div.subgrid {
    grid-column: 2 / 4;
    display: grid;
    grid-template-columns: subgrid;
    gap: 32px;
}
```

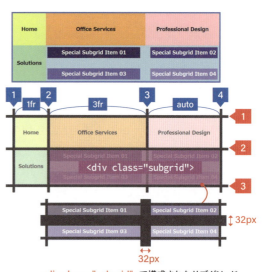

<div class="subgrid">で構成されたサブグリッド

ライン名の指定

グリッドラインには番号が割り振られますが、ライン名をつけることもできます。その場合、トラックサイズの指定の中に [] で記述します。複数のライン名は [] 内にスペース区切りで指定します。

ライン名は配置先の指定に使用できます。たとえば、<section> 内の 2 つ目のアイテム（オレンジ色）の配置先を列 start ～ 1つ目の main、行 start ～ end に指定すると右のようになります。

```
section {
  display: grid;
  grid-template-columns: [start] 1fr [main] 1fr [main] 1fr [end];
  grid-template-rows: [start content] 100px auto [end];
}
div:nth-child(2) {
  grid-column: start / main 1;
  grid-row: start / end;
}
```

グリッドアイテムの配置先はP.268のgrid-columnとgrid-rowを使って指定

CSS			
グリッドの構成 ― エリア名		初期値	none
`grid-template-areas: " エリア名 "`		適用対象	グリッドコンテナ
		継承	なし
エリア名	none / 文字列		

grid-template-areas プロパティはグリッドのセルにエリア名をつけます。アスキーアート（AA）のような「テンプレート」書式を使用し、各セルに割り当てるエリア名を指定します。「"」で囲んだ文字列は行を構成します。文字列内ではスペースで区切ったエリア名で列を構成します。エリア名を指定したくないセルがある場合は「.（ピリオド）」を使います。これで、エリア名を指定してグリッドアイテムを配置できます。

なお、グリッドエリアを構成するラインには「エリア名 -start」、「エリア名 -end」というライン名が付加されます。たとえば、photo エリアを構成するラインには右のようにライン名が付加されます。

```
section {
  display: grid;
  grid-template-areas:
    "heading cta"
    "photo photo";
  grid-template-columns: 1fr 256px;
  grid-template-rows: auto auto;
  gap: 32px;
}
h1  {grid-area: heading;}
div {grid-area: cta;}
img {grid-area: photo;}
```

```
<section>
  <h1>…</h1>
  <div>…</div>
  <img src= …>
</section>
```

グリッドアイテムの配置先はP.268のgrid-areaを使って指定

グリッドの構成 ― トラックサイズとエリア名

`grid-template:` 行のトラックサイズ ／ 列のトラックサイズ
`grid-template:` " エリア名 " 行のトラックサイズ ／ 列のトラックサイズ

初期値	none
適用対象	グリッドコンテナ
継承	なし

トラックサイズ	grid-template-rowsとgrid-template-columnsの値	エリア名	grid-template-areasの値

grid-template プロパティは行列のトラックサイズとエリア名をまとめて指定します。たとえば、P.262 や P.267 の設定は次のように記述できます。

```
section {
    display: grid;
    grid-template-columns: 1fr 1fr 1fr;
    grid-template-rows: 100px auto;
}
```
=
```
section {
    display: grid;
    grid-template: 100px auto / 1fr 1fr 1fr;
}
```

```
section {
    display: grid;
    grid-template-areas:
        "heading cta"
        "photo photo";
    grid-template-columns: 1fr 256px;
    grid-template-rows: auto auto;
    gap: 32px;
}
```
=
```
section {
    display: grid;
    grid-template:
        "heading cta" auto
        "photo photo" auto
        / 1fr 256px;
    gap: 32px;
}
```

グリッドアイテムの配置先

`grid-column:` 列の開始ライン ／ 終了ライン
`grid-row:` 行の開始ライン ／ 終了ライン
`grid-area:` エリア名
`grid-area:` 行の開始ライン ／ 列の開始ライン ／ 行の終了ライン ／ 列の終了ライン

初期値	auto
適用対象	グリッドアイテム ／ グリッドコンテナを包含ブロックとする絶対位置指定要素
継承	なし

配置先	auto ／ ライン番号 ／ ライン名 ／ エリア名 ／ span

grid-column、grid-row、grid-area プロパティを使って、グリッドアイテムをグリッドのどこに配置するかを指定します。指定の際に利用するのはラインまたはエリア名です。ラインで指定する場合、開始と終了の 2 つのラインが必要です。右のプロパティで個別に指定することもできます。

プロパティ	値
grid-column-start	列の配置先の開始ライン
grid-column-end	列の配置先の終了ライン
grid-row-start	行の配置先の開始ライン
grid-row-end	行の配置先の終了ライン

開始と終了の2つのラインを指定するためには、次の2つの方法があります。

- 両方をラインで指定する。指定にはライン番号またはライン名を使用する。
- どちらかをラインで、もう片方をspanで指定し、何トラックまたいだ配置にするかを指示する。

省略した場合は初期値の auto が使用されます。その auto は「span 1（1トラック分）」と指定したものとして処理されます。ラインとしてエリア名を指定した場合は適切なライン名に置き換わります。番号や span の指定にライン名を付加すると、指定した名前のラインだけを使って処理が行われます。

たとえば、P.267のグリッドの場合、画像 <img> の配置先は次のように指定できます。ライン番号、ライン名、エリア名で指定したものは明示的に配置先を指定したものとして扱われ、他のグリッドアイテムの配置や記述順などが変わっても影響は受けません。

一方、この例では列の配置先を span だけで指定しても同じ場所に配置できます。ただし、行と列のどちらも配置先を明示的に指定していませんので、他のグリッドアイテムの配置や記述順によって配置先が変わります。

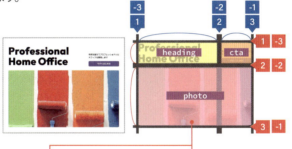

配置先を明示的に指定した記述

```
img {grid-area: photo;}

img {
  grid-column: photo;
  grid-row: photo;
}

img {
  grid-column: 1 / -1;
  grid-row: 2 / -1;
}

img {
  grid-column: 1 / 3;
  grid-row: 2;
}
```

```
img {grid-area: 2 / 1 / 3 / 3;}

img {
  grid-column: 1 / 3;
  grid-row: 2 / 3;
}

img {
  grid-column: 1 / span 2;
  grid-row: 2 / span 1;
}

img {
  grid-column-start: 1;
  grid-column-end: 3;
  grid-row-start: 2;
  grid-row-end: 3;
}
```

配置先を明示的に指定していない記述

```
img {grid-column: span 2;}
```

2つの列トラックにまたがった配置にするように指定

Chapter 4 レイアウト

■ グリッドアイテムの配置を確定する処理

グリッドアイテムは明示的に配置先を指定したものと、指定しないものに分けられ、次のような処理で配置先が確定されます。各処理は、グリッドの先頭から行われます。

① 行・列の両方の配置先を明示的に指定したアイテムの配置が確定されます。配置先が他のアイテムと重複していても重ねて配置されます。

② 行の配置先のみ※明示的に指定したアイテムの配置が確定されます。指定した行の空いたセルに、記述順に配置されていきます。

③ 残りのアイテムの配置が確定されます。列の配置先のみ※明示的に指定したアイテムもここで処理され、記述順に行を埋めるように配置されていきます。このとき、逆戻りして配置することは認められません。

※P.272のgrid-auto-flow が標準ではrowに設定されているため、columnにした場合は行と列の処理の順序が入れ替わります。

たとえば、右上の例は4列のグリッドを構成したものです。配置先を指定しなかった場合、A〜Eの5つのアイテムは③の処理で行を埋めるように記述順に配置されます。

続けて、AとBの配置先を指定すると右のようになります。まずは①で、行・列の両方の配置先を明示的に指定したBが処理され、列2〜3、行1に配置が確定されます。次に②で、行の配置先のみ明示的に指定したAが処理されます。Aの行は指定通り1行目で確定しますが、列は span 2 と指定していますので、2列分の空きが必要です。1行目の2列目には先にBが配置済みなため、Aを配置する列は2列分の空きがある列3〜5で確定します。最後に③で、C〜Eが空いたセルに記述順に自動配置されます。

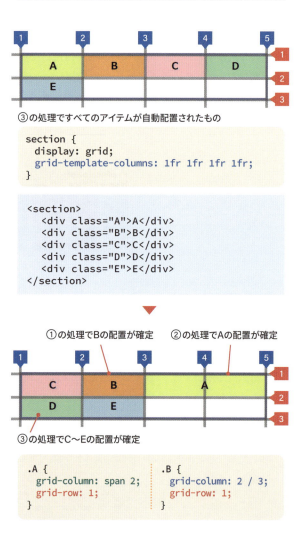

Bのgrid-row（行の配置先）の指定を削除したときにどうなるかも確認しておきます。Bは列の配置先のみ指定した形になり、③で処理されます。そのため、一番最初に②の処理でAの配置先が列1〜3、行1に確定します。次に、記述順にB〜Eが③で処理され、空いたセルに配置されます。ただし、Bは列の配置先が列2〜3に指定してあるため、空いている2行目の列2〜3に配置されます。そして、逆戻りは認められないため、C以降はBよりもあとの空いたセルに自動配置され、右のように配置が確定します。

なお、P.273のようにgrid-auto-flowをdenseと指定すると、逆戻りを許可して空いたセルを埋めることもできます。

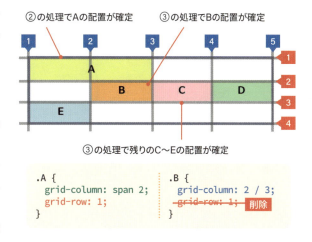

暗黙的なグリッドのトラックサイズ

`grid-auto-columns`： 暗黙的な列のトラックサイズ
`grid-auto-rows`： 暗黙的な行のトラックサイズ

初期値	auto
適用対象	グリッドコンテナ
継承	なし

| トラックサイズ | P.262のトラックサイズの値（none/subgrid/repeat()を除く） |

明示的なグリッド（explicit grid）は、右のプロパティで行・列のトラックサイズやエリア名を指定することで構成されます。逆に、これらの指定がない場合や、明示的なグリッドにアイテムを配置する場所がない場合には、暗黙的なグリッドが自動生成されます。

grid-auto-columnsとgrid-auto-rowsプロパティは、暗黙的なグリッドのトラックサイズを指定します。たとえば、P.264のコンテナ幅に合わせて列数が自動的に変わるグリッドでは、列だけを明示的なグリッドにしています。行は暗黙的なグリッドとして自動生成されるため、grid-auto-rowsの指定によってトラックサイズが次ページのように変わります。

明示的なグリッドを構成するプロパティ

- grid-template-columns
- grid-template-rows
- grid-template-areas

暗黙的なグリッドが構成されるケース

- 上記のプロパティによる明示的なグリッドの指定がない
- 明示的なグリッドにアイテムの配置先がない

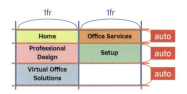

`grid-auto-rows: auto;`

暗黙的な行のトラックサイズはデフォルトでは初期値のautoで処理され、配置されたグリッドアイテムに合わせた高さになります

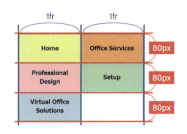

`grid-auto-rows: 80px;`

暗黙的な行のトラックサイズが80pxの高さになります

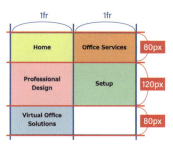

`grid-auto-rows: 80px 120px;`

暗黙的な行のトラックサイズが80pxと120pxの繰り返しになります

```
section {
    display: grid;
    grid-template-columns: repeat(auto-fill, minmax(150px, 1fr));
    grid-auto-rows: 〜;
}
```

CSS

自動配置の処理

`grid-auto-flow:` 配置の方向 空いたセルの処理

初期値	row
適用対象	グリッドコンテナ
継承	なし

配置の方向	row / column	空いたセルの処理	dense

grid-auto-flow プロパティは、P.270 のように配置先を明示的に指定していないアイテムを行（row）と列（column）のどちらの方向に自動配置し、埋めていくかを指定します。配置先が足りない場合は指定した行または列が暗黙的なグリッドとして自動生成されます。

右の例では明示的な 3 列のグリッドに対して、自動配置の方向と、暗黙的なグリッドが生成される際のそのトラックサイズを指定しています。

```
section {
  display: grid;
  /* 明示的な 3 列のグリッドを構成 */
  grid-template-columns: 1fr 1fr 1fr;
  grid-auto-rows: auto; /* 暗黙的な行のトラックサイズ */
  grid-auto-flow: row; /* 行方向に自動配置 */
}
```

■ 空いたセルの処理

アイテムを配置する P.271 の③の処理では逆戻りが許可されないため、空いたセルができるケースがあります。grid-auto-flow の指定に dense をつけると、逆戻りを許可し、空いたセルを埋めるように処理できます。たとえば、空いたセルのある P.271 のグリッドに grid-auto-flow: row dense を適用すると、右のようになります。row を省略して dense とだけ指定することも可能です。

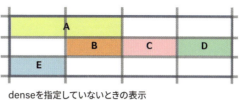

denseを指定していないときの表示

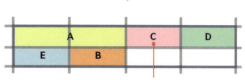

denseを指定したときの表示。③の処理でBの配置が確定したあと、残りのC〜Eは逆戻りして空いたセルに配置されていきます

```
section {
  display: grid;
  grid-template-columns:
    1fr 1fr 1fr 1fr;
  grid-auto-flow:
    row dense;
}
```

```
.A {
  grid-column: span 2;
  grid-row: 1;
}

.B {
  grid-column: 2 / 3;
}
```

CSS

暗黙的・明示的なグリッドの構成

grid: auto-flow 暗黙的な行のトラックサイズ / 明示的な列のトラックサイズ
grid: 明示的な行のトラックサイズ / auto-flow 暗黙的な列のトラックサイズ
grid: 明示的なグリッドの構成

初期値	none
適用対象	グリッドコンテナ
継承	なし

暗黙的な 行・列のトラックサイズ	grid-auto-rows grid-auto-columnsの値	明示的な 行・列のトラックサイズ	grid-template-columns grid-template-rowsの値
明示的なグリッドの構成	grid-templateの値		

---

grid プロパティを使うと、明示的なトラックサイズ（grid-template-columns/grid-templaterows/grid-template）と暗黙的なトラックサイズ（grid-auto-rows/grid-auto-columns）の設定をまとめて指定できます。暗黙的なトラックサイズの設定には auto-flow キーワードをつけて指定します。ただし、行列の両方に指定することはできません。
dense キーワードが必要な場合は auto-flow キーワードに付加します。

```
section {
  display: grid;
  /* 明示的な3列のグリッドを構成 */
  grid-template-columns: 1fr 1fr 1fr;
  grid-auto-rows: auto; /*暗黙的な行のトラックサイズ*/
  grid-auto-flow: row dense; /* 自動配置の処理 */
}
```

=

```
section {
  display: grid;
  grid: auto-flow dense auto / 1fr 1fr 1fr;
}
```

メイソンリーレイアウト

石を積み上げたような形になるメイソンリーレイアウトは、CSS Grid Level 3 で 2 つの構文が提案されています。CSS グリッドのプロパティを使用する Grid-integrated 構文と、メイソンリー専用のプロパティを使用する Grid-independent 構文です。いずれの構文も「一方向のトラックでグリッドを構成し、トラック内にアイテムを積み上げるように並べていく」という仕組みは同じです。
現在、Firefox と Safari※が CSS グリッドを使用する Grid-integrated 構文に対応していますので、縦横比の異なる①〜⑥の 6 つの画像 <img> をレイアウトしてみます。

```
<section>
    <img src="photo01.jpg" alt="…"> ①
    <img src="photo02.jpg" alt="…"> ②
    <img src="photo03.jpg" alt="…"> ③
    <img src="photo04.jpg" alt="…"> ④
    <img src="photo05.jpg" alt="…"> ⑤
    <img src="photo06.jpg" alt="…"> ⑥
</section>
```

※Firefoxはabout:configのフラグ「layout.css.grid-template-masonry-value.enabled」で、SafariはTech Previewで対応

■ 縦方向に積み上げるメイソンリーレイアウト

縦方向に積み上げるメイソンリーレイアウトにする場合、grid-template-columns で列方向のトラックを作成し、grid-template-rows は「masonry」と指定します。右の例では <section> で3列のトラックを構成しています。

これで、各トラックにグリッドアイテムが記述順に自動配置されます。このとき、高さが最も小さい列に自動配置されていくため、右のような結果になります。たとえば画像④の場合、画像①〜③が配置されたあとの状態で、高さが最も小さい2列目に配置が決まります。

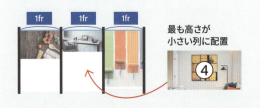

```
section {
    display: grid;
    grid-template-columns: 1fr 1fr 1fr;
    grid-template-rows: masonry;
    gap: 10px;
}
```

配置先は grid-column または grid-row で指定できます。ただし、作成したトラックと同じ方向の指定のみが有効です。ここでは列トラックを構成していますので、grid-column の指定が有効です。画像②の配置先を「span 2」と指定すると、右のように 2 列にまたがった配置になります。

メイソンリー専用の Grid-independent 構文では次のように書くことが提案されています。

```
section {
  display: masonry;
  masonry-tracks: 1fr 1fr 1fr;
  masonry-direction: column;
  gap: 10px;
}

img:nth-child(2) {
  masonry-track: span 2;
}
```

```
img:nth-child(2) {
  grid-column: span 2;
}
```

■ 横方向に積み上げるメイソンリーレイアウト

横方向に積み上げるメイソンリーレイアウトにする場合、grid-template-rows で行方向のトラックを作成し、grid-template-column を「masonry」と指定します。右の例では <section> で 3 行のトラックを構成し、画像を自動配置しています。

メイソンリー専用の Grid-independent 構文では次のように書くことが提案されています。

```
section {
  display: masonry;
  masonry-tracks: 1fr 1fr 1fr;
  masonry-direction: row;
  gap: 10px;
}
```

```
section {
  display: grid;
  grid-template-columns: masonry;
  grid-template-rows: 1fr 1fr 1fr;
  gap: 10px;
}
```

4-9 ポジションレイアウト

ポジションレイアウト（位置指定レイアウト）は基準からの距離を指定して要素の表示位置をコントロールする機能です。ただし、位置指定の方法によっては要素の表示位置を直接指定するものではないことに注意が必要です。

CSS 位置指定の処理 `position: 処理`		初期値	static
		適用対象	全要素（テーブルの列関連の要素を除く）
		継承	なし
処理	static / relative / absolute / fixed / sticky		

CSS 基準からの位置（距離） `top: 上からの距離` `right: 右からの距離` `bottom: 下からの距離` `left: 左からの距離` `inset: 上下左右（開始・終了サイド）からの距離`		初期値	auto
		適用対象	位置指定要素
		継承	なし
距離	auto / 長さ / % ※1 / anchor() ※2 / anchor-size() ※2		

※1 … %は包含ブロックの大きさに対する割合　※2 … anchor()とanchor-size()はアンカーポジション（P.289、P.291）で有効な関数です

ポジションレイアウトは次のようにコントロールします。ここでは日本語の書字方向（左横書き）を基準に、方向やサイドは「上下左右」で表記します。

❶ position プロパティで位置指定の処理を指定します。指定できる処理は右の5種類です。ただし、初期値の static では特別な処理は行われず、通常のレイアウトモデルの処理で要素の表示位置が決まります。そのため、**position を static 以外に指定した要素が「位置指定要素（positioned element）」**として扱われます。位置指定要素は重なり順が他の要素より上になります。

positionの値	位置指定の処理
static	静的位置指定 (Static positioning)
relative	相対位置指定 (Relative positioning)
sticky	粘着位置指定 (Sticky positioning)
absolute	絶対位置指定 (Absolute positioning)
fixed	固定位置指定 (Fixed positioning)

❷ top/right/bottom/left/inset プロパティでは基準からの位置（距離）を指定します。その対象は、処理に応じて位置指定要素または位置指定要素を配置する包含ブロックとなります。以下、これらプロパティは「inset プロパティ群（inset properties）」と呼びます。

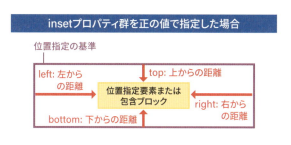

inset プロパティ群 (inset properties)

物理プロパティ	論理プロパティ(左横書きの場合)	指定できる距離	例
–	inset	上下左右（全方向）	inset: 10px; /* 上下左右 */ inset: 10px 20px; /* 上下 左右 */ inset: 10px 20px 5px; /* 上 左右 下 */ inset: 10px 20px 5px 30px; /* 上 右 下 左 */
–	inset-block	上下（ブロック方向）	inset-block: 10px; /* 上下 */ inset-block: 10px 5px; /* 上 下 */
–	inset-inline	左右（インライン方向）	inset-inline: 10px; /* 左右 */ inset-inline: 10px 5px; /* 左 右 */
top	inset-block-start	上（ブロック方向の開始側）	top: 10px; /* 上 */
right	inset-inline-end	右（インライン方向の終了側）	right: 10px; /* 右 */
bottom	inset-block-end	下（ブロック方向の終了側）	bottom: 10px; /* 下 */
left	inset-inline-start	左（インライン方向の開始側）	left: 10px; /* 左 */

右の例は <section> 内に 5 つの要素 <div> を入れたものです。<section> は青色のボーダーで囲み、20px のパディングを入れてあります。ここでは 3 つ目の要素に position を適用して表示位置をコントロールしていきます。

position の初期値の static では静的位置指定となるため、レイアウトモデル（ここではフローレイアウト）の規則に従い、右のように表示位置が決まります。inset プロパティ群を適用しても無効となります。この表示位置を**静的位置（static position）**と呼びます。

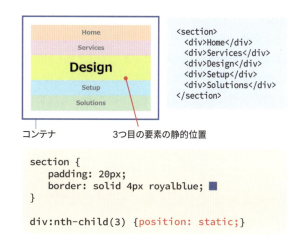

相対位置指定 relative

position を relative と指定すると、相対位置指定の処理になります。この処理では位置指定要素の静的位置が基準となります。inset プロパティ群では静的位置からの距離で位置指定要素の表示位置を指定します。すべてを初期値 auto にした場合、表示位置は静的位置から変化しません。

たとえば、top と left を 15px と指定すると、静的位置の上から 15px、左から 15px の位置に配置されます。bottom と right を -15px と指定しても同じ表示結果を得ることが可能です。

top と bottom、または left と right で両サイドの位置を同時に指定し、初期値 auto 以外にした場合、top と left の指定が使用されます。

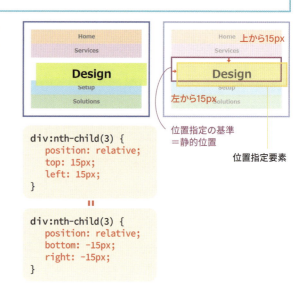

```
div:nth-child(3) {
    position: relative;
    top: 15px;
    left: 15px;
}
```

```
div:nth-child(3) {
    position: relative;
    bottom: -15px;
    right: -15px;
}
```

粘着位置指定 sticky

position を sticky と指定すると、粘着位置指定（スティッキーポジション）の処理になります。この処理では位置指定要素から見た祖先要素のうち、一番近くにあるスクロールコンテナ（P.410）が粘着対象となります。該当する祖先要素がない場合、ビューポート（ブラウザ画面）が粘着対象となります。

inset プロパティ群では粘着対象からの距離で位置指定要素の固定位置を指定します。縦スクロールでは top と bottom、横スクロールでは left と right の指定が有効です。位置指定要素はスクロールによって固定位置に到達すると、そこで固定表示されます。

固定位置に到達していない場合は静的位置に表示されます。

たとえば、次の例では top: 0px と指定しているため、粘着対象（ビューポート）の上に到達すると固定されます。なお、スクロールによって直近の親要素（ここでは <section>）が粘着対象の外に出るときは、位置指定要素もいっしょにスクロールアウトします。

```
div:nth-child(3) {
    position: sticky;
    top: 0px;
}
```

絶対位置指定 absolute

position を absolute と指定すると、絶対位置指定の処理になり、位置指定要素が独立したレイヤーで扱われます。その結果として、親子関係がなくなり、包含ブロックもなくなります。しかし、位置指定要素の位置とサイズを決めるためには、この位置指定要素の包含ブロックが必要です。そのため、以下のプロセスで包含ブロックが用意されます。

---

① まず、基準となる要素を用意します。その要素が基準となるためには、次のルールをクリアする必要があります。 ※一般的には position: relative を適用して用意

位置指定要素の祖先要素のうち直近の
- position の値が static 以外に指定された要素
- または transform/perspective/filter の値が none 以外に指定された要素
- または contain の値が layout、paint、strict、content に指定された要素
- または初期包含ブロック（P.225、P.282）

② 基準となる要素のパディングボックスを包含ブロックのベース（absolute-position containing block）とします。

③ そのベースに inset プロパティ群を適用し、包含ブロック（inset-modified containing block）を構成します。その際、inset プロパティの組み合わせに応じてA〜Cの処理のいずれかが適用されます。

※位置指定要素の横幅・高さを%で指定すると、ベースに対する割合で処理されますので注意が必要です。

CSS グリッドおよびフレックスボックスでは、ベースと静的位置が次のようになります

特に、基準となる要素がグリッドコンテナだった場合、グリッドアイテム以外も position と P.268 のプロパティ（grid-column など）による配置先の指定を組み合わせることで、基準のグリッドコンテナが構成するグリッドエリアに配置できます（グリッドの構造に影響を与えません）。

※配置先の明示的な指定についてはP.269を参照。ただし、開始・終了ラインの一方だけを明示している場合、明示していない側はautoになり、そちら側は「明示的な指定なし」で処理されます（例：「grid-row: 2」と指定した場合の行の終了ライン）

※基準のグリッドコンテナに指定した配置先が存在しない場合、「明示的な指定なし」で処理されます

	基準がグリッドコンテナの場合			
位置指定要素の配置先の指定	包含ブロックのベース	位置指定要素の静的位置		
		基準のグリッドコンテナのグリッドアイテム	左以外のグリッドアイテム サブグリッドのグリッドアイテムなど	グリッドアイテム以外の要素
明示的な指定あり	基準のグリッドコンテナが構成する、指定された配置先のグリッドエリア	基準のグリッドコンテナが構成する、指定された配置先のグリッドエリア	そのグリッドアイテムのグリッドコンテナのコンテンツボックス	position: static のときの位置
明示的な指定なし	基準のグリッドコンテナのパディングボックス	基準のグリッドコンテナのパディングボックス	そのグリッドアイテムのグリッドコンテナのコンテンツボックス	position: static のときの位置

基準がグリッドコンテナ以外で、位置指定要素がグリッドアイテムの場合		
位置指定要素の配置先の指定	包含ブロックのベース	位置指定要素の静的位置
明示的な指定の有無の影響なし	基準となる要素のパディングボックス	グリッドコンテナのコンテンツボックス

基準がフレックスコンテナの場合				
-	包含ブロックのベース	位置指定要素の静的位置		
		基準のフレックスコンテナのフレックスアイテム	左以外のフレックスアイテム 入れ子のフレックスコンテナのアイテム	フレックスアイテム以外の要素
-	基準のフレックスコンテナのパディングボックス	基準のフレックスコンテナのコンテンツボックス	そのフレックスアイテムのフレックスコンテナのコンテンツボックス	position: static のときの位置

基準がフレックスコンテナ以外で、位置指定要素がフレックスアイテムの場合		
-	包含ブロックのベース	位置指定要素の静的位置
-	基準となる要素のパディングボックス	フレックスコンテナのコンテンツボックス

■ A. 両サイドからの距離を指定した場合

inset プロパティ群でベースの両サイド（上下および左右）からの距離を指定した場合、指定した距離で包含ブロックのエッジが決まります。位置指定要素は包含ブロックに合わせたサイズで配置されます。

右の例では <section> に position: relative を適用し、基準となる要素にしています。これで <section> のパディングボックスが包含ブロックのベースとなります。さらに、inset の指定により、ベースから内側 40px に包含ブロックのエッジが構成され、位置指定要素が配置されています。

さらに、A の処理では包含ブロック内での位置指定要素の配置を P.304 の justify-self と align-self で変更できます。デフォルトで位置指定要素が包含ブロックに合わせたサイズになるのも、justify-self と align-self の初期値が stretch（ストレッチ）で処理されるためです。

また、位置指定要素の auto のマージンは包含ブロックに対して P.233 のように処理されます。

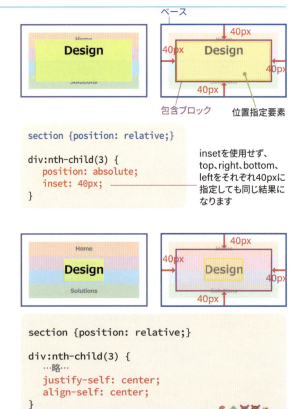

```
section {position: relative;}

div:nth-child(3) {
    position: absolute;
    inset: 40px;
}
```

insetを使用せず、top、right、bottom、leftをそれぞれ40pxに指定しても同じ結果になります

```
section {position: relative;}

div:nth-child(3) {
    …略…
    justify-self: center;
    align-self: center;
}
```

■ B. 片サイドからの距離を指定した場合

inset プロパティ群でベースの片サイド（上下のどちらか、左右のどちらか）からの距離を指定した場合、未指定サイドは距離が 0 として扱われ、指定した距離と合わせて包含ブロックのエッジが決まります。位置指定要素は中身に合わせたサイズになり、inset プロパティ群で指定したサイドに配置されます。右の例では bottom と right の指定によって包含ブロックのエッジがベースの右下から 40px 内側に構成され、位置指定要素がそこに揃えて配置されます。

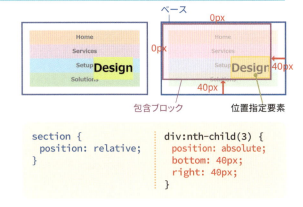

```
section {
  position: relative;
}
```

```
div:nth-child(3) {
  position: absolute;
  bottom: 40px;
  right: 40px;
}
```

■ C. 両サイドからの距離が未指定な場合

inset プロパティ群でベースの両サイド（上下および左右）からの距離が未指定な場合、上と左は静的位置、逆側（右と下）はベースの位置で包含ブロックのエッジが決まります。位置指定要素は中身に合わせたサイズで、上と左に揃えて配置されます。これは、P.304 の justify-self と align-self の初期値が start（上と左）で処理されるためです。

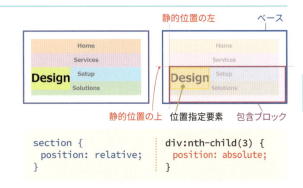

```
section {
  position: relative;
}
```

```
div:nth-child(3) {
  position: absolute;
}
```

固定位置指定 fixed

position: fixed を適用すると固定位置指定になります。処理としては絶対位置指定と同じですが、P.279 の①が次のようになります。ビューポートを基準にする場合にはブラウザ画面上に固定されます。

次の例は CSS グリッドでレイアウトした 3 つ目の要素に position: fixed を適用したものです。top と left を 0px にすると、B の処理で画面の左上に固定されます。

> ① 基準となる要素
> 位置指定要素の祖先要素のうち直近の
> - transform/perspective/filter の値が none 以外に指定された要素
> - または contain の値が layout、paint、strict、content に指定された要素
> - または<u>ビューポート</u>

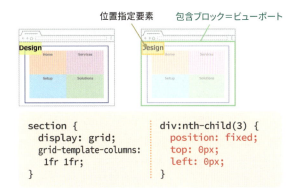

```
section {
  display: grid;
  grid-template-columns:
    1fr 1fr;
}
```

```
div:nth-child(3) {
  position: fixed;
  top: 0px;
  left: 0px;
}
```

ビューポートと初期包含ブロックの違い

条件に応じて、position: fixedではビューポートが、position: absoluteでは初期包含ブロック（ICB: initial containing block）が位置指定の基準になります。それぞれ、次のように定義されています。

ビューポート
アドレスバーの有無などで動的にサイズが変わるP.183のダイナミックビューポート（レイアウトビューポート）で処理されます。

初期包含ブロック
ルート要素の包含ブロックとなるもので、ビューポートの横幅と高さに設定され、キャンバスの原点（ページの左上）に固定されます。横幅と高さの元になるのはスモールビューポート（P.183）です。

そのため、fixedでビューポート、absoluteで初期包含ブロックの下部（bottom: 0px）に配置すると右のようになります。ページをロードし、画面がスモールビューポートサイズのときはどちらも同じ位置に配置されます。しかし、スクロールするとabsoluteの方はページとともに動きます。一方、fixedの方はビューポートサイズが変わっても下部に固定されたままであることがわかります。

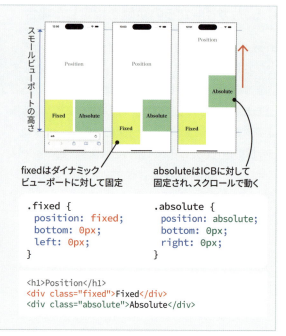

fixedはダイナミックビューポートに対して固定

absoluteはICBに対して固定され、スクロールで動く

```css
.fixed {
  position: fixed;
  bottom: 0px;
  left: 0px;
}
```

```css
.absolute {
  position: absolute;
  bottom: 0px;
  right: 0px;
}
```

```html
<h1>Position</h1>
<div class="fixed">Fixed</div>
<div class="absolute">Absolute</div>
```

CSS

重なり順

`z-index: 順番`

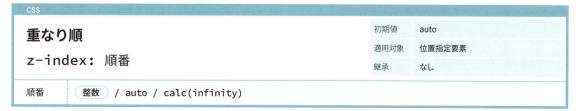

初期値	auto
適用対象	位置指定要素
継承	なし

順番　整数 / auto / calc(infinity)

z-index プロパティは要素の重なり順を指定します。以下の要素に適用した場合に有効です。

- 位置指定要素（position が static 以外のもの）
- フレックスアイテム
- グリッドアイテム

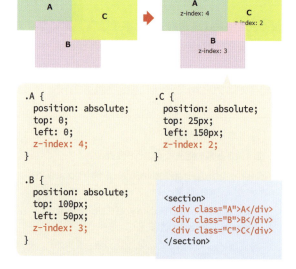

重なり順は z-index を大きな値に指定した要素ほど上になります。値が同じ場合、コードの記述順が後の要素が上になります。たとえば、右の例は A、B、C の 3 つの要素を絶対位置指定して重ねたものです。z-index が未指定な場合は初期値 auto で処理され、記述順に重なって一番上が C になります。z-index を指定すると、一番小さい値の C が一番下になります。

```css
.A {
  position: absolute;
  top: 0;
  left: 0;
  z-index: 4;
}
.B {
  position: absolute;
  top: 100px;
  left: 50px;
  z-index: 3;
}
```

```css
.C {
  position: absolute;
  top: 25px;
  left: 150px;
  z-index: 2;
}
```

```html
<section>
  <div class="A">A</div>
  <div class="B">B</div>
  <div class="C">C</div>
</section>
```

■ スタッキングコンテキスト（Stacking Context）

スタッキングコンテキスト（重ね合わせコンテキスト）は、要素の重なり順の処理が影響する範囲です。デフォルトではルート要素 <html> で形成されるほか、以下の要素で形成されます。スタッキングコンテキスト内の要素は重なり順が右のように処理されます。

スタッキングコンテキストを形成する要素

- ルート要素<html>
- positionの値がabsoluteまたはrelativeで、z-indexの値がauto以外
- positionの値がfixedまたはsticky
- フレックスアイテムまたはグリッドアイテムで、z-indexの値がauto以外
- opacity の値が 1 以外
- transform / scale / rotate / translate / backdrop-filter / filter / perspective / clip-path / mask / mask-image の値がnone以外
- mix-blend-mode の値が normal 以外
- isolation の値が isolate
- will-change の値が auto 以外でスタッキングコンテキストを形成するプロパティを指定しているもの
- container-type の値が size または inline-size
- contain の値が layout、paint、strict、content
- 最上位レイヤー（top layer）に配置されたもの

スタッキングコンテキスト内の要素の重なり順

スタッキングコンテキストを形成した要素の背景とボーダーの上に、中身が以下の順で重なります

- z-index を -1 以下に指定した要素
- 通常の要素（positionがstaticの要素）
- z-indexが0で処理される要素
  - z-indexが未指定（auto）な位置指定要素
  - スタッキングコンテキストを形成する要素
  - z-indexを0に指定した要素
- z-index を 1 以上に指定した要素

たとえば、前ページの例では 3 つの要素が同じルート要素 <html> のスタッキングコンテキストに属し、A、B、C の <div> の重なり順が比較されていました。しかし、右のように <div class="group"> を用意し、A と B を入れて position: relative と z-index: 1 を適用すると、新しいスタッキングコンテキストが形成されます。すると、ルート要素のスタッキングコンテキスト内で重なり順が比較されるのは <div class="group"> と C の <div> になり、z-index の値が 2 の C の <div> が上になります。A と B は <div class="group"> が形成したスタッキングコンテキスト内で重なり順が比較されるため、z-index の値をどれだけ大きくしても C より上になることはありません。

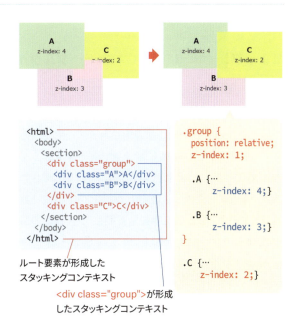

```
<html>
  <body>
    <section>
      <div class="group">
        <div class="A">A</div>
        <div class="B">B</div>
      </div>
      <div class="C">C</div>
    </section>
  </body>
</html>
```

ルート要素が形成した
スタッキングコンテキスト

<div class="group">が形成
したスタッキングコンテキスト

```
.group {
  position: relative;
  z-index: 1;
}

.A {…
  z-index: 4;}

.B {…
  z-index: 3;}
}

.C {…
  z-index: 2;}
```

Chapter 4　レイアウト

CSS 4-10 トップレイヤー

トップレイヤー（top layer）は他のすべてのレイヤーよりも上になる、最上位に位置するレイヤーです。ブラウザがページごとに1つのトップレイヤーを構成します。トップレイヤーに追加された要素はルート要素の兄弟要素（同階層の要素）であるかのように扱われ、元のコードの記述順や祖先要素が形成したスタッキングコンテキストの影響を受けることなく、確実にトップレイヤー外の要素の上に表示されます。

トップレイヤーに追加される要素は右のようになっており、これらは開いた順にトップレイヤーに追加されます。トップレイヤーでは後から開いたものが上になるため、たとえばポップオーバー内でネストしたポップオーバーを確実に上に表示できる仕組みになっています。

さらに、トップレイヤーに追加された要素には、要素ごとに::backdrop擬似要素が付加されます。::backdropは要素の背面にボックスを構成し、その要素よりも背後にいる他の要素をすべて覆い隠します。バックドロップ（コンテンツを覆い隠すもの）としての利用が可能です。

コンテンツ全体を覆い隠す　　モーダルダイアログ
::backdroop（バックドロップ）

トップレイヤーに追加される要素

- showModal()でモーダルダイアログとして開いたdialog要素
- showPopover()やpopovertarget属性で開いたpopover属性を持つポップオーバー要素
- requestFullscreen()で開いたフルスクリーン要素

■ トップレイヤーに追加されたモーダルダイアログやポップオーバーの配置

トップレイヤーに追加されたモーダルダイアログやポップオーバーには、右のようにブラウザのUAスタイルシートでposition: fixedが適用されます。用途に応じてposition: absoluteには上書きできますが、それ以外に指定した場合はabsoluteとして処理されます（トップレイヤーは通常のpositionで構成されるレイヤーよりも上位に存在します）。位置指定の基準となるのは、position: fixedではビューポート、position: absoluteでは初期包含ブロックです。ビューポートと初期包含ブロックの違いはP.282を参照してください。

```
position: fixed;          UAスタイルシート
inset: 0;
width: fit-content;
height: fit-content;
margin: auto;
```

トップレイヤーに追加されたモーダルダイアログやポップオーバーに適用される主なスタイル。これにより、ビューポートをベースに構成された包含ブロックの縦横中央に配置されます

```
position: fixed;          UAスタイルシート
inset: 0;
```

::backdropに適用されるスタイル。これにより、ビューポートと同じサイズのボックスを構成し、画面全体を覆います

トップレイヤーに追加された要素は、ブラウザのデベロッパーツールでは右のように表示されます。この例は2つのポップオーバーが開くように設定したものです。トップレイヤー「#top-layer」は </html> の後に用意され、追加された要素が表示されます。ここでは2つのポップオーバーを構成する <div> が追加されており、「reveal」をクリックすると元のコードを確認できます。元のコード側には「top-layer(1)」のように表示され、トップレイヤーに追加されていることと、開かれた順番を確認できます。ここでは、「top-layer(2)」の要素が後から開かれ、上になっていることがわかります。

```
<div popover="manual" id="notice-01">...</div>
<div popover="manual" id="notice-02">...</div>
```

```
document.getElementById("notice-01").showPopover()
document.getElementById("notice-02").showPopover()
```

各要素の直下にはバックドロップ ::backdrop が構成されていることも確認できます。デフォルトでは透明なため、background で背景を半透明な黒色にすると右のようになります。top-layer(2) の ::backdrop は top-layer(1) よりも上になり、背面を覆い隠すことがわかります。

```
#notice-01::backdrop {
  background: rgb(0 0 0 / 0.4);
}
```
top-layer(1)の::backdrop

```
#notice-02::backdrop {
  background: rgb(0 0 0 / 0.4);
}
```
top-layer(2)の::backdrop

オーバーレイ
overlay：値

初期値	none
適用対象	全要素
継承	なし

値	none / auto

overlay プロパティはトップレイヤーに追加された要素のレンダリングの有無を指定するもので、ブラウザが内部的に使用します。トップレイヤーに追加された要素には UA スタイルシートで右のように overlay: auto が適用され、レンダリングされます。外部からの変更はできません。ただし、モーダルダイアログやポップオーバーに開閉時のアニメーションを設定する際には P.427 のような形で使用します。

UAスタイルシート
```
dialog:modal {
    overlay: auto !important;
}
[popover]:popover-open:not(dialog) {
    overlay: auto !important;
}
```

4-11 アンカーポジション

アンカーポジションは、position: absolute または fixed を適用した位置指定要素の配置をアンカー要素を使ってコントロールする機能です。メニューやツールチップなど、さまざまな UI の構築に利用することが可能です。

たとえば、次の例はボタンクリックでポップオーバーを開くようにしたものです。ポップオーバーを常にボタンの上に揃えて配置するため、ボタンをアンカー要素にしています。さらに、ボタンの上に十分なスペースがない場合、ポップオーバーはボタンの下に配置されるようにしています。

この表示を実現するため、右のようにアンカーポジションの設定をしています。

① ボタン `<button>` をアンカー要素にするため、anchor-name プロパティでアンカー名を「--help-anchor」と指定。

② ポップオーバーを位置指定要素にするため、position プロパティを fixed と指定。

③ 位置指定要素と紐づけるアンカー（ターゲットアンカー）の名前を position-anchor プロパティで「--help-anchor」と指定。

④ 位置指定要素をターゲットアンカーの上に配置するため、position-area プロパティを block-start と指定。

⑤ position-try ではフォールバックの配置を指定。④で指定した位置に十分なスペースがない場合に使用されます。ここでは flip-block と指定し、ブロック軸方向にフリップさせ、配置が上下で切り替わるようにしています。

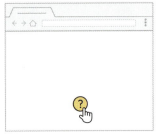

ボタンをクリック

ポップオーバーがボタンの上に揃えた位置に表示されます

ボタンの上のスペースが狭くなると、ポップオーバーはボタンの下に配置されます

```html
<button popovertarget="help"
 aria-label="ヘルプを開く">
  <span aria-hidden="true">?</span>
</button>

<div popover id="help">
  ご不明な点がございましたら…お問い合わせください
</div>
```

※inset: autoとmargin: 0は、ポップオーバー要素に適用されるUAスタイルシート（P.284）をリセットし、アンカーポジションで問題が生じるのを防ぎます

```css
button {
    anchor-name: --help-anchor;         ①
}

div {
    position: fixed;                    ②
    position-anchor: --help-anchor;     ③
    position-area: block-start;         ④
    position-try: flip-block;           ⑤
    inset: auto;
    margin: 0;
}
```

CSS			初期値	none
アンカーの宣言			適用対象	全要素
`anchor-name: アンカー名`			継承	なし
アンカー名	`none` / `--アンカー名`			

CSS			初期値	auto
ターゲットアンカー			適用対象	絶対位置指定要素(position: absoluteまたはfixedを適用した要素)
`position-anchor: アンカー要素`			継承	なし
アンカー要素	`auto` / `--アンカー名`			

アンカー要素は anchor-name プロパティでアンカー名を指定して用意します。アンカー名は接頭辞「--」をつけた任意の名前で指定します。

位置指定要素に紐づけるターゲットアンカーは、position-anchor プロパティを使ってアンカー名で指定します。position-anchor で指定したターゲットアンカーは「**デフォルトのアンカー要素（default anchor element）**」となります。

右の例では黄色いボタン <button> をアンカー要素にし、position: fixed を適用した位置指定要素 <div> のターゲットアンカーにしています。ここではポップオーバーの設定はしていません。

なお、この設定だけではターゲットアンカーを使った表示にはなりません。position-area の指定が必要です。

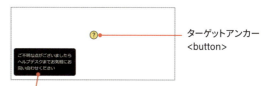

ターゲットアンカー
<button>

位置指定要素 <div>

```html
<button aria-label=" ヘルプを開く ">
  <span aria-hidden="true">?</span>
</button>

<div>
  ご不明な点がございましたらヘルプデスクまでお気軽にお問い合わせください
</div>
```

```css
button {
  anchor-name: --help-anchor;
}

div {
  position: fixed;
  position-anchor: --help-anchor;
}
```

※ここではポップオーバーの設定はしていません

アンカーまわりのエリアを使った位置指定

`position-area: 行のエリア 列のエリア`

初期値	none
適用対象	デフォルトのアンカー要素を持つ位置指定要素
継承	なし

エリア	none / エリアのキーワード（下記の表を参照）

position-area では以下のようなプロセスで包含ブロックが用意され、位置指定要素の配置をコントロールします。

① 通常、fixed ならビューポート、absolute なら position が static 以外の直近の祖先要素が包含ブロックのベースとなります（P.281 と P.279 を参照）。

② これに、ターゲットアンカーを中心に据えた 3×3 のグリッドが作成されますので、position-area で配置エリアを指定します。

③ このエリアに対し、inset プロパティ群（top/right/bottom/left）で配置エリアからの距離を指定したものが位置指定要素の包含ブロックになります。inset プロパティ群が未指定な場合、距離は 0 で処理されます。

④ この包含ブロック内での配置は P.304 の justify-self と align-self でコントロールできます。デフォルトでは position-area の指定に応じて最適な位置に配置されます。

たとえば、position-area を「top span-left」と指定すると右のようになります。

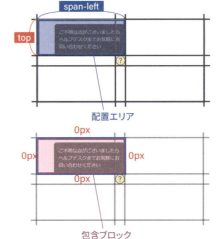

```
button {anchor-name: --help-anchor;}

div {position-anchor: --help-anchor;
     position: fixed;
     position-area: top span-left;}
```

エリアのキーワードは次ページの表のように用意されています。行と列の 2 つのエリアを指定する際に、物理値、論理値、行・列が不明確なキーワードを混在させることはできません。ただし、center と span-all はすべてのキーワードと組み合わせて指定できます。たとえば、「top span-left」は右のような組み合わせで指定できます。

```
position-area: top span-left;
```
行・列が明確な物理値のキーワードで指定
＝
```
position-area: block-start span-inline-start;
```
行・列が明確な論理値のキーワードで指定
＝
```
position-area: start span-start;
```
行・列が不明確なキーワードで指定

行・列が明確なエリアのキーワード

行・列	物理値			論理値		エリア
行のエリア	top	y-start	y-self-start	block-start	block-self-start	上1行
	bottom	y-end	y-self-end	block-end	block-self-end	下1行
	span-top	span-y-start	-	span-block-start	-	上2行
	span-bottom	span-y-end	-	span-block-end	-	下2行
列のエリア	left	x-start	x-self-start	inline-start	inline-self-start	左1列
	right	x-end	x-self-end	inline-end	inline-self-end	右1列
	span-left	span-x-start	-	span-inline-start	-	左2列
	span-right	span-x-end	-	span-inline-end	-	右2列

行・列が不明確なエリアのキーワード

論理値		エリア
start	self-start	上1行または左1列
end	self-end	下1行または右1列
span-start	-	上2行または左2列
span-end	-	下2行または右2列

行・列が不明確なエリアのキーワードですべての値と組み合わせが可能なもの

論理値	エリア
center	中央
span-all	すべて

※行・列が明確なキーワードは記述順を問いません。値を1つだけ指定した場合、もう一方はspan-allで処理されます
※行・列が不明確なキーワードを1つだけ指定した場合、もう一方は同じ値で処理されます
※selfがついたキーワードは、位置指定要素の書字方向（P.249）の開始・終了サイドに従います

CSS

anchor() 関数を使った位置指定

anchor(ターゲットアンカー　アンカーサイド ,　長さまたは%)

※ターゲットアンカーを省略した場合、position-anchorプロパティで指定したデフォルトのアンカー要素がターゲットとして扱われます
※デフォルトも含めてターゲットアンカーが見つからない場合、長さまたは%で指定した値が使用されます。この値は省略できます

anchor() 関数を使う場合、次のように包含ブロックを用意し、位置指定要素の配置をコントロールします。

① 通常、fixed ならビューポート、absolute なら position が static 以外の直近の祖先要素が包含ブロックのベースとなります（P.281 と P.279 を参照）。

② これに対して inset プロパティ群（top/right/bottom/left）を適用し、包含ブロックを用意します。その際に anchor() 関数を使うことで、ターゲットアンカーに揃える形で包含ブロックのエッジを指定できます。

③ inset プロパティ群が未指定な包含ブロックのエッジは、ベースからの距離が 0 の位置で決まります。

指定できるアンカーサイドの値は次の通りです。inset プロパティ群との組み合わせで、示す辺が変わらない値と、変わる値とがあります。変わる値は inside と outside で、アンカーを内側に入れた形で揃えるか、外側に置く形で揃えるかを指定します。キーワードを使用せず、% で指定することも可能です（start が 0%、end が 100% になります）。

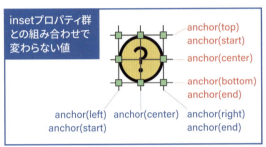
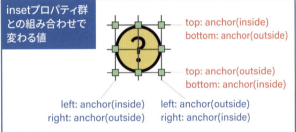

青…top または bottom プロパティで指定できる値　　赤…left または right プロパティで指定できる値

たとえば、bottom プロパティを anchor(top)（アンカーの上辺）、right プロパティを anchor(right)（アンカーの右辺）と指定すると、包含ブロックは次のようになります。

```
div {
  position-anchor: --help-anchor;
  position: fixed;
  bottom: anchor(top);
  right: anchor(right);
}
```

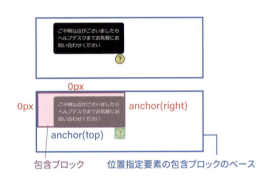

位置指定要素をアンカーの中央に揃える場合、包含ブロックはアンカーと揃えるエッジのみ指定します。あとは justify-self または align-self を「anchor-center」と指定します。次の例では bottom を anchor(top)（アンカーの上辺）、justify-self を anchor-center と指定しています。

```
div {
  …略…
  bottom: anchor(top);
  justify-self: anchor-center;
}
```

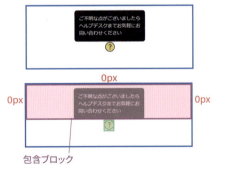

anchor-size() 関数を使ったアンカーサイズの取得

`anchor-size( ターゲットアンカー アンカーサイズ , 長さまたは% )`

※ターゲットアンカーを省略した場合、position-anchorプロパティで指定したデフォルトのアンカー要素がターゲットとして扱われます
※デフォルトも含めてターゲットアンカーが見つからない場合、長さまたは%で指定した値が使用されます。この値は省略できます
※次のプロパティで使用できます：insetプロパティ群 / width・height（min-* max-*含む）/ margin

anchor-size() 関数を使うと、アンカーの大きさを取得して使用できます。たとえば、位置指定要素の最大幅をターゲットアンカーの横幅の10倍のサイズに指定すると次のようになります。

ターゲットアンカーの横幅の10倍

アンカーサイズのキーワード			取得するサイズ
width	block	self-block	ターゲットアンカーの横幅
height	inline	self-inline	ターゲットアンカーの高さ

```
div {
  position-anchor: --help-anchor;
  position: fixed;
  position-area: top;
  max-width: calc(anchor-size(width) * 10);
}
```

条件に応じた表示・非表示の切り替え

`position-visibility: 条件`

初期値	anchors-visible
適用対象	絶対位置指定要素（position: absoluteまたはfixedを適用した要素）
継承	なし

条件	always / anchors-visible / no-overflow

position-visibility プロパティは位置指定要素の表示条件を指定します。always 以外の条件はスペース区切りで複数指定することも可能です。

position-visibilityの値	条件
always	常に表示
anchors-visible	デフォルトのアンカー要素が祖先要素でクリッピングされた場合は非表示
no-overflow	位置指定要素が包含ブロックからオーバーフローした場合は非表示

always　　　　anchors-visible　　　　no-overflow

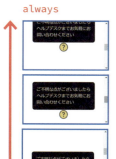

位置指定要素がオーバーフローしているので非表示になります

アンカーが見えなくなっているので非表示になります

```
div {
  position-anchor: --help-anchor;
  position: fixed;
  position-area: top;
  position-visibility: ~;
}
```

フォールバックの配置オプション
position-try-fallbacks: 配置オプション

初期値	none
適用対象	絶対位置指定要素（position: absoluteまたはfixedを適用した要素）
継承	なし

配置オプション　none ／ @position-tryで用意した配置オプション名 ／ flipキーワード ／ エリアのキーワード（P.289）

position-try-fallbacks プロパティでは、位置指定要素が包含ブロックをオーバーフローしたときに試す、フォールバック用の配置オプションリスト（position options list）を指定します。複数のオプションをカンマ区切りで指定すると、最初に指定したオプションから順に試されます。

配置オプションは @position-try ルールでオプション名をつけて用意します。オプション名は接頭辞「--」をつけた任意の名前で指定します。

基本的な配置であれば、flip キーワードや P.289 のエリアのキーワードだけで指定できます。flip キーワードでは元の配置が反転されます。

```
@position-try -- 配置オプション名 {
    /* スタイルの宣言 */
}
```

※@position-tryルール内では次のプロパティが使用できます：position-area / position-anchor / inset / top / left / right / bottom / justify-self / align-self / width / height / min-width / min-height / max-width / max-height / margin

flipキーワード	条件
flip-block	上と下の配置を反転
flip-inline	左と右の配置を反転
flip-block flip-inline	上と下、左と右の配置を反転
flip-start	上と左、下と右の配置を反転

たとえば、次の例はアンカーの上に配置する top のフォールバックとして、--right と flip-block の 2 つの配置オプションを指定したものです。

--right は @position-try で用意した配置オプションです。アンカーの右（right）に配置し、20px の左マージンを入れるように指定しています。これにより、初期設定（top）の包含ブロックから位置指定要素がオーバーフローすると、--right の設定に従って包含ブロックが右へ移動します。さらに、その包含ブロックから位置指定要素がオーバーフローすると、flip-block の設定に従って包含ブロックが下へ移動します。

その結果、位置指定要素の配置が次のように変わります。

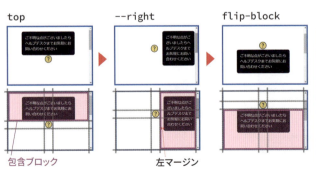

```
div {
    position: fixed;
    position-anchor: --anchor;
    position-area: top;
    position-try-fallbacks: --right, flip-block;
}

@position-try --right {
    position-area: right;
    margin-left: 20px;
}
```

配置オプションの処理順

`position-try-order: 処理順`

初期値	normal
適用対象	絶対位置指定要素（position: absoluteまたはfixedを適用した要素）
継承	なし

処理順	normal / most-width / most-height / most-block-size / most-inline-size

position-try-order プロパティは配置オプションの処理順を指定します。指定した値によって右のような処理になります。先程の position-try-fallbacks の例の場合、position-try-order を most-width と指定すると以下のようになります。包含ブロックの横幅が大きいオプションから順に試されるため、アンカーの上のスペースが小さくなると、右に配置する --right が使用されず、下に配置する flip-block が使用されます。

position-try-orderの値		処理順
normal		position-try-fallbacksで指定した順に試す
most-width	most-inline-size	包含ブロックの横幅が大きい配置オプションから順に試す
mose-height	most-block-size	包含ブロックの高さが大きい配置オプションから順に試す

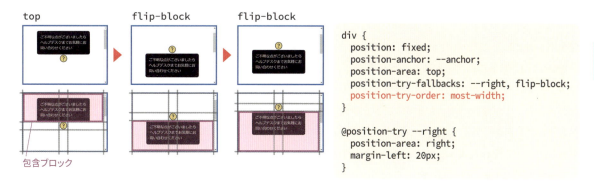

```
div {
  position: fixed;
  position-anchor: --anchor;
  position-area: top;
  position-try-fallbacks: --right, flip-block;
  position-try-order: most-width;
}

@position-try --right {
  position-area: right;
  margin-left: 20px;
}
```

フォールバックの設定

`position-try: 処理順 配置オプション`

初期値	normal none
適用対象	絶対位置指定要素（position: absoluteまたはfixedを適用した要素）
継承	なし

処理順	position-try-orderの値	配置オプション	position-try-fallbacksの値

position-try プロパティでは、右のように position-try-order と position-try-fallbacks の設定をまとめて指定できます。

```
div {…略…
  position-try-fallbacks: --right, flip-block;
  position-try-order: most-width;
}
```
‖
```
div {…略…
  position-try: most-width --right, flip-block;
}
```

CSS 4-12 マルチカラムレイアウト

Chapter 4　レイアウト

マルチカラムレイアウトはコンテンツを段組みの形にする機能です。

column-width と column-count プロパティは、マルチカラムレイアウトの段の幅と数を指定します。ブロックコンテナに対してどちらかを指定すると、コンテナ内のコンテンツが段に分割されます。コンテナはマルチカラムコンテナ、各段はカラムボックスを構成しているものとして扱われます。カラムボックスの間隔はデフォルトでは 1em（一文字分）となり、P.307 の column-gap で調整できます。

右の例は `<div>` の column-width を 300px と指定したものです。この場合、コンテナ内に 300px の横幅の段がいくつ収まるかに応じて段数が変わります。コンテナの横幅を変えると、段数が変わることがわかります。各段の横幅は 300px を最小幅とし、コンテナに合わせて伸長されます。

コンテナ内のコンテンツ（右の例では 2 つの `<h2>` と 3 つの `<p>`）は各段に均等に配分して表示されます。

column-count を 2 と指定した場合、右のように段数は常に 2 段になります。

段数を2段と指定

column-width と column-count の両方を指定した場合、column-count は段数の上限を指定するものとなります。次のように指定した場合、300px の段を基本として 2 段までで変化するようになります。columns でまとめて指定することも可能です。

```
div {
    column-width: 300px;
    column-count: 2;
}
```
＝
```
div {
    columns: 300px 2;
}
```

なお、columns では片方の値のみ指定することも可能です。

`div {column-count: 2;}`

段の区切り線

プロパティ	指定できる値		
	初期値	none medium currentColor	
column-rule: スタイル 太さ 色	適用対象	マルチカラムコンテナ	
	継承	なし	
スタイル	none / hidden / dotted / dashed / solid / double / groove / ridge / inset / outset		
太さ ※	長さ / thin / medium / thick	色	色

※太さの範囲は0〜∞

column-rule プロパティは段の間に区切り線を入れます。区切り線のスタイル、太さ、色は P.236 の border プロパティと同じ形で指定します。以下のプロパティで個別に指定することも可能です。右の例では太さ 2px の黄色い点線を入れています。

区切り線

プロパティ	指定できる値
column-rule-style	スタイル
column-rule-width	太さ
column-rule-color	色

```
div {
    column-count: 2;
    column-gap: 32px;
    column-rule: dotted 2px #f3c90b;
}
```

段をまたいだ表示
column-span: 表示設定

初期値	none
適用対象	ブロックレベルボックス
継承	なし

表示設定	none / all

column-span プロパティはマルチカラム内のコンテンツを段をまたいだ表示にします。たとえば、<h2> の column-span を all と指定すると、見出しが段をまたいだ表示になります。カラムボックスは <h2> で分断され、各 <h2> に続く <p> が流し込まれます。

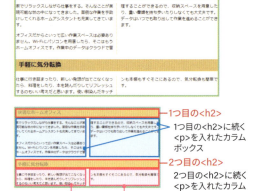

```
<div>
  <h2> 快適なホームオフィス </h2>
  <p>…</p>
  <p>…</p>
  <h2> 手軽に気分転換 </h2>
  <p>…</p>
</div>
```

```
div {
  column-count: 2;
  …略…
}

h2 {column-span: all;}
```

コンテンツの配分
column-fill: 配分

初期値	balance
適用対象	マルチカラムコンテナ
継承	なし

配分	auto / balance

column-fill プロパティはマルチカラム内のコンテンツをどのように各段に配分するかを指定します。初期値の balance ではできる限り均等に配分されます。コンテナ <div> の高さを指定しても配分は変わりません。一方、auto ではすべてのコンテンツが1段目に配分されますが、コンテナ <div> の高さを指定するとそれに合わせて2段目以降にも配分されます。

```
div {
    column-count: 2;
    column-gap: 32px;
    column-rule: dotted 2px #f3c90b;
    column-fill: ~ ;
}
```

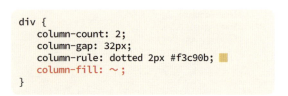

CSS 4-13 ボックスの分割

Chapter 4 レイアウト

マルチカラムレイアウト（P.294）や印刷メディアでは、カラムボックスや印刷ページによってボックスの分割が発生します。また、インラインレイアウト（P.239）では改行によってインラインボックスの分割が発生します。ここではボックスの分割に関するプロパティをまとめます。

ボックスの分割
break-inside：分割の処理

初期値	auto
適用対象	全要素（インラインレベルボックス/ルビボックス/テーブルの列グループ/テーブルの列/絶対位置指定要素を除く）
継承	なし

分割の処理	auto / avoid / avoid-column / avoid-page

break-inside プロパティはカラムボックスや印刷ページによるボックスの分割の処理を指定します。初期値の auto では分割が許容されます。

たとえば、右の例はマルチカラムでレイアウトしたものです。2つ目の段落 \<p\> は青色のボーダーで囲み、背景に緑からオレンジに変化するグラデーションを表示しています。初期値の auto で処理された場合、この \<p\> のボックスはカラムボックス（段）で分割されます。これを avoid にすると、分割されなくなることがわかります。

```
div {column-count: 2;}

p:nth-of-type(2) {
    break-inside: avoid;
    border: solid 6px royalblue;
    background: radial-gradient(
        ellipse farthest-side at 0% 0%,
        limegreen 0%, yellow 50%, orange 100%
    );
}
```

```
<div>
    <h2> 快適なホームオフィス </h2>
    <p> 家で…</p>
    <p> オフィスだから…</p>
    <h2> 手軽に気分転換 </h2>
    <p> 仕事に…</p>
</div>
```

break-inside: auto;

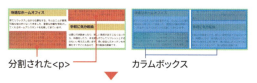

分割された\<p\>　　カラムボックス

break-inside: avoid;

分割されなくなった\<p\>

値	処理
auto	分割を許容する
avoid	分割を禁止する
avoid-column	カラムボックスによる分割を禁止する
avoid-page	印刷ページによる分割を禁止する

ボックスの前後での分割

`break-before`: ボックスの前での分割
`break-after`: ボックスの後での分割

初期値	auto
適用対象	ブロックレベルボックス / グリッドアイテム / フレックスアイテム / テーブルの行グループ / テーブルの行
継承	なし

分割の処理	auto / avoid / avoid-column / column / avoid-page / page / left / right / recto / verso

break-before と break-after プロパティは、ボックスの前後に分割（改段・改ページ）を入れるかどうかを指定します。

たとえば、2つ目の段落 <p> の前または後に改段を入れると右のようになります。

値	処理
auto	改段・改ページを許容する
avoid	改段・改ページを禁止する
avoid-column	改段を禁止する
column	改段を挿入する
avoid-page	改ページを禁止する
page	改ページを挿入する
left	改ページを挿入する（次が左ページになるようにする）
right	改ページを挿入する（次が右ページになるようにする）
recto	改ページを挿入する（次が奇数ページになるようにする）
verso	改ページを挿入する（次が偶数ページになるようにする）

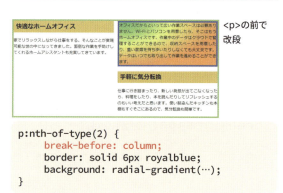

<p>の前で改段

```
p:nth-of-type(2) {
    break-before: column;
    border: solid 6px royalblue;
    background: radial-gradient(…);
}
```

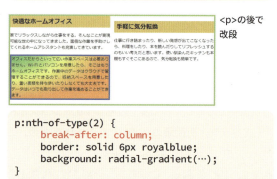

<p>の後で改段

```
p:nth-of-type(2) {
    break-after: column;
    border: solid 6px royalblue;
    background: radial-gradient(…);
}
```

行の孤立の防止

`orphans`: 分割位置の前に確保する行数
`widows`: 分割位置の後に確保する行数

初期値	2
適用対象	中身がインラインレイアウトになるブロックコンテナ
継承	あり

行数 ※	整数

※整数の範囲は1〜∞

orphans と widows プロパティは、分割されたボックスの中で、分割位置の前後に最低限確保する行数を指定します。オルファン（orphan）とウィドウ（widow）は印刷用語で、ページの末尾または先頭で孤立した行のことを指します。

初期値は 2 行に設定されており、右の例では分割位置の前が 4 行、後が 2 行になっています。

これに対し、orphans と widows を 3 と指定すると、分割位置の前後に最低限 3 行が確保されるようになります。右の例では前が 3 行、後が 3 行になっています。

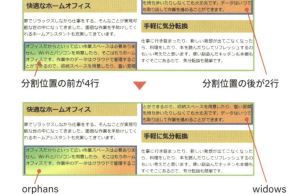

分割位置の前が4行　分割位置の後が2行

orphans
分割位置の前が3行

widows
分割位置の後が3行

```
div {
    column-count: 2;
    widows: 3;
    orphans: 3;
}
```

分割されたボックスの装飾の描画
box-decoration-break: 描画

初期値	slice
適用対象	全要素
継承	なし
描画	slice / clone

box-decoration-break プロパティは、分割されたボックスの背景やボーダーといった装飾をどう描画するかを指定します。初期値の slice では 1 つのボックスとして描画され、背景やボーダーも含めて右のように分割されます。

box-decoration-break: slice;
1つのボックスとして描画

clone では分割されたボックスを個別のボックスとして描画します。そのため、背景のグラデーションや青色のボーダーはそれぞれのボックスをスタート地点に右のように描画されます。

box-decoration-break の指定によって描画に影響を受けるプロパティは次のようになっています。

box-decoration-break: clone;
個別のボックスとして描画

box-decoration-breakの影響を受けるプロパティ
background / border / border-image / box-shadow / clip-path / margin / padding

```
p:nth-of-type(2) {
    box-decoration-break: ～;
    border: solid 6px royalblue;
    background: radial-gradient(…);
}
```

Chapter 4　レイアウト

4-14　ボックスの配置（位置揃え）

ボックスの配置（位置揃え）は配置プロパティ（alignment properties）と以下の値を組み合わせて指定します。*-content はコンテンツボックス内の中身の配置を、*-self は包含ブロックにおけるボックスの配置を指定します。*-items は *-self のデフォルト設定を指定します。

配置プロパティを 使用できるレイアウト	配置プロパティ	justify-content	align-content	justify-self / justify-items	align-self / align-items
ブロックレイアウト（フローレイアウト）		×	○	○	×
フレックスボックスレイアウト		○	○	×	○
CSSグリッドレイアウト		○	○	○	○
マルチカラムレイアウト（※justify-contentの指定は対応ブラウザなし）		○※	○	×	×
ポジションレイアウト		×	×	○	○

配置プロパティ で指定できる値	配置（位置揃え）	justify-content	align-content	justify-self / justify-items	align-self / align-items
center	中央	▯▯	≡	▯	━
start	開始サイド（左または上）	▯▯	≡	▯	━
end	終了サイド（右または下）	▯▯	≡	▯	━
flex-start	フレックスボックスの主軸（P.259）の開始サイド （フレックスボックス以外ではstartで処理）	▯▯	≡	▯	━
flex-end	フレックスボックスの主軸（P.259）の終了サイド （フレックスボックス以外ではendで処理）	▯▯	≡	▯	━
self-start	ボックス自身の書字方向（P.249）の開始サイド	×	×	▯	━
self-end	ボックス自身の書字方向（P.249）の終了サイド	×	×	▯	━
left	左	▯▯	×	▯	×
right	右	▯▯	×	▯	×
baseline	1行目のベースライン（first baselineと同じ）	×	A	A	A
first baseline	1行目のベースライン ※	×	A	A	A
last baseline	最終行のベースライン ※	×	A	A	A
space-between	間にスペースを挿入	▯▯	≡	×	×
space-around	間と外側にスペースを挿入	▯▯	≡	×	×
space-evenly	間と外側に均等にスペースを挿入	▯▯	≡	×	×
stretch	ストレッチ（コンテナやエリアに合わせる）	▮▮	▬	▮▮	▬
anchor-center	アンカー要素の中央 （デフォルトのアンカー要素がない場合はcenterで処理）	×	×	▯	━

※揃えるベースラインがない場合、first baselineはstart、last baselineはendで処理されます

右の値については、safe、unsafe キーワードを付加できます。これらはオーバーフロー時の処理を指定するものです。たとえば、ボックスを中央に配置する場合、「safe center」、「unsafe center」という形で指定します。このボックスがオーバーフローした場合、右のような表示になります。キーワードを付加しなかった場合の処理は「safe と unsafe の間」と定義されており、ブラウザによってケースバイケースで処理されます。

また、各配置プロパティの値は右の place-* プロパティでまとめて指定できます。値を1つだけ指定した場合、align-* と justify-* プロパティが同じ値として処理されます。

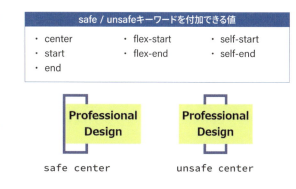

配置プロパティの機能は次の例で確認していきます。横幅と高さを指定した <section> のコンテンツボックス内には3つの <div> を入れてあります。これにより、<div> の包含ブロックは <section> のコンテンツボックスとなります。
この <section> に display: grid を適用し、中身を CSS グリッドでレイアウトします。その上で justify-content と align-content プロパティを center と指定すると、<section> の中身が縦横中央に配置されることがわかります。この指定は place-content プロパティでまとめて指定することも可能です。

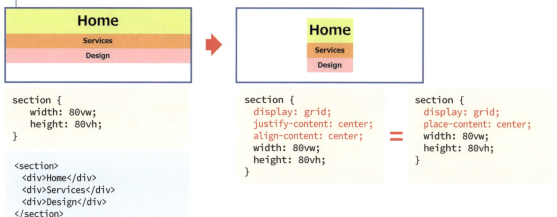

CSS			
コンテンツボックス内のインライン方向（横方向）の配置 `justify-content: インライン方向の配置`	初期値	normal	
	適用対象	フレックスコンテナ / グリッドコンテナ / マルチカラムコンテナ ※	
	継承	なし	
コンテンツボックス内のブロック方向（縦方向）の配置 `align-content: ブロック方向の配置`	初期値	normal	
	適用対象	ブロックコンテナ / フレックスコンテナ / グリッドコンテナ / マルチカラムコンテナ	
	継承	なし	
コンテンツボックス内の両方向の配置 `place-content: ブロック方向の配置 インライン方向の配置`	初期値	normal	
	適用対象	ブロックコンテナ / フレックスコンテナ / グリッドコンテナ	
	継承	なし	
インライン方向 （横方向）の配置	center / start / end / flex-start / flex-end / left / right / space-between / space-around / space-evenly / stretch / normal		
ブロック方向 （縦方向）の配置	center / start / end / flex-start / flex-end / baseline / first baseline / last baseline / space-between / space-around / space-evenly / stretch / normal		

※主要ブラウザはマルチカラムコンテナでの使用には未対応

justify-content と align-content プロパティは、コンテンツボックス内の中身の配置を指定します。place-content プロパティではこれらの設定をまとめて指定できます。初期値の normal は使用するレイアウトによって処理が変わります。

■ ブロックレイアウトの場合

フローレイアウトのブロックレイアウト（P.239）では、align-content プロパティで**ブロックコンテナの中身であるブロックレベルボックスのブロック方向の配置**を指定できます。center で縦中央に配置すると右のようになります。初期値の normal は start（開始サイド / 上）で処理されます。

■ マルチカラムレイアウトの場合

マルチカラムレイアウト（P.294）では、align-content プロパティで**マルチカラムコンテナの中身であるカラムボックスのブロック方向の配置**を指定できます。center で縦中央に配置すると右のようになります。初期値の normal は stretch（ストレッチ）で処理されます。

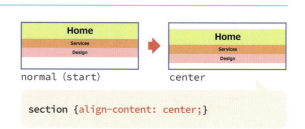

■ フレックスボックスレイアウトの場合

フレックスボックスレイアウト（P.256）では、justify-content と align-content で**フレックスコンテナの中身であるフレックスアイテムの配置**を指定できます。たとえば、justify-content と align-content を center と指定し、縦横中央に配置すると右のようになります。align-content は flex-flow（P.259）が wrap または wrap-reverse の場合にだけ機能しますので注意が必要です。

初期値の normal は stretch（ストレッチ）で処理されます。そのため、フレックスアイテムの高さはコンテナに合わせたサイズになります。横幅については flex （P.257）の指定が優先され、デフォルトでは中身に合わせたサイズになります。

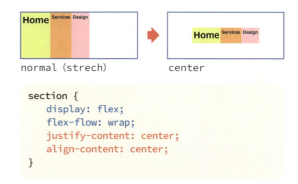

```
section {
    display: flex;
    flex-flow: wrap;
    justify-content: center;
    align-content: center;
}
```

■ CSSグリッドレイアウトの場合

グリッドレイアウト（P.260）では、justify-content と align-content で**グリッドコンテナの中身であるグリッドトラックの配置**を指定できます。

たとえば、右の例は 2 列× 2 行のグリッドを作成したものです。行・列を構成するグリッドトラックはトラックサイズを auto に指定しています。そのため、P.263 のようにコンテナ内の余剰スペースが配分され、コンテナに合わせたサイズになります。これは、justify-content と align-content の初期値 normal が stretch （ストレッチ）で処理されるためです。

これらを normal（stretch）以外にすると、余剰スペースの配分が行われず、auto のトラックはアイテムに合わせたサイズになります。center と指定した場合、その状態で縦横中央に配置されます。

なお、フレックス係数（fr）でサイズを指定したトラックがある場合、常にコンテナに合わせたサイズになり、配置指定が機能しないように見えますので注意が必要です。

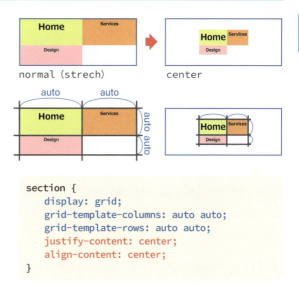

```
section {
    display: grid;
    grid-template-columns: auto auto;
    grid-template-rows: auto auto;
    justify-content: center;
    align-content: center;
}
```

CSS			
包含ブロックにおけるインライン方向（横方向）の配置 `justify-self:` インライン方向の配置		初期値	auto
		適用対象	ブロックレベルボックス / グリッドアイテム / 絶対位置指定要素（position: absoluteまたはfixedを適用した要素）
		継承	なし
包含ブロックにおけるブロック方向（縦方向）の配置 `align-self:` ブロック方向の配置		初期値	auto
		適用対象	フレックスアイテム / グリッドアイテム / 絶対位置指定要素（position: absoluteまたはfixedを適用した要素）
		継承	なし
包含ブロックにおける両方向の配置 `place-self:` ブロック方向の配置 インライン方向の配置		初期値	auto
		適用対象	フレックスアイテム / グリッドアイテム / 絶対位置指定要素（position: absoluteまたはfixedを適用した要素）
		継承	なし
インライン方向 （横方向）の配置	center / start / end / flex-start / flex-end / self-start / self-end / left / right / baseline / first baseline / last baseline/ stretch / normal / anchor-center※		
ブロック方向 （縦方向）の配置	center / start / end / flex-start / flex-end / self-start / self-end / baseline / first baseline / last baseline / stretch / normal / anchor-center※		

※anchor-centerはアンカーポジション（P.290）で使用できる値です

justify-self と align-self プロパティは、包含ブロックにおけるボックスの配置を指定します。place-self プロパティではこれらの設定をまとめて指定できます。初期値の auto では、P.306 の justify-items/align-items で指定したデフォルト設定が使用されます。デフォルト設定が未指定の場合は normal で処理されます。normal は使用するレイアウトによって処理が変わります。

■ ブロックレイアウトの場合

フローレイアウトのブロックレイアウト（P.239）では、justify-self で**包含ブロック（ブロックコンテナ）内のブロックレベルボックスの配置**を指定できます。初期値の normal はブロックレイアウトのルールに従って処理されます。

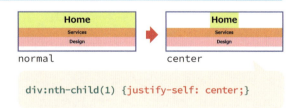

■ フレックスボックスレイアウトの場合

フレックスボックスレイアウト（P.256）では、align-self で**包含ブロック（フレックスコンテナ）内のフレックスアイテムの配置**を指定できます。たとえば、center と指定すると、右のように縦中央に配置されます。normal は stretch（ストレッチ）で処理されます。

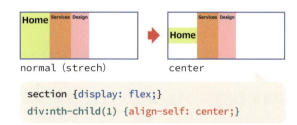

■ CSSグリッドレイアウトの場合

グリッドレイアウト（P.260）では、justify-self と align-self で**包含ブロック（配置先のグリッドエリア）内のグリッドアイテムの配置**を指定できます。たとえば、center と指定すると、右のように縦横中央に配置されます。normal は stretch（ストレッチ）で処理され、グリッドアイテムはエリアに合わせた高さになります。

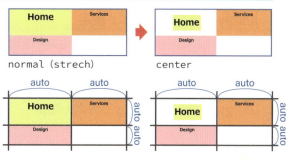

```
section {
    display: grid;
    grid-template-columns: auto auto;
    grid-template-rows: auto auto;
}
```

```
div:nth-child(1) {
    justify-self: center;
    align-self: center;
}
```

■ ポジションレイアウトの場合

ポジションレイアウトでは、position: absolute または fixed を適用した位置指定要素で機能します。ただし、

- A の処理（P.280）ではベースを元に構成された包含ブロックを使用します。normal は stretch（ストレッチ）で処理されます。
- B の処理（P.281）では CSS2 との整合性を保つため、justify-self および align-self は仕様として機能しません。
- C の処理（P.281）では、包含ブロックの上と左が静的位置、逆側（右と下）がベースのエッジになります。normal は start で処理されます。グリッドアイテムとフレックスアイテムは start、center、end で配置を変更できます（フレックスアイテムは align-self のみ）。

たとえば、P.280 の例で絶対位置指定の基準（ベース）をグリッドコンテナにし、グリッドアイテムを位置指定要素にします。inset を 40px にして配置を end と指定すると、A の処理によってベースの内側 40px に包含ブロックが構成され、その右下に配置されます。
また、inset の指定を削除すると、C の処理で右のように包含ブロックが構成され、その右下に揃えて配置されます。

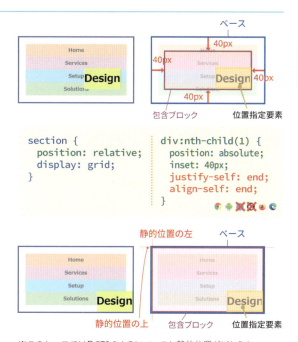

```
section {
  position: relative;
  display: grid;
}
```

```
div:nth-child(1) {
    position: absolute;
    inset: 40px;
    justify-self: end;
    align-self: end;
}
```

※このケースではP.279のようにベースと静的位置がどちらもグリッドコンテナのパディングボックスになります

```
section {
  position: relative;
  display: grid;
}
```

```
div:nth-child(1) {
    position: absolute;
    inset: 40px;  削除
    justify-self: end;
    align-self: end;
}
```

Chapter 4 レイアウト

CSS			
justify-self のデフォルト設定 `justify-items:` インライン方向の配置		初期値	legacy
		適用対象	全要素
		継承	なし
align-self のデフォルト設定 `align-items:` ブロック方向の配置		初期値	normal
		適用対象	全要素
		継承	なし
place-self のデフォルト設定 `place-items:` ブロック方向の配置 インライン方向の配置		初期値	normal legacy
		適用対象	全要素
		継承	なし
インライン方向 （横方向）の配置	center / start / end / flex-start / flex-end / self-start / self-end / left / right / baseline / first baseline / last baseline/ stretch / normal / legacy		
ブロック方向 （縦方向）の配置	center / start / end / flex-start / flex-end / self-start / self-end / baseline / first baseline / last baseline / stretch / normal		

justify-items と align-items プロパティは親側に適用し、すべての子要素が使用する justify-self と align-self のデフォルト設定を指定します。

たとえば、グリッドコンテナで justify-items と align-items を center と指定すると、個々のグリッドアイテムが配置先のエリア内で縦横中央に配置されます。

なお、justify-items の初期値 legacy は normal で処理されます。legacy は配置を示す値（left、center、right）と組み合わせ、「legacy center」といった形で古い HTML の <center> 要素と align 属性の動作を示すために用意されたものです。

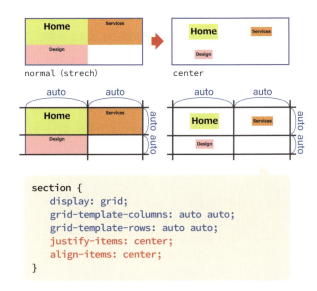

```
section {
    display: grid;
    grid-template-columns: auto auto;
    grid-template-rows: auto auto;
    justify-items: center;
    align-items: center;
}
```

Chapter 4　レイアウト

CSS 4-15　ボックスの間隔／並び順／表示の有無

ボックスの間隔、並び順、表示の有無は次のプロパティでコントロールできます。

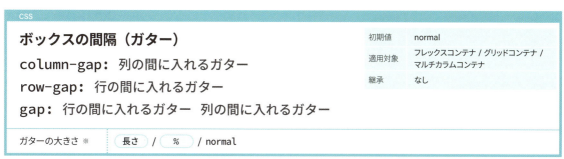

CSS			
ボックスの間隔（ガター） column-gap: 列の間に入れるガター row-gap: 行の間に入れるガター gap: 行の間に入れるガター 列の間に入れるガター		初期値	normal
		適用対象	フレックスコンテナ / グリッドコンテナ / マルチカラムコンテナ
		継承	なし
ガターの大きさ ※	長さ ／ ％ ／ normal		

※サイズの範囲は0〜∞

column-gap と row-gap プロパティは、コンテナ内にあるガター（列および行の間隔）の大きさを指定します。右のように gap プロパティでまとめて指定することも可能です。初期値の normal は使用するレイアウトによって扱いが変わります。

```
column-gap: 32px;
row-gap: 16px;
```
=
```
gap: 16px 32px;
```

```
column-gap: 16px;
row-gap: 16px;
```
=
```
gap: 16px;
```

■ マルチカラムレイアウトの場合

マルチカラムレイアウト（P.294）では、column-gap で**カラムボックスが構成する列の間隔**（ガター）を指定できます。初期値の normal は 1em（一文字分のフォントサイズ）になります。
現在のところ、row-gap は機能しません。

```
section {
    columns: 2;
    column-gap: 2em;
}
```

```html
<section class="container">
    <div class="item">Home</div>
    <div class="item">Services</div>
    <div class="item">Design</div>
</section>
```

■ CSSグリッドレイアウトの場合

グリッドレイアウト（P.260）では、column-gap と row-gap で**グリッドトラックが構成する列と行の間隔**（ガター）を指定できます。ガターはグリッドラインの太さとみなすことが可能です。
初期値の normal は 0px で処理されます。

■ フレックスボックスレイアウトの場合

フレックスボックスレイアウト（P.256）にはガターに相当するものがありません。そのため、column-gap では**フレックスアイテムの間隔**を指定できます。
また、flex-flow で折り返しを有効にした場合、row-gap で**折り返した行の間隔**を指定できます。初期値の normal は 0px で処理されます。

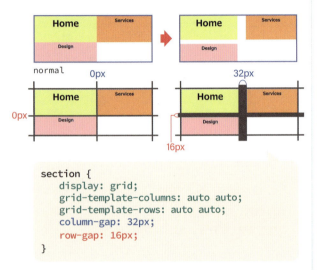

```
section {
    display: grid;
    grid-template-columns: auto auto;
    grid-template-rows: auto auto;
    column-gap: 32px;
    row-gap: 16px;
}
```

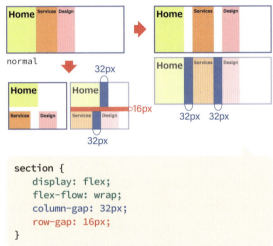

```
section {
    display: flex;
    flex-flow: wrap;
    column-gap: 32px;
    row-gap: 16px;
}
```

CSS			
並び順		初期値	0
order： 並び順		適用対象	フレックスアイテム / グリッドアイテム
		継承	なし
並び順	整数		

order プロパティはフレックスボックスレイアウトまたはグリッドレイアウトで、アイテムの画面上での並び順を指定します。order の値が小さいものから順に並び、order の値が同じ場合はコードの記述順で並びます。初期値は 0 で処理されます。
たとえば、フレックスボックスレイアウトで 1 つ目のアイテムを 1、3 つ目のアイテムを -1 と指定すると右のようになります。

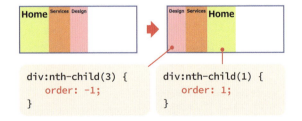

```
div:nth-child(3) {
    order: -1;
}
```

```
div:nth-child(1) {
    order: 1;
}
```

WCAGの達成基準「1.3.2 意味のあるシーケンス」を満たすためには、画面上の並び順を変えても伝わる意味が変わらないようにすることが求められます

visibility プロパティはボックスの画面上での表示の有無を指定します。初期値の visible では表示されます。hidden と指定すると非表示になりますが、表示に必要なスペースは確保され、他のボックスの配置に影響しません。ただし、ボックス内のナビゲーションなどは機能しなくなり、アクセシビリティツリーからも削除されます。たとえば、フレックスボックスレイアウトで2つ目のアイテムを hidden にすると右のようになります。

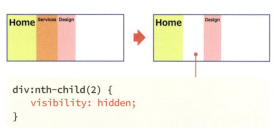

collapse は hidden と同じように機能します。ただし、テーブルレイアウトで使用した場合、表示に必要なスペースも削除されます。たとえば、2列目の <tr> を hidden および collapse と指定すると右のようになります。

```
tr:nth-child(2) {
    visibility: hidden;
}
```

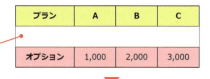

```
tr:nth-child(2) {
    visibility: collapse;
}
```

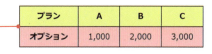

※仕様書ではフレックスボックスレイアウトでもcollapseが機能することになっていますが、Firefoxのみが対応しています。

```
<table>
  <tr><th> プラン </th> …</tr>
  <tr><th> 初期費用 </th> …</tr>
  <tr><th> オプション </th> …</tr>
</table>
```

Chapter 4 レイアウト

4-16 レンダリングの最適化

ブラウザに的確に指示を与えることでレンダリングを最適化し、パフォーマンスの向上や滑らかなアニメーションの表示につなげることができるプロパティです。

プロパティ	機能
contain	封じ込め（containment）
content-visibility	コンテンツの表示の有無
contain-intrinsic-size	size封じ込め時の中身に合わせた横幅と高さ
will-change	予想される変更の通知

封じ込め（containment）
contain: 封じ込め

初期値	none
適用対象	全要素
継承	なし

封じ込め	none / strict / content / size / inline-size / layout / style / paint

contain プロパティを指定すると、ブラウザはその要素を封じ込めボックス（containment box）として扱い、外部から影響されず、他の要素に影響を与えないと認識するようになります。つまり、要素の内側へ封じ込めるという挙動になります。その結果として、レンダリングが最適化されます。

要素の内側に封じ込める対象としては、サイズ（sizeまたは inline-size）、レイアウト（layout）、スタイル（style）、ペイント（paint）の4種類が設定できます。複数を適用する場合はスペース区切りで指定します。content と strict といったセットになったものも用意されています。

重要なのは、contain は表示を直接コントロールするものではなく、要素のレイアウトや再計算の範囲を限定することで他の要素への影響を減らし、パフォーマンスを向上させるための機能だということです。それを前提に、それぞれの封じ込めの対象とその処理を確認していきます。

containの値	封じ込め	新しいブロック整形コンテキストを形成	新しいスタッキングコンテキストを形成	position: fixedとabsoluteの位置指定の基準を形成
none	なし	-	-	-
size / inline-size	サイズ	-	-	-
style	スタイル	-	-	-
layout	レイアウト	○	○	○
paint	ペイント	○	○	○
content	contain: layout paint style と同じ	○	○	○
strict	contain: size layout paint style と同じ	○	○	○

■ サイズの封じ込め　contain: size（または contain: inline-size）

sizeの封じ込め（size containment）が適用された要素は、その中身が空であるかのように扱われます。これは要素の中身に合わせたサイズ（高さなど）の計算に影響します。要素の中身が変更されても、その要素自体のサイズを再計算する必要がなくなり、外側（親や兄弟要素）のレイアウトにも影響を与えなくなります。これにより、大規模なレイアウトの再計算を避けることができます。

同時に、要素自体は依然として外部の変化に対応できます。たとえば、横幅は親に合わせたサイズにもでき、レスポンシブに変化します。

次の例は `<article>` に contain: size を適用し、sizeの封じ込めをしたものです。width も height も指定していないので高さが 0 になり、コンテンツを追加しても要素自体のサイズの再計算は行われず、`<article>` の兄弟要素である `<button>` のレイアウトにも影響を与えません。一方で、親の幅が変わると、それに合わせて `<article>` の横幅が変わることも確認できます。

なお、inline-size の封じ込めはインライン軸（横方向）のサイズにのみ size の封じ込めを適用します。ブロック軸（縦方向）のサイズは通常通り内容に基づいて計算されます。

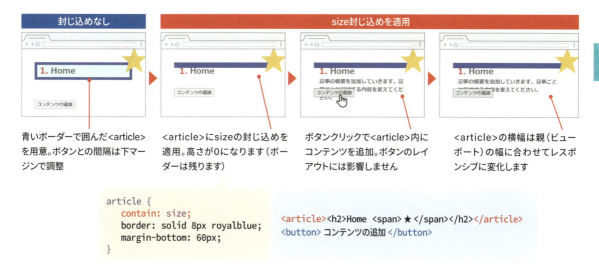

青いボーダーで囲んだ`<article>`を用意。ボタンとの間隔は下マージンで調整

`<article>`にsizeの封じ込めを適用。高さが0になります（ボーダーは残ります）

ボタンクリックで`<article>`内にコンテンツを追加。ボタンのレイアウトには影響しません

`<article>`の横幅は親（ビューポート）の幅に合わせてレスポンシブに変化します

```
article {
    contain: size;
    border: solid 8px royalblue;
    margin-bottom: 60px;
}
```

```
<article><h2>Home <span>★</span></h2></article>
<button> コンテンツの追加 </button>
```

■ レイアウトの封じ込め　contain: layout

layoutの封じ込め（layout containment）の主な目的は、レイアウトの計算範囲を限定し、ブラウザのレンダリングエンジンがより効率よく動作できるようにすることです。

そのため、contain: layout が適用された要素では、

・新しいブロック整形コンテキスト（P.247）
・新しいスタッキングコンテキスト（P.283）
・position: fixed と absolute の位置指定の基準（P.279）

の 3 つが形成されます。

これにより、要素の中身の位置やサイズが変更されても、その影響が外部に伝播することが防がれます。フロートやマージンの相殺、position による位置指定などが封じ込められ、親要素や兄弟要素のレイアウトを再計算させる必要がなくなるということです。ブラウザは要素の内部と外部を別々に、あるいは並行して計算できるようになります。

要素自体のサイズは外部に影響します。しかし、外部のレイアウトはこの要素を「ブラックボックス」として扱い、そのサイズの変化にだけ反応することが可能になります。

たとえば、次の例ではボタンクリックで <article> 内に float を適用した画像を追加しています。封じ込めがない場合、<article> 外のボタンのレイアウトに影響します。

しかし、layout 封じ込めを適用すると、画像を追加した影響は <article> 内で完結します。また、position: fixed でビューポートの右上に配置した <span> は、<article> の右上に配置されます。

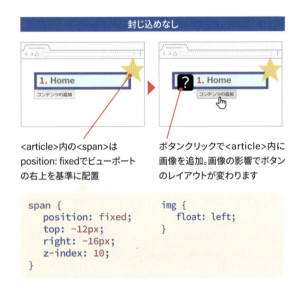

<article>内の<span>は position: fixedでビューポートの右上を基準に配置

ボタンクリックで<article>内に画像を追加。画像の影響でボタンのレイアウトが変わります

```
span {
    position: fixed;
    top: -12px;
    right: -16px;
    z-index: 10;
}
```

```
img {
    float: left;
}
```

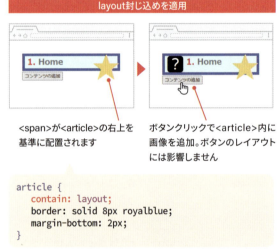

<span>が<article>の右上を基準に配置されます

ボタンクリックで<article>内に画像を追加。ボタンのレイアウトには影響しません

```
article {
    contain: layout;
    border: solid 8px royalblue;
    margin-bottom: 2px;
}
```

■ ペイント（描画）の封じ込め　contain: paint

layout がレイアウトの計算に関する制御を行うのに対し、paint は描画（ペイント）のプロセスに関する制御を行います。

paint の封じ込め（paint containment）では layout のときと同じように

・新しいブロック整形コンテキスト（P.247）
・新しいスタッキングコンテキスト（P.283）
・position: fixed と absolute の位置指定の基準（P.279）

が形成されるのに加え、要素のパディングボックスからオーバーフローした中身はクリップされます。

これにより、ブラウザは要素からはみ出して描画するものは存在しないと認識できます。要素全体が画面外や他の要素に隠れている場合、要素の描画をスキップできるようになるというわけです。さらに、スタッキングコンテキストが形成されるため、要素を単一のGPUレイヤーに描画することも可能になります。

たとえば、<article> に paint 封じ込めを適用すると、layout のときと同じように <span> が <article> の右上に配置されます。しかし、<article> からオーバーフローした部分はクリップされ、外側には描画されません。画像を追加しても外側には影響しません。<article> の高さを指定した場合も同様です。

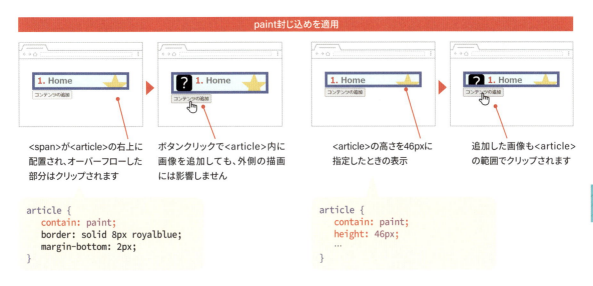

paint封じ込めを適用

<span>が<article>の右上に配置され、オーバーフローした部分はクリップされます

ボタンクリックで<article>内に画像を追加しても、外側の描画には影響しません

<article>の高さを46pxに指定したときの表示

追加した画像も<article>の範囲でクリップされます

```
article {
  contain: paint;
  border: solid 8px royalblue;
  margin-bottom: 2px;
}
```

```
article {
  contain: paint;
  height: 46px;
  …
}
```

■ スタイルの封じ込め　contain: style

style の封じ込め（style containment）は、スタイルの計算範囲を限定します。現在のところ、カウンター（P.373）と引用符（P.372）の効果がスコープされます。

たとえば、<article> を 3 つ用意し、<article> 内の見出し <h2> にカウンターをつけます。ボタンクリックでは 2 つ目の <article> 内に <h2> が追加されるようにしています。封じ込めなしの場合、カウンターは 3 つの <article> にまたがってカウントされます。

これに対し、2 つ目の <article> に style 封じ込めを適用すると、カウンターのスタイルが独立して計算されます。封じ込めを適用していない <article> のカウンターは、2 つ目の <article> をスキップして計算されます。

<article>内の見出し<h2>につけたカウンターは、3つの<article>にまたがってカウントされます

2つ目の<article>だけカウンターが独立してカウントされます

このように、contain による封じ込めはそれぞれに役割を持っており、要素の振る舞いを制御し、レンダリングプロセスを最適化する強力な機能であることがわかります。適切に組み合わせることで、より高い効果を発揮できます。content-visibility やコンテナクエリ @container のように、最適な組み合わせで自動的に封じ込めが適用される機能も提供されています。

CSS

コンテンツの表示の有無
content-visibility: 表示設定

初期値	visible
適用対象	size封じ込めを適用できる要素
継承	なし

表示設定	visible / hidden / auto

content-visibility プロパティを使用すると、封じ込めの機能を元に、より使いやすく最適化した形でコンテンツの表示・非表示を切り替えることができます。表示・非表示を切り替えるには、display: none を適用したり、画面外に隠して対応する方法があります。しかし、前者では表示するたびにレンダリングが行われ、後者では画面外でもレンダリングが行われます。さらに、両者とも親や兄弟要素にも影響が伝播する可能性があります。画面外に隠す方法ではページ内検索やナビゲーションの対象になり、アクセシビリティ

ツリーに表示されるという問題もあります。
content-visibility はこれらの問題を解決します。非表示の際はレンダリングされず、ページ内検索やアクセシビリティツリーに対しても非表示になります。さらに、自動的に封じ込めが適用され、他の要素から独立していることが保証されるため、ブラウザは余力があるときにレンダリングしておくこともできますし、一度レンダリングしたものは可能な範囲で記憶し、繰り返し処理するのを回避します。

特に、content-visibility: auto と指定すると、ブラウザが要素の可視性を自動的に判断し、必要に応じてレンダリングを行います。長いリストなどで使用すると、画面外の要素のレンダリングコストを削減しつつ、必要なときには迅速に表示できます。一度表示されたものは、そのまま表示状態が維持されます。明示的に非表示にしたい場合は content-visibility: hidden を使用します。

封じ込めの処理は表示・非表示の状態に応じて自動的に適用・解除されます。

非表示の際には size 封じ込めが適用されるため、必要に応じて要素のサイズ（横幅や高さ）を指定します。レンダリングされないのは要素の中身（子孫要素）ですので、非表示の状態でも要素自身の高さはコントロール可能です。ただし、width や height でサイズを指定すると、表示した状態に切り替わっても影響します。非表示の状態（size 封じ込めが適用されている状態）のサイズだけを指定するには、次の contain-intrinsic-* プロパティを使用します。

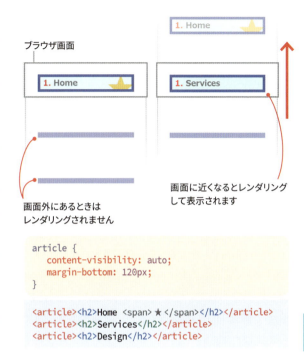

値	処理	適用される封じ込め			
		size	style	layout	paint
visible	表示	×	×	×	×
hidden	非表示	○	○	○	○
auto	要素が画面外なら非表示	○	○	○	○
	要素が画面内なら表示	×	○	○	○

size 封じ込め時の中身に合わせた横幅と高さ

```
contain-intrinsic-width: 横幅
contain-intrinsic-height: 高さ
contain-intrinsic-size: 横幅 高さ
```

初期値	none
適用対象	size封じ込めが適用された要素
継承	なし

横幅または高さ	none / 長さ / auto none / auto 長さ

sizeの封じ込め（size containment）が適用された要素は中身が空であるかのように扱われ、要素の中身に合わせたサイズに影響します。contain-intrinsic-* プロパティは、このサイズを指定します。contain-intrinsic-width では横幅を、contain-intrinsic-height では高さを指定します。次の論理プロパティで指定したり、contain-intrinsic-size でまとめて指定することも可能です。contain-intrinsic-size で値を1つだけ指定すると、横幅と高さが同じ値で処理されます。

論理プロパティ(左横書きの場合)	指定できるサイズ
contain-intrinsic-inline-size	横幅
contain-intrinsic-block-size	高さ

指定できる値は none または長さ（px など）です。none は 0 で処理されます。これらに auto キーワードを付けた場合、ブラウザが記憶したレンダリング結果があればそのサイズが使用されます。content-visibility プロパティと組み合わせて使うことが想定されており、以下のように機能します。

ここでは \<article\> の表示・非表示を content-visibility の visible と hidden で切り替え、非表示のときの高さを contain-intrinsic-height で指定しています。「50px」と指定した場合、非表示の状態では常に 50px の高さになります。「auto 50px」と指定した場合、最初は 50px の高さになりますが、一度表示してレンダリング結果が記憶されると、それ以降は非表示の状態でも中身に合わせた高さが維持されます。

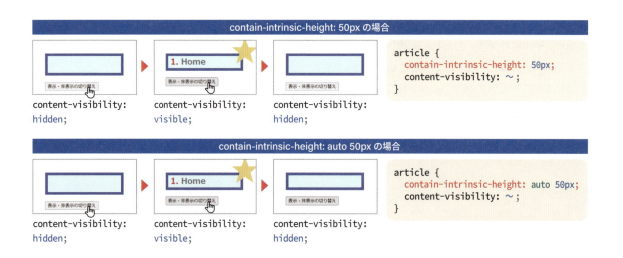

予想される変更の通知
will-change： 変更

初期値	auto
適用対象	全要素
継承	なし

変更	auto / scroll-position / content / プロパティ名

will-change プロパティは、要素に対して予想される変更をブラウザに事前に通知します。ブラウザはその情報を元に最適化の準備を行い、アニメーションなどをよりスムーズに実行するよう試みます。

ただし、過剰に使用すると逆効果になり、パフォーマンスが低下する可能性があります。変更が予想される直前に適用し、変更後には解除して、ブラウザのリソースを必要以上に使わないことも重要です。

値	事前に通知できる変更予定とブラウザの対応
auto	特に変更されるものがないことを示します。ブラウザは通常の処理を行います
scroll-position	近い将来、スクロール位置の変更が予想されることを示します
content	近い将来、要素の中身の変更が予想されることを示します
プロパティ名	近い将来、指定したプロパティの変更が予想されることを示します

たとえば、ホバー時のアニメーションを最適化する場合、親要素にホバーした時点で will-change を適用し、実際のアニメーションは子要素のホバー時に実行するように指定します。

```css
.parent:hover > .child {
    will-change: transform;
}
.child:hover {
    transform: scale(1.5);
}
```

```html
<div class="parent">
  <div class="child">...</div>
</div>
```

デベロッパーツールでDOMツリー、アクセシビリティツリー、CSSを確認する

ChromeのデベロッパーツールではDOMツリーといった、開発やコーディングに欠かせない情報を確認できます。

デベロッパーツールはChromeのメニューから[その他のツール>デベロッパーツール]を選んで開きます。

デベロッパーツール

■ DOMツリー

Elements（要素）パネルではDOMツリー（P.027）を確認できます。

■ CSS（要素のスタイル）

Styles（スタイル）タブでは、CSSOM（P.027）やレンダーツリー（P.028）で使用される、要素に適用・継承されたすべてのCSSを確認できます。最終的に使用されるスタイルは、P.177のようにComputed（計算済み）タブで確認できます。

■ アクセシビリティツリー

Elements（要素）パネルで右上のボタン🧍をクリックすると、アクセシビリティツリーを確認できます。このボタンはAccessibility（アクセシビリティ）タブで「Enable full-page accessibility tree（アクセシビリティ ツリーの全ページ表示を有効にする）」をチェックすることで表示されます。

Chapter

5

タイポグラフィ

Modern HTML and CSS Standard Guide

Chapter 5　タイポグラフィ

CSS 5-1　フォントの基本設定

フォントの基本的な設定を行うプロパティです。

プロパティ	機能
font-family	フォントファミリー
font-weight	フォントの太さ
font-style	フォントの斜体のスタイル
font-stretch	フォントの幅

プロパティ	機能
font-size	フォントサイズ
font	フォントの設定をまとめて指定
font-synthesis	スタイルの合成の可否
font-size-adjust	フォントの見た目の大きさを揃える

CSS

フォントファミリー

font-family: ファミリー名のリスト

初期値	ブラウザの設定に従う
適用対象	全要素とテキスト
継承	あり

ファミリー名のリスト	フォントファミリー名 / 総称ファミリー名

表示に使用するフォントは font-family プロパティで指定します。その際に、フォントの指定にはフォントファミリー名を使います。フォントファミリー名はローカルフォントとリモートフォントで次のように異なります。

ローカルフォントのファミリー名

ローカルフォントは閲覧環境にインストールされている（使用できる）フォントです。固有のファミリー名を持っているのでそれを指定します。ファミリー名は、macOS では Font Book で、Windows では設定 > 個人用設定 > フォントで確認できます。
日本語フォントは日本語と英語のどちらのファミリー名でも指定できます。英語のファミリー名はブラウザのデベロッパーツールや FontForge などのツールで確認することが可能です。
また、フォントの種類を表した総称ファミリー名でも指定できます。その場合、使用できるローカルフォントの中からブラウザが最適なものを使用します。

macOSのFont Book
ファミリー名

Windowsのフォント
ファミリー名

総称ファミリー名	フォントの種類
serif	セリフ体（明朝体）フォント
sans-serif	サンセリフ体（ゴシック体）フォント
monospace	等幅フォント
cursive	筆記体フォント
fantasy	装飾的なフォント
system-ui	OSのデフォルトのUIフォント
math	数式フォント
ui-serif / ui-sans-serif / ui-monospace / ui-rounded	OSのUIで使用されるセリフ体、サンセリフ体、等幅、丸みのあるフォント

リモートフォントのファミリー名

リモートフォントは閲覧環境にインストールすることなく使用できる、オンラインで提供されるフォントです。ファミリー名は @font-face（P.337）で定義する必要があり、font-family では定義したファミリー名を指定します。

ファミリー名の指定とブラウザの処理

font-family プロパティで指定するフォントファミリー名は、カンマ区切りで複数指定が可能です。先に指定したものが優先して使用されます。そのため、リモートフォントで表示したい場合、リモートフォントを一番最初に指定することになります。ローカルフォントは閲覧環境ごとにインストールされているものが異なるので、主要な OS のローカルフォントを複数指定しておきます。総称ファミリー名は最後に1つだけ指定するか、総称ファミリー名のみを指定できます。

ブラウザでは、ファミリー名の指定がローカルフォントだけの場合、閲覧環境で使用可能なものを使用します。リモートフォントが一番最初に指定されている場合、ローカルフォントはその代替フォントとして扱い、リモートフォントの読み込み中は代替フォントで表示し、読み込み完了後はリモートフォントの表示に切り替えます。

リモートフォントが含まれない場合

macOSでの表示

Windowsでの表示

```
div {
  font-family:
    Arial, "ヒラギノ角ゴシック", "メイリオ", sans-serif;
}
```

ローカルフォントのファミリー名　　　総称ファミリー名
※スペースや日本語が含まれる場合は「'」や「"」で囲みます

||

```
div {
  font-family:
    Arial, "Hiragino Sans", Meiryo, sans-serif;
}
```

```
<div>
  ホームオフィス <span>Comfortable Home Office</span>
</div>
```

リモートフォントが含まれる場合

Lorem ipsum dolor sit amet, consectetur adipiscing elit. Etiam interdum, diam ac commodo pulvinar, ligula tortor posuere nisi, a porta ligula odio at diam.

代替フォント（Times New Roman）での表示

▼ リモートフォントの読み込み完了

Lorem ipsum dolor sit amet, consectetur adipiscing elit. Etiam interdum, diam ac commodo pulvinar, ligula tortor posuere nisi, a porta ligula odio at diam.

リモートフォント（@font-faceで定義したLora）での表示

```
p {
  font-family: Lora, "Times New Roman", serif;
}
```

@font-faceで指定した　　　代替フォント（ローカルフォント）
ファミリー名

```
@font-face {
  font-family: 'Lora';
  font-style: normal;
  font-weight: 400 700;
  font-display: swap;
  src: url(Lora-Regular.woff2) format('woff2');
}
```

リモートフォントのソース　　　ファミリー名

表示に使用されたフォントを確認する

Chromeのデベロッパーツールでは Elements（要素）パネルで要素を選択すると、Computed（計算済み）タブで表示に使用されたフォントを確認できます。
たとえば、前ページの例で英語と日本語が混在する <div> を選択すると、Local file（ローカルフォント）の Arial と Meiryo が使用されたことがわかります。また、<p> を選択すると Network resource（リモートフォント）の Lora が使用されたことがわかります。

※ここに表示されるファミリー名は @font-face で定義したものではなく、ソースに含まれるファミリー名です

CSS

フォントの太さ
`font-weight: 太さ`

初期値	normal
適用対象	全要素とテキスト
継承	あり

太さ	normal / bold / (数値)※ / bolder / lighter

※数値は1以上～1000以下

フォントの太さは font-weight プロパティで指定します。太さは 1 以上～ 1000 以下の数値で指定できます。このうち、400 は標準の太さ、700 は太字として扱われ、それぞれ「normal」と「bold」のキーワードで指定できます。

数値が大きいほど太くなりますが、フォントが該当する太さのデータを持っていない場合は使用できる太さに置き換えられます。たとえば、フォントが 400 と 700 のデータしか持っていない場合、500 以下の値は 400 に、500 より大きい値は 700 に置き換えられます。フォントが持つ一般的な太さの種類（ウェイト名）との関係は右上のようになっています。

bolder と lighter は相対値です。これらは、親から継承した太さの値に応じて、右のように処理されます。

```
div {
  font-weight: bold;
}
```
太字に指定

数値	キーワード	太さの種類（ウェイト名）
100	–	Thin
200	–	Extra Light
300	–	Light
400	normal	Normal（標準）
500	–	Medium
600	–	Semi Bold
700	bold	Bold（太字）
800	–	Extra Bold
900	–	Black

継承値	相対値	太くする bolder	細くする lighter
継承値 ＜ 100		400	継承値のまま
100 ≦ 継承値 ＜ 350		400	100
350 ≦ 継承値 ＜ 550		700	100
550 ≦ 継承値 ＜ 750		900	400
750 ≦ 継承値 ＜ 900		900	700
900 ≦ 継承値		継承値のまま	700

フォントの斜体のスタイル
`font-style: スタイル`

初期値	normal	
適用対象	全要素とテキスト	
継承	あり	

スタイル　normal / italic / oblique / oblique 角度 ※

※角度は-90〜90deg

フォントの斜体のスタイルは font-style プロパティで指定します。イタリック体（italic）またはオブリーク体（oblique）に指定できます。前者は傾斜した形で専用にデザインされたもの、後者は通常の文字を斜めにしてデザインされたものを指します。日本語フォントで斜体と呼ばれるものは後者に相当します。
フォントがイタリック体とオブリーク体のどちらか一方のデータだけを持つ場合、italic と oblique のどちらに指定した場合でもそのデータが使用されます

イタリック体に指定

```
div {
  font-style: italic;
}
```

値	スタイル
normal	通常の文字（立体・ローマン体）
italic	イタリック体
oblique	オブリーク体（斜体）
oblique 角度 ※	角度を指定したオブリーク体

※「oblique 10deg」といった形で指定できます。ただし、フォントが指定した角度のオブリーク体のデータ（slant）を持っている必要があります

> メイリオは斜体のフォントデータを持っています。ただし、アルファベットは斜体にデザインされているものの、日本語は斜体ではないそのままのデザインが使われています。その結果、font-styleをitalicやobliqueと指定した場合、この斜体のフォントデータが使われるため、斜体では表示できません

フォントの幅
`font-stretch: 幅`

初期値	normal	
適用対象	全要素とテキスト	
継承	あり	

幅　% ※ / ultra-condensed / extra-condensed / condensed / semi-condensed / normal / semi-expanded / expanded / extra-expanded / ultra-expanded

※%は通常の幅に対する割合（0〜∞）

フォントの幅は font-stretch プロパティで指定します。標準の幅 normal を 100% として、キーワードまたは % で指定できます。指定した幅のデータをフォントが持っていない場合、100% より小さい値はより狭い幅が、100% 以上の値はより広い幅が選択されます。

Comfortable Home Office　normal

Comfortable Home Office　condensed

狭い幅のデータを持っているmacOSの「Helvetica Neue」で表示

```
div {
  font-stretch: 〜;
  font-family: "Helvetica Neue", sans-serif;
}

<div>Comfortable Home Office</div>
```

> CSS Fonts Module Level 4ではfont-stretchプロパティはレガシー名とされ、font-widthプロパティに置き換えられています。現在のところ主要ブラウザは未対応です

キーワード	%	幅
ultra-condensed	50%	狭い幅
extra-condensed	62.5%	
condensed	75%	
semi-condensed	87.5%	
normal	100%	標準の幅

キーワード	%	幅
semi-expanded	112.5%	広い幅
expanded	125%	
extra-expanded	150%	
ultra-expanded	200%	

CSS

フォントサイズ

`font-size: サイズ`

初期値	medium
適用対象	全要素とテキスト
継承	あり

サイズ: 長さ / % ※ / 絶対サイズキーワード / 相対サイズキーワード

※%は親のフォントサイズに対する割合

font-size プロパティは基本的な文字の大きさを指定します。主要ブラウザのデフォルトの設定では初期値の medium が 16px になります。ただし、同じフォントサイズでもフォントによって見た目の大きさは異なります。見た目の大きさは必要に応じて font-size-adjust（P.326）や @font-face（P.340）で調整します。

ホームオフィス
Comfortable Home Office

```
div    {font-size: 32px;}
span   {font-size: 18px;}
```

`<div>ホームオフィス <span>Comfortable Home Office</span></div>`

絶対サイズキーワード	主要ブラウザでのサイズ
xx-small	9px
x-small	10px
small	13px
medium	16px

絶対サイズキーワード	主要ブラウザでのサイズ
large	18px
x-large	24px
xx-large	32px
xxx-large	48px

相対サイズキーワード	サイズ
larger	親のフォントサイズよりひとまわり大きくする
smaller	親のフォントサイズよりひとまわり小さくする

CSS

フォントの基本的な設定をまとめて指定

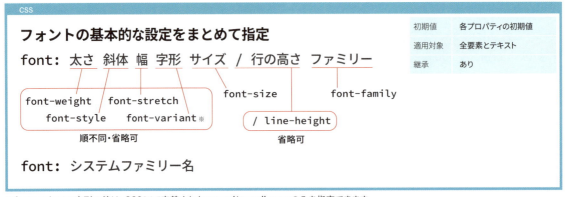

※font-variantの字形の値は、CSS2.1で定義されたnormalとsmall-capsのみを指定できます

fontプロパティではフォントの基本的な設定をまとめて指定できます。指定できるのは、ここまでに見てきたフォント関連のプロパティの設定（ファミリー、太さ、斜体、幅、サイズ）と、P.243 の line-height（行の高さ）、P.330 の font-variant（字形）の設定です。また、システムファミリー名では OS やブラウザで使用されるシステムフォントの指定が可能です。システムファミリー名は font-family の値としては指定できませんので注意が必要です。

システムファミリー名	
caption	キャプションつきコントロール（ボタン、ドロップダウンなど）に使われるシステムフォント
icon	ラベルアイコンに使われるシステムフォント
menu	メニューに使われるシステムフォント
message-box	ダイアログボックスに使われるシステムフォント
small-caption	小さいコントロールに使われるシステムフォント
status-bar	ステータスバーに使われるシステムフォント

```
div {
  font-family: Arial, "Hiragino Sans", Meiryo, sans-serif;
  font-weight: bold;
  font-size: 32px;
  line-height: 1.5;
}
```

∥

```
div {
  font: bold 32px / 1.5 Arial, "Hiragino Sans", Meiryo, sans-serif;
}
```

ホームオフィス

・フォントファミリー (font-family)
・太さ (font-size)
・サイズ (font-size)
・行の高さ (line-height)
を指定したもの

スタイルの合成の可否
font-synthesis: 合成を許可するスタイル

初期値	weight style small-caps position
適用対象	全要素とテキスト
継承	あり

合成を許可するスタイル	none / weight / style / small-caps / position

フォントファミリーが斜体などのスタイルのデータを持たない場合、ブラウザはそのフォント自身を素材に、可能な範囲でスタイルを生成・合成して表示に反映させます。この合成の可否は font-synthesis プロパティで指定します。合成を許可する場合、none 以外のキーワードをスペース区切りで指定します。デフォルトではすべての合成が許可されます。none と指定した場合はすべての合成が不可となります。個別のプロパティで指定することも可能です。

合成を許可するもの		個別のプロパティ （許可はauto、不可はnoneと指定）
none	なし	-
weight	太字	font-synthesis-weight
style	斜体	font-synthesis-style
small-caps	スモールキャピタル	font-synthesis-small-caps
position	上付き・下付き文字 ※	font-synthesis-position

※ P.333のfont-variant-positionで指定した上付き・下付き文字が対象となります。P.062の<sub>や<sup>による上付き・下付き文字の表示には影響しません

たとえば、次の例は太字のデータのみを持つフォントファミリーを使用し、太字、斜体、スモールキャピタル（大文字の形状を持ち、小文字の高さでデザインされた字形）で表示するように指定したものです。斜体とスモールキャピタルのスタイルは、合成を許可している場合にだけ反映されます。

COMFORTABLE HOME OFFICE

`font-synthesis: weight style small-caps position;`
すべての合成を許可しているときの表示。太さはフォントが持つデータで、斜体とスモールキャピタルは合成して反映されます

Comfortable Home Office

`font-synthesis: none;`
すべての合成を不許可にしているときの表示。斜体とスモールキャピタルのスタイルが反映されなくなります

```css
div {
    font-family: "AR One Sans", sans-serif;
    font-weight: bold;
    font-style: oblique;
    font-variant: small-caps;
    font-synthesis: 〜 ;
}
```

CSS

フォントの見た目の大きさを揃える
`font-size-adjust: フォントメトリクス 比率`

初期値	none
適用対象	全要素とテキスト
継承	あり

フォントメトリクス	以下の表を参照	比率	数値 ※ / from-font

※数値は0〜∞

同じフォントサイズでも、フォントによって見た目の大きさは異なります。P.321のように代替フォントからリモートフォントの表示に切り替わると、見た目の大きさの違いによってチラつきやレイアウトシフトといった問題が発生します。
font-size-adjust は代替フォントの見た目をリモートフォントに近い大きさに揃え、問題を軽減させます。これは、特定のフォントメトリクス（フォントを構成する各種寸法のデータ）をリモートフォントと同じサイズにすることで実現されます。そのため、調整に使用するフォントメトリクスの種類と、リモートフォントが持っているフォントサイズに対するメトリクスの比率を指定する必要があります。
指定できるフォントメトリクスは次の通りです。省略した場合は ex-height（エックスハイト）で処理されます。

フォントメトリクスの種類	
ex-height	小文字の高さ（エックスハイト）
cap-height	大文字の高さ（キャップハイト）
ch-width	数字「0」（ゼロ）の横幅
ic-width	全角文字「水」の横幅
ic-height	全角文字「水」の高さ

たとえば、次の例はリモートフォントを Lora、代替フォントを Times New Roman にしたものです。そのままでは見た目の大きさの違いが大きく、レイアウトシフトが発生します。font-size-adjust で ex-height（エックスハイト）の大きさを揃えるように指定すると、見た目の大きさの違いが小さくなり、レイアウトシフトの発生を最小限に留めることができます。

ここで指定した比率 0.5 は、Lora におけるフォントサイズに対するエックスハイトの比率です。この比率は、代替フォント Times New Roman では 0.4472 となります。そのため、Times New Roman の見た目の大きさがフォントサイズの 0.5 ÷ 0.4472 ＝ 約 1.12 倍に調整され、Lora に近い大きさになります。

Times New Roman 以外のフォント（serif）が代替として使用された場合にもこの処理が適用されるため、Lora と近い大きさで表示されることが期待できます。同様に、この処理は Lora にも適用されますが、Lora 自身の比率が適用されるだけですので表示には影響しません。

なお、各フォントの比率は実際の表示から計測するか、フォントメトリクスを閲覧できるツール（FontForge など）を使って確認します。

比率の代わりに「from-font」と指定すると、font-family で最初に指定したフォントの持つ比率が使用されます。ただし、反映されるのはフォントのダウンロード完了後となります。英語と日本語など、複数のフォントが混在する表示で大きさを揃えたいといったケースで有効です。

より細かな調整が必要な場合、@font-face を通して利用できる機能（P.340）が用意されています。

代替フォントの見た目の大きさを調整していない場合

Lorem ipsum dolor sit amet, consectetur adipiscing elit. Etiam interdum, diam ac commodo pulvinar, ligula tortor posuere nisi, a porta ligula odio at diam.

代替フォント（Times New Roman）での表示

Lorem ipsum dolor sit amet, consectetur adipiscing elit. Etiam interdum, diam ac commodo pulvinar, ligula tortor posuere nisi, a porta ligula odio at diam.

リモートフォント（Lora）での表示 — レイアウトシフトが発生

```
p {
    font-family: Lora, "Times New Roman", serif;
}
```

代替フォントの見た目の大きさを調整した場合

Lorem ipsum dolor sit amet, consectetur adipiscing elit. Etiam interdum, diam ac commodo pulvinar, ligula tortor posuere nisi, a porta ligula odio at diam.

代替フォント（Times New Roman）での表示

Lorem ipsum dolor sit amet, consectetur adipiscing elit. Etiam interdum, diam ac commodo pulvinar, ligula tortor posuere nisi, a porta ligula odio at diam.

リモートフォント（Lora）での表示 — レイアウトシフトの発生が最小限

```
p {
    font-family: Lora, "Times New Roman", serif;
    font-size-adjust: ex-height 0.5;
}
```

Chapter 5　タイポグラフィ

5-2 フォントの高度な制御

フォントの付加的な設定を行うプロパティです。

プロパティ	機能
font-optical-sizing	オプティカルサイズ
font-variation-settings	バリエーション軸の設定
font-feature-settings	OpenType機能の設定
font-kerning	カーニング
font-variant	字形

プロパティ	機能
font-language-override	言語固有の字形
font-variant-emoji	絵文字の表示スタイル
font-palette	カラーフォントのパレット
@font-palette-values	フォントカラーパレットの定義

CSS

オプティカルサイズのデータを使った表示
`font-optical-sizing: 可否`

初期値	auto
適用対象	全要素とテキスト
継承	あり

可否	auto / none

フォントによっては、単に拡大縮小表示しただけでは可読性や雰囲気が最適でなくなってしまうため、表示サイズに応じて文字の形状、太さ、字間などを調整したオプティカルサイズのデータを持つものがあります。そのようなフォントを使用した場合、デフォルトではオプティカルサイズのデータを使った表示が有効になります。ただし、font-optical-sizing: none と指定することでこの機能を無効化できます。
たとえば、オプティカルサイズのデータを持つフォント DM Sans で有効・無効を切り替えると右のようになります。有効にしている場合、フォントサイズが大きいときの表示が最適化され、よりバランスよく美しい表示になることがわかります。

Comfortable Home Office
Lorem ipsum dolor sit amet, consectetur adipiscing elit. Etiam interdum, diam ac commodo pulvinar, ligula tortor posuere nisi, a porta ligula odio at diam.

`font-optical-sizing: auto;` オプティカルサイズが有効

Comfortable Home Office
Lorem ipsum dolor sit amet, consectetur adipiscing elit. Etiam interdum, diam ac commodo pulvinar, ligula tortor posuere nisi, a porta ligula odio at diam.

`font-optical-sizing: none;` オプティカルサイズが無効

```css
div {
    font-family: "DM Sans", sans-serif;
    font-optical-sizing: 〜;
}
```

```html
<div>
    <h1>Comfortable Home Office</h1>
    <p>Lorem ipsum dolor sit amet … </p>
</div>
```

バリエーション軸の設定

`font-variation-settings: タグ 値`

初期値	normal	
適用対象	全要素とテキスト	
継承	あり	

タグ	文字列	値	数値

バリアブルフォントは太さなどのスタイルをOpenTypeのバリエーション軸（variation axes）として持っています。font-variation-settingsプロパティはこれらをローレベルで制御する機能を提供します。

バリエーション軸にはOpenTypeの標準的なものとして登録されている以下のものと、フォントごとにカスタムで用意されたものがあります。標準の軸に対しては個別のプロパティがあります（ただし、すべてのフォントが標準の軸を持っているわけではありません）。

軸の設定には4文字のタグを使います。カスタムの軸の中には大文字を含んだものもあり、大文字と小文字は区別されますので注意が必要です。複数の軸を設定する場合はカンマ区切りで指定します。

weight、width、slant、optical size の軸を持つRoboto Flexフォントを使用し、太さと幅を調整すると次のようになります。

バリエーションの調整なし

```
div {
    font-family: "Roboto Flex", sans-serif;
}
```

太さと幅のバリエーションを調整したもの

```
div {
    font-family: "Roboto Flex", sans-serif;
    font-variation-settings: "wght" 650, "wdth" 120;
}
```

=

```
div {
    font-family: "Roboto Flex", sans-serif;
    font-weight: 650;
    font-stretch: 120%;
}
```

バリエーション軸のタグ		個別のプロパティ
wght	weight軸（太さ）	font-weight
wdth	width軸（幅）	font-stretch
slnt	slant軸（オブリーク体）	font-style
ital	italic軸（イタリック体）	
opsz	optical size軸（オプティカルサイズ）	font-optical-sizing

Google Fontsとバリアブルフォント

バリアブルフォント（variable fonts）は、太さや幅などの連続したスタイルを1つのフォントファイルで保持できるOpenType規格です。Google Fontsで利用可能なバリアブルフォントと、各フォントが持つ軸については、次のページで確認できます。

Variable fonts - Google Fonts
https://fonts.google.com/variablefonts

ただし、フォントが軸ごとに幅広い値に対応していても、太さ以外の軸で使用できる値はデフォルトでは1つに限定されています。そのため、必要に応じて軸の設定を変更する必要があります。

各フォントのページからEmbed codeのページを開くと、左側に軸の設定が表示されます。「Change styles」をクリックすると軸の設定を変更できます。たとえば、width軸（幅）を調整可能にするには、Widthの設定をOne valueからFull axisに切り替えます。

Roboto Flexフォントの場合、幅が25〜151の範囲で調整できるようになります。ただし、Full axisに設定すると、フォントデータのサイズが大きくなるため注意が必要です。

幅(Width)の設定をFull axisに切り替えたもの

バリエーション軸の設定

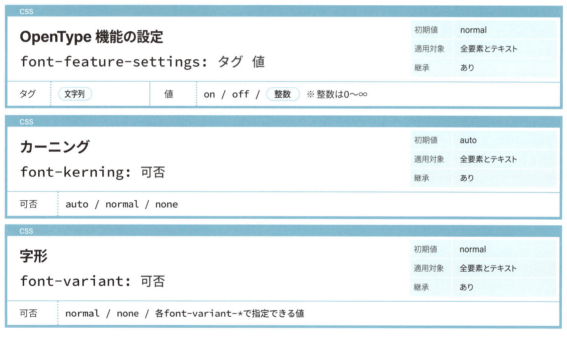

CSS		
OpenType 機能の設定	初期値	normal
`font-feature-settings: タグ 値`	適用対象	全要素とテキスト
	継承	あり
タグ 文字列	値 on / off / 整数 ※整数は0〜∞	

CSS		
カーニング	初期値	auto
`font-kerning: 可否`	適用対象	全要素とテキスト
	継承	あり
可否	auto / normal / none	

CSS		
字形	初期値	normal
`font-variant: 可否`	適用対象	全要素とテキスト
	継承	あり
可否	normal / none / 各font-variant-*で指定できる値	

OpenType 機能（OpenType features）は、文字の間隔を調整するカーニングや、合字やスモールキャピタルといったさまざまな字形のデータをフォントに持たせ、必要に応じて利用できるようにしたものです。

OpenType 機能は 4 文字の機能タグ（feature tags）で表され、有効・無効を切り替えて使います。font-feature-settings プロパティでは機能タグを直接指定し、ローレベルでのコントロールが可能です。font-kerning と font-variant プロパティを使用すると、同じ設定をキーワード値で指定できます。

たとえば、主要ブラウザではデフォルトでカーニングが有効になります。カーニングを無効化し、さらにスモールキャピタル（大文字の形状を持ち、小文字の高さでデザインされた字形）を有効化すると次のようになります。

デフォルトの表示。カーニングが有効になります

```
p {font-family: Helvetica, Arial, sans-serif;}
```

カーニングを無効にしたもの

```
p {font-feature-settings: "kern" 0;}
          ‖
p {font-kerning: none;}
```

さらに、スモールキャピタルを有効化したもの

```
p {font-feature-settings: "kern" 0, "smcp" 1;}
          ‖
p {font-kerning: none;
   font-variant: small-caps;}
```

```
<p>Various Text Talk</p>
```

機能タグで無効化する場合は0またはoffと指定します。有効化する場合は1またはonと指定するか、省略して"smcp"とだけ指定します

機能タグと、font-karningおよびfont-variantで指定できる値との関係は以下のようになっています。font-variantでは個別のプロパティ（font-variant-ligatures、font-variant-position、font-variant-caps、font-variant-numeric、font-variant-alternates、font-variant-east-asian、P.334のfont-variant-emoji）のnormalとnone以外の値をスペース区切りで指定できます。

なお、指定が反映されるためには該当する機能タグをフォントが持っている必要があります。フォントが持っている機能タグとその表示についてはWakamai Fondueで確認できます。OpenType機能についての詳細はAdobeやMicrosoftのドキュメントを参照してください。

Wakamai Fondue
https://wakamaifondue.com/

CSSでのOpenType機能の構文 | Adobe
https://helpx.adobe.com/jp/fonts/using/open-type-syntax.html

Feature tags - Typography | Microsoft Learn
https://learn.microsoft.com/en-us/typography/opentype/spec/featuretags

font-kerning ※複数の値は指定不可

値	機能タグ	機能	例
auto 初期値	-	ブラウザの判断でカーニングを有効化	/* カーニングを無効化 */ font-kerning: none;
normal	"kern" または "vkrn"	カーニングを有効化	
none	"kern" 0 または "vkrn" 0	カーニングを無効化	

font-variant ※複数の値はスペース区切りで指定可

値	機能タグ	機能	例
normal 初期値	-	各font-variant-*プロパティの初期値で処理	/* スモールキャピタルと分数表記を有効化 */ font-variant: small-caps diagonal-fractions;
none	-	font-variant-ligaturesをnoneで、それ以外のfont-variant-*を初期値で処理	
各font-variant-*で指定できる値	-	指定した値に従う。値が未指定のfont-variant-*は初期値で処理	

font-variant-ligatures ※複数の値はスペース区切りで指定可（同じ合字を有効・無効化する値はどちらか1つのみ）

値	機能タグ	機能	例
normal　初期値	"liga", "clig"	一般的な合字を有効化（common-ligaturesと同じ）	複数の文字を合成して一文字にする合字（リガチャ）の設定 font-family: "Playfair Display"; font-variant-ligatures: 〜;
none	-	すべての合字を無効化	
common-ligatures	"liga", "clig"	一般的な合字を有効化	
no-common-ligatures	"liga" 0, "clig" 0	一般的な合字を無効化	ffi ft ct sp st　合字を無効化 none
discretionary-ligatures	"dlig"	任意の合字（装飾的な合字）を有効化	
no-discretionary-ligatures	"dlig" 0	任意の合字（装飾的な合字）を無効化	ffi ft ct sp st　一般的な合字を有効化 common-ligatures
historical-ligatures	"hlig"	歴史的な合字を有効化	
no-historical-ligatures	"hlig" 0	歴史的な合字を無効化	ffi ft ct sp st　一般的な合字と任意の合字（装飾的な合字）を有効化 common-ligatures discretionary-ligatures
contextual	"calt"	前後関係に依存する字形を有効化	
no-contextual	"calt" 0	前後関係に依存する字形を無効化	

※ フォントはligaとdligタグを持つPlayfair Display（https://github.com/clauseggers/Playfair）を使用

font-variant-caps ※複数の値は指定不可

値	機能タグ	機能	例	
normal　初期値	-	このプロパティで指定できる字形を無効化	Office	/* スモールキャピタルなし */ font-family: "Corbel"; font-variant-caps: normal;
small-caps	"smcp"	スモールキャピタルを有効化		
all-small-caps	"c2sc", "smcp"	すべてスモールキャピタルで表示	OFFICE	/* スモールキャピタル */ font-variant-caps: small-caps;
petite-caps	"pcap"	ペティットキャピタルを有効化		
all-petite-caps	"c2pc", "pcap"	すべてペティットキャピタルで表示	OFFICE	/* すべてスモールキャピタル */ font-variant-caps: all-small-caps;
unicase	"unic"	大文字はスモールキャピタル、小文字は通常の文字で表示	office	/* 大文字をスモールキャピタル */ font-variant-caps: unicase;
titling-caps	"titl"	タイトル用キャピタルを有効化		

※ フォントはWindowsのCorbelを使用

font-variant-numeric ※複数の値はスペース区切りで指定可（A・B・Cの値はそれぞれから1つ選択可）

値	機能タグ		機能	例
normal　初期値	-		このプロパティで指定できる字形を無効化	01/2　/* デフォルトの表示 */ font-family: "Meiryo"; font-variant-numeric: normal;
lining-nums	"lnum"	**A**	ライニング数字を有効化	
oldstyle-nums	"onum"		オールドスタイル数字を有効化	
proportional-nums	"pnum"	**B**	プロポーショナル数字（字形固有の幅を持つ数字）を有効化	0½　/* 分数表記を有効化 */ font-variant-numeric: diagonal-fractions
tabular-nums	"tnum"		等幅数字を有効化	
diagonal-fractions	"frac"	**C**	分数表記を有効化	0 1/2　/* 横線を使った分数表記を有効化 */ font-variant-numeric: stacked-fractions
stacked-fractions	"afrc"		横線を使った分数表記を有効化	
ordinal	"ordn"		上付き序数表記を有効化	Ø1/2　/* スラッシュ付きゼロを有効化 */ font-variant-numeric: slashed-zero
slashed-zero	"zero"		スラッシュ付きゼロを有効化	

※ フォントはWindowsのMeiryo（メイリオ）を使用

font-variant-position　※複数の値は指定不可

値	機能タグ	機能	例
normal　初期値	-	このプロパティで指定できる字形を無効化	
sub	"subs"	下付き文字を有効化	/* 上付き文字 */ font-family: "Corbel"; font-variant-position: super;
super	"sups"	上付き文字を有効化	

※ フォントはWindowsのCorbelを使用

font-variant-east-asian　※複数の値はスペース区切りで指定可（**A**・**B**・**C**の値はそれぞれから1つ選択可）

値	機能タグ		機能	例
normal　初期値	-		このプロパティで指定できる字形を無効化	壺と壺、桧と檜、篭と籠など
jis78	jp78	**A**	JIS78形式を有効化	/* デフォルトの表示 */ font-family: "YuGothic Medium", YuGothic, 　"Yu Gothic Medium", "Yu Gothic";
jis83	jp83		JIS83形式を有効化	
jis90	jp90		JIS90形式を有効化	
jis04	jp04		JIS2004形式を有効化	
simplified	smpl		簡体字を有効化	壺と壺、檜と桧、籠と篭など
traditional	trad		繁体字を有効化	
full-width	fwid	**B**	全角を有効化	/* JIS78形式の字形で表示 */ font-family: "YuGothic Medium", …略…; font-variant-east-asian: jis78;
proportional-width	pwid		半角を有効化	
ruby	ruby	**C**	ルビを有効化	

font-variant-alternates　※複数の値はスペース区切りで指定可

値	機能タグ	機能	例
normal　初期値	-	このプロパティで指定できる代替字形を無効化	**font-feature-settingsを使う場合** Arialが持っている機能タグのうち、デザインセットのss02とss03、デザインバリエーションのsaltを有効化すると次のように代替字形に置き換わります
historical-forms	hist	歴史的な字形を有効化	
stylistic(識別子)	salt	デザインバリエーションを@stylisticで有効化	
styleset(識別子)	ss** (ss01、ss02など)	デザインセットを@stylesetで有効化	 /* デフォルトの表示 */ font-family: "Arial"; <p>My AI</p> /* 代替字形の有効化 */ font-family: "Arial"; font-feature-settings: 　"ss02", "ss03", "salt";
character-variant(識別子)	cv** (cv01、cv02など)	個々の文字のデザインを@character-variantで有効化	
swash(識別子)	swsh / cswh	スワッシュ字形を@swashで有効化	
ornaments(識別子)	ornm	装飾を@ornamentsで有効化	
annotation(識別子)	nalt	注釈を@annotationで有効化	

font-variant-alternatesを使う場合

まず、@font-feature-valuesで機能を有効化し、任意の識別子をつけます

　　　　　　　　　　　　　　ファミリー名を指定

```
@font-feature-values "Arial" {
  @styleset {
    my-ss02: 2;
    my-ss03: 3;
  }
```
@stylesetでss02とss03を有効化。識別子はmy-ss02、my-ss03と指定

```
  @stylistic {
    my-salt: 1;
  }
}
```
@stylisticでsaltを有効化。識別子はmy-saltと指定

そのうえで、font-variant-alternatesでstyleset()とstylistic()を使用し、カンマ区切りで識別子を指定します

/* 代替字形の有効化 */
font-family: "Arial";
font-variant-alternates:
　styleset(my-ss02, my-ss03)
　stylistic(my-salt);

※ ChromeとEdgeでfont-variant-alternatesを機能させる場合、@font-face(P.337)でフォントの定義が必要です
※ macOS環境のArialに上記の機能タグは含まれていません

言語固有の字形
`font-language-override: 言語システムタグ`

初期値	normal
適用対象	全要素とテキスト
継承	あり

言語システムタグ	normal / 文字列

OpenTypeは言語固有の字形と位置決めにも対応しており、font-language-overrideプロパティで言語システムタグ（language system tags）を指定して有効化します。言語システムタグは次のドキュメントで確認できます。

Language System Tags - Typography | Microsoft Learn
https://learn.microsoft.com/ja-jp/typography/opentype/spec/languagetags

有効化するためにはフォントが該当する言語システムタグを持っている必要があります。たとえば、合字でfとiが合成されると、iの上の点がなくなります。しかし、トルコ語のように点付きと点なしの両方のiを使用する言語もあります。このようなケースではfont-language-overrideで言語システムタグをTRKと指定し、トルコ語固有の字形を有効化します。すると、fとfの合字は有効なまま、fとiの合字が解除された表示になります。

`p {font-family: "Corbel";}`
デフォルトの表示。合字が有効になります

`p {font-variant-ligatures: none;}`
合字を無効化したときの表示

`p {font-language-override: "TRK";}`
トルコ語固有の字形を有効化したときの表示

絵文字の表示スタイル
`font-variant-emoji: スタイル`

初期値	normal
適用対象	全要素とテキスト
継承	あり

スタイル	normal / text / emoji / unicode

※ Firefoxはabout:configで「layout.css.font-variant-emoji.enabled」フラグを有効化、Safariは開発 > 機能フラグ で「font-variant-emoji」を有効化することで対応。Safariはlang="en"に指定することでスタイルが反映されます

font-variant-emojiプロパティは絵文字をテキストまたは絵文字のスタイルで表示するように指定できます。スタイルの切り替えが可能なのはUnicodeの異体字セレクタ（variation selectors）に追加され、テキストと絵文字の両方のスタイルを持つ文字です。下記のページで確認できます。

Emoji Presentation Sequences
https://www.unicode.org/emoji/charts/emoji-variants.html

`p {font-variant-emoji: text;}`
テキストスタイル

`p {font-variant-emoji: emoji;}`
絵文字スタイル

`<p>☎</p>` = `<p>&#x260e;</p>`

スタイルの値	
normal	ブラウザがどう表示するかを判断
text	白黒のテキストスタイルで表示
emoji	カラーの絵文字スタイルで表示
unicode	Unicodeの規定に従って表示

カラーフォントのパレット

`font-palette: パレット`

初期値	normal
適用対象	全要素とテキスト
継承	あり

パレット	normal / light / dark / パレット名 / palette-mix()

フォントカラーパレットの定義

`@font-palette-values パレット名 { 記述子 }`

パレット名	--パレット名	記述子	font-family / base-palette / override-colors

※ font-paletteと@font-palette-valuesはCOLRv0およびCOLRv1テーブルを使用したカラーフォントで機能します（SafariはCOLRv1に未対応です）

カラーフォントの色は font-palette プロパティでパレットを指定して調整します。パレットは @font-palette-values を使用して、フォントが持っているベースパレットの中から選んだり、色をカスタマイズして用意します。

font-paletteの値	
normal	color-schemeプロパティ（P.383）の設定に応じてlightまたはdarkで表示。それ以外はカラーフォントのデフォルトパレットで表示
light ※	明るい背景に適したパレットで表示
dark ※	暗い背景に適したパレットで表示
パレット名	@font-palette-valuesで定義したパレットで表示
palette-mix()	パレットを混ぜ合わせて作成したパレットで表示

※ フォントがlightとdarkを示すメタデータを持っている必要があります

たとえば、カラーフォントの Nablia を使用すると、デフォルトでは右のように黄色のベースパレットで表示されます。Nablia は次ページのように 7 種類のベースパレットを持っており、@font-palette-values を使って切り替えることができます。

@font-palette-values では接頭辞「--」をつけた任意の名前でカスタムのパレット名を作成します。そして、このパレット名に対して font-family 記述子でファミリー名を、base-palette 記述子でベースパレットの番号を指定します。

作成したカスタムのパレット名を font-palette プロパティで指定すると、色が変わります。右の例では水色の 2 のベースパレットを使用するカスタムのパレット「--my-color」を作成し、font-palette で指定しています。

```
h1 {font-family: "Nabla";}
```

```
<h1>Home Office</h1>
```

```
h1 {font-family: "Nabla";
    font-palette: --my-color;}

@font-palette-values --my-color {
  font-family: "Nabla";
  base-palette: 2;
}
```

※ NablaはCOLRv1テーブルを使用したカラーフォントです

ベースパレットの色をカスタマイズする場合は override-colors 記述子を使います。たとえば、2のベースパレットで6つ目の色を黄色に、8つ目の色を黄緑色に変更すると次のようになります。

@font-palette-valuesで使用できる記述子と値

記述子	値
font-family	ファミリー名
base-palette	light ※
	dark ※
	ベースパレットの番号
override-colors	整数　色

※ フォントがlightとdarkを示すメタデータを持っている必要があります

```
h1 {font-family: "Nabla";
    font-palette: --my-color;}

@font-palette-values --my-color {
  font-family: "Nabla";
  base-palette: 2;
  override-colors: 6 yellow, 8 #98ef98;
}
```

1 2 3 4 5 6 7 8 9

6つ目の色を yellowに変更

8つ目の色を #98ef98に変更

Nabliaが持っているベースパレット

0
1
2
3
4
5
6

フォントが持っているベースパレットはWakamai Fondue (https://wakamaifondue.com/) で確認できます

■ パレットを混ぜ合わせて新しいパレットを作る関数　palette-mix()

palette-mix() は2つのパレットを混ぜ合わせて新しいパレットを作る関数です。P.191 の color-mix() 関数と同じルールで使用できます。たとえば、カラーフォント Nabla の 0 と 1 のベースパレットを --yellow、--red というパレット名で用意し、比率を変えながら混ぜ合わせると次のようになります。

```
palette-mix(in 色空間,
  パレット1 ○%, パレット2 ○%)
```

※ 両方の%を省略した場合、それぞれ50%で処理されます
※片方の%を省略した場合、100%の残りの割合が適用されます

palette-mix(in srgb, --yellow 100%, --red 0%)
palette-mix(in srgb, --yellow 70%, --red 30%)
palette-mix(in srgb, --yellow 50%, --red 50%)
palette-mix(in srgb, --yellow 30%, --red 70%)
palette-mix(in srgb, --yellow 0%, --red 100%)

```
h1 {font-family: "Nabla";
    font-palette:  palette-mix(～);}

@font-palette-values --yellow {
  font-family: "Nabla";
  base-palette: 0;
}

@font-palette-values --red {
  font-family: "Nabla";
  base-palette: 1;
}
```

5-3 フォントの定義

Chapter 5　タイポグラフィ

フォントファミリーの作成

```
@font-face {
    font-family: ファミリー名 ;
    src: フォントファイル ;
}
```

@font-face内で使用できる記述子

font-family / src / font-style / font-weight /
font-stretch / unicode-range /
font-feature-settings / font-variation-settings /
font-named-instance / font-display /
font-language-override / ascent-override /
descent-override / line-gap-override

@font-face を使うと、フォントファミリーを作成できます。単に、フォントとフォントファミリー名を紐付けるだけではなく、太さや幅、適用する文字などを限定したり、フォントがないときの代替を用意するといった最適化まで設定可能で、カスタムなフォントセットを作成できます。設定はフォントのソースごとに記述子（descriptor）で指定します。

■ ソースの指定　font-family / src 記述子

フォントファミリーを作成するには、ファミリー名とソースの指定が必要です。ファミリー名は font-family 記述子を使って任意の名前で指定します。ソースは src 記述子で url() または local() を使って指定します。url() ではリモートフォントを指定します。format() と tech() を合わせて指定すると、特定のフォーマットや技術にブラウザが対応している場合にだけソースがダウンロードされます。local() ではローカルフォントを指定します。

local() や url() はカンマ区切りで複数指定が可能で、先に指定したものほど優先度が高くなります。

リモートフォントを使用する場合

```
src: url( フォントファイル ) format( フォーマット ) tech( 技術 ) ;
```
省略可

ローカルフォントを使用する場合

```
src: local( ファミリー名 );
```

```
h1 {font-family: "My Font";}

@font-face {
  font-family: "My Font";
  src: local(Inter),
       url(InterVariable.woff2) format(woff2) tech(variations),
       url(Inter-Regular.woff) format(woff);
}
```

Home Office

左の例では local() と url() を使用して、閲覧環境に Inter というフォントがあればそれを、ない場合はリモートのフォントを使用するように指定しています。
format() と tech() の指定により、リモートフォントの InterVariable.woff2 は WOFF 2.0 とバリアブルフォント（バリエーション軸のコントロール）に、Inter-Regular.woff は WOFF 1.0 にブラウザが対応している場合に使用されます

※ フォントはInter（https://github.com/rsms/inter）を使用

format()の値	フォーマット	拡張子
collection	OpenType Collection	.otc/.ttc
embedded-opentype	Embedded OpenType	.eot
opentype	OpenType	.ttf/.otf
svg	SVG Font (非推奨)	.svg/.svgz
truetype	TrueType	.ttf
woff	WOFF 1.0	.woff
woff2	WOFF 2.0	.woff2

tech()の値※	技術
variations	バリエーション軸(P.329)
palettes	カラーフォントのパレット(P.335)
incremental	Incremental Font Transfer (表示に必要なフォントデータだけのロード)
features-opentype	GSUB/GPOSテーブル
features-aat	morx/kerxテーブル

tech()の値※	技術
features-graphite	Slif/Glat/Gloc/Feat/Sill テーブル
color-COLRv0	COLRv0テーブル
color-COLRv1	COLRv1テーブル
color-SVG	SVGテーブル
color-sbix	sbixテーブル
color-CBDT	CBDTテーブル

※ 複数の値はカンマ区切りで指定できます

■ 太さ・斜体・幅の限定　font-weight / font-style / font-stretch 記述子

font-weight、font-style、font-stretch 記述子は太さ・斜体・幅を限定します。

記述子	初期値	値
font-weight	auto	font-weightプロパティ(太さ)の値
font-style	auto	font-styleプロパティ(斜体)の値
font-stretch	auto	font-stretchプロパティ(幅)の値

```
@font-face {
  font-family: "My Font";
  src: url(Inter-Regular.woff2);
  font-weight: 400;
}
@font-face {
  font-family: "My Font";
  src: url(Inter-Bold.woff2);
  font-weight: 700;
}
```

※ 数値、角度、%の値をスペース区切りで2つ指定すると、範囲を示すことができます。lighter、bolderといった相対値は指定できません

```
@font-face {
  font-family: "My Font";
  src: url(InterVariable.woff2);
  font-weight: 100 900;
}
```

バリアブルフォントでは2つの値を使って範囲を指定します。

400の太さのフォントファイルと700の太さのフォントファイルを使って、400と700の太さを持ったフォントセットを作成する場合は上のように設定します。フォントファミリー名は「My Font」と指定しています。

> CSS Fonts Module Level 4ではfont-stretch記述子はレガシー名とされ、font-width記述子に置き換えられています。現在のところ主要ブラウザは未対応です

■ 適用する文字の指定　unicode-range 記述子

unicode-range 記述子を使用すると、ユニコードで指定した文字にだけソースを適用できます。

記述子	初期値	値
unicode-range	U+0-10FFFF	ユニコードの範囲

右の例では 0 ～ 9 の数字 (U+0030-0039) をカラーフォントの Bungee (BungeeTint-Regular.ttf) で、それ以外を Inter (InterVariable.woff2) で表示するように指定しています。

```
@font-face {
  font-family: "My Font";
  src: url(InterVariable.woff2);
}
@font-face {
  font-family: "My Font";
  src: url(BungeeTint-Regular.ttf);
  unicode-range: U+0030-0039;
}
```

※ カラーフォントはBungee Tint (https://github.com/djrrb/Bungee) を使用

デフォルトで適用するOpenType関連の設定
font-feature-setting / font-variation-setting / font-language-override記述子

font-feature-settings、font-variation-settings、font-language-override 記述子では、デフォルトで適用する OpenType 関連の設定を指定できます。

記述子	初期値	値
font-feature-settings	normal	font-feature-settingsプロパティ（OpenType機能）の値
font-variation-settings	normal	font-variation-settingsプロパティ（バリエーション軸）の値
font-language-override	normal	font-language-overrideプロパティ（言語固有の字形）の値

```
@font-face {
  font-family: "My Font";
  src: url(InterVariable.woff2);
  font-feature-settings: "smcp";
  font-variation-settings: "wght" 900;
}
```

スモールキャピタルを有効化し、バリエーション軸の太さを 900 に指定したもの

表示プロセスのコントロール　font-display記述子

font-family プロパティに P.321 のようにリモートフォントが含まれる場合の表示プロセスは以下の通りです。3つのピリオドがあり、スワップピリオドが終わるまでにリモートフォントを読み込むことができれば、そのフォントを使って表示されます。

それに対し、font-display 記述子では各ピリオドの設定を指定します。auto では block または swap になります。これらはソースで指定したリモートフォントによる表示を目指す設定です。そのためにソースの読み込みが終わるまでスワップピリオドが持続されます。block と swap の違いは透明な代替フォントの表示時間です。透明な代替フォントで表示される時間を短くしたい場合は swap を選択します。Google Fonts ではコンテンツをすぐに表示することが重視され、swap に設定されています。

なお、fallback と optional では読み込みが完了しないことが考慮され、フェイラーピリオドで読み込みが断念されます。

値	ブロック	スワップ	フェイラー	処理
auto	自動	自動	なし	主要ブラウザでは「block」または「swap」で処理
block	3s程度	永続	なし	一定時間のブロックピリオドを確保
swap	最小限※	永続	なし	すぐに代替フォントで表示し、読み込みが完了次第、リモートフォントに切り替え
fallback	最小限※	3s程度	あり	すぐに代替フォントで表示。スワップピリオドの間に読み込めなければそのまま代替フォントで表示
optional	最小限※	なし	あり	スワップピリオドなしのfallbackと同じ処理

※ 100msかそれ以下

```
@font-face {
  font-family: "My Font";
  src: url( 〜 .woff2);
  font-display: swap;
}
```

リモートフォントの font-display を swap に指定したもの

フォントの見た目の大きさの調整
ascent-override / descent-override / line-gap-override / size-adjust 記述子

P.326 の font-size-adjust を使用すると、代替フォントからリモートフォントへの切り替えの際に発生するチラつきやレイアウトシフトといった問題をある程度解決できますが、右の記述子を使用するとより細かな調整が可能です。

これら記述子は、ローカルフォントのフォントメトリクス（フォントを構成する各種寸法のデータ）を上書きし、見た目をリモートフォントに近い大きさに調整します。

たとえば、右の例はリモートフォントの Lora を使用したものです。代替フォントとしてローカルフォントの Times New Roman を使用すると、そのままでは見た目の差が大きく、font-size-adjust で調整しても僅かな差が残ります。

そこで、@font-face で Times New Roman のフォントメトリクスを Lora に合わせて調整したフォントセット「Lora Fallback」を作成し、代替フォントとして指定します。

それぞれの表示を比較すると、font-size-adjust で調整したものよりも、より Lora に近い大きさになっていることがわかります。

記述子	初期値	値	調整対象	🌐🦊🔺😈🅾
ascent-override	normal	%	アセント（ベースラインより上の高さ）	
descent-override	normal	%	ディセント（ベースラインより下の高さ）	
line-gap-override	normal	%	ラインギャップ（行間）	
size-adjust	100%	%	文字のアウトラインと関連するメトリクスのサイズ	

※ %は0〜∞。Safariはsize-adjustのみ対応

Lorem ipsum dolor sit amet, consectetur adipiscing elit. Etiam interdum, diam ac commodo pulvinar, ligula tortor posuere nisi, a porta ligula odio at diam.

調整なしの代替フォント（Times New Roman）での表示

Lorem ipsum dolor sit amet, consectetur adipiscing elit. Etiam interdum, diam ac commodo pulvinar, ligula tortor posuere nisi, a porta ligula odio at diam.

P.326のfont-size-adjustでエックスハイトを揃えた代替フォント（Times New Roman）での表示

Lorem ipsum dolor sit amet, consectetur adipiscing elit. Etiam interdum, diam ac commodo pulvinar, ligula tortor posuere nisi, a porta ligula odio at diam.

@font-faceで調整した代替フォントLora Fallback（Times New Roman）での表示

Lorem ipsum dolor sit amet, consectetur adipiscing elit. Etiam interdum, diam ac commodo pulvinar, ligula tortor posuere nisi, a porta ligula odio at diam.

Webフォント（Lora）での表示

```css
p {font-family: Lora, "Lora Fallback", serif;}

@font-face {
  font-family: "Lora Fallback";
  src: local("Times New Roman");
  ascent-override: 87.3264%;
  descent-override: 23.7847%;
  line-gap-override: 0%;
  size-adjust: 115.2%;
}
```

※ 上記の設定はCapsize（https://github.com/seek-oss/capsize）を使用して生成しています。指定したフォントのフォントメトリクスを元に設定が生成されます

5-4 テキストの基本処理

P.239のインラインレイアウトでは、インラインレベルのコンテンツ（インラインレベル要素、画像、テキスト）がレイアウトされる際に、デフォルトでは右の①〜③の処理が適用されます。

たとえば、以下の例では `<p>` の中身がインラインレイアウトになり、①〜③の処理が適用されます。
`<p>` の中には赤字で示したスペース␣、タブ→、改行コード⏎が含まれていますが、これらは①の処理で1つのスペースに変換・統合されます。その上で②の自動改行の処理が適用され、③の処理で行頭・行末のスペースが削除されます。その結果、緑色で示した1つのスペースだけが表示に反映されます。

①〜③の処理については、次ページから見ていくプロパティで制御します。

①スペース・タブ・改行コードの変換・統合

テキストに含まれるスペース（U+0020）・タブ（U+0009）・改行コード（U+000A）は「ホワイトスペース（white space）」と呼ばれ、スペース（U+0020）に変換されます。さらに、連続したスペースは1つのスペースに統合されます。

> HTMLで使用できる改行コードLF（U+000A）、CR（U+000D）、CRLF（U+000DとU+000A）は、DOMツリーの構築時にU+000Aに統一されます。そのため、CSSで扱う改行コードはU+000Aとなります。

②自動改行（折り返し）の処理

包含ブロック（親のコンテンツボックス）の横幅に収まるように、自動改行が挿入されます。自動改行は、言語ごとの改行規則で許可された箇所に挿入されます。

たとえば、英語では単語内への挿入は許可されず、スペースや句読点のあとに挿入されます。日本語では個々の文字間や句読点のあとに挿入されます。

③行頭・行末のスペースの削除

自動改行の処理の際に行頭・行末のスペースは削除されます。

ホワイトスペースの変換・統合と自動改行の可否

`white-space: 可否`
`white-space: 変換・統合の可否 自動改行の可否` ← 省略可

初期値	normal
適用対象	テキスト
継承	あり

可否	normal / pre-wrap / pre / pre-line		
変換・統合の可否	white-space-collapseプロパティの値	自動改行の可否	text-wrap-modeプロパティの値

ホワイトスペースの変換・統合の可否

`white-space-collapse: 可否`

初期値	collapse
適用対象	テキスト
継承	あり

可否 ※	collapse / preserve / break-spaces / preserve-breaks / preserve-spaces

※すべてのホワイトスペースを削除するdiscardという値も提案されていますが主要ブラウザは未対応です

自動改行（折り返し）の可否

`text-wrap-mode: 可否`

初期値	wrap
適用対象	テキスト
継承	あり

可否	wrap / nowrap

①〜③の処理のうち、white-space-collapse プロパティでは①と③、text-wrap-mode プロパティでは②の処理の可否を指定します。
①の処理はタブ・改行コードをスペースに変換する処理と、連続したスペースを1つのスペースに統合する処理に分かれ、white-space-collapse プロパティの指定に応じてそれぞれの可否が切り替わります。①〜③の処理をまとめて指定する場合は white-space プロパティを使用します。

各プロパティで指定できる値と①〜③の処理の関係は以下の通りです。表示例は前ページの <p> に white-space を適用して確認しています。

```
<p>␣Professional␣␣␣Home␣␣␣↵
→　　Office␣␣␣</p>
```

␣…スペース　　→…タブ　　↵…改行コード

```
p {border: solid 4px pink;
   text-decoration: underline;
   white-space: 〜 ;}
```

white-space プロパティ 値	white-space-collapse プロパティ 値	① スペースを1つに統合	タブをスペースに変換	改行をスペースに変換	③ 行頭・行末のスペースを削除	text-wrap-mode プロパティ 値	② 自動改行の挿入	例
								▌ …表示に反映されたスペース ➡ …表示に反映されたタブ ⏎ …表示に反映された改行コード ↵ …自動改行
normal	collapse	○	○	○	○	wrap	○	Professional Home Office / Professional↵Home Office `white-space: normal;` デフォルトの表示。①、②、③の処理が適用されます
nowrap	collapse	○	○	○	○	nowrap	×	Professional Home Office / Professional Home Office `white-space: nowrap;` normalの自動改行を無効化したもの
pre-wrap	preserve	×	×	×	×	wrap	○	Professional Home Office / Professional▌↵ Home▌⏎ ➡Office▌ `white-space: pre-wrap;` ①と③の処理が適用されず、すべてのスペース・タブ・改行コードが表示に反映されます
pre	preserve	×	×	×	×	nowrap	×	Professional Home Office / Professional▌Home▌⏎ ➡Office▌ `white-space: pre;` pre-wrapの自動改行を無効化したもの
break-spaces	break-spaces	×	×	×	×	wrap	○	Professional Home Office / Professional↵Home▌⏎ ➡Office▌ `white-space: break-spaces;` pre-wrapと基本的な処理は同じですが、連続したスペースの間に自動改行が入る点が異なります
break-spaces nowrap	break-spaces	×	×	×	×	nowrap	×	Professional Home Office / Professional▌Home▌⏎ ➡Office▌ `white-space: break-spaces nowrap;` break-spacesの自動改行を無効化したもの
pre-line	preserve-breaks	○	○	×	○	wrap	○	Professional Home Office / Professional↵Home⏎ Office `white-space: pre-line;` ①の処理のうち、改行コードがスペースに変換されません
preserve-breaks nowrap	preserve-breaks	○	○	×	○	nowrap	×	Professional Home Office / Professional Home⏎ Office `white-space: preserve-breaks nowrap;` pre-lineの自動改行を無効化したもの

white-space プロパティ	white-space-collapse プロパティ				text-wrap-mode プロパティ		例
		① スペースを1つに統合	タブをスペースに変換	改行をスペースに変換	③ 行頭・行末のスペースを削除	② 自動改行の挿入	
値	値				値		▌…表示に反映されたスペース ➡…表示に反映されたタブ ↵…表示に反映された改行コード ↵…自動改行
preserve-spaces ✗✗✗✗•✗	preserve-spaces ✗✗✗✗•✗	✗	◯	◯	✗	wrap	◯	Professional Home Office Professional↵ Home↵ Office white-space: preserve-spaces; ①の処理のうちスペースを1つに統合する処理と、③が行われません
preserve-spaces nowrap ✗✗✗✗•✗	preserve-spaces ✗✗✗✗•✗	✗	◯	◯	✗	nowrap	✗	Professional Home Office Professional Home Office white-space: preserve-spaces nowrap; preserve-spacesの自動改行を無効化したもの

スペースが行末でオーバーフローし、なおかつ自動改行が有効な場合、そのスペースはぶら下がり（hang）として扱われます。ぶら下がりは、P.354のように句読点や括弧を行頭に持ってこないように行末に残す処理で、ボックス自体のサイズや外側のレイアウトには影響を与えません。

スペースを統合せずに自動改行を有効にした場合、連続したスペースのあとに自動改行が入ることから、このような状態が発生します（もちろん、行末にスペースを足してそれをオーバーフローさせても同じように反応します）。そのため、このケースが発生するのは white-space を pre-wrap または preserve-spaces と指定した場合です。

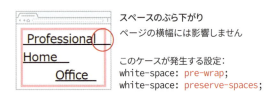

スペースのぶら下がり
ページの横幅には影響しません

このケースが発生する設定:
white-space: pre-wrap;
white-space: preserve-spaces;

自動改行（折り返し）のスタイル
`text-wrap-style: スタイル`

初期値	auto
適用対象	中身がインラインレイアウトになるブロックコンテナ
継承	あり

スタイル	auto / balance / stable / pretty

text-wrap-style プロパティでは、「各行のバランスを揃えて改行する（balance）」「よりよいレイアウト結果になるように改行する（pretty）」といった自動改行（折り返し）のスタイルを指定します。ブラウザは指定されたスタイルに応じて、自動改行が許可された箇所の中から改行位置を決定します。

My favorite sandwich with fresh tomato and ham!	My favorite sandwich with fresh tomato and ham!	My favorite sandwich with fresh tomato and ham!	My favorite sandwich with fresh tomato and ham!
auto	stable	balance	pretty
ブラウザの標準の処理で改行位置を決定。レイアウト結果よりも処理速度が優先され、主要ブラウザではstableと同じ結果になります	後続の行のコンテンツを考慮せずに改行位置を決定します。上の行から順に改行位置が決まっていきます	各行の空のスペースが均等なバランスになるように改行位置を決定します。行数が多くなると、ブラウザはautoで処理します	処理速度よりも、よりよいレイアウト結果にすることを優先して改行位置を決定します。テキストの分量が多いと高コストな処理となる可能性があります

```html
<div>My favorite sandwich with
fresh tomato and ham!</div>
```

```css
div {text-wrap-style: 〜;
     text-align: center;}
```

自動改行（折り返し）の可否とスタイル

`text-wrap: 可否 スタイル` ──省略可

初期値	wrap
適用対象	各プロパティを参照
継承	あり

可否	text-wrap-modeプロパティの値	スタイル	text-wrap-styleプロパティの値

text-wrap プロパティを使用すると、text-wrap-mode と text-wrap-style プロパティの設定をまとめて指定できます。

```css
div {text-wrap: wrap balance;}
```
＝
```css
div {text-wrap-mode: wrap;
     text-wrap-style: balance;}
```

タブのサイズ

`tab-size: サイズ`

初期値	8
適用対象	テキスト
継承	あり

サイズ ※	数値 / 長さ

※…数値および長さは0〜∞

tab-size プロパティはタブ（U+0009）のサイズを指定します。スペース（U+0020）の数、または px などの長さで指定します。
P.051 の `<pre>` と `<code>` で記述したコンピュータ・コードで、タブのサイズをスペース 4 つ分に指定すると右のようになります。`<pre>` には UA スタイルシートで white-space: pre; が適用されるため、タブが表示に反映されます。

```
h1 {
    color: red;
    font-size: 20px;
}
```

```
h1 {
    color: red;
    font-size: 20px;
}
```

表示に反映されたタブ（スペース4つ分）

```html
<pre><code>h1 {↵
→ color: ␣red;↵
→ font-size: ␣20px;↵
}</code></pre>
```

```css
pre {tab-size: 4;}
```

␣…スペース　→…タブ　↵…改行コード

```css
pre {white-space: pre;
     font-family: monospace;}
```
UAスタイルシート

Chapter 5 タイポグラフィ

5-5 自動改行(折り返し)の制御

ブラウザはP.341の②の処理で自動改行を行います。自動改行に関する設定は、次のプロパティで調整します。

自動改行を許可する箇所をピンポイントで指定したい場合には、P.070の <wbr> を使用します。

自動改行を許可する箇所
word-break: 自動改行を許可する箇所

初期値	normal
適用対象	テキスト
継承	あり

| 自動改行を許可する箇所 ※ | normal / break-all / keep-all / auto-phrase |

※…break-wordという値もありますが、現在は非推奨です(代わりにP.347のoverflow-wrap: anywhere; を使用します)

word-break プロパティは、自動改行を単語間・文字間・フレーズ間のどこで許可するかを指定します。英語と日本語の文章では以下のように自動改行の入る位置が変わります。

フレーズ間に自動改行を入れる auto-phrase では、ブラウザが言語固有のコンテンツ解析を行うため、lang 属性で言語の指定が必要です。

どの設定にした場合でも、スペースや句読点のあとの位置での自動改行は許可されます。句読点まわりの自動改行(禁則処理)については line-break プロパティで調整します。

```
<div>This is my favorite sandwich with fresh
tomato, lettuce, cheese and ham.</div>
<div lang="ja">リラックスしながら仕事をする、そん
なことが実現可能な世の中になってきました。</div>
```

```
div {word-break: 〜;}
```

normal
言語ごとの改行規則に従って自動改行を許可します。英語はkeep-all、日本語はbreak-allの処理になります

break-all
単語間に加えて、文字間(単語内)の自動改行を許可します。英単語の途中に改行が入るようになります。日本語の表示には影響しません

keep-all
文字間(単語内)の自動改行を禁止し、単語間の自動改行を許可します。英語の表示には影響しません
日本語の文中には改行が入らなくなります(句読点の位置を除く)

auto-phrase
言語固有のコンテンツ解析に基づき、フレーズ(意味的に自然なまとまり)単位での自動改行を許可します。

※ChromeとEdgeが日本語(lang="ja")の処理で対応

5-5 自動改行（折り返し）の制御

CSS			
オーバーフローする文字列の自動改行 `overflow-wrap: 可否`		初期値	normal
		適用対象	テキスト
		継承	あり
可否	`normal / anywhere / break-word`		

※下位互換のため、主要ブラウザはoverflow-wrapに改名される前のレガシーなプロパティ名word-wrapにも対応しています

overflow-wrap プロパティは、オーバーフローする文字列内に自動改行を入れるかどうかを指定します。たとえば、Chrome や Safari では URL が1つの長い英単語として扱われ、間に自動改行が入らないため横幅が小さいとオーバーフローします。

しかし、P.346の word-beak: break-all; で文字間（単語内）の自動改行を許可すると、URL 以外の英単語内にも自動改行が入ってしまいます。

このような場合、overflow-wrap を anywhere または break-word に指定します。すると、オーバーフローする文字列（ここでは URL）内の自動改行を許可できます。オーバーフローしない単語内に自動改行は入りません。

anywhere と break-word の表示結果は基本的に同じです。違いが出るのは、文字列を含む要素の横幅を min-content（最小コンテンツ幅）にした場合です。anywhere では文字間に、break-word では単語間に自動改行を挿入できるものとして処理されます。

オーバーフローしたテキストを三点リーダー（…）で省略表示する場合、P.355 の text-overflow を使います。

```
My favorite sandwich with
fresh tomato and ham!
https://example.org/freshsandwich/
```

```
<div>My favorite sandwich with fresh tomato and
ham! https://example.org/freshsandwich/</div>
```

▼

```
My favorite sandwich with fres
h tomato and ham! https://ex
ample.org/freshsandwich/
```

```css
div {
  word-break: break-all;
}
```

▼

```
My favorite sandwich with
fresh tomato and ham!
https://example.org/freshsan
dwich/
```

```css
div {
  overflow-wrap:
          anywhere;
}
```

```
M  My favorite sandwich with fresh
y  tomato and ham!
 fa https://example.org/freshsandwich/
v
o
ri
te
s
a
n
```

```css
div {overflow-wrap: break-word;
     width: min-content;}
```

```css
div {overflow-wrap: anywhere;
     width: min-content;}
```

禁則処理

line-break：禁則処理の強さ

初期値	auto
適用対象	テキスト
継承	あり

強さ	auto / loose / normal / strict / anywhere

禁則処理は、句読点、カギ括弧、小さいカナなどが行頭・行末の不自然な位置にこないように自動改行を入れる処理です。
line-break プロパティでは禁則処理の可否や強弱を指定できます。

auto と指定した場合、行数などに応じてブラウザが適切な処理を適用することになっています。以下の例の場合、Chrome と Safari では normal、Firefox では strict と同じ処理結果になります。

loose
弱い禁則処理

行頭にこないもの
「。」や「、」など

normal
通常の禁則処理

行頭にこないもの
loose+「…」や「々」など

strict
強い禁則処理

行頭にこないもの
normal+小さいカナなど

anywhere
禁則処理なし

行頭にこないもの
制限なし

`<div>` ホームオフィスでリラックスして過ごしつつ、メールで届いた個々のチャットに返信しました。`</div>`

`div {line-break: 〜;}`

ハイフネーションの可否

hyphens：可否

初期値	manual
適用対象	テキスト
継承	あり

可否	none / manual / auto

hyphens プロパティはハイフネーションの可否を指定します。ハイフネーションは行末で単語を分割して自動改行を入れる処理です。ハイフネーションが行われると、ブラウザによって単語の分割を示す文字（通常はハイフン）が挿入されます。

manual では、­（U+00AD）で示した位置でのハイフネーションを許可します。
auto では言語に合わせてブラウザがハイフネーションを行うため、lang 属性で言語を明示しておく必要があります。

ハイフネーションなし。­で示した箇所も表示に影響しません

manual
­で示した位置でのハイフネーションを許可します

auto
­で示した位置に加えて、ブラウザによるハイフネーションを許可します

```html
<div lang="en">Professional world&shy;wide
interactive collaboration design.</div>
```

```css
div {hyphens: ～;}
```

CSS

ハイフネーションを示す文字

hyphenate-character: 文字

初期値	auto
適用対象	テキスト
継承	あり

文字	auto / 文字列

hyphenate-character プロパティを使用すると、ハイフネーションで分割したことを示す文字を指定できます。

```css
div {
  hyphens: auto;
  hyphenate-character: "=";
}
```

CSS

ハイフネーションの文字数制限

hyphenate-limit-chars:
　元の単語の最小文字数　ハイフン前の最小文字数　ハイフン後の最小文字数

初期値	auto
適用対象	テキスト
継承	あり

各最小文字数	auto / 整数

hyphenate-limit-chars プロパティは 3 つの条件でハイフネーションを制限します。条件は、元の単語の最小文字数、ハイフン前の最小文字数、ハイフン後の最小文字数です。

ハイフン後の値を省略した場合、ハイフン前と同じ値で処理されます。ハイフン前と後の両方を省略した場合、auto で処理されます。auto ではブラウザが適切な制限を行います。

```html
<div lang="en">The worldwide interactive
collaboration.</div>
```

```css
div {hyphens: auto;
     hyphenate-limit-chars: ～ ;}
```

5 2 2
元の単語を5文字、分割後のハイフンの前と後を2文字以上に指定

5 5 5
元の単語を5文字、分割後のハイフンの前と後を5文字以上に指定

Chapter 5 タイポグラフィ

CSS 5-6 テキストの配置と間隔

テキストの配置と間隔を制御するプロパティです。

プロパティ	機能
text-align	行揃え
text-align-last	最終行の行揃え
text-justify	両端揃えの調整方法
text-indent	インデント（字下げ）

プロパティ	機能
word-spacing	単語の間隔
letter-spacing	文字の間隔
text-spacing-trim	句読点や括弧のスペース（アキ）調整
hanging-punctuation	ぶら下がり

CSS

行揃え

`text-align: 行揃え`

初期値	start
適用対象	ブロックコンテナ
継承	あり

| 行揃え | start / end / left / right / center / justify / match-parent ※ |

※…ChromeとEdgeは -webkit- の付加が必要

text-align プロパティは行揃えを指定します。ブロックコンテナに適用することで、行ボックス（P.240）の中身の横方向の配置が変わります。

両端揃えの justify では、最終行（1行のみの行も含む）だけが左揃えになります。最終行も両端揃えにするには P.351 の text-align-last プロパティを使います。

left または start　左揃え

right または end　右揃え

```
div {text-align: ～;}

<div>
  <h1> ホームオフィス </h1>
  <p> 家でリラックス…</p>
</div>
```

center　中央揃え

justify　両端揃え

■ 行揃えの継承値とmatch-parent

text-align: inherit で継承される継承値（P.218）は、親要素の計算値ではなく、指定値となります。親要素の計算値を使いたい場合には、text-align: match-parent と指定します。

たとえば、次の例では親要素 <div> を左書き（ltr）、子要素 <h1> を右書き（rtl）にしています。<div> の text-align を start と指定すると、指定値は start、計算値は left になります。

そのため、<h1> の text-align を inherit と指定すると、親の指定値 start で処理されます。<h1> は右書きにしていますので、右揃えになります。

一方、match-parent と指定すると、親の計算値 left で処理され、左揃えになります。<h1> が右書きであることは考慮されません。

```
div {
  text-align: start;

  h1 {
    text-align: inherit;
  }
}
```
親の指定値 start で処理

```
div {
  text-align: start;

  h1 {
    text-align: -webkit-match-parent;
    text-align: match-parent;
  }
}
```
親の計算値 left で処理

```html
<div dir="ltr">
  <h1 dir="rtl">ホームオフィス</h1>
</div>
```

CSS

最終行の行揃え
`text-align-last: 行揃え`

初期値	auto
適用対象	ブロックコンテナ
継承	あり

| 行揃え | auto / start / end / left / right / center / justify / match-parent |

text-align-last プロパティは最終行（1 行のみの行も含む）の行揃えを指定します。text-align と text-align-last の両方を justify にすると、すべての行が両端揃えになります。

```
div { text-align: justify;
      text-align-last: justify;}
```

両端揃えの調整方法

`text-justify: 調整方法`

初期値	auto
適用対象	ブロックコンテナ
継承	あり

調整方法	auto / none / inter-word / inter-character

text-justify プロパティは両端揃えの調整方法を指定します。指定した値によって、次のように間隔の調整位置が変わります。

```
div { text-align: justify;
    text-align-last: justify;
    text-justify: 〜 ;}
```

auto
ブラウザが最適な方法で調整

none
調整なし（両端揃えを無効化）

inter-word
単語の間隔で調整

inter-character
文字の間隔で調整

インデント（字下げ）

`text-indent: インデントの大きさ オプション`

初期値	0
適用対象	ブロックコンテナ
継承	あり

インデントの大きさ	長さ / % ※	オプション	each-line / hanging

※％はブロックコンテナ自身のコンテンツボックスの横幅に対する割合

text-indent プロパティは1行目の行頭に入れるインデント（字下げ）の大きさを指定します。デフォルトでは0になり、インデントは入りません。オプションは省略できます。

```
p { text-indent: 〜 ;}
```

`<p>` リラックスしながら仕事を進めていきます。`<br>` ここはホームオフィスです。`</p>`

`text-indent: 1em;`
インデントの大きさを1文字分に指定。強制改行した行の行頭には入りません

`text-indent: 1em each-line;`
強制改行した行の行頭にもインデントが入るようになります

`text-indent: 1em hanging;`
インデントの挿入位置が逆（1行目以外）になります

word-spacing プロパティは単語の間隔を調整します。単語間を区切るスペースに、word-spacing で指定したサイズの余白が追加されます。normal と指定した場合、追加する余白は 0 で処理されます。

letter-spacing プロパティは文字の間隔を調整します。仕様では、letter-spacing で指定したサイズの余白が文字の間に追加されることになっています。しかし、主要ブラウザでは文字の右側に余白が追加されます。

日本語、中国語、韓国語の句読点や括弧に含まれるスペース（アキ）を調整するためには text-spacing-trim プロパティを使用します。

デフォルトでは normal の処理になり、句読点や括弧が連続して並ぶと間隔が調整されます。さらに、全角で行末に収まらない場合は半角にしてレイアウトされます。space-first と trim-start は基本的に normal と同じですが、行頭の全角・半角が変わります。space-all では調整が無効となり、すべて全角になります。

```
p {font-family: "YuGothic Medium",
    YuGothic, "Yu Gothic Medium",
    "Yu Gothic", sans-serif;
  text-spacing-trim: ～;}
```

```
<p>「あ」・「か」、「さ」（たな）。</p>
```

text-spacing-trimを機能させるには、フォントがOpenType機能のhaltやvhal（字幅半角メトリクス）を持っていることが求められます

値	行頭	行末	隣接	例		
space-all	全角	全角	全角	「あ」・「か」、「さ」（たな）。	「あ」・「か」、「さ」（たな）。	text-spacing-trim: space-all;
normal	全角	行内に収まらない場合は半角	間隔を調整	「あ」・「か」、「さ」（たな）。	「あ」・「か」、「さ」（たな）。	text-spacing-trim: normal;
space-first	半角（1行目を除く）	行内に収まらない場合は半角	間隔を調整	「あ」・「か」、「さ」（たな）。	「あ」・「か」、「さ」（たな）。	text-spacing-trim: space-first;
trim-start	半角			「あ」・「か」、「さ」（たな）。	「あ」・「か」、「さ」（たな）。	text-spacing-trim: trim-start;

■…間隔が調整されている箇所　■…半角になっている箇所

CSS

ぶら下がり
hanging-punctuation: 可否

初期値	none
適用対象	テキスト
継承	あり

可否	none / first / force-end / allow-end / last

hanging-punctuation プロパティはぶら下がり（hang）の可否を指定します。ぶら下がりは行頭または行末で、句読点や括弧を行ボックス（P.240）からはみ出す形で表示する処理です。

値	許可されるぶら下がり
none	なし
first	1行目の行頭の括弧やクォーテーション
last	最終行の行末の括弧やクォーテーション
allow-end	行末の句読点（横幅がmax-contentの場合はぶら下がりにならない）
force-end	行末の句読点（横幅がmax-contentの場合もぶら下がりになる）

none 以外の値は、スペース区切りで複数指定できます（force-end と allow-end はどちらか片方のみ）。たとえば、「first allow-end last」と指定すると次のようになります。

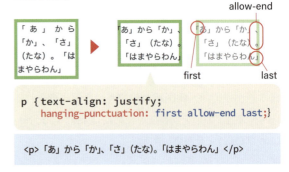

```
p {text-align: justify;
   hanging-punctuation: first allow-end last;}
```

```
<p>「あ」から「か」、「さ」（たな）。「はまやらわん」</p>
```

Chapter 5　タイポグラフィ

CSS 5-7 テキストの変換と省略表示

CSS

テキストの形状変換

`text-transform: 変換`

初期値	normal
適用対象	テキスト
継承	あり

変換	none / capitalize / uppercase / lowercase / full-width / full-size-kana

text-transform プロパティはテキストの形状を変換します。次のように大文字・小文字・全角・大きいカナに変換できます。

```
div {text-transform: 〜;}
```
`<div>Home office オフィス</div>`

CSS

横方向のオーバーフローの省略表示

`text-overflow: 右端の表示`
`text-overflow: 左端の表示　右端の表示`

初期値	clip
適用対象	ブロックコンテナ
継承	あり

表示	clip / ellipsis / 文字列

text-overflow プロパティを使用すると、インラインレベルのコンテンツが横方向にオーバーフローしたときに、行の端に省略記号を表示できます。値を1つだけ指定した場合は右端に、2つ指定した場合は左右に省略記号が表示されます。

ただし、機能させるためには overflow プロパティを visible 以外の値に指定して、オーバーフローしたコンテンツを非表示にする必要があります。

値	オーバーフローした行の端の表示
clip	省略記号の表示なし
ellipsis	3点リーダー（…）を表示
文字列	指定した文字列を省略記号として表示 

たとえば、右の例は `<p>` に white-space: nowrap; を適用し、自動改行を無効化したものです。`<p>` の横幅が短くなると、中身のテキストがオーバーフローします。これに overflow: hidden を適用し、text-overflow を clip 以外の値にすると、省略記号が表示されます。

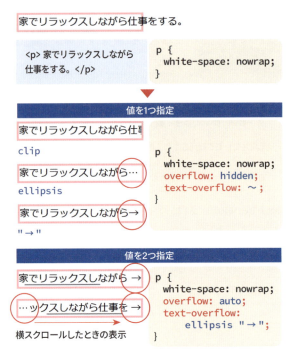

値を 2 つ指定した例では overflow: auto を適用し、横スクロールできるようにしています。これにより、左右にオーバーフローが発生すると、省略記号が両端に表示されます。

表示行数の制限による省略表示

`line-clamp:` 表示行数

初期値	none
適用対象	ブロックコンテナ
継承	あり

表示行数　none / 整数

表示行数を制限し、最初の数行だけを表示して行末には省略記号を入れたいという場合、line-clamp プロパティを使用します。ただし、主要ブラウザは -webkit- をつけたレガシーな形式で対応しています。overflow: hidden に加えて、非標準の「display: -webkit-box」と「-webkit-box-orient: vertical」も指定する必要があります。

たとえば、表示行数を 3 行に制限すると右のようになります。

※Chromeではフラッグ (chrome://flags/#enable-experimental-web-platform-features) を有効化することで、「line-clamp: 3」と指定するだけで上の表示を実現できます

5-7 テキストの変換と省略表示

モバイルデバイスでの自動拡大
`text-size-adjust: 制御`

初期値	auto
適用対象	全要素
継承	あり

制御	auto / none / % ※

※…%はフォントサイズに対する割合

小さいサイズのテキストは、画面の小さいモバイルデバイスでは読みづらくなります。そのため、iOS Safari や Android の Chrome では、必要に応じてテキストの自動拡大が行われます。text-size-adjust プロパティを使用すると、この自動拡大の処理を無効化できます。

値	処理
auto	標準の自動拡大の処理を行います
none	自動拡大の処理を無効化します
%	元のフォントサイズに対する割合で拡大率を指定します。100%と指定するとnoneと同じように拡大処理を無効化できます

たとえば、<h1> を 32px、<p> を 16px のフォントサイズに指定し、iOS Safari で表示します。縦向きでは指定したサイズで表示されますが、横向きにすると <p> が拡大されます。これは、横向きの画面では 1 行の文字数が増え、16px のフォントサイズでは読みづらくなると判別されているためです。

自動拡大あり

text-size-adjust を none と指定し、自動拡大を無効化すると、横向きにしても拡大されなくなります。

自動拡大なし

```
h1 {
    font-size: 32px;
}
p {
    font-size: 16px;
    -webkit-text-size-adjust: none;
    text-size-adjust: none;
}
```

Chapter 5 タイポグラフィ

5-8 テキストの装飾

テキストの装飾を行うプロパティです。

プロパティ	機能
text-decoration	下線・上線・取り消し線
text-decoration-skip-ink	線のスキップ
text-underline-position	下線を引く位置
text-underline-offset	下線を引く位置の調整
text-emphasis	圏点

プロパティ	機能
text-emphasis-position	圏点の位置
text-shadow	テキストの影
text-stroke	文字の輪郭線
text-fill-color	文字の色

CSS

下線・上線・取り消し線

`text-decoration： 線の種類 スタイル 太さ 色`

- 初期値: none solid auto currentColor
- 適用対象: 全要素
- 継承: なし

線の種類	none / underline / overline / line-through / spelling-error ※1 / grammar-error ※1
スタイル	solid / double / dotted / dashed / wavy
太さ	auto / from-font / 長さ / % ※2　　　色 色

※1…SafariとFirefoxは未対応　※2…%は1emに対する割合

text-decoration はテキストに線を引いて装飾するプロパティです。各値は個別のプロパティでも指定できます。どの値も省略可能ですが、線の種類を指定しないと何も表示されません。none 以外に指定することで下線などが表示されます。下線、上線、取り消し線（underline、overline、line-throuch）はスペース区切りで複数指定し、同時に表示することが可能です。

個別のプロパティ	指定できる値
text-decoration-line	線の種類
text-decoration-style	線のスタイル
text-decoration-thickness	線の太さ
text-decoration-color	線の色

快適なホームオフィス　下線を表示

`h1 {text-decoration: underline;}`

線の種類 (text-decoration-lineの値)	表示例	
none	なし	快適なホームオフィス
underline	下線	快適なホームオフィス
overline	上線	快適なホームオフィス
line-through	取り消し線	快適なホームオフィス
spelling-error※	スペルエラーを示す線	快適なホームオフィス
grammar-error※	文法エラーを示す線	快適なホームオフィス

快適なホームオフィス　下線と上線を表示

`h1 {text-decoration: underline overline;}`

※ブラウザがエラー表示に使う線で、エラー判定の機能は持ちません。エラーの箇所だけに適用するにはP.217の::spelling-errorや::grammer-errorを使います

線のスタイル、太さ、色は次のように指定できます。

線のスタイル (text-decoration-styleの値)		表示例
solid	実線	快適なホームオフィス
double	二重線	快適なホームオフィス
dotted	点線	快適なホームオフィス
dashed	破線	快適なホームオフィス
wavy	波線	快適なホームオフィス

線の太さ (text-decoration-thicknessの値)		表示例
auto	ブラウザによる自動設定	快適なホームオフィス
from-font	フォントが持つ線の太さ	快適なホームオフィス
長さ・%	指定した太さ (右の例では5pxに指定)	快適なホームオフィス

下線を太さ5pxの赤い波線に指定

```
h1 {text-decoration: underline wavy 5px red;}
```

=

```
h1 {-webkit-text-decoration: underline wavy red;
    text-decoration-thickness: 5px;}
```

※Safariは-webkit-text-decorationで対応
（ただし、太さは別に指定する必要あり）

=

```
h1 {text-decoration-line: underline;
    text-decoration-style: wavy;
    text-decoration-thickness: 5px;
    text-decoration-color: red;}
```

主要ブラウザが対応しているこの記述がおすすめです

CSS

線のスキップ

`text-decoration-skip-ink: スキップ`

初期値	auto
適用対象	全要素
継承	あり

| スキップ | auto / all / none |

text-decoration-skip-ink プロパティは、下線または上線を引くときに、文字と重なる箇所をスキップするかどうかを指定します。

値	スキップの処理
auto	ブラウザの規定の処理が適用されます。主要ブラウザではallの処理になります
all	文字と重なる箇所はすべてスキップします
none	スキップせずに線を引きます

Happy Holidays　　Happy Holidays

auto または all　　none

```
h1 {text-decoration: underline;
    text-decoration-color: red;
    text-decoration-skip-ink: ～ ;}
```

スキップの処理はtext-decoration-skipプロパティでより細かく制御する方法が提案されており、その機能を個別のプロパティに分けたものの1つがtext-decoration-skip-inkです。他の機能についても個別のプロパティで策定が進められています。

CSS

下線を引く位置

`text-underline-position: 位置`

初期値	auto
適用対象	全要素
継承	あり

| 位置 | auto / from-font / under / left / right |

text-underline-position プロパティは下線を引く位置を指定します。left と right は縦書き用の設定です。

```
h1 {
  writing-mode: vertical-rl;
  text-decoration: underline;
  text-decoration-color: red;
  text-decoration-thickness: 1px;
  text-underline-position: 〜;
}
```

縦書き用の設定はfrom-fontまたはunderと組み合わせ、スペース区切りで「from-font left」と指定することもできます。SafariはTechnology Previewで対応しています

left 左　　right 右

auto　ブラウザの規定位置
from-font　フォントが持つ位置
under　テキストの下

```
h1 {text-decoration: underline;
  text-decoration-color: red;
  text-decoration-thickness: 1px;
  text-underline-position: 〜;}
```

CSS

下線を引く位置の調整

`text-underline-offset: オフセット`

初期値	auto
適用対象	全要素
継承	あり

| オフセット | auto / 長さ / % ※ |

※%は1emに対する割合

text-underline-offset プロパティを使用すると、基準からの距離（オフセット）で下線を引く位置を調整できます。基準となるのは text-underline-position で指定した位置です。text-underline-position が auto の場合はテキストのベースラインが基準となります。

auto　ブラウザの規定オフセット
0px　基準の位置
5px　基準から5px

```
h1 {…略…
  text-underline-position: auto;
  text-underline-offset: 〜;}
```

CSS

圏点

`text-emphasis: スタイル オプション 色`

初期値	none
適用対象	テキスト
継承	あり

text-emphasis プロパティではスタイルと色を指定し、文字を強調する圏点（傍点）を付加します。スタイルと色の値は個別のプロパティでも指定できます。

オプションではnoneと文字列以外のスタイルをfilled（黒塗り）または open（白塗り）に指定できます。省略した場合は filled になります。

個別のプロパティ	機能
text-emphasis-style	圏点のスタイル
text-emphasis-color	圏点の色

スタイル		スタイルのオプション	
		filled	open
none	なし	-	-
dot	ドット	•	◦
circle	丸	●	○
double-circle	二重丸	◉	◎
triangle	三角	▲	△
sesame	ゴマ	＼	＼

`h1 {text-emphasis: ～;}`

CSS

圏点の位置

`text-emphasis-position: 横書きの位置 縦書きの位置`

初期値	over right
適用対象	テキスト
継承	あり

横書きの位置	over / under	縦書きの位置	right / left

text-emphasis-position プロパティは圏点の描画位置を指定します。縦書きの位置は省略可能です。省略した場合は right で処理されます。

over right　　under left

```
h1 {text-emphasis: sesame red;
    text-emphasis-position: ～;}
```

CSS

テキストの影

`text-shadow: 横オフセット 縦オフセット ブラー 色`

初期値	none
適用対象	テキスト
継承	あり

横オフセット・縦オフセット・ブラー	長さ	色	色

text-shadow プロパティを使用すると、テキストに影（ドロップシャドウ）をつけることができます。カンマ区切りで値を指定し、複数の影をつけることも可能です。指定できる値は box-shadow プロパティ（P.402）と同じですが、スプレッドの値と「inset」キーワードは指定できません。

`h1 {text-shadow: 2px 2px 3px lightgray;}`

```
h1 {text-shadow: 1px 1px 2px black,
                 0 0 16px limegreen;}
```

※ CSS Text Decoration Module Level 4ではスプレッドの値とinsetキーワードも指定できるようになっていますが、主要ブラウザは未対応です

文字の輪郭線

`-webkit-text-stroke: 太さ 色`

初期値	0 currentColor	
適用対象	全要素	
継承	あり	

太さ	borderプロパティで指定できる太さの値	色	色

-webkit-text-stroke プロパティは文字の輪郭線を描画します。太さと色の値は個別のプロパティでも指定できます。

たとえば、輪郭線を太さ 4 px の緑色に指定すると右のようになります。文字の塗り色は color プロパティで黄色に指定しています。

個別のプロパティ	機能
-webkit-text-stroke-width	輪郭線の太さ
-webkit-text-stroke-color	輪郭線の色

```
h1 {color: lemonchiffon;
    -webkit-text-stroke: 4px limegreen;}
```

-webkit-text-strokeはCSSの仕様には含まれていないプロパティですが、広く使用されていることから、互換性の確保を目的としたWHATWGの仕様「Compatibility Living Standard」において、ブラウザに対応が求められる機能の1つとなっています。

なお、この仕様には-webkit-text-strokeとセットで-webkit-text-fill-colorプロパティも含まれています。このプロパティは文字の塗り色を指定するもので、colorの指定よりも優先されます。

輪郭と塗りの描画順

`paint-order: 描画順`

初期値	normal	
適用対象	シェイプ要素またはテキスト要素	
継承	あり	

描画順	normal / fill / stroke / markers

paint-order プロパティは SVG の仕様で規定されたもので、SVG 画像の fill（塗り）、stroke（輪郭線）、markers（マーカー）の描画順を指定します。スペース区切りで先に指定したものから順に描画されます。デフォルトでは「fill stroke markers」で処理されます。HTML では text-stroke プロパティで輪郭線を表示した要素で、fill と stroke の描画順を指定できます。文字のパスに対し、fill（塗り）はパスの内側を塗りつぶし、stroke（輪郭線）はパスを中心に両側に広がる形で描画されます。そのため、描画順によって右のように表示が変わります。

塗り→輪郭の順に描画

```
h1 {color: lemonchiffon;
    -webkit-text-stroke: 4px limegreen;}
```

輪郭→塗りの順に描画

```
h1 {color: lemonchiffon;
    -webkit-text-stroke: 4px limegreen;
    paint-order: stroke fill;}
```

Chapter

6

コンテンツと
視覚効果

Modern HTML and CSS Standard Guide

Chapter 6　コンテンツと視覚効果

CSS
6-1 置換要素（画像など）の表示

置換要素（replaced element）は外部リソースをページに埋め込む要素です。代表的なものとしては、画像を表示する <img> や、動画を表示する <video> などが該当します。要素の中身が外部リソースによって置換されるという扱いになることから、置換要素と呼ばれます。

置換要素の中身＝外部リソースは CSS によるレイアウト制御の対象外です。P.221 の display プロパティで指定するインナーディスプレイタイプ（ボックス内で使用するレイアウトタイプ）は置換要素には反映されません。

置換要素として扱われることになっている要素は HTML Living Standard で次のように規定されています。

P.370 の content プロパティで画像を指定すると、任意の要素を置換要素にすることも可能です。

HTML Living Standardで
置換要素として扱われることになっている要素

```
<img> / <input type="image"> / <video> / <iframe>
/ <audio> / <embed> / <canvas> / <object>
```

※ 要素ごとに、外部リソースが読み込めなかった場合や、代替テキストなどが表示された場合には非置換要素として扱うという規定もあります。ただし、細かな扱いはブラウザによって異なります

■ 置換要素のデフォルトの横幅と高さ

width・height 属性も width・height プロパティも適用されていない場合、置換要素が構成するコンテンツボックスはデフォルトの横幅と高さになります。

このデフォルトの横幅と高さは、外部リソースが持つオリジナルの大きさに応じて以下の🅐〜🅒のように決まります。

🅐 外部リソースが横幅・高さ・縦横比のうち 2つ以上のデータを持つ場合

外部リソースが横幅・高さ・縦横比のうち 2 つ以上のデータを持つ場合、置換要素のコンテンツボックスは外部リソースに合わせた横幅と高さになります。
たとえば、500 × 333px の画像を <img> で表示すると、<img> のコンテンツボックスの横幅と高さは 500 × 333px になります。

```
<img src="assets/home.jpg" alt="">
```

Ⓑ 外部リソースが縦横比のみを持つ場合

外部リソースが縦横比のみを持つ場合、置換要素のコンテンツボックスは横幅が包含ブロック（親のコンテンツボックス）に合わせたサイズになります。その横幅に対し、外部リソースの縦横比を維持する形で高さが決まります。

たとえば、width・height 属性を持たず、viewBox 属性で縦横比のみが指定された SVG 画像を <img> で表示すると、<img> のコンテンツボックスの横幅と高さは右のようになります。

Ⓒ 上記以外の場合

ⒶとⒷに当てはまらない場合、置換要素のコンテンツボックスは横幅が 300px、高さが 150px で処理されます。このサイズは CSS2.1 で規定されています。たとえば、width・height・viewBox 属性を持たない SVG 画像や、ブラウジングコンテキスト（Web ページの表示場所）を構成する <iframe> は、横幅と高さが 300 × 150px になります。

■ 置換要素の横幅と高さを指定したときの表示

置換要素のコンテンツボックスの横幅・高さを指定すると、外部リソースはそれに合わせた大きさになります。ⒶやⒷの外部リソースの場合は、どのように合わせるかは、object-fit プロパティで指定できます。

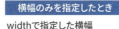

CSS			
外部リソースのフィット `object-fit: 方法`		初期値	fill
		適用対象	置換要素
		継承	なし
方法	`fill / none / cover / contain / scale-down`		

object-fit プロパティは、外部リソースを置換要素のコンテンツボックスに合わせてどのようにフィットさせるかを指定します。コンテンツボックスからオーバーフローした範囲はクリップされます。

たとえば、コンテンツボックスの横幅と高さを 320 × 100px にした `<img>` に、小さい画像と大きい画像を表示してみると次のようになります。

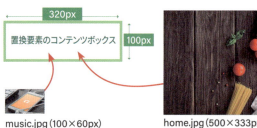

```
img {width: 320px;
     height: 100px;
     object-fit: 〜 ;}
```

```
<img src="〜.jpg" alt="">
```

fill
外部リソースの横幅と高さの両方を、コンテンツボックスに合わせたサイズにします

none
外部リソースをオリジナルサイズのままで表示します

cover
余白ができないように、外部リソースの横幅または高さをコンテンツボックスに合わせたサイズにします

contain
外部リソース全体をコンテンツボックスに収まるサイズにします

scale-down
「none」または「contain」のうち、外部リソースが小さくなる方のサイズにします

オーバーフローした範囲はクロップされています

外部リソースの配置

object-position: 横方向の配置 縦方向の配置

初期値	50% 50%
適用対象	置換要素
継承	なし

配置　left / right / center / top / bottom / 長さ / % ※

※%は横幅・高さに対する割合

object-position プロパティは、外部リソースを置換要素のコンテンツボックス内でどこに配置するかを指定します。

たとえば、object-fit を none としたときに配置を指定すると次のようになります。

```
img {width: 320px;
     height: 100px;
     object-fit: none;
     object-position: ～;}
```

0% 0% または　　　　50% 50% または　　　　100% 100% または　　　　20px 20px または
left top　　　　　　center center　　　　　right bottom　　　　　　top 20px left 20px

※ 横または縦方向の一方だけを指定することもできます。省略した配置は50%で処理されます。キーワード値で指定する場合は順不同です。
※ center以外のキーワード値と、長さ・%の値を組み合わせ、「left 20px」（左から20px）という形での指定も可能です。ただし、両方向ともこの形式で指定する必要があります。
※ CSS Values and Units Module Level 5では「block-start」といったキーワード値も使用できるようになっていますが、主要ブラウザは未対応です。

キーワード値	配置
left	左
right	右
center	中央
top	上
bottom	下

画像の向き

`image-orientation: 向き`

初期値	from-image
適用対象	全要素
継承	あり

向き	none / from-image

画像が EXIF データで向きの情報を持っている場合、image-orientation プロパティでは EXIF データの向きに従って表示するかを指定できます。

from-image
EXIFデータの向きの情報に従って表示します

none
EXIFデータの向きの情報を使用せずに表示します

```
img {image-orientation: ～;}
```

画像の拡大縮小の処理

`image-rendering: 処理`

初期値	auto
適用対象	全要素
継承	あり

処理	auto / pixelated / crisp-edges ※1 / smooth / high-quality ※2

※1…ChromeとEdgeは-webkit-optimize-contrastで対応　※2…対応ブラウザなし

image-rendering プロパティは、画像を拡大縮小するときにどのように処理するかをブラウザに伝えます。ブラウザはそれを参考に、最適なスケーリングの処理を適用します。

```
img {image-rendering: ～;}
```

拡大前の画像。

auto
ブラウザの規定の処理

pixelated
元のピクセルの形状を保持する処理

crisp-edges
元のコントラストとエッジを保持する、線画に適した処理

smooth
画像の見栄えを保持する、写真に適した処理

6-2 コンテンツの生成

::before、::after 擬似要素や content プロパティを使用すると、DOM を変えることなく、CSS でボックスやコンテンツを生成して追加できます。

> **ボックスの生成**
> `::before / ::after`

::before、::after 擬似要素は適用先の要素内にボックスを生成します（置換要素を除く）。ボックスは要素の中身の直前（::before）および直後（::after）に追加されます。

ボックス内に入れるコンテンツは content プロパティで指定します。content プロパティを指定しなかった場合、ボックスは生成されません。

生成されたボックスにはすべてのプロパティを適用でき、親からの継承値も継承されます。継承なしのプロパティは初期値で処理されるため、display プロパティが未指定な場合は inline で処理され、生成されるボックスはインラインボックスになります。

たとえば、<h1> の中身の前後に絵文字（☀、☂）を追加すると右のようになります。

これらは実際の DOM ツリーには影響を与えませんが、レンダリング（レンダーツリー）ではそこに存在するものとして扱われます。コンテンツはアクセシビリティツリーに反映されます。

DOM ツリーとレンダーツリーに関しては P.026 を参照してください。

コンテンツの生成と置換

content：コンテンツ ／ 代替テキスト

		初期値	normal
		適用対象	全要素 / ツリーに現れる擬似要素 / 印刷メディアのページマージンボックス※
		継承	なし
コンテンツ	normal / none / contents ※ / 文字列 / 画像 / attr() open-quote / close-quote / no-open-quote / no-close-quote / counter() / counters()		
代替テキスト	文字列 / attr() / counter() / counters()		

※主要ブラウザは未対応

content プロパティを使用すると、擬似要素の中身（コンテンツ）を生成したり、要素の中身を画像に置き換えて置換要素にすることができます。

■ 擬似要素の中身を生成する

content プロパティは擬似要素が示すものの中身（コンテンツ）を生成します。P.216 の「ツリーに現れる擬似要素（tree-abiding pseudo-elements）」に分類された擬似要素に適用できますが、主要ブラウザが対応しているのは ::before、::after、::marker への適用です。::marker はリストのマーカーを表示するボックスのセレクタで、詳しくは P.378 で見ていきます。これらに content を適用すると以下のようにコンテンツが生成されます。

コンテンツを生成する値はスペース区切りで複数指定も可能です。生成コンテンツの代替テキスト（alt テキスト）を指定する場合、「/」で区切って記述します。次のように指定した場合、アクセシビリティツリーには「New ☀」ではなく、「新着情報」という代替テキストが反映されます。

```
h1::before {
  content: "New" attr(data-type) / "新着情報";
}
```

none
ボックスを生成しません

normal
::beforeと::afterではnoneと同じ処理を行い、::markerでは何も行いません

"New"
指定した文字列が表示されます

url(mark.svg)
指定した画像が表示されます

attr(data-type)
attr()では、指定した属性の値が表示されます

open-quote
*-quote形式の値を指定すると、クォート（引用符）が表示されます（P.372を参照）

counter(my-counter)
counter()やcounters()では指定したカウンターが表示されます（P.373を参照）

```
h1::before { content: ～;
             color: red; }

<h1 data-type="☀">Home</h1>
```

なお、contentで指定した画像の大きさを調整する場合は注意が必要です。contentで指定した画像は無名置換要素（anonymouse replaced element）に入っているものとして処理されます。::before/::after擬似要素にwidthとheightを適用しても、大きさが変わるのは擬似要素が構成するボックスで、無名置換要素には適用されません。

画像がP.364の**Ⓐ**（横幅・高さ・縦横比を持つ画像）の場合、無名置換要素は画像のオリジナルの横幅と高さになります。無名置換要素にwidth・heightを適用できないため、画像の大きさを変えることはできません。

画像がP.365の**Ⓑ**（縦横比のみを持つ画像）の場合、無名置換要素は包含ブロック（擬似要素のコンテンツボックス）に合わせた横幅になります。そのため、擬似要素のwidthで画像の大きさを調整することが可能になります（高さは画像のオリジナルの縦横比で決まります）。

> CSS Generated Content Module Level 3では、contentで画像のみを指定した場合、擬似要素そのものを置換要素にし、width・heightで画像の大きさを直接制御できるようにすることが検討されています

Ⓐ 画像が横幅・高さ・縦横比を持つ場合

```
h1::before {
  content: url(mark.svg);
  display: inline-block;
  width: 48px;
  height: 48px;
  border: solid 4px royalblue;
}
```

```
<svg width="24" height="24"
 viewBox="0 0 24 24" …>…
```

Ⓑ 画像が縦横比のみを持つ場合

```
h1::before {
  content: url(mark.svg);
  display: inline-block;
  width: 48px;
  height: 48px;
  border: solid 4px royalblue;
}
```

```
<svg viewBox="0 0 24 24" …>
…
```

■ 要素を置換要素にする

contentを要素に適用する場合、指定できる値は画像のみです。画像を指定すると、要素の中身が画像に置き換えられ、要素そのものは置換要素（P.364）になります。要素の元の中身は存在しないものとして扱われます（display: noneと等価）。

置換要素の代替テキスト（altテキスト）は「/」で区切って指定します。

```
h1 {content: url(mark.svg) / "ヘルプ";}
```

```
<h1>Home</h1>
```

引用符

```
quotes: 表示の有無
quotes: 開く引用符 閉じる引用符
```

初期値	auto		
適用対象	全要素		
継承	あり		

| 表示の有無 | auto / none | 開く引用符・閉じる引用符 | 文字列 |

content プロパティでは値を open-quote、close-quote と指定することで、開く・閉じる引用符を階層構造に合わせて挿入できます。quotes プロパティでは、content プロパティで挿入した引用符の表示の有無や、引用符の文字列を指定します。

たとえば、<strong> と <span> の前後に引用符を挿入すると次のように表示されます。日本語の場合、デフォルトの引用符は階層構造に合わせて「」と『』が使用されます。

<strong> の引用符に quotes: none を適用すると、階層構造を維持したまま引用符を非表示にできます。これは、content プロパティを no-open-quote や no-close-quote と指定することでも同じ効果を得られます。

「『リラックス』しながら仕事をする」

```
strong::before   {content: open-quote;}
strong::after    {content: close-quote;}
span::before     {content: open-quote;}
span::after      {content: close-quote;}
```

`<strong><span>`リラックス`</span>`して仕事をする`</strong>`

『リラックス』しながら仕事をする

```
strong::before   {content: open-quote;
                  quotes: none;}
strong::after    {content: close-quote;
                  quotes: none;}
span::before     {content: open-quote;}
span::after      {content: close-quote;}
```
‖
```
strong::before   {content: no-open-quote;}
strong::after    {content: no-close-quote;}
span::before     {content: open-quote;}
span::after      {content: close-quote;}
```

引用符をカスタマイズする場合、文字列をスペース区切りで指定します。1階層目の開く・閉じる引用符から順に指定していきます。次の例では1階層目を【】、2階層目を≪ ≫にしています。

【≪リラックス≫しながら仕事をする】

```
strong           {quotes: "[" "]" "≪" "≫";}
strong::before   {content: open-quote;}
strong::after    {content: close-quote;}
span::before     {content: open-quote;}
span::after      {content: close-quote;}
```

カウンターの作成
`counter-reset: カウンター名 初期値`

		初期値	none
		適用対象	全要素
		継承	なし

カウンター値の加算と出力
`counter-increment: カウンター名 加算する値`
`counter( カウンター名 , カウンタースタイル名 )`

		初期値	none
		適用対象	全要素
		継承	なし

カウンター名	カスタム識別子	初期値	整数	※省略時は0で処理	加算する値	整数	※省略時は1で処理
カウンタースタイル名	P.379のカウンタースタイル名 ※省略時はdecimalで処理						

カウンターは自動的に番号をつける機能です。見出しやリストなどに連番をつけることができます。

カウンターを実現するため、各要素は「カウンターセット」と呼ばれる形でカウンターのデータを保持します。

カウンターを作成すると、カウンターごとに次のデータがカウンターセットに登録されます。

・カウンター名
・クリエイター（カウンターを作成した要素）
・カウンターの値

カウンターセットは親や兄弟要素からコピーされ、値が更新されていきます。

カウンターを作成するためには、counter-reset プロパティでカウンター名と、カウンターの初期値を指定します。初期値を省略した場合は 0 で処理されます。

カウンターの値は counter-increment プロパティで加算します。加算する値を省略した場合、1で処理されます。

カウンターの値を出力するためには counter() を使います。counter() は content プロパティで指定することで、::before、::after、::marker 擬似要素の中身として出力できます。

次の例は見出し <h2> に連番をつけるため、親要素の <main> で「item」という名前のカウンターを作成したものです。<h2> の ::before 擬似要素で item カウンターの値に 1 を加算し、counter() で出力しています。

各要素のカウンターセットは以下のようになっており、::before 擬似要素のカウンターの値が 1、2、3 となっていることがわかります。この値は、要素ごとに次の❶～❹の処理が実行されて決まっています。

1 沖縄
2 北海道
3 京都

```html
<main>
    <h2> 沖縄 </h2>
    <h2> 北海道 </h2>
    <h2> 京都 </h2>
</main>
```

```css
main {counter-reset: item;}

h2::before {
    content: counter(item);
    counter-increment: item;
}
```

> ❶ 親のカウンターセットをコピーします
>
> ❷ 先に出現した兄弟要素（同じ階層の要素）のカウンターセットに未コピーのカウンターが含まれている場合、それもコピーしてカウンターセットに追加します
>
> ❸ カウンターの値を更新します。更新するカウンターの値は、カウンター名とクリエイターが同じカウンターセットを持つ要素のうち、フラットツリーでもっとも近くにある要素のカウンターセットから取得して置き換えます
>
> ❹ counter-increment プロパティが適用されている場合、指定された数値をカウンターの値に加算します

なお、counter-increment や counter() で指定したカウンターが存在しなかった場合、これらを適用した要素に新規にカウンターが作成されます。

> P.313のスタイルの封じ込め (contain: style) を適用すると、封じ込めた範囲は上記のカウンターの処理が独立して実行されます

カウンターを作成したとき、親からコピーしたカウンターセットに同じ名前のカウンターが存在した場合、親のカウンターにネストしたもの（子のカウンター）としてカウンターセットに追加されます。このカウンターの値を出力する場合、counter() では最下層の値のみが出力されます。一方、counters() を使用す

ると、全階層の値を区切り文字でつなげて出力できます。

次の例は2つ目の \<h2\> のあとに \<h3\> の見出しを追加し、2.1、2.2…と連番をつけるケースです。\<h3\> は \<div\> でグループ化し、\<div\> では counter-reset で \<main\> と同じ「item」カウンターを作成します。この item カウンターは、\<main\> で作成した item カウンターの子として扱われます。\<div\> ではスコープが形成されるため、\<div\> 内の counter-incremnet では子の item カウンターに加算されます。

\<h3\> の ::before 擬似要素でカウンターを出力すると、counter(item) では子の値だけが出力されます。一方、counters(item, ".") と指定すると、親と子の値が「.」でつなげて出力されることがわかります。なお、counters() で指定したカウンターが存在しなかった場合、これを適用した要素に新規にカウンターが作成されます。

counter-set プロパティは、カウンターの値を指定した値に変更します。counter-set で指定したカウンターが存在しなかった場合、これを適用した要素で新規にカウンターが作成されます。

たとえば、2つ目の \<h2\> につけるカウンターを「5」に変更すると次のようになります。

6-3 リストアイテム

display: list-item が適用された要素はリストアイテムとなります。リストアイテムには次のような特徴があります。

リストアイテムの特徴

- リストアイテムには counter-increment: list-item が適用されたものとして処理され、「list-item」カウンターの値が加算されます
- リストアイテムではブロックボックスとマーカーボックスの2つのボックスが構成されます
- ブロックボックスには、リストアイテムのコンテンツが表示されます
- マーカーボックスには、デフォルトのマーカーとして list-item カウンターの値が表示されます

たとえば、リストを構成する `<ul><li>`、`<ol><li>` には UA スタイルシートが適用されます。

display: list-item が適用される `<li>` はリストアイテムになり、マーカー（list-item カウンターの値）が表示されます。

`<ul>` と `<ol>` には list-style-type プロパティが適用され、マーカー（list-item カウンターの値）を disc（黒丸）および decimal（10進数の数字）のスタイルで表示するように指定されます。counter-reset: list-item も適用されるため、リストごとに list-item カウンターが1からカウントされる仕組みになっています。

リストアイテム`<li>`が構成するボックス

```
<ul>
    <li> 沖縄 </li>
    <li> 北海道 </li>
    <li> 京都 </li>
</ul>
```

UAスタイルシート
```
ul {
    list-style-type: disc;
    counter-reset: list-item;
}
li {
    display: list-item;
}
```

```
<ol>
    <li> 沖縄 </li>
    <li> 北海道 </li>
    <li> 京都 </li>
</ol>
```

UAスタイルシート
```
ol {
    list-style-type: decimal;
    counter-reset: list-item;
}
li {
    display: list-item;
}
```

テキストベースのマーカー
`list-style-type: スタイル`

初期値	disc
適用対象	リストアイテム
継承	あり

スタイル　none / 文字列 / カウンタースタイル名（P.379）

list-style-type プロパティではテキストベースのマーカー（list-item カウンターの値）をどのようなスタイルで表示するかを指定します。

P.379 のカウンタースタイル名または文字列で指定できます。初期値では disc（黒丸）になります。

`li {list-style-type: 〜;}`

- 沖縄
- 北海道
- 京都

disc
カウンタースタイル名で黒丸に指定したもの

i. 沖縄
ii. 北海道
iii. 京都

lower-roman
カウンタースタイル名でローマ数字に指定したもの

★沖縄
★北海道
★京都

"★"
文字列で「★」に指定したもの

沖縄
北海道
京都

none
テキストベースのマーカーを使用しません

マーカー画像
`list-style-image: 画像`

初期値	none
適用対象	リストアイテム
継承	あり

画像　none / 画像

list-style-image プロパティではマーカーとして表示する画像を指定します。

list-style-type プロパティの指定よりも優先されます。ただし、list-style-image: none と指定した場合、マーカーは list-style-type の指定に従って表示されます。

- 沖縄
- 北海道
- 京都

none
マーカー画像を使用しません（テキストベースのマーカーが使用されます）

❓沖縄
❓北海道
❓京都

url(marker.svg)
指定した画像がマーカーとして表示されます

`li {list-style-image: 〜;}`

マーカーボックスの位置
`list-style-position: 位置`

初期値	outside
適用対象	リストアイテム
継承	あり

位置　inside / outside

list-style-position プロパティではマーカーボックスの表示位置を指定します。初期値の outside ではブロックボックスの外側に表示されます。
inside と指定すると、ブロックボックスの内側（コンテンツの 1 行目）にインラインボックスとして挿入されます。

- 沖縄でのホームオフィスの準備とデザインについて

▼

- 沖縄でのホームオフィスの準備とデザインについて

- 沖縄でのホームオフィスの準備とデザインについて　マーカーボックス　ブロックボックス

- 沖縄でのホームオフィスの準備とデザインについて

```
li {list-style-position: inside;}
```

```html
<ul><li> 沖縄でのホームオフィスの準備とデザインについて </li></ul>
```

CSS

マーカー関連の設定をまとめて指定
`list-style: 種類 画像 位置`

初期値	disc none outside
適用対象	リストアイテム
継承	あり

種類	list-style-typeの値	画像	list-style-imageの値	位置	list-style-positionの値

list-style プロパティではマーカー関連の設定をまとめて指定できます。各値は省略可能で、順不同で指定できます。
none と指定した場合、list-style-type と list-style-image の両方を none と指定したことになり、マーカーボックスの中身が空になります。空になった場合、マーカーボックスは生成されません。

★沖縄でのホームオフィスの準備とデザインについて

```
li {list-style: "★" none inside;}
             ‖
li {list-style-type: "★";
    list-style-image: none;
    list-style-position: inside;}
```

CSS

マーカーボックス
`::marker`

::marker 擬似要素はリストアイテムが構成するマーカーボックスを示します。::marker で使用できるプロパティは右の通りです。content プロパティではマーカーボックスの中身を指定でき、list-style-type や list-style-image の指定は無効になります。
右の例では ::marker を使って color プロパティを適用し、テキストベースのマーカーをオレンジ色にしています。

::marker擬似要素で使用できるプロパティ
font-* / white-space / color / text-combine-upright / unicode-bidi / direction / content / animation / transition

- 沖縄

- 沖縄

マーカーボックス　ブロックボックス

```
li::marker {color: orange;}
```

```html
<ul><li> 沖縄 </li></ul>
```

6-4 カウンタースタイル

Chapter 6 コンテンツと視覚効果

カウンタースタイルはカウンターの値を一定の規則に基づいて文字列に変換し、さまざまなスタイルで表現するものです。

disc（黒丸）や decimal（10 進数の数字）など、主なものは作成済みのカウンタースタイルとして以下のように用意されています。カスタムなカウンタースタイルは @counter-style で作成します。

使用するためには、P.373 の counter()・counters() 関数、P.377 の list-style-type・list-style プロパティでカウンタースタイル名を指定します。たとえば、<li> の list-style を「hiragana-iroha」と指定すると、list-item カウンターの値（1 〜 5）が次のように表示されます。

```
<ul>
  <li> 沖縄 </li>
  <li> 北海道 </li>
  <li> 京都 </li>
  <li> 東京 </li>
  <li> 金沢 </li>
</ul>
```

`li {list-style: hiragana-iroha;}`

番号

decimal	1, 2, 3	
decimal-leading-zero	01, 02, 03	
arabic-indic	١, ٢, ٣, ٤	
armenian	Ա, Բ, Գ	
upper-armenian	Ա, Բ, Գ	
lower-armenian	ա, բ, գ	
bengali	১, ২, ৩	
cambodian	១, ២, ៣	
khmer	១, ២, ៣	
cjk-decimal	一, 二, 三	
devanagari	१, २, ३	
georgian	ა, ბ, გ	
gujarati	૧, ૨, ૩	
gurmukhi	੧, ੨, ੩	
hebrew	א, ב, ג	
kannada	೧, ೨, ೩	
lao	໑, ໒, ໓	
malayalam	൧, ൨, ൩	
mongolian	᠐, ᠑, ᠒	
myanmar	၁, ၂, ၃	
oriya	୧, ୨, ୩	

番号

persian	۱, ۲, ۳, ۴
lower-roman	i, ii, iii
upper-roman	I, II, III
tamil	க, ௨, ௩
telugu	౧, ౨, 3
thai	๑, ๒, ๓
tibetan	༡, ༢, ༣

文字

lower-alpha	a, b, c
lower-latin	a, b, c
upper-alpha	A, B, C
upper-latin	A, B, C
lower-greek	α, β, γ
hiragana	あ, い, う
hiragana-iroha	い, ろ, は
katakana	ア, イ, ウ
katakana-iroha	イ, ロ, ハ

記号

disc	•
circle	○
square	■
disclosure-open	▼
disclosure-closed	▶

十二支・十干

cjk-earthly-branch	子, 丑, 寅
cjk-heavenly-stem	甲, 乙, 丙

東アジアやエチオピア数字のスタイル

japanese-informal	一, 二, 三
japanese-formal	壱, 弐, 参
korean-hangul-formal	일, 이, 삼
korean-hanja-informal	一, 二, 三
korean-hanja-formal	壹, 貳, 參
simp-chinese-informal	一, 二, 三
simp-chinese-formal	壹, 贰, 叁
trad-chinese-informal	一, 二, 三
trad-chinese-formal	壹, 貳, 參
ethiopic-numeric	፩/, ፪/, ፫/

カウンタースタイルの作成

```
@counter-style カウンタースタイル名 {
    system: カウンターの値を表現する規則;
    symbols: 表現に使用する文字列;
    suffix: 文字列のあとに付加する接尾辞;
}
```

@counter-style内で使用できる記述子

system / symbols / negative / prefix / suffix / range / pad / fallback / additive-symbols / speak-as

@counter-style では、カウンタースタイル名を指定してカスタムなカウンタースタイルを作成します。使用できる記述子は以下の通りです。

system 記述子ではカウンターの値を表現する規則を、symbols 記述子では表現に使用する文字列を指定します。

suffix 記述子では文字列のあとに付加する接尾辞を指定します。これを省略すると「.」が付加され、「1.」のような出力になりますので注意が必要です。

表現する文字列が足りないといった場合には、fallback 記述子で指定したカウンタースタイルが使用されます。デフォルトでは decimal（10進数の数字）が使用されます。

たとえば、decimal は @counter-style で次のように作成されています。

1. 沖縄
2. 北海道
3. 京都

```html
<ol>
    <li>沖縄</li>
    <li>北海道</li>
    <li>京都</li>
</ol>
```

```css
ol {
    list-style-type: decimal;
}
```
（UAスタイルシート）

```css
@counter-style decimal {
    system: numeric;
    symbols: '0' '1' '2' '3' '4' '5' '6' '7' '8' '9';
}
```

記述子	機能
system	カウンターの値を表現する規則を指定
symbols	表現に使用する文字列を指定
prefix	文字列の前に付加する接頭辞を指定。カウンタースタイルをcounter()・counters()で適用した場合は付加されません
suffix	文字列のあとに付加する接尾辞を指定。未指定の場合は「.」が付加されます。カウンタースタイルをcounter()・counters()で適用した場合は付加されません
negative	カウンターが負の値の場合に付加する接頭辞・接尾辞を指定 例 `negative: "(" ")";`
range	カウンタースタイルの適用範囲を指定。次のように指定すると、値が1〜5の場合にスタイルが適用されます 例 `range: 1 5;`

記述子	機能
pad	カウンターの文字数を揃えるために使用する文字と文字列を指定。次のように指定すると、「1」が「001」と表示されます 例 `pad: 3 "0";`
fallback	指定したスタイルで表示できないときに使用するカウンタースタイル名を指定。省略した場合はdecimal（10進数の数字）が使用されます
additive-symbols	systemを「additive」と指定したときに表示に使用する文字列を指定
speak-as	スクリーンリーダーで読み上げるものを指定 auto .... systemがalphabeticの場合はspell-out、cyclicの場合はbullets、それ以外の場合はnumbersで処理 bullets .... UA定義のフレーズまたはオーディオキュー numbers .... カウンターの数値 words .... カウンタースタイルで表示した文字列 spell-out .... カウンタースタイルで表示した文字列を一文字ずつ

system 記述子で指定できる規則は次の通りです。ここでは「custom」という名前のカウンタースタイルを作成し、list-style プロパティで <li> に適用しています。

```html
<ul>
  <li> 沖縄 </li>
  …略…
</ul>
```

```css
li {
    list-style: custom;
}
```

cyclic
指定した文字を繰り返し表示します

```css
@counter-style custom {
    system: cyclic;
    symbols: ★ ☆ ;
    suffix: " ";
}
```

★ 沖縄
☆ 北海道
★ 京都
☆ 東京
★ 金沢

fixed
指定した文字を1回ずつ表示します

```css
@counter-style custom {
    system: cyclic;
    symbols: ★ ☆ ;
    suffix: " ";
}
```

★ 沖縄
☆ 北海道
3 京都
4 東京
5 金沢

symbolic
指定した文字を2倍、3倍と増やしながら繰り返し表示します

```css
@counter-style custom {
    system: symbolic;
    symbols: ★ ☆ ;
    suffix: " ";
}
```

★ 沖縄
☆ 北海道
★★ 京都
☆☆ 東京
★★★ 金沢

alphabetic
指定した文字をアルファベット記数法(a, b,... z, aa, ab ...)で表示します

```css
@counter-style custom {
    system: alphabetic;
    symbols: ★ ☆ ;
    suffix: " ";
}
```

★ 沖縄
☆ 北海道
★★ 京都
★☆ 東京
☆★ 金沢

numeric
位取り記数法で表示します。2つの文字を指定した場合、2進法での表示になります。1つ目の文字(ここでは★)は0として解釈されます

```css
@counter-style custom {
    system: numeric;
    symbols: ★ ☆ ;
    suffix: " ";
}
```

☆ 沖縄
☆★ 北海道
☆☆ 京都
☆★★ 東京
☆★☆ 金沢

extends
指定したカウンタースタイルを拡張します。ここではdecimal(10進数の数字)を元に、prefixで接頭辞「(」を、suffixで接尾辞「)」を付加しています

```css
@counter-style custom {
    system: extends decimal;
    prefix: "(";
    suffix: ") ";
}
```

(1) 沖縄
(2) 北海道
(3) 京都
(4) 東京
(5) 金沢

additive
ローマ数字のように指定した文字を加えていきます。文字はadditive-symbols記述子を使用して次のように指定します

```css
@counter-style custom {
    system: additive;
    additive-symbols: 5 V, 4 IV, 1 I;
    suffix: " ";
}
```

Ⅰ 沖縄
Ⅱ 北海道
Ⅲ 京都
Ⅳ 東京
Ⅴ 金沢

6-5 色

Chapter 6 コンテンツと視覚効果

文字の色（前景色）

`color：色の値`

初期値	CanvasText
適用対象	全要素とテキスト
継承	あり

色の値	色

color プロパティは文字の色を指定します。背景色に対し、前景色（foreground color）とも呼ばれます。たとえば、<h1> の文字を赤色（red）、背景色を黄色（yellow）に指定すると右のようになります。

不透明度

`opacity：不透明度`

初期値	1
適用対象	全要素
継承	なし

不透明度	0〜1（0%〜100%）

opacity プロパティは要素の不透明度を指定します。1 で不透明、0 で透明になります。1 以外の値にすると P.283 のスタッキングコンテキストが形成されます。たとえば、<h1> の不透明度を 0.6 にすると背後にあるものが透けて見えるようになります。

出力デバイスに合わせた色調整

`print-color-adjust：調整の可否`

初期値	economy
適用対象	全要素
継承	なし

調整の可否	economy（色調整を許可する） / exact（色調整を許可しない）

print-color-adjust プロパティはプリンターなどの出力デバイスに合わせた色調整の可否をブラウザに伝えます。ユーザーによる設定がある場合はそちらが優先されます。

印刷デバイスではデフォルトでは背景が印刷されません。しかし、上記のように指定すると背景も印刷されます

カラースキーム（ライトモード／ダークモード）

`color-scheme: モード`

初期値	normal
適用対象	全要素とテキスト
継承	あり

モード	normal / light / dark	※lightまたはdarkのみを指定する場合は「only」を付加できます

ブラウザはデフォルトではライトモードでページをレンダリングします。color-scheme プロパティを使用すると、ブラウザに対してどのカラースキームを使ってレンダリングするかを指示できます。ルート要素で指示した場合、DOM 全体に反映されます。この指示は、P.129 の <meta name="color-scheme" content=" ～ "> で指定することも可能です。

たとえば、color-scheme プロパティを「light」、「dark」と指定すると、ブラウザはライトモードおよびダークモードで右のようにレンダリングを行います。この例のように要素の色を個々に指定していない場合、モードごとにブラウザがデフォルトで規定した色が使用されます。

OS で設定されたモードでレンダリングする場合には、スペース区切りで「light dark」と指定します。

```
:root {color-scheme: light dark;}
```

指定できる値は以下の通りです。color-scheme が未指定な場合、初期値（normal）の処理になります。

ライトモードでレンダリング

`:root {color-scheme: light;}`

ダークモードでレンダリング

`:root {color-scheme: dark;}`

```html
<html>
  …略…
  <body>
    <h2> ログイン </h2>
    <form action="…" method="post">
      <div>
        <label for="…"> ユーザー名 </label>
        <input … placeholder="name@example.com">
      </div>
      <button …> 次へ進む »</button>
    </form>
  </body>
</html>
```

値	処理
normal	ブラウザのデフォルトのモード（ライトモード）でレンダリング
light	ライトモードでレンダリング
dark	ダークモードでレンダリング
light dark	OSで設定されたモードでレンダリング
light only dark only	ブラウザがcolor-schemeの指示に従わず、別のモードでレンダリングするのを禁止します

ブラウザが color-scheme の指示に従わないケースとしては、Chrome と Edge に用意されたオートダークモード（Auto Dark Mode for Web Contents）があげられます。ユーザーがこのモードに設定している場合、ブラウザは強制的にダークモードでレンダリングを行います。これを防ぎ、指示したモードでレンダリングさせるためには「only」を付加して指定します。なお、オートダークモードは下記のフラグで有効化します。

```
chrome://flags/#enable-force-dark
edge://flags/#enable-force-dark
```

■ 特定の要素だけレンダリングモードを変える

color-scheme を使用すると、特定の要素だけ異なるモードでレンダリングさせることも可能です。たとえば、ページ全体はダークモードで、フォームはライトモードでレンダリングさせる場合、右のように指定します。

```
:root {color-scheme: dark;}
form {color-scheme: light;}
```

■ color-schemeに従う色：システムカラー

システムカラーは、OSやユーザーによる設定を元に、ブラウザがデフォルトで使用する色を反映したキーワードです。キーワードごとにライトモードとダークモードの色が用意されており、color-scheme の指示に従って使用されます。

たとえば、ボタン <button> の色をシステムカラーで指定し、Windows の Firefox で表示すると右のようになります。color-scheme の指示がない場合、ライトモードの色が使用されます。

ライトモードでレンダリング

```
:root {color-scheme: light;}
```

ダークモードでレンダリング

```
:root {color-scheme: dark;}
```

```
button {
    color: ButtonText;
    border: solid 2px ButtonBorder;
    background-color: ButtonFace;
}
```

システムカラーキーワード	例（WindowsのFirefox）	
	ライトモードの色	ダークモードの色
AccentColor ※1	#0060DF	#0060DF
AccentColorText ※1	#FFFFFF	#FFFFFF
ActiveText	#EE0000	#FF6666
ButtonBorder ※2	#E3E3E3	#75747A
ButtonFace	#E9E9ED	#2B2A33
ButtonText	#000000	#FBFBFE
Canvas	#FFFFFF	#1C1B22
CanvasText	#000000	#FBFBFE
Field	#FFFFFF	#2B2A33
FieldText	#000000	#FBFBFE

システムカラーキーワード	例（WindowsのFirefox）	
	ライトモードの色	ダークモードの色
GrayText	#6D6D6D	#75747A
Highlight	#3399FF	##00ddff4e
HighlightText	#FFFFFF	#FBFBFE
LinkText	#0066CC	#8C8CFF
Mark ※2	#FFFF00	#FFFF00
MarkText ※2	#000000	#000000
SelectedItem	#3399FF	#00DDFF
SelectedItemText	#FFFFFF	#2B2A33
VisitedText	#551A8B	#FFADFF

※1 … ✗ ✗ ◯ ◯ ✗ 　　※2 … ✗ ✗ ✗ ◯ ✗

color-scheme に従う色指定

`light-dark( ライトモードの色 , ダークモードの色 )`

light-dark() 関数を使用すると、ライトモードとダークモードの色をカンマ区切りで指定できます。指定した色は color-scheme の指示に従って使用されます。color-scheme の指示がない場合、ライトモードの色が選択されます。

ページの背景色： ライトモード □　ダークモード ■

```css
body {
  background-color:
    light-dark(cornsilk, darkslategray);
}
h2 {
  color:
    light-dark(RoyalBlue, limegreen);
}
```

見出しの文字色： ライトモード ■　ダークモード ■

ライトモードでレンダリング

`:root {color-scheme: light;}`

ダークモードでレンダリング

`:root {color-scheme: dark;}`

強制カラーモードの適用

`forced-color-adjust: 適用の有無`

初期値	auto
適用対象	全要素とテキスト
継承	あり

適用の有無	auto / none

強制カラーモードが有効な環境では、ブラウザが強制的に要素の色を調整します。たとえば、Windowsでハイコントラストモードを有効化した環境が該当します。このとき、forced-color-adjust プロパティを「none」と指定すると、強制カラーモードの適用を除外できます。

値	機能
auto	強制カラーモードを適用します
none	強制カラーモードの適用を除外します

Windows環境でハイコントラストモードを有効化したときの表示

Home 強制カラーモードが適用されます

Home 強制カラーモードの適用が除外され、CSSで指定した色で表示されます

```css
h1 {
  forced-color-adjust: none;
  color: black;
  background-color: cornsilk;
}
```

アクセシビリティを確保するため、特別な理由・目的がない限り適用除外は設定しないことが求められます

6-6 背景画像と背景色

Chapter 6　コンテンツと視覚効果

CSS

背景画像
background-image: 画像

初期値	none
適用対象	全要素
継承	なし

画像	none / 画像

background-image プロパティは要素の背景画像を指定します。デフォルトではパディングボックスの左上に揃えて配置され、縦横に繰り返して描画されます。描画される範囲はボーダーボックスです。

たとえば、小さい画像と大きい画像を用意し、<div> の背景画像として表示すると右のようになります。<div> は横幅と高さを 320 × 100px に指定し、20px のパディングとボーダーを付加しています。

黄緑色のボーダーを半透明にしてみると、背景画像がボーダーボックスの範囲まで描画されていることが確認できます。

要素内の文字（前景）は color: transparent で透明にしています。

背景画像はカンマ区切りで複数指定することも可能です。詳しくは P.391 を参照してください。

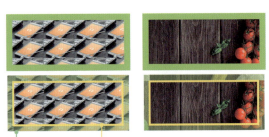

ボーダーボックス　　パディングボックス

url(music.jpg)
100×60pxの画像

url(home.jpg)
500×333pxの画像

```
div {background-image: url(〜);
     width: 320px;
     height: 100px;
     padding: 20px;
     border: solid 20px rgb(171 207 62 / 0.5);
     color: transparent;}
```

`<div>HOME</div>`

CSS

背景の描画範囲
background-clip: 範囲

初期値	border-box
適用対象	全要素
継承	なし

範囲	border-box / padding-box / content-box / text

background-clip プロパティは背景の描画範囲を指定します。デフォルトの描画範囲はボーダーボックスです（ただし、背景画像の基準は background-origin によります）。

border-box
ボーダーボックス

padding-box
パディングボックス

content-box
コンテンツボックス

text
要素の文字

```
div {
  background-image: ～;
  background-clip: ～;
  …略…
  color: transparent;}
```

`<div>HOME</div>`

※ textに指定する場合、color: transparentを適用して文字の色を透明にしておく必要があります。

背景画像の配置の基準

background-origin: 基準

初期値	padding-box
適用対象	全要素
継承	なし

基準	border-box / padding-box / content-box

背景画像は基準の左上に揃えて配置されます。background-origin プロパティではこの基準をどこにするかを指定できます。デフォルトではパディングボックスが基準になります。

次の例ではわかりやすいように P.389 の background-repeat: no-repeat を適用し、繰り返し表示を無効化しています。

border-box
ボーダーボックス

padding-box
パディングボックス

content-box
コンテンツボックス

```
div {
  background-image: ～;
  background-origin: ～;
  background-repeat:
              no-repeat;
  …略…
}
```

背景画像のサイズ

background-size: 横方向のサイズ　縦方向のサイズ

初期値	auto
適用対象	全要素
継承	なし

サイズ	auto / 長さ / % ※ / cover / contain

※%は背景画像の配置の基準（background-originで指定したボックス）に対する割合

background-size プロパティは背景画像のサイズを指定します。サイズの処理で基準となるのは、background-origin で指定したボックス（デフォルトではパディングボックス）です。指定できる値のうち、cover と contain は単体で指定する必要があります。

auto または auto auto
背景画像のオリジナルの横幅と高さで表示します

cover
余白ができないように、背景画像の横幅または高さを基準に合わせたサイズにします

contain
背景画像全体を基準に収まる横幅と高さにします

50% 50%
背景画像を指定した横幅と高さにします。ここでは基準に対して50%の横幅と高さにしています

50% または 50% auto
長さ・%と組み合わせて指定したautoは縦横比を維持するサイズとして処理されます

```
div {background-image: 〜;
     background-size: 〜;
     background-repeat: no-repeat;
     …略…}
```

背景画像の配置

background-position： 横方向の配置　縦方向の配置

		初期値	0% 0%
		適用対象	全要素
		継承	なし

配置	left / right / center / top / bottom / 長さ / % ※

※%は背景画像の配置の基準（background-originで指定したボックス）に対する割合

background-positionプロパティを使用すると、background-originで指定した基準を元に背景画像の配置を指定できます。配置の処理はbackground-sizeで背景画像のサイズが決まったあとに行われます。配置の値はP.367のobject-positionプロパティと同じ形式で次のように指定できます。

```
div {
  background-image: 〜;
  background-position: 〜;
  background-repeat:
              no-repeat;
  …略…}
```

0% 0% または
left top

50% 50% または
center center

100% 100% または
right bottom

20px 20px または
top 20px left 20px

キーワード値	配置
left	左
right	右
center	中央
top	上
bottom	下

※ 横または縦方向の一方だけを指定することもできます。省略した配置は50%で処理されます。キーワード値で指定する場合は順不同です。
※ center以外のキーワード値と、長さ・%の値を組み合わせ、「left 20px」（左から20px）という形での指定も可能です。ただし、両方向ともこの形式で指定する必要があります。

個別のプロパティ	指定できる値
background-position-x	横方向の配置
background-position-y	縦方向の配置

背景画像の繰り返し

`background-repeat:` 横方向の繰り返し　縦方向の繰り返し

初期値	repeat
適用対象	全要素
継承	なし

繰り返し	repeat / repeat-x / repeat-y / no-repeat / space / round

background-repeat プロパティは背景画像の繰り返しを指定します。繰り返しの処理は、background-size と background-position で背景画像のサイズと配置が決まったあとに行われます。

指定できる値のうち、repeat-x と repeat-y は単体で指定する必要があります。

repeat または
repeat repeat
両方向に繰り返します

repeat-x または
repeat no-repeat
横方向にだけ繰り返します

repeat-y または
no-repeat repeat
縦方向にだけ繰り返します

no-repeat または
no-repeat no-repeat
繰り返しを無効化します

space または
space space
画像が描画範囲に収まるように余白を入れて繰り返します

round または
round round
画像が描画範囲に収まるように拡大・縮小して繰り返します

space no-repeat
横方向をspace、縦方向をno-repeatに指定したもの

```
div {
  background-image: ～;
  background-repeat: ～;
  …略…
}
```

背景画像の固定対象

`background-attachment:` 対象

初期値	scroll
適用対象	全要素
継承	なし

対象	scroll / fixed / local

背景画像はデフォルトでは要素が構成するボックスに対して固定され、要素といっしょにスクロールされます。background-attachment プロパティではこの固定対象を変更できます。

fixed ではビューポートに対して固定され、要素がスクロールで動いても背景画像は動かなくなります。要素と背景が異なる動きをするレイヤーとして知覚され、パララックス（視差効果）と呼ばれる奥行き感のある効果を生み出します。一方、local では要素の中身に対して固定されます。要素自身がスクロールコンテナで、要素の中身をスクロールしたときに違いが出ます。たとえば、overflow: auto を適用し、スクロールコンテナにした <div> に背景画像を表示してスクロールすると次のようになります。

```
<h1>Attachment</h1>
<div>HOME Office</div>
<p>ホームオフィスは…</p>
```

```
div {background-image: ～;
     background-attachment: ～;
     overflow: auto; …略…}
```

値	初期表示	固定対象	ページを スクロールした場合	要素の中身を スクロールした場合
`scroll` 背景画像は、要素が構成するボックスに対して固定されます				
`fixed` 背景画像はビューポートに対して固定されます（配置の基準となるボックスがビューポートになります）				
`local` 基本的にscrollと同じ処理になりますが、背景画像は要素の中身（スクロールコンテナ内のコンテンツ）に対して固定されます				

背景色

`background-color: 色の値`

初期値	transparent
適用対象	全要素
継承	なし

色の値	色

background-color プロパティは要素の背景色を指定します。背景色は背景画像の背面に表示されます。デフォルトでは透明です。

たとえば、まわりを透過した SVG 画像（sun.svg）を背景画像として表示し、背景色を紺色（navy）に指定すると次のようになります。

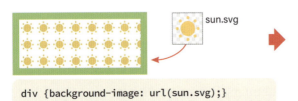

```
div {background-image: url(sun.svg);}
```

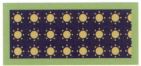

```
div {background-image: url(sun.svg);
     background-color: navy;}
```

```
CSS
背景の設定をまとめて指定                          初期値    各プロパティの初期値
background: 画像 配置 / サイズ 繰り返し 固定対象 基準 描画範囲 色   適用対象  全要素
            │    │     │     │       │       │   │      │     継承     なし
     background-image  background-repeat         background-color
     background-position / background-size  background-origin background-clip
                          background-attachment
```

background プロパティを使用すると、背景の設定をまとめて指定できます。各値は順不同で指定でき、省略も可能です。ただし、サイズの値は配置に続けて「配置 / サイズ」の形で指定します。

基準と描画範囲はどちらもボックスの値 (border-box / padding-box / content-box) を指定するものです。そのため、background に含まれるボックスの値が1つの場合は基準と描画範囲の両方の値として処理されます。ボックスの値が2つの場合は1つ目が基準、2つ目が描画範囲の値として処理されます。

```
div {background: url(sun.svg) center / 80px
                                no-repeat navy;}
                        ‖
div { background-image: url(sun.svg);
      background-position: center;
      background-size: 80px;
      background-repeat: no-repeat;
      background-color: navy;}
```

■ 複数の背景画像を表示する場合

1つの要素に複数の背景画像を表示する場合、背景画像ごとの設定をカンマ区切りで指定します。先に指定した背景画像が上になります。

背景色は1つだけ指定でき、一番下に表示されます。background プロパティでは最後の背景画像の設定に背景色の指定を含めることができます。
background-image で指定した背景画像の数とそれ以外の各 background-* で指定した値の数が一致しない場合、以下のように処理されます

```
div {background:
     url(sun.svg) center / 80px no-repeat,
     url(home.jpg) center / 46% space navy;}
                        ‖
div { background-image: url(sun.svg), url(home.jpg);
      background-position: center, center;
      background-size: 80px, 46%;
      background-repeat: no-repeat, space;
      background-color: navy;}
```

```
background-image: url(…), url(…), url(…), url(…);
background-size: 80px, 46%;
                        ‖
background-image: url(…), url(…), url(…), url(…);
background-size: 80px, 46%, 80px, 46%;
```

※background-image以外の値が多い場合は無視されます

Chapter 6　コンテンツと視覚効果

ボーダー画像

CSS		初期値	none
ボーダー画像 `border-image-source: 画像`		適用対象	全要素
		継承	なし
画像	none ／ 画像		

CSS		初期値	100%
ボーダー画像の分割 `border-image-slice: 分割 fill` ※1		適用対象	全要素
		継承	なし
分割	数値 ／ % ※2		

※1…fillキーワードは省略可　　※2…%はボーダー画像のサイズに対する割合

ボーダー画像は、borderプロパティ（P.236）で表示したボーダーの見た目を画像に置き換える機能です。ボーダー画像はボックスの大きさやレイアウトの処理には影響を与えません。

ボーダーの見た目を画像に置き換えるには、border-image-sourceプロパティでボーダー画像を指定します。ボーダー画像は9分割され、ボーダーの4つの角と辺を構成します。分割位置はborder-image-sliceプロパティで、各辺からの距離（単位なしのピクセル）で指定します。距離の値はまとめて指定することも、insetプロパティなどと同じように「上 右 下 左」といった形で個別に指定することも可能です。

ボーダー画像は描画エリアの内側に、元のボーダーと同じ太さに伸縮して表示されます。描画エリアはデフォルトではボーダーボックスと同じ範囲です。

たとえば、右の例は`<div>`にborderを適用し、太さ30pxのボーダーで囲んだものです。ボーダー画像（border.png）を用意して各辺から100pxの位置で分割するように指定すると、ボーダーがボーダー画像に置き換えられます。

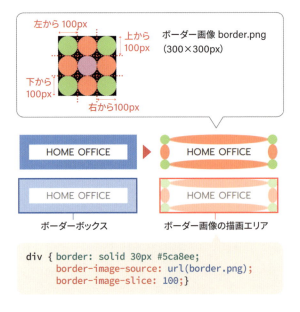

```
div { border: solid 30px #5ca8ee;
      border-image-source: url(border.png);
      border-image-slice: 100;}
```

border-image-slice の値に fill キーワードをつけると、9 分割した画像の中央部分が表示されます。この画像は背景画像や背景色よりも上になります。

```
div {…略…
     border-image-slice:
                100 fill;}
```

CSS

ボーダー画像の繰り返し

border-image-repeat: 横方向の繰り返し　縦方向の繰り返し

初期値	stretch
適用対象	全要素
継承	なし

| 繰り返し | stretch / repeat / round / space |

border-image-repeat プロパティは 9 分割したボーダー画像のうち、4 つの辺（および中央）の部分をどのように繰り返して表示するかを指定します。
横方向と縦方向は個別に指定でき、値を 1 つだけ指定した場合は両方向とも同じ値で処理されます。

```
div { border: solid 30px #5ca8ee;
      border-image-source: url(border.png);
      border-image-slice: 100;
      border-image-repeat: 〜 ;}
```

stretch
辺の長さに合わせて伸縮

repeat
繰り返し

round
繰り返して収まらない場合は伸縮

space
繰り返して収まらない場合はスペースを挿入

CSS

ボーダー画像の太さ

border-image-width: 太さ

初期値	auto
適用対象	全要素
継承	なし

| 太さ ※ | auto / 長さ / % / 数値 |

※長さ、%、数値は0〜∞。%はボーダー画像の描画エリアに対する割合、数値は元のボーダーの太さに対する倍率を指定します

ボーダー画像はデフォルトでは元のボーダーの太さを元にしますが、border-image-width プロパティで変更できます。ただし、元のボーダーの太さには影響せず、ボックスのサイズ・構成は変わりません。

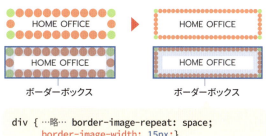

```
div { …略… border-image-repeat: space;
            border-image-width: 15px;}
```

初期値	0
適用対象	全要素
継承	なし

| 拡張サイズ ※ | 長さ / 数値 |

※長さ、数値は0〜∞

border-image-outset はボーダー画像の描画エリアを拡張します。拡張サイズはボーダーボックスの各辺からの距離で指定します（ボーダーボックスの大きさは変わりません）。

距離の値はまとめて指定することも、inset プロパティなどと同じように「上 右 下 左」といった形で個別に指定することも可能です。

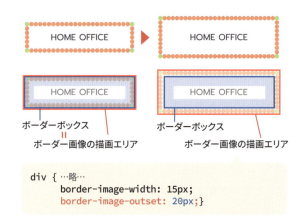

初期値	各プロパティの初期値
適用対象	全要素
継承	なし

border-image プロパティはボーダー画像の設定をまとめて指定します。分割・太さ・拡張以外の値は順不同です。各値は省略できますが、太さまたは拡張を指定する場合、分割の値は省略できません。

```
div { border: solid 30px #5ca8ee;
      border-image-source: url(border.png);
      border-image-slice: 100;
      border-image-repeat: space;
      border-image-width: 15px;
      border-image-outset: 20px;}
```

‖

```
div { border: solid 30px #5ca8ee;
      border-image: url(border.png) 100 / 15px / 20px space;}
```

Chapter 6　コンテンツと視覚効果

CSS 6-8　マスクとシェイプ

要素をさまざまな形状で切り抜いたり、形状に合わせてコンテンツを回り込ませるプロパティです。

CSS				

クリッピングパス
`clip-path: パス`
`clip-path: 基本シェイプ 参照ボックス`
			初期値	none

			適用対象	全要素
			継承	なし
パス	URL	※1	参照ボックス※2	border-box / padding-box / content-box / margin-box
基本シェイプ			`inset() / rect() / xywh() / circle() / polygon() / ellipse() / path() / shape()`	

※1…SVGの<clipPath>要素を指定　　※2…省略した場合はborder-box（ボーダーボックス）で処理されます

clip-path プロパティはクリッピングパスの形状で要素をクリップ（切り抜き）します。クリッピングパスはSVG の <clipPath> 要素でパスを指定するか、基本シェイプの関数で作成します。

クリッピングパスの処理では参照ボックス（reference box）が基準となります。デフォルトの参照ボックスは要素のボーダーボックスです。基本シェイプの関数を使う場合、使用する参照ボックスを指定することも可能です。

たとえば、<div> を SVG の <clipPath> 要素およびシェイプ関数の path() を使ってクリップすると次のようになります。

<div>のボーダーボックス＝参照ボックス

```
div {clip-path: url(#blob);}

<div>HOME OFFICE</div>

<svg>
 <clipPath id="blob">
   <path d="M211.257 …略… 24.795Z" />
 </clipPath>
</svg>
```

```
div {clip-path:
     path("M211.257…略…24.795Z") border-box;}
```

SVGのパスコマンド（d属性のパスの値）を指定　　参照ボックスの指定（省略可）

SVGで用意したクリッピングパス

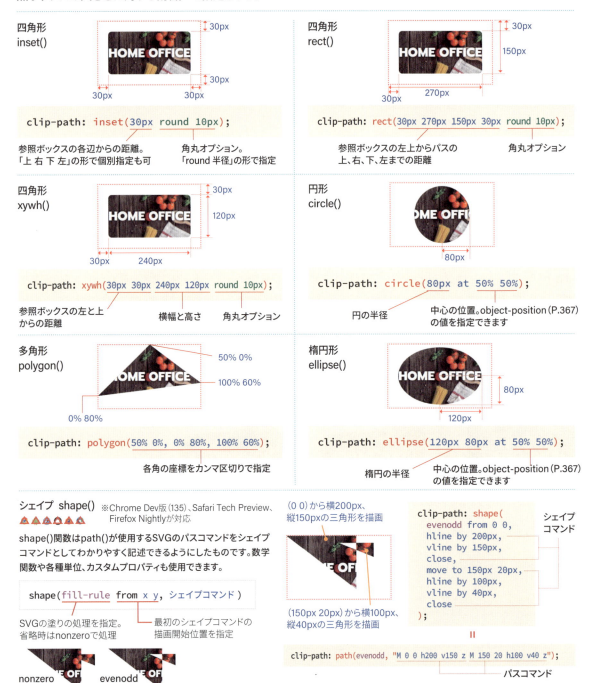

マスク

```
CSS
mask: 画像 配置 / サイズ 繰り返し 基準 影響範囲 合成 モード
       mask-image         mask-repeat   mask-clip    mask-mode
       mask-position / mask-size  mask-origin  mask-composite
```

初期値	各プロパティの初期値
適用対象	全要素
継承	なし

mask プロパティを使用すると、マスク画像で要素をマスクできます。マスク画像は背景画像と同じ仕組みで表示され、各プロパティで指定できる値も background-* のものをベースに拡張されています。たとえば、SVG 画像（blob.svg）をマスク画像として指定し、配置を中央、繰り返しをなしに指定すると右のようになります。

```
div {mask: url(blob.svg) center no-repeat;}
              ∥
div {mask-image: url(blob.svg);
     mask-position: center;
     mask-repeat: no-repeat;}
```

```
<div>HOME OFFICE</div>
```

プロパティ	機能	指定できる値
mask-image	マスク画像を指定。 パスとしてSVGの<mask>要素の指定も可能です。	background-imageの値（画像）/ パス（SVGの<mask>要素）
mask-position	マスク画像の配置を指定	background-positionの値
mask-size	マスク画像のサイズを指定	background-sizeの値
mask-repeat	マスク画像の繰り返しを指定	background-repeatの値
mask-origin	マスク画像の配置の基準を指定	background-originの値 / margin-box
mask-clip	マスク画像の影響範囲を指定。no-clipでは影響範囲の制限をしません。マスク画像を<mask>要素で指定した場合、この指定は反映されません	background-clipの値 / margin-box / no-clip
mask-composite	複数のマスク画像の合成方法を指定。初期値はadd	add / subtract / intersect / exclude
mask-mode	マスク画像のモードを指定。alphaでは画像のアルファチャンネル、luminannceでは輝度を使用します。初期値はmatch-sourceで、マスク画像が<mask>要素の場合はluminance、それ以外はalphaで処理します	alpha / luminance / match-source

カンマ区切りで複数のマスク画像を指定すると右のようになります。mask-composite プロパティでどのように合成するかも指定できます。

```
div {
  mask: url(blob.svg) center no-repeat,
        url(assets/sun.svg) round;
  mask-composite: 〜;
}
```

blob.svg

sun.svg

add

subtract

intersect

exclude

シェイプ

```
shape-outside: 基本シェイプ 参照ボックス
shape-outside: 画像
```

初期値	none
適用対象 ※1	floatまたはinitial-letterを適用した要素
継承	なし

基本シェイプ	inset() / rect() / xywh() / circle() / polygon() / ellipse() / path() / shape() ※2
画像	URL
参照ボックス ※3	border-box / padding-box / content-box / margin-box

※1…主要ブラウザはfloatを適用した要素での使用に対応　　※2…主要ブラウザはpath()/shape()の指定に未対応
※3…省略した場合はmargin-box（マージンボックス）で処理されます

P.246のfloatプロパティが適用された浮動要素は、後続のインラインレベル要素が重ならずに回り込む「フロートエリア（浮動エリア）」を構成します。デフォルトで浮動エリアとなるのは浮動要素のマージンボックスです。

shape-outsideプロパティを使用すると浮動エリアのシェイプ（形状）を指定し、シェイプに沿った回り込みを実現します。シェイプは基本シェイプの関数、または画像が持つアルファチャンネルで作成します。

たとえば、画像を浮動要素にしたものにshape-outsideを適用し、circle()で浮動エリアのシェイプを円形にすると右のようになります。shape-outsideで形状が変わるのは浮動エリアだけなので、ここでは同じ設定でclip-pathも適用し、画像を円形に切り抜いています。

アルファチャンネルを持つ画像を指定すると右のようになります。

なお、以下の関連プロパティも使用できます。

```
img {float: left;}
```

```
<img src="office.jpg" alt="">
<p>ホームオフィスは…略…役割を果たします。</p>
```

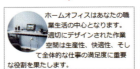

```
img {float: left;
    shape-outside: circle(50px at 50% 50%);
    clip-path: circle(50px at 50% 50%);}
```

tomato.png　アルファチャンネル

```
img {float: left;
    shape-outside: url(tomato.png);}
```

```
<img src="tomato.png" alt="">
<p>ホームオフィスは…略…役割を果たします。</p>
```

関連プロパティ	機能
shape-margin	指定した長さ・%の大きさだけシェイプを広げます。初期値は0です。シェイプはマージンボックスでクロップされるため、必要に応じてmaginでマージンボックスも広げます 　shape-outside: 　　url(tomato.png); 　shape-margin: 10px; 　margin: 10px;
shape-image-threshold	0（透明）〜1（不透明）で閾値を指定。アルファチャンネルの値が指定した閾値より大きい範囲をシェイプにします。初期値は0です

Chapter 6　コンテンツと視覚効果

CSS 6-9

合成とエフェクト

合成やエフェクトなど、視覚効果を適用するプロパティです。

CSS ブレンド mix-blend-mode：ブレンドモード		初期値	normal
		適用対象	全要素
		継承	なし
ブレンドモード	以下を参照		

mix-blend-mode プロパティは背面にあるものとどのように合成するかを指定します。合成対象となるのは同じスタッキングコンテキスト（P.283）内にあるものです。

たとえば、<div> に重ねたグラデーション画像 <img> に mix-blend-mode を適用すると次のようになります。

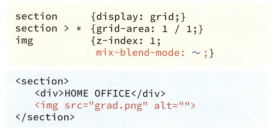

```
section       {display: grid;}
section > *   {grid-area: 1 / 1;}
img           {z-index: 1;
               mix-blend-mode: 〜 ;}
```

```
<section>
    <div>HOME OFFICE</div>
    <img src="grad.png" alt="">
</section>
```

multiply

screen

overlay

darken

lighten

color-dodge

color-burn

hard-light

soft-light

difference

exclusion

hue

saturation

color

luminosity

plus-darker

plus-lighter

スタッキングコンテキスト（重ね合わせコンテキスト）の形成
isolation: 形成

初期値	auto
適用対象	全要素
継承	なし

形成	auto / isolate

isolationプロパティを「isolate」と指定すると、新しいスタッキングコンテキスト（P.283）が形成されます。これにより、mix-blend-modeプロパティの影響範囲を制御できます。

右の例は<div>に重ねたグラデーション画像<img>を大きくし、mix-blend-mode: multiplyを適用したものです。<div>と、その背面にあるページの背景（<body>の背景）とも合成されます。これらは同じスタッキングコンテキストに属するためです。

一方、<img>と<div>をグループ化した<section>にisolation: isolateを適用すると、スタッキングコンテキストが形成されます。これにより、<img>の合成処理は<section>内だけに影響するようになります。

<body>の背景とも合成されます

<body>の背景とは合成されなくなります

```
section     {isolation: isolate;}
img         {z-index: 1;
             mix-blend-mode: multiply;}

<body>
    <section>
        <div>HOME OFFICE</div>
        <img src="grad.png" alt="">
    </section>
</body>
```

背景画像のブレンド
background-blend-mode: ブレンドモード

初期値	normal
適用対象	全要素
継承	なし

ブレンドモード	mix-blend-modeプロパティの値※

※主要ブラウザはplug-darkder、plus-lighterには未対応

要素に複数の背景画像を表示している場合、background-blend-modeプロパティでは背景画像をどのように合成するかを指定できます。

たとえば、<div>に2つの背景画像を重ねて表示し、background-blend-modeをmultiplyと指定すると次のように合成されます。

 grad.png home.jpg

```
div {background-image:
     url(grad.png), url(home.jpg);
     background-blend-mode: multiply;}

<div>HOME OFFICE</div>
```

フィルター

filter: フィルター

初期値	none
適用対象	全要素
継承	なし

| フィルター | 以下のフィルター関数 / URL ※ |

※SVGの<filter>要素を指定

filterプロパティはフィルター関数またはSVGのフィルター（<filter>要素）を使用して、要素にフィルターを効果を適用します。

```
div {filter: ～;}

<div>HOME OFFICE</div>
```

blur(5px)

ブラー　blur()
値：長さ / 初期値：0px

brightness(200%)

明るさ　brightness()
値：0%（0）以上 / 初期値：1

contrast(200%)

コントラスト　contrast()
値：0%（0）以上 / 初期値：1

grayscale(1)

グレースケール　grayscale()
値：0%～100%（0～1）/ 初期値：0

hue-rotate(180deg)

色相　hue-rotate()
値：角度 / 初期値：0deg

saturate(300%)

彩度　saturate()
値：0%（0）以上 / 初期値：1

invert(1)

階調の反転　invert()
値：0%～100%（0～1）/ 初期値：0

opacity(0.5)

不透明度　opacity()
値：0%～100%（0～1）/ 初期値：1

sepia(1)

セピア　sepia()
値：0%～100%（0～1）/ 初期値：0

drop-shadow(5px 5px 5px gray)

ドロップシャドウ　drop-shadow()
値：横オフセット 縦オフセット ブラー 色

blur(5px) sepia(1)

複数のフィルターを適用した例

url(#blur)

SVGのフィルターを適用した例

```
<svg>
  <filter id="blur">
    <feGaussianBlur stdDeviation="5" />
  </filter>
</svg>
```

バックドロップフィルター

`backdrop-filter: フィルター`

初期値	none
適用対象	全要素
継承	なし

フィルター	filterプロパティの値

backdrop-filter プロパティは要素にフィルター効果を持たせます。その結果として、要素の背後にフィルター効果が適用されます。

たとえば、右の例では `<h1>` に backdrop-filter を適用し、ブラー効果を持たせています。そのうえで、`<h1>` の背景を半透明な白色にすると、すりガラスを通して背面を表示したような効果が得られます。

```
h1 {background: rgb(255 255 255 / 0.5);
    backdrop-filter: blur(5px);}
```

`<div><h1>HOME OFFICE</h1></div>`

ボックスの影

`box-shadow: 横オフセット 縦オフセット ブラー スプレッド 色`

初期値	none
適用対象	全要素
継承	なし

横オフセット・縦オフセット・ブラー・スプレッド	長さ	色	色	付加できるキーワード	inset

box-shadow プロパティは要素が構成するボックスに影（ドロップシャドウ）をつけます。影はボックスの大きさやレイアウトには影響しません。オフセット以外の値は省略でき、カンマ区切りで複数の影を指定することも可能です。

```
h1 {box-shadow: ～;
    border-radius: 5px;}
```

`<h1>HOME OFFICE</h1>`

box-shadow:
`30px 20px lightgray;`
ブラーなし

box-shadow:
`30px 20px 20px lightgray;`
ブラーあり

box-shadow:
`30px 20px 20px 15px lightgray;`
影をスプレッド（拡張）したもの

box-shadow:
`5px 5px 10px black inset;`
insetを付加してボックスの内側に影をつけたもの

box-shadow:
`10px 10px 20px orange, 30px 20px 20px yellow;`
オレンジと黄色の2つの影をつけたもの

Chapter 7

インタラクションと
アニメーション

Modern HTML and CSS Standard Guide

Chapter 7　インタラクションとアニメーション

7-1　UI（ユーザーインターフェース）

UI（ユーザーインターフェース）関連のプロパティです。

アウトライン

```
outline: スタイル 太さ 色
         outline-style outline-width outline-color
```

初期値	none medium auto
適用対象	全要素
継承	なし

スタイル	border-styleの値 / auto	太さ	border-widthの値	色	border-colorの値 / auto

outline プロパティでは要素のアウトラインを表示します。アウトラインはボーダーの外側に描画され、ボックスの大きさやレイアウトには影響しません。値は border プロパティと同じ形で、個別のプロパティでも指定できます。

主要ブラウザはフォーカス可能な要素がフォーカスされた状態を示すため、アウトラインを表示します。outline: auto と指定すると、ブラウザが標準で使用するアウトラインを表示できます。

また、outline-offset プロパティを使用すると、ボーダーからの距離（オフセット）を指定できます。

```
button {
    border: solid 8px pink;
    border-radius: 8px;
    outline: 〜;
}
```

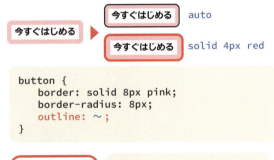

関連プロパティ	機能	指定できる値
outline-offset	アウトラインのオフセットを指定。初期値は0です	長さ

カーソルの形状

```
cursor: 形状
cursor: 画像 x y, 形状
```

初期値	auto
適用対象	全要素
継承	あり

形状	キーワード（以下参照）/ auto	画像	url()	x および y	数値

cursor プロパティは、ポインターデバイスのカーソルの形状を指定します。カーソルが要素のボーダーボックス内に入ったときに反映されます。形状はキーワード値で指定するか、url() で画像を指定します。

url() はカンマ区切りで複数指定が可能です。最後には代替カーソルとして形状のキーワードを指定します。x と y では画像のどこをホットスポット（クリックなどの操作が行われるポイント）にするかを指定します。省略した場合は「0 0」で処理され、画像の左上がホットスポットとなります。

`h1 {cursor: url(cursor.png);}`

`h1 {cursor: url(cursor.png) 0 0, pointer;}`

画像のホットスポットと代替カーソルを指定したもの

キーワード	表示	キーワード	表示	キーワード	表示	キーワード	表示
default	▶	text	I	ne-resize	↗	nwse-resize	⤡
none		vertical-text	⊢	nw-resize	↖	col-resize	↔
context-menu	▶	alias	▶	s-resize	↕	row-resize	↕
help	▶?	copy	▶+	se-resize	↘	all-scroll	✥
pointer	☝	move	✥	sw-resize	↙	zoom-in	🔍
progress	▶⌛	no-drop	⊘	w-resize	↔	zoom-out	🔍
wait	⌛	not-allowed	⊘	ew-resize	↔	grab	✋
cell	✥	e-resize	↔	ns-resize	↕	grabbing	✊
crosshair	＋	n-resize	↕	nesw-resize	⤢		

CSS

ポインターイベントの対象
`pointer-events: 対象`

初期値	auto
適用対象	全要素
継承	あり

対象	auto / none

pointer-events プロパティは、要素をポインターイベント（マウスクリックやタップなど）の対象にするかを指定します。デフォルトでは auto で処理され、対象にします。対象外にする必要がある場合は none と指定します。
たとえば、ボタンに pointer-events: none を適用すると、ボタンとして機能しなくなります。ホバーのスタイルも反映されません。

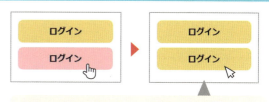

```
button {pointer-events: none;}
button:hover {background-color: pink;}
```

タッチ画面の操作

```
touch-action: 操作の可否
touch-action: 横方向へのパン 縦方向へのパン
```

初期値	auto
適用対象	全要素（非置換のインラインボックス/テーブルの行・行グループ・列・列グループを除く）
継承	あり

可否	auto / none / manipulation	横方向	pan-x / pan-left / pan-right	縦方向	pan-y / pan-up / pan-down

touch-action プロパティを使用すると、要素から開始されるビューポートの操作（パンやズーム）の可否を指定できます。たとえば、<div> に touch-action: none を適用すると、<div> から開始されるパンやズームの操作ができなくなります。

```
div {touch-action: none;}
```

可否の値	許可する操作
auto	すべてのパンやズームの操作を許可
none	パンやズームの操作は不許可
manipulation	パンやズームを許可（ダブルタップによるズームなど、複数回の動作に依存する操作は不許可）

特定の方向へ開始するパンの可否は、横方向・縦方向の値で指定します。どちらか一方だけを指定するか、両方を指定します。指定した値以外の操作は不可となります。右のように指定すると、<div> から開始される横方向へのパンと、下方向へのパンのみが許可されます。

```
div {touch-action: pan-x pan-down;}
```

横方向の値	パンの開始を許可する方向	縦方向の値	パンの開始を許可する方向
pan-x	横方向	pan-y	縦方向
pan-left※	左方向	pan-up※	上方向
pan-right※	右方向	pan-down※	下方向

※…

UI 要素の外観

```
appearance: 外観
```

初期値	none
適用対象	全要素
継承	なし

外観	auto / none / 互換性を保つための値（以下を参照）

フォームコントロールのような UI 要素は、デフォルトではブラウザごとの「ネイティブな外観（native appearance）」で表示されます。しかし、ネイティブな外観は CSS で表示をカスタマイズするのが困難なケースがあります。

appearance プロパティを none と指定すると、UI 要素のネイティブな外観を無効化し、CSS でカスタマイズ可能な「プリミティブな外観（primitive appearance）」で表示を行います。

```
input, select, button {appearance: none;}
```

```
<input type="text" placeholder=" テキスト ">
<select name="fruits">…</select>
<label><input type="checkbox" checked> オレンジ </label>
<button> ボタン </button>
```

なお、非標準の古い appearance プロパティとの互換性を保つ値も指定できます。これらは auto と同じようにネイティブな外観で表示を行います。

値	外観
auto	ブラウザのネイティブな外観で表示
none	ネイティブな外観を無効化して表示（プリミティブな外観で表示）

古いappearanceプロパティとの互換性を保つための値
searchfield / textarea / checkbox / radio / menulist / listbox / meter / progress-bar / button / textfield / menulist-button

> プリミティブな外観ではチェックボックスやラジオボタンは表示されなくなります。そのため、UI要素ごとにCSSでカスタマイズ可能な「基本的な外観（base appearance）」をHTMLの仕様で定義し、「base」という値で使用できるようにすることも検討されています。なお、ネイティブな外観とプリミティブな外観についても、HTMLの仕様で定義が進められています。

<select>要素（セレクトボックス）のカスタマイズ

<select>要素では、個々の選択肢を構成する<option>に appearance: noneを適用してもCSSでのカスタマイズが困難です。そのため、カスタマイズを可能にする標準化が進められています。

現在提案されている方法では、<select>と、選択肢全体（ピッカー）を示す::picker(select)に「appearance: base-select」を適用します。これで、::picker(select)や<option>に適用したCSSが表示に反映され、カスタマイズできるようになります。

右の例では、ピッカー::picker(select)の横幅を10em（10文字分）に指定しています。さらに、個々の選択肢option内にはパディングで余白を入れ、選択した選択肢option:checkedの背景をピンク色にしています。

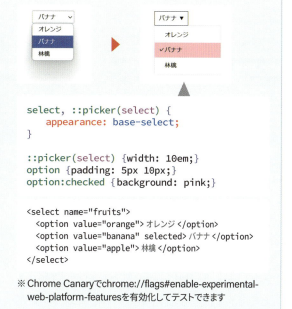

```css
select, ::picker(select) {
    appearance: base-select;
}

::picker(select) {width: 10em;}
option {padding: 5px 10px;}
option:checked {background: pink;}
```

```html
<select name="fruits">
  <option value="orange"> オレンジ </option>
  <option value="banana" selected> バナナ </option>
  <option value="apple"> 林檎 </option>
</select>
```

※ Chrome Canaryでchrome://flags#enable-experimental-web-platform-featuresを有効化してテストできます

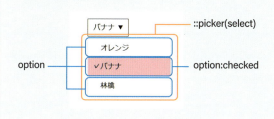

CSS

キャレットの色
`caret-color: 色`

初期値	auto
適用対象	全要素
継承	あり

色	auto / 色

caret-color プロパティは、テキストの入力位置を示すキャレット（点滅カーソル）の色を指定します。

`input {caret-color: red;}`

UI 要素のアクセントカラー
`accent-color: 色`

初期値	auto
適用対象	全要素
継承	あり

| 色 | auto / 色 |

accent-color プロパティは UI 要素で使用される色を指定します。現在のところ、以下の要素に色が反映されます。auto ではブラウザのデフォルトの色が使用されます。

アクセントカラーが反映される要素
`<input type="checkbox">` / `<input type="radio">` / `<input type="range">` / `<progress>`

```
body {accent-color: 〜;}
```

```
<label><input type="checkbox"
  checked> オレンジ </label>
<label><input type="radio"
  checked> オレンジ </label>
<input type="range">
<progress max="100" value="30"></progress>
```

auto / red / orange

入力・選択内容に合わせた大きさ
`field-sizing: 大きさ`

初期値	fixed
適用対象	デフォルトの大きさを持つ要素
継承	なし

| 大きさ | fixed / content |

入力フィールドなどの UI 要素はデフォルトの大きさを持っています。width・height プロパティで変更することもできますが、入力・選択内容によって大きさが変わることはありません。

これに対し、field-sizing プロパティを content と指定すると、入力・選択内容によって自動的に大きさが変わるようにできます。

入力フィールドを構成する `<input>` や `<textarea>`、選択式メニューを構成する `<select>` で使用できます。

値	外観
fixed	固定サイズ（デフォルトの大きさや width・height で指定した大きさ）で表示
content	入力・選択内容に合わせた大きさで表示

`<textarea>`の横幅を200pxに、最小の高さを2行分（2lh）に指定してfield-sizingを適用

fixed 高さは変化しません

content 入力内容に合わせて高さが変わります

```
textarea { field-sizing: 〜;
           width: 200px;
           min-height: 2lh;}
```

```
<textarea></textarea>
```

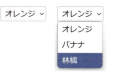
fixed
横幅は変化しません

content
選択内容に合わせて横幅が変わります

`<select>` にfield-sizingを適用

ユーザーによるリサイズの可否
`resize: 可否`

初期値	none
適用対象	スクロールコンテナ / 任意で置換要素※
継承	なし

可否	none / both / horizontal / vertical / block / inline

※どの置換要素で機能するかはブラウザによります

resize プロパティはスクロールコンテナ（P.410）や置換要素のリサイズをユーザーに許可するかを指定します。たとえば、`<textarea>` では入力内容をスクロールで表示でき、デフォルトで縦横両方向へのリサイズが許可されています。resize プロパティを適用すると、縦または横方向へのリサイズだけを許可したり、リサイズを禁止したりすることが可能です。

リサイズを禁止した場合でも、field-sizing: content を適用していれば P.408 のように入力内容に合わせて大きさは変わります。

both
縦横両方向のリサイズを許可

vertical または block
縦方向のリサイズを許可

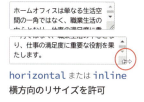

horizontal または inline
横方向のリサイズを許可

none
リサイズ不可

`textarea { resize: ～ ;}`

`<textarea></textarea>`

ユーザーによる選択の可否
`user-select: 可否`

初期値	auto
適用対象	全要素
継承	なし

可否	auto / text / none / all / contain

user-select プロパティはユーザーによるテキストの選択の可否を指定します。

text　　　none　　　all

`p {user-select: ～ ;}`

`<p>` ホームオフィスは…`</p>`

値	処理
auto	::before/::after疑似要素はnoneで、編集可能な要素はcontainで、親要素がnoneまたはallの場合は同じ値で、それ以外はtextで処理
text	任意の範囲を選択可
none	選択不可
contain	選択可能な範囲を要素内に限定 ※`<textarea>`など編集可能な要素のデフォルトの挙動
all	要素の中身をすべて選択(部分選択は不可)

7-2 オーバーフローとスクロール

Chapter 7 インタラクションとアニメーション

CSS

オーバーフローの表示

overflow: 横方向の表示 縦方向の表示

初期値	visible
適用対象※	ブロックコンテナ / フレックスコンテナ / グリッドコンテナ
継承	なし

表示	visible / clip / hidden / scroll / auto

※ルート要素<html>に適用したoverflowの設定はビューポートに反映されます。
　<html>のoverflowがvisibleの場合、<body>に適用したoverflowの設定がビューポートに反映されます。

overflow プロパティはボックスからオーバーフローした中身（コンテンツ）をどう表示するかを指定します。visible 以外の値にすると、オーバーフローした中身はパディングボックスでクリップされます。そのうち、hidden、scroll、auto にした場合、ボックスは「スクロールコンテナ（scroll container）」を構成します。スクロールコンテナではクリップされた中身をスクロールで表示できます。hidden ではスクロールバーは付加されませんが、JavaScript で中身をスクロールさせることが可能です。パディングボックスは表示領域の「スクロールポート（scrollport）」となります。

たとえば、<div> の高さを指定して中身をオーバーフローさせ、overflow を適用すると次のようになります。

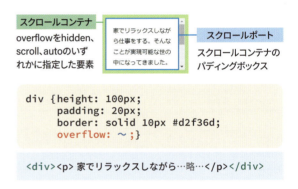

```
div {height: 100px;
     padding: 20px;
     border: solid 10px #d2f36d;
     overflow: 〜 ;}
```

`<div><p> 家でリラックスしながら…略…</p></div>`

値	visible	clip	hidden	scroll	auto
			スクロールコンテナを構成する値		
表示例	家でリラックスしながら仕事をする。そんなことが実現可能な世の中になってきました。面倒な作業を手助けしてくれるホームアシスタントも充実	家でリラックスしながら仕事をする。そんなことが実現可能な世の中になってきました。面倒な作	家でリラックスしながら仕事をする。そんなことが実現可能な世の中になってきました。面倒な作	家でリラックスしながら仕事をする。そんなことが実現可能な世の中になってきました。	家でリラックスしながら仕事をする。そんなことが実現可能な世の中になってきました。
オーバーフローした中身の表示方法	オーバーフローした状態で表示されます。ボックスの大きさやレイアウトには影響を与えません	オーバーフローした中身は表示されません（スクリプトによるスクロールも不可）	オーバーフローした中身はスクリプトによるスクロールで表示できます	常にスクロールバーが付加され、オーバーフローした中身はスクロールで表示できます	必要に応じてスクロールバーが付加され、オーバーフローした中身はスクロールで表示できます
スクロールバーの表示	×	×	×	○	○
スクリプトによるスクロール	×	×	○	○	○

値は横・縦の方向ごとに指定できます。値を1つだけ指定した場合、両方向とも同じ値で処理されます。個別のプロパティでの指定も可能です。

個別のプロパティ	論理プロパティ ✖✖✖✖・✖	機能
overflow-x	overflow-inline	横方向の表示
overflow-y	overflow-block	縦方向の表示

■ ビューポートのスクロール機構

CSS2.1の規定により、ビューポート（ブラウザ画面）にはブラウザによってスクロール機構が提供されます。ページの中身がビューポートからオーバーフローすると、オーバーフローした部分をスクロールで閲覧できます。

ビューポートにおけるオーバーフローの表示を変更したい場合、ルート要素 <html> または <body> に overflow プロパティを適用します。<body> に適用した overflow の設定は、<html> で overflow が未指定（または初期値 visible）の場合にビューポートに反映されます。

他のスクロール関連のプロパティについては、ルート要素 <html> に適用することで設定がビューポートに反映されます（<body> に適用しても反映されません）。

■ スクロールバーの種類：クラシックとオーバーレイ

スクロールバーにはクラシック（classic）とオーバーレイ（overlay）の2つの種類があります。モバイルではオーバーレイスクロールバーになります。デスクトップでは OS やブラウザの設定に応じて、クラシックまたはオーバーレイスクロールバーが使用されます。クラシックスクロールバーが表示されると、スクロールポートやビューポートの大きさが小さくなります。

■ クラシックスクロールバーとビューポート関連の処理

クラシックスクロールバーが使用されるブラウザでは、スクロールバーの有無（オーバーフローの有無）でビューポートの大きさが変わります。しかし、メディアクエリ @media（P.198）と、vw といったビューポートに基づく単位（P.183）は、スクロールバーの有無で大きさが変わりません。

そのため、クラシックスクロールバーが表示された場合、ビューポートの大きさと、メディアクエリや vw で処理される大きさに違いが出ます。たとえば、横幅では右のようになります。ビューポートの横幅にしようとして width: 100vw と指定しても、その横幅はビューポートより大きくなり、オーバーフローしてしまいます。

これは仕様に基づいた処理ですが、Web の作成者・開発者を悩ませる問題となっています

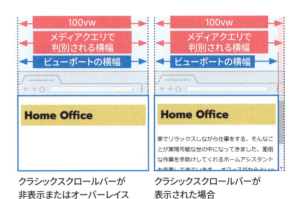

クラシックスクロールバーが非表示またはオーバーレイスクロールバーの場合

クラシックスクロールバーが表示された場合

> macOSのSafariでは、クラシックスクロールバーの有無にかかわらず、メディアクエリで判別される横幅＝ビューポートの横幅で処理されます。これは2011年にバグとして報告されていますが、修正されていません。

> 仕様を策定しているCSS Working Groupでは、特定の条件下でクラシックスクロールバーが表示された場合、「100vw＝メディアクエリで判別される横幅＝ビューポートの横幅」で処理することが検討されています。条件として提案されているのは、ルート要素<html>に overflow: scroll や scrollbar-gutter: stable を適用した場合です。

■ デフォルトでスクロールコンテナとして扱われる要素

次の要素はデフォルトでスクロールコンテナとして扱われます。

- <textarea>（P.096）
- multiple 属性を持つ <select>（P.095）
- showModal() でモーダルダイアログとして開いた <dialog>（P.057）
- popover 属性を持つポップオーバー要素（P.139）

これらは overflow: auto や overflow: scroll がブラウザによって適用された形で処理されます（細かな扱いはブラウザによって異なります）。

HTML の仕様ではテキスト入力フォームを構成する <input> もスクロールコンテナになり得るとされています。ただし、主要ブラウザでは overflow: clip が適用され、スクロールコンテナは構成されません。

なお、置換要素の <iframe> はスクロールコンテナではありません。<iframe> が構成するボックスは、外部リソースにとってのビューポートに相当します。そのため、<iframe> のスクロールバーの表示は外部リソースのルート要素 <html> に適用した overflow プロパティで制御できます。

オーバーフローをクリップする範囲の調整

`overflow-clip-margin:` ボックス　ボックスからの距離

初期値	padding-box 0px
適用対象	overflowが適用された要素
継承	なし

ボックス	border-box / padding-box / content-box	距離	長さ ※

※0〜∞

overflow-clip-margin プロパティを使用すると、オーバーフローのクリップ範囲を調整できます。ただし、overflow を「clip」と指定し、スクロールコンテナを構成しない場合にのみ反映されます。

デフォルトではパディングボックスから 0px の範囲でクリップされます。overflow-clip-margin を 20px と指定した場合、パディングボックスから 20px 拡張した範囲でクリップされます。

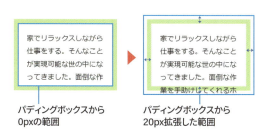

パディングボックスから 0pxの範囲 → パディングボックスから 20px拡張した範囲

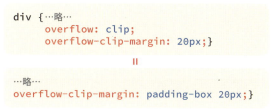

```
div {…略…
    overflow: clip;
    overflow-clip-margin: 20px;}
                ‖
…略…
overflow-clip-margin: padding-box 20px;}
```

スクロールコンテナの最適な表示領域

`scroll-padding:` スクロールポートからの距離

初期値	auto（基本的に0で処理。ブラウザの判断で調整可）
適用対象※1	全要素
継承	なし

距離 ※2	auto / 長さ / %

※1…ルート要素<html>に適用した設定はビューポートに反映されます　※2…距離は0〜∞。%はスクロールポートに対する割合

scroll-padding プロパティはスクロールコンテナに適用し、最適な表示領域（optimal viewing region）を指定します。最適な表示領域は、要素がスクロールによって表示される処理（scroll-into-view の処理）において以下の領域として使用されます。

- リンク先の要素（ターゲット要素）がスナップする領域
- フォーカスされた要素がスナップする領域
- スクロールスナップで要素がスナップする領域（P.415 のスナップポート）
- スクロール駆動アニメーションが実行される領域（P.441 のビュー進行可視範囲）

デフォルトではスクロールポートおよびビューポートが最適な表示領域となります。scroll-padding ではこれらからの距離で最適な表示領域を調整できます。
距離は辺ごとに指定することも可能です。padding（P.235）と同じように「上 右 下 左」といった形で指定するか、scroll-padding-* プロパティを使用します。

---

scroll-paddingの値を個別に指定するプロパティ

scroll-padding-top / scroll-padding-right / scroll-padding-bottom / scroll-padding-left / scroll-padding-block-start / scroll-padding-block-end / scroll-padding-inline-start / scroll-padding-inline-end / scroll-padding-block / scroll-padding-inline

たとえば、リンク先の要素とフォーカスされた要素はそれぞれ最適な表示領域の上部および中央にスナップします。`<html>` に scroll-padding を適用し、最適な表示領域の上に 80px のスペースを入れると以下のようになります。ビューポート上部に固定ヘッダーがある場合はこのように scroll-padding を指定することで、リンク先の要素やフォーカスされた要素が固定ヘッダーに重なるのを防ぐことができます。

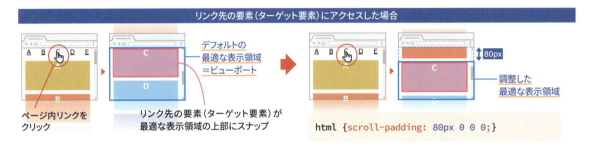

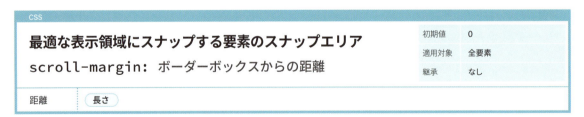

CSS

最適な表示領域にスナップする要素のスナップエリア
`scroll-margin:` ボーダーボックスからの距離

初期値	0
適用対象	全要素
継承	なし

距離	長さ

スナップエリアは最適な表示領域にスナップする領域で、次の要素で構成されます。

- リンク先の要素（ターゲット要素）
- フォーカスされた要素
- スクロールスナップでスナップする要素（P.415）

デフォルトでは要素のボーダーボックスがスナップエリアとなります。これらに scroll-margin を適用すると、ボーダーボックスからの距離でスナップエリアを調整できます。辺ごとに調整する場合、margin（P.232）と同じように「上 右 下 左」といった形で指定するか、scroll-margin-* プロパティを使用します。

scroll-marginの値を個別に指定するプロパティ

scroll-margin-top / scroll-margin-right / scroll-margin-bottom / scroll-margin-left / scroll-margin-block-start / scroll-margin-block-end / scroll-margin-inline-start / scroll-margin-inline-end / scroll-margin-block / scroll-margin-inline

※1…ルート要素<html>に適用した設定はビューポートに反映されます　※2…縦方向の配置の値を省略した場合、横方向と同じ値で処理されます

ここまでの設定でスナップするのはリンク先の要素といった、ブラウザの機能で処理される特殊なものに限られます。スクロールしたときに特定の要素をスナップさせるためには、「スクロールスナップ」の設定が必要です。この設定を行うことで、特定の要素のスナップエリア（P.414）を最適な表示領域（P.413）にスナップさせることができます。

スクロールコンテナは「スナップコンテナ」、最適な表示領域は「スナップポート」、スナップエリアをスナップさせる位置は「スナップ位置」と呼びます。

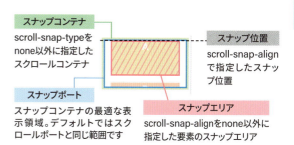

スクロールスナップの機能を有効化するためには、スクロールコンテナに scroll-snap-type プロパティを適用してスナップコンテナにします。このプロパティではどの方向のスクロールに対し、どのぐらい厳格にスナップさせるかを指定します。

スナップコンテナの中身で、スナップポートにスナップさせたい要素には scroll-snap-align プロパティを適用します。このプロパティではスナップ位置を指定します。さらに、scroll-snap-stop プロパティを always と指定すると、スクロールの勢いが強いときなどにスナップ位置が通過されるのを防止できます（ただし、主要ブラウザではスクロールが不自然に停止しない範囲での防止が行われます）。

たとえば、右の例はスクロールコンテナ <div> の中に A～E の <section> 要素を入れたものです。縦スクロールで A～E を表示領域の上部にピタッとスナップさせる場合、次のように指定します。

① スクロールコンテナの <div> には scroll-snap-type: y mandatory を適用し、縦方向のスクロールに対するスナップコンテナにします。

② A～E には scroll-snap-align: start を適用し、それぞれのスナップエリアがスナップポートの上部にスナップするように指定します。

スクロールの方向(scroll-snap-typeの値)		
x	inline	横方向
y	block	縦方向
both	-	両方向

スナップの厳格さ(scroll-snap-typeの値)	
none	スナップしない
mandatory	スナップ位置でスナップする
proximity	スナップ位置の近くでスナップする

スナップ位置 (scroll-snap-alignの値)	
none	なし
start	上 または 左
center	中央
end	下 または 右

スナップ位置の通過防止 (scroll-snap-stopの値)	
normal	通過防止の処理なし
always	通過防止の処理あり

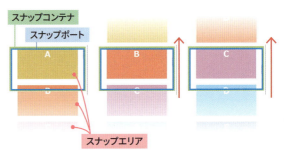

```
div {　　　　　　　①
  scroll-snap-type: y mandatory;
  overflow: auto;
  height: 200px;
  border: solid 10px #abcf3e;
}

div section {　　　②
  scroll-snap-align: start;
  scroll-snap-stop: always;
}
```

```
<div>
  <section>A</section>
  …略…
</div>
```

CSS

スムーススクロール

`scroll-behavior: スクロールの動作`

初期値	auto
適用対象※	スクロールコンテナ
継承	なし

動作	auto / smooth

※ルート要素<html>に適用した設定はビューポートに反映されます

scroll-behaviorプロパティは、ブラウザが行うスクロールの動作を指定します。たとえば、ページ内リンクのリンク先へ移動する場合、autoでは瞬時に移動しますが、smoothではスムーススクロールで滑らかに移動します。

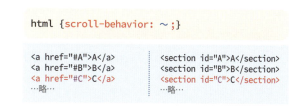

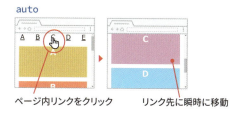

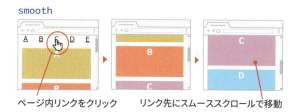

CSS			
スクロールアンカリング		初期値	auto
overflow-anchor： スクロールアンカリングの可否		適用対象※	全要素
		継承	なし
可否	auto / none		

※ルート要素\<html>に適用した設定はビューポートに反映されます

ビューポートやスクロールポートの外側で要素の追加・変更が行われるとレイアウトシフトが発生し、表示中のコンテンツがずれてしまいます。これはユーザーに大きなストレスを与えます。そのため、ブラウザは表示中のコンテンツがずれないように処理します。この処理は「スクロールアンカリング」と呼ばれ、デフォルトで有効化されています。

overflow-anchorプロパティを使用すると、スクロールアンカリングを無効化できます。たとえば、右の例はボタンクリックで要素が追加されるようにしたものです。ビューポートのスクロールアンカリングが有効な場合、要素が追加されても表示中のコンテンツに影響はありません。一方、無効にすると表示中のコンテンツがずれるようになります。

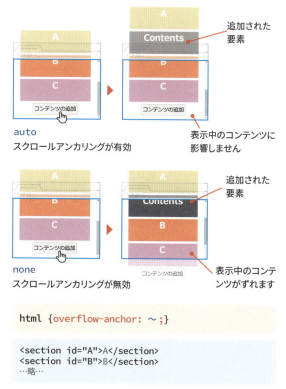

オーバースクロール時の動作

`overscroll-behavior:` 横方向の動作　縦方向の動作※2

初期値	auto auto
適用対象※1	スクロールコンテナ
継承	なし

動作	auto / contain / none

※1…ルート要素<html>に適用した設定はビューポートに反映されます　　※2…縦方向の値を省略すると、横方向と同じ値で処理されます

スクロール位置がビューポートやスクロールポートの端まで達すると、ブラウザはデフォルトで🅐〜🅒の動作をします（🅑と🅒はモバイルでの動作です）。overscroll-behavior プロパティを使用すると、各動作を無効化できます。

🅐〜🅒の動作動作を確認するため、ここではポップオーバーを表示したページを用意しました。ポップオーバーは UA スタイルシートでスクロールコンテナになります。そのため、ビューポートの中に、ビューポートとは別にスクロールするポップオーバーが入った形になっています。

値	🅐 スクロール連鎖	🅑 バウンス効果	🅒 リフレッシュ
auto	○ 有効	○ 有効	○ 有効
contain	× 無効	○ 有効	× 無効 ※
none	× 無効	× 無効	× 無効

※主要ブラウザでは無効化されません

```
<div popover="manual" id="message">
  <h2> お知らせ </h2>
  <p>Lorem ipsum dolor sit …略…</p>
</div>

<section>A</section>
<section>B</section>
…略…
```

`[popover] {height: 320px;}`

`[popover] {overflow: auto;}` UAスタイルシート

🅐 スクロール連鎖（scroll chaining）

スクロールコンテナが入れ子になっている場合、子のスクロールが先端または終端まで到達すると、続けて親がスクロールされます。この動作を「スクロール連鎖」と呼びます。スクロール連鎖はモバイルとデスクトップのどちらのブラウザでも行われます。

例の場合、ポップオーバーを終端までスクロールし、そのままスクロールを続けると、ポップオーバーの範囲をスクロールしていてもビューポートがスクロールされます。

ビューポート内のポップオーバーをスクロール

ポップオーバーの終端に到達してもスクロールを継続すると、ポップオーバーをスクロールしていてもビューポートがスクロールされます

Ⓑ バウンス効果（bounce effect）

バウンス効果は、モバイルのブラウザでスクロールの先端または終端を引っ張るとゴムのように伸び、指を離すと元に戻る動作です。

これにより、スクロール可能な領域の端に到達したことをユーザーに知らせます。

ビューポートの終端を引き上げると、ページ下部がゴムのように伸びます。ただし、一定量以上引き伸ばすことはできません

指を離すと元に戻ります

Ⓒ リフレッシュ（pull-to-refresh）

リフレッシュは、モバイルのブラウザでビューポートの先端を引き下げることでページがリフレッシュ（更新・リロード）される動作です。

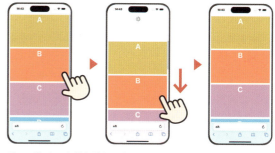

ビューポートの上端を引き下げるとリフレッシュが行われます。引き下げた際にバウンス効果が付加される場合もあります

ビューポートとポップオーバーの両方でこれらすべての動作を無効化する場合、右のように overscroll-behavior: none を適用します。overscroll-behavior の設定は継承されないため、ビューポートやスクロールコンテナごとに指定する必要があります。

ここでは縦方向の動作だけを無効化できればよいため、個別のプロパティで指定することも可能です。

```
html      {overscroll-behavior: none;}
[popover] {overscroll-behavior: none;
           height: 320px;}
```

個別のプロパティ		機能
overscroll-behavior-x	overscroll-behavior-inline	横方向の動作を指定
overscroll-behavior-y	overscroll-behavior-block	縦方向の動作を指定

スクロールバーのスタイル

`scrollbar-color: つまみの色 トラックの色`
`scrollbar-width: 太さ`

初期値	auto
適用対象※	スクロールコンテナ
継承	scrollbar-color......... あり scrollbar-width........ なし

色	色		太さ	auto / thin / none

※ルート要素<html>に適用した設定はビューポートに反映されます

スクロールバーのスタイルは、色を scrollbar-color、太さを scrollbar-width プロパティで指定します。
色はつまみとトラックの色をスペース区切りで指定します。設定は継承されるため、ルート要素 <html> に適用すればページ内のすべてのスクロールバーの色を統一できます。

太さはデフォルトよりも細くするか、非表示にできます。任意の太さにはできません。これは見栄えのコントロールではなく、要素が小さい場合などに小さいスクロールバーが適していると示すことを目的としているためです。ブラウザにはユーザーの設定や、より最適な太さを使用することが認められています。

たとえば、ルート要素 <html> でスクロールバーの色を指定すると右のようになります。ここではつまみをオレンジ色、トラックを黒色にしています。また、ポップオーバー要素のスクロールバーは細くするように指定しています。

未対応の Safari でも同じ色で表示する場合、右のように古い指定形式の設定を追加します。scrollbar-color または scrollbar-width プロパティの指定がある場合、対応ブラウザではこれらの指定は無視されます。

オーバーレイスクロールバー

クラシックスクロールバー

```
html        {scrollbar-color: orange black;}
[popover]   {scrollbar-width: thin;}
```

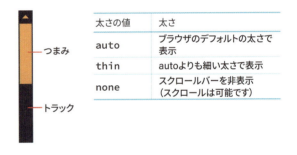

太さの値	太さ
auto	ブラウザのデフォルトの太さで表示
thin	autoよりも細い太さで表示
none	スクロールバーを非表示 (スクロールは可能です)

```
::-webkit-scrollbar-thumb {
  background: orange;
}
::-webkit-scrollbar-track {
  background: black;
}
::-webkit-scrollbar {
  max-width: 10px;
  max-height: 10px;
}
```

スクロールバーガター
scrollbar-gutter: スペースの確保

初期値	auto
適用対象※	スクロールコンテナ
継承	なし

スペースの確保	auto / stable / stable both-edges

※ルート要素<html>に適用した設定はビューポートに反映されます

スクロールバーが表示されるかどうかは、コンテンツの分量しだいです。しかし、クラシックスクロールバーを使うブラウザでは、P.412のように表示の有無によってビューポートの横幅が変わります。コンテンツの分量によってページの横幅が変わることになり、ページ遷移などでレイアウトがガタついて見えてしまいます。scrollbar-gutterプロパティを使用すると、コンテンツの分量が少ないときにスクロールバーの表示スペース（スクロールバーガター）を確保し、横幅が変わるのを防ぐことができます。

たとえば、ページコンテンツの分量を変え、スクロールバーがあるときとないときの表示を確認すると次のようになります。

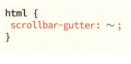

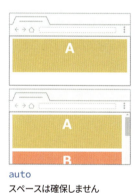
auto
スペースは確保しません

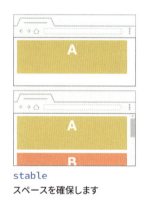
stable
スペースを確保します

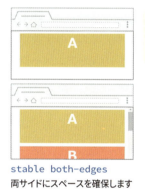
stable both-edges
両サイドにスペースを確保します

Chapter 7　インタラクションとアニメーション

CSS 7-3　アニメーション

アニメーションは transition または animation プロパティで設定します。

transition プロパティは指定したプロパティの値が変更されたときに、古い値（before-change style）と新しい値（after-change style）の2つの状態（変化量を 0%～100% とします）の間をアニメーションで滑らかに変化させます。これを「トランジション」と呼びます。

各値は順不同で、省略もできます。ただし、時間の値は1つ目が再生時間、2つ目がディレイ時間の値として処理されます。個別のプロパティで指定することも可能です。

たとえば、ホバーによってリンク <a> のスタイルを 0.5 秒かけて変化させる場合、次のように指定します。

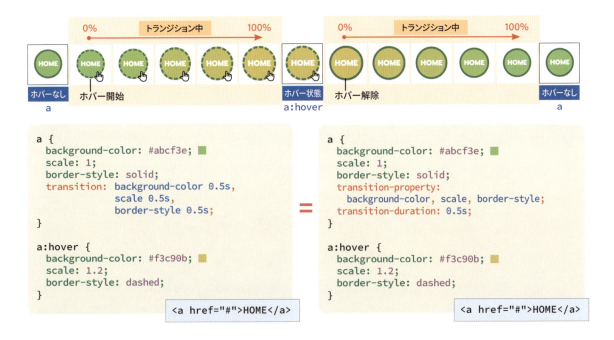

リンクにカーソルを重ねてホバーを開始すると、ホバーなしの状態（a）からホバー状態（a:hover）に変化します。ホバーを解除すると、ホバー状態（a:hover）からホバーなしの状態（a）に変化します。ここでは <a> の背景色（background-color）、大きさ（scale）、ボーダースタイル（border-style）の3つのプロパティの値を変化させるように指定しています。

background-color や scale のように、値が色や数値の場合は滑らかに変化します。しかし、border-style のように値がキーワード値や文字列の場合、デフォルトではトランジションされず、0% の時点で値（実線と点線）が切り替わります。

なお、transition-property で指定したプロパティの数とそれ以外の transition-* プロパティで指定した値の数が一致しない場合、次のように処理されます。

```
transition-property: color, scale, opacity, height;
transition-duration: 0.5s, 1s;
```
＝
```
transition-property: color, scale, opacity, height;
transition-duration: 0.5s, 1s, 0.5s, 1s;
```
※transition-property以外の値が多い場合は無視されます

プロパティ	機能	指定できる値
transition-property	トランジションで変化させるプロパティ名を指定。初期値はallプロパティで、すべてのプロパティが処理対象になります	none ／ プロパティ名
transition-duration	再生時間を指定。初期値は0s	時間
transition-timing-function	値の変化速度に緩急をつけるイージング（P.434）を指定。初期値はease	ease ／ linear ／ ease-in ／ ease-out ／ ease-in-out ／ step-start ／ step-end ／ linear() ／ cubic-bezier() ／ steps()
transition-delay	ディレイ時間（再生開始を遅らせる時間）を指定。初期値は0s	時間
transition-behavior	補間されない値の動作を指定。初期値はnormal	normal ／ allow-discrete

■ トランジションされない値の動作変更　transition-behavior

プロパティの値がキーワード値や文字列の場合、デフォルトではトランジションされません。しかし、transition-behavior を「allow-discrete」と指定するとトランジションが行われ、50% の位置で値が切り替わるようになります。先ほどの例の場合、border-style の値（実線と点線）が次のように 50% の位置で切り替わります。

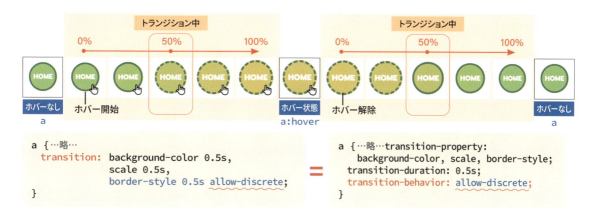

例外として、次のプロパティで「表示」と「非表示」の値を allow-discrete で切り替えた場合、トランジション中（0%〜100%）は常に「表示」の値で処理されます。

プロパティ	非表示の値	表示の値
display	none	blockなど
content-visibility	hidden	visible / auto
visibility	hidden	visible

これにより、display: none や content-visibility: hidden で隠した要素をフェードイン、フェードアウトさせるといったアニメーションが可能になります。

たとえば、以下の例はボタンクリックで <h1> に show クラスを追加・削除し、content-visibility プロパティで表示（visibility）・非表示（hidden）の状態を切り替えるようにしたものです。

Ⓐ content-visibilityの表示・非表示の値を切り替え（allow-discreteの指定なし）

表示・非表示の値はキーワード値なため、P.422 のボーダースタイルと同じように 0% の時点で値が切り替わります。トランジション中は図のような表示になりますので、これに opacity プロパティを適用してもフェードアウトにできません。

```
h1 {
  content-visibility: hidden;
  transition: content-visibility 1s;
}
h1.show {content-visibility: visible;}
```

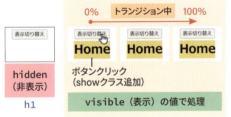 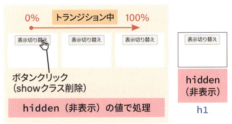

Ⓑ content-visibilityの表示・非表示の値を切り替え（allow-discreteの指定あり）

Ⓐに対し、content-visibility の値を allow-discrete で切り替えるように指定します。すると、トランジション中（0%〜100%）は常に visible（表示）の値で処理されるようになります。

```
h1 {
  content-visibility: hidden;
  transition: content-visibility 1s allow-discrete;
}
h1.show {content-visibility: visible;}
```

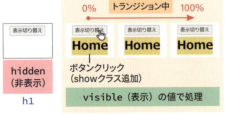 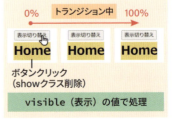

❸ content-visibilityの表示・非表示の値を切り替え（allow-discreteの指定＋opacityの指定あり）

❷ の状態に opacity プロパティを適用すると、フェードインとフェードアウトを実現できます。

```
h1 {
  content-visibility: hidden;
  opacity: 0;
  transition: content-visibility
    1s allow-discrete,
    opacity 1s;
}

h1.show {
  content-visibility: visible;
  opacity: 1;
}
```

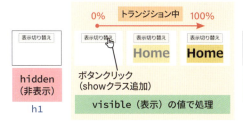

❹ display:none → block で表示・非表示の値を切り替えたとき（allow-discreteの指定＋opacityの指定あり）

ただし、❸の設定を、display: none（非表示）と display: block（表示）に置き換えた場合、ここまでの設定だけではうまくいきません。トランジションが実行されるためには古い値（before-change style）が存在している必要があるためです。

この値が存在しないケースは、要素が DOM に出現する瞬間です。display: none で非表示にした場合は P.223 のように DOM（レンダリングツリー）から削除され、display: block に切り替えた段階で DOM に出現します。そのため、出現時にはトランジションが実行されません。DOM に出現したときにもトランジションを実行するためには、@starting-style を使用

して古い値（before-change style）を用意する必要があります。そんな状態にわざわざすることがあるのか？ と考えるかもしれませんが、この考え方はポップオーバーやダイアログで開閉アニメーションを設定するのに必要不可欠なものとなります（これらの設定は P.426 で行います）

```
h1 {
  display: none;
  opacity: 0;
  transition: display 1s allow-discrete, opacity 1s;
}

h1.show {
  display: block;
  opacity: 1;
}
```

トランジションの開始スタイル
`@starting-style { ルール }`

※Firefoxはdisplay: noneのアニメーションに未対応

要素が DOM に出現したタイミングでは、デフォルトではトランジションは実行されません。実行させるためには @starting-style で開始スタイルを指定します。開始スタイルは、要素が古い値（before-change style）を持たない場合に、古い値の代わりに使用されます。

先ほどの例の場合、<h1> が DOM に出現するのは「h1.show」セレクタで display: block が適用されたときです。このとき「h1.show」セレクタの opacity の値を 0 から 1 に変化させ、<h1> をフェードインさせるため、@starting-style で開始スタイルを opacity: 0 と指定します。これで、display: none を block に切り替えたときにもトランジションが実行されるようになります。

```
h1 {
  display: none;
  opacity: 0;
  transition: display 1s allow-discrete, opacity 1s;
}

h1.show {
  display: block;
  opacity: 1;
}

@starting-style {
  h1.show {
    opacity: 0;
  }
}
```

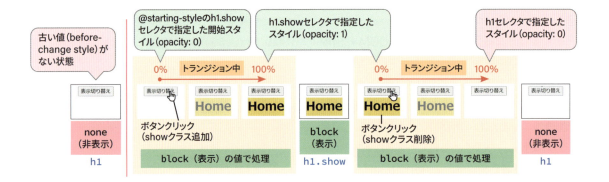

■ ポップオーバーやダイアログの開閉アニメーション

ポップオーバー（P.139）やダイアログ <dialog>（P.057）は、UA スタイルシートによって display: none が適用され、非表示になります。さらに、トップレイヤーに追加されると P.285 の overlay プロパティも適用されます。そのため、開閉アニメーションを設定する際には display と overlay の値の動作変更（transition-behavior: allow-discrete）と @starting-style による開始スタイルの指定が必要になります。たとえば、P.140 のポップオーバーに開閉アニメーションを設定すると次のようになります。

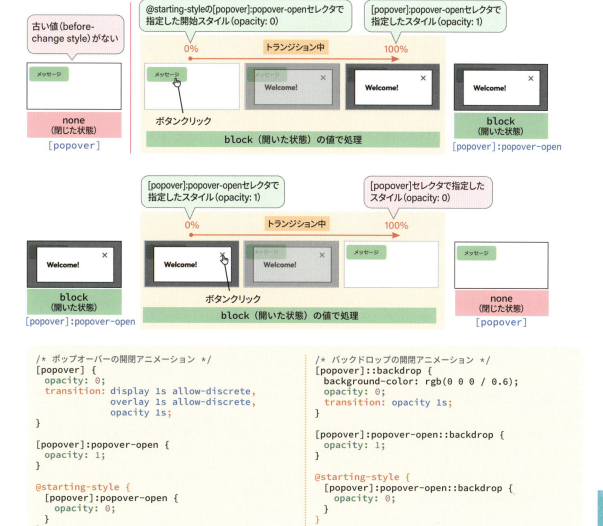

CSS			
サイズキーワードのアニメーションの可否 `interpolate-size: 可否`		初期値	numeric-only
		適用対象	全要素
		継承	あり
可否	numeric-only / allow-keywords		

interpolate-size プロパティを「allow-keywords」と指定すると、auto などのサイズキーワード（P.227）を使ったアニメーションを有効化します。この設定は transition と animation の両方の処理に反映されます。interpolate-size の設定は継承されるため、ルート要素 `<html>` に適用するとすべての要素に反映されます。

たとえば、P.230 で calc-size() を使って `<div class="post">` の高さを 100px から auto に変化させたアニメーションは、interpolate-size プロパティを使うと次のように指定できます。

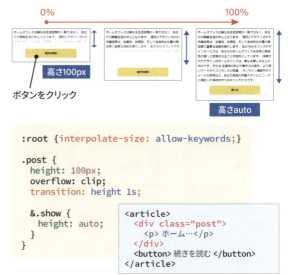

```
:root {interpolate-size: allow-keywords;}

.post {
  height: 100px;
  overflow: clip;
  transition: height 1s;

  &.show {
    height: auto;
  }
}
```

```html
<article>
  <div class="post">
    <p> ホーム…</p>
  </div>
  <button> 続きを読む </button>
</article>
```

■ `<details>`要素の開閉アニメーション（アコーディオンUIのアニメーション）

P.087 の `<details>` 要素では、`<summary>` で示した概要をクリックするとコンテンツの表示・非表示が切り替わります。この表示・非表示は UA スタイルシートで次のように制御されています。コンテンツ（`<details>` 内の `<summary>` 以外の中身）は ::details-content 擬似要素で示され、content-visibility プロパティの値（hidden と visible）が切り替えられていることがわかります。

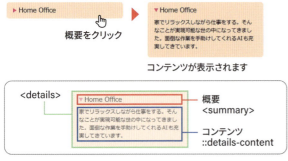

```html
<details>
  <summary>Home Office</summary>
  <p> 家でリラックスしながら…</p>
</details>
```

```css
details:not([open])::details-content {
  content-visibility: hidden;
}
details:[open]::details-content {
  content-visibility: visible;
}
```

UAスタイルシート

そのため、アコーディオン UI のような開閉アニメーションを設定する場合、content-visibility の値の動作変更（transition-behavior: allow-discrete の適用）が必要です。P.424 の❸のように、トランジション中（0%〜100% の間）はコンテンツ部分をずっと表示しておく必要があるためです。

そのうえで、表示・非表示が切り替わるときにコンテンツ部分の高さを 0px から auto に変化させます。これを実現するためには、interpolate-size: allow-keywords でサイズキーワードを使ったアニメーションを有効化する必要があります。
これらをすべて設定すると次のようになります。

```
:root {interpolate-size: allow-keywords;}

details::details-content {
  height: 0px;
  overflow: clip;
  transition: height 1s,
              content-visibility 1s allow-discrete;
}
details[open]::details-content {
  height: auto;
}
```

高さを0px〜autoに変化させるため、interpolate-size: allow-keywordsを指定

コンテンツが非表示の場合、高さを0pxに指定してオーバーフローをクリップ

content-visibilityにはtransition-behavior: allow-discrete（P.423）を適用して0%〜100%までvisibleの状態に指定

コンテンツを表示したときは高さをautoに変更

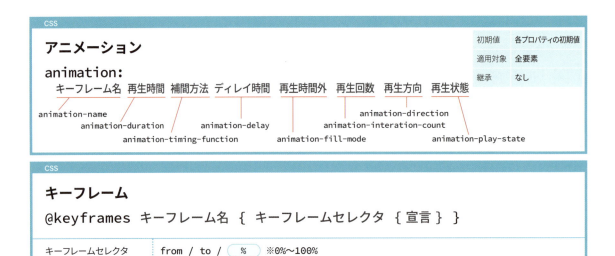

animation プロパティはキーフレーム（アニメーションの1サイクルの設定）を使ってアニメーションを適用します。キーフレームは @keyframes でキーフレーム名をつけて作成し、アニメーションで変化させるプロパティの値を指定します。開始・終了の2点間だけでなく、中間のポイントを任意に用意できるため、トランジションよりも複雑なアニメーションを設定できます。値を変化させるポイントはキーフレームセレクタ（0% ～ 100%）で用意します。0% は from、100% は to と表記することも可能です。

display: none などのキーワード値や文字列の値は、transition-behavior: allow-discrete を指定したとき（P.423）と同じ処理になります。0% で指定した値はトランジションにおける古い値（before-change style）に相当しますので、要素が DOM に追加されたタイミングでもアニメーションは実行されます。

たとえば、右の例では 0%、50%、100% のポイントで背景色（background-color）を、0% と 100% のポイントで大きさ（scale）を変化させる「myanim」キーフレームを作成しています。animation プロパティではこのキーフレームを <a> に適用し、1秒かけて再生するように指定しています。これにより、ページのロード時（要素が DOM に出現したとき）にアニメーションが再生されます。

再生後は `<a>` のスタイルが適用され、グレーの表示になります。再生後の表示は animation-fill-mode（再生時間外）の設定で変更できます。

animation プロパティの各値は順不同で、省略も可能です。ただし、時間の値は 1 つ目が再生時間、2 つ目がディレイ時間の値として処理されます。それぞれ、個別のプロパティで指定することも可能です。

プロパティ	機能	指定できる値
animation-name	キーフレーム名を指定	none / キーフレーム名
animation-duration	再生時間を指定。初期値はautoで、通常は0sで処理されますが、スクロール駆動アニメーションではanimation-timelineで指定したタイムライン（P.439）が使用されます	時間 / auto
animation-timing-function	値の変化速度に緩急をつけるイージング（P.434）を指定。初期値はease	ease / linear / ease-in / ease-out / ease-in-out / step-start / step-end / linear() / cubic-bezier() / steps()
animation-delay	ディレイ時間（再生開始を遅らせる時間）を指定。初期値は0s	時間
animation-fill-mode	再生時間外（ディレイ中と再生後）の表示を指定。初期値はnone	none / forwards / backwards / both
animation-interation-count	再生回数を指定。初期値は 1	infinite / 数値 0〜∞
animation-direction	再生方向を指定。初期値はnormal	normal / reverse / alternate / alternate-reverse
animation-play-state	再生状態を指定。初期値はrunning	running / paused

■ 複数のキーフレームを適用する場合

アニメーションで複数のキーフレームを適用する場合、キーフレームごとにカンマ区切りで各値を指定します。animation-name プロパティで指定したキーフレームの数とそれ以外の animation-* プロパティで指定した値の数が一致しない場合、以下のように処理されます。

```
animation-name: myanim1, myanim2, myanim3, myanim4;
animation-duration: 0.5s, 1s;
              ||
animation-name: myanim1, myanim2, myanim3, myanim4;
animation-duration: 0.5s, 1s, 0.5s, 1s;
```

※animation-name以外の値が多い場合は無視されます

```
a {
  animation: myanim 1s, myeffect 0.5s;
}

@keyframes myanim {…}
@keyframes myeffect {…}
```
              ||
```
a {
  animation-name: myanim, myeffect;
  animation-duration: 1s, 0.5s;
}

@keyframes myanim {…}
@keyframes myeffect {…}
```

■ 再生時間外（ディレイ中と再生後）の表示

ディレイの設定は2つ目の時間の値（animation-delayプロパティの値）で指定します。

再生時間外（ディレイ中と再生後）の表示はanimation-fill-modeプロパティの値で指定します。キーフレームの0%や100%の表示を指定できます。

■ 再生回数と再生方向

アニメーションの再生回数はanimation-interation-countプロパティの値で指定します。infiniteと指定すると、無限に繰り返すループ再生になります。

再生方向はanimation-directionプロパティの値で指定します。値によって次のように再生されます。

■ 再生状態（一時停止と再生）

animation-play-state プロパティを使用すると、アニメーションの停止・再生を制御できます。
たとえば、リンク <a> にホバーしていないときは paused（一時停止）に、ホバー時は running（再生）に指定すると次のようになります。

```
a {
    animation: myanim 1s infinite;
    animation-play-state: paused;

    &:hover {
        animation-play-state: running;
    }
}
```

アニメーションの合成処理

animation-composition: 合成処理

初期値	replace
適用対象	全要素
継承	なし

合成処理	replace / add / accumulate

animation-composition プロパティは、アニメーションを適用した結果、同じプロパティの設定が複数適用されることになった場合の処理を指定します。
たとえば、次の例は <a> にブラー blur(10px) を適用したものです。これに 0% を blur(5px)、100% を blur(0) にするアニメーションを適用しています。
animation-composition の指定に応じて、0% と 100% で適用されるブラーの設定が変わります。

```
a {filter: blur(10px);
    animation: myanim 1s both;
    animation-composition: ～ ;}

@keyframes myanim {
    0%    {filter: blur(5px);}
    100%  {filter: blur(0);}
}
```

> CSS
>
> # イージング関数
> linear() / cubic-bezier() / steps()

イージング関数は、時間経過（入力）に対する値の変化量の割合（出力）を指定する関数です。値を変化させる速度をコントロールすることで、アニメーションの動きに緩急をつけます。

transition-timing-function と animation-timing-function プロパティの値として指定できます。主要な関数の設定はキーワード値で指定することも可能です。どのような変化になるかは、右のようにグラフで表現されます。このグラフは ease-out キーワードでも指定できる「cubic-bezier(0, 0, 0.58, 1)」の時間経過と値の変化量の関係を表しています。

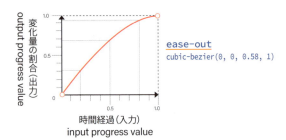

- 時間経過 0.2（20%経過時点）→ 変化量 0.31（31%変化）
- 時間経過 0.5（50%経過時点）→ 変化量 0.68（68%変化）
- 時間経過 0.8（80%経過時点）→ 変化量 0.94（94%変化）

各関数の記述形式とキーワード値の設定は次のようになっています。

linear()関数

```
linear(出力値 入力値, 出力値 入力値, …)
```

linear() 関数では、出力値（数値）と入力値（%）でストップを示します。入力値を省略すると、値は均等に分割されます。

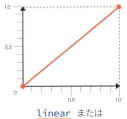

linear または
linear(0, 1) または
linear(0 0%, 1 100%)

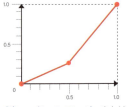

linear(0, 0.25, 1) または
linear(0 0%, 0.25 50%, 1 100%)

cubic-bezier()関数

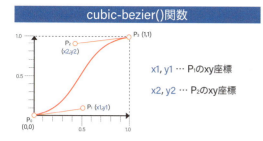

x1, y1 … P₁のxy座標

x2, y2 … P₂のxy座標

`cubic-bezier(x1, y1, x2, y2)`

cubic-bezier() 関数では、ベジェ曲線を使ってどのように変化させるかを指定します

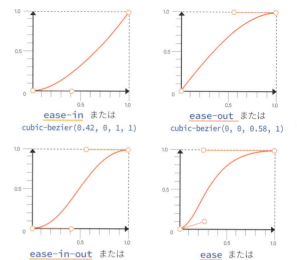

ease-in または
cubic-bezier(0.42, 0, 1, 1)

ease-out または
cubic-bezier(0, 0, 0.58, 1)

ease-in-out または
cubic-bezier(0.42, 0, 0.58, 1)

ease または
cubic-bezier(0.25, 0.1, 0.25, 1.0)

steps()関数

`steps(ステップ数  ステップ位置)`

steps() 関数では、ステップ数（整数）とステップ位置を指定します。ステップ位置を表すキーワードは右の通りです。ステップ数は 3 に指定しています。

ステップ数が 1 の場合、以下のキーワード値でも指定できます。

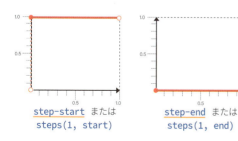

step-start または
steps(1, start)

step-end または
steps(1, end)

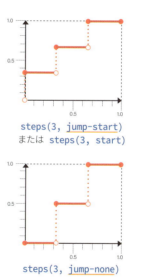

steps(3, jump-start)
または steps(3, start)

steps(3, jump-none)

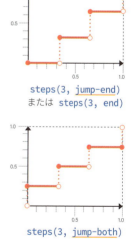

steps(3, jump-end)
または steps(3, end)

steps(3, jump-both)

Chapter 7　インタラクションとアニメーション

スクロール駆動アニメーション

ここまでに見てきたアニメーションは、時間経過に合わせて再生される**時間駆動アニメーション**（time-driven animations）です。ページのロード時に0からカウントが開始されるドキュメントタイムライン（document timeline）を基準に再生されます。

これに対し、**スクロール駆動アニメーション**（scroll-driven animations）はスクロールに合わせて再生されるアニメーションです。@keyframesで用意したキーフレームを、右の🅐と🅑のいずれかのタイムラインを使って再生できます。

🅐 **スクロール進行タイムライン（scroll progress timeline）**

スクローラー（スクロールコンテナやビューポート）のスクロール位置とリンクするタイムライン

🅑 **ビュー進行タイムライン（view progress timeline）**

可視範囲内（デフォルトではスクロールポートやビューポート）での要素の表示位置とリンクするタイムライン

たとえば、それぞれのタイムラインを使うと次のようなアニメーションを設定できます。ここでは文章中に画像を入れたものをスクロールで表示し、アニメーションを適用しています。詳しくは次ページから見ていきます。

```
<html>
    <head>…</head>
    <body>
        <main>
            <h1>Office Design</h1>
            <p> ホームオフィスは…</p>
            <img src="office.jpg" …>
            <p> 洗練されたデザインの…</p>
            <p> 専門の…サポートします。</p>
        </main>
    </body>
</html>
```

スクロールで表示

アニメーションを適用

🅐のスクロール進行タイムラインを使用して、ビューポートのスクロールに合わせてページの背景色が変わるように設定したもの

🅑のビュー進行タイムラインを使用して、文章中の画像がビューポートに入ってきたら横幅が変化して表示されるように設定したもの
（P.443のanimation-rangeの設定も適用）

Ⓐ スクロール進行タイムライン（scroll progress timeline）

この例ではスクロール進行タイムラインを使用して、ビューポートのスクロール位置に合わせてページの背景色を変えています。

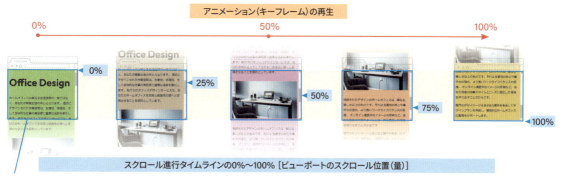

```
html {
  scroll-timeline: --viewport-timeline;     ──①
}
body {
  animation: color-anim linear both;        ──③
  animation-timeline: --viewport-timeline;
}
```

```
@keyframes color-anim {                     ──②
  0%   {background-color: #abcf3e; ▮}
  50%  {background-color: #fda8ec; ▮}
  100% {background-color: #f3c90b; ▮}
}
```

① ビューポートのスクロール位置（量）をタイムラインとして利用するため、<html> の scroll-timeline プロパティでタイムライン名を指定します。ここでは「--viewport-timeline」と指定。これがスクロール進行タイムラインとなります。

　スクロール進行タイムラインの 0% 〜 100% は、スクロールの開始位置（0%）から終了位置（100%）までとなります

② タイムラインで実行するアニメーションを @keyframes で用意します。ここではキーフレーム名「color-anim」で、0%、50%、100% で背景色を変えるように指定しています。

③ <body> に対し、animation プロパティで「color-anim」キーフレームを、animation-timeline プロパティで「--viewport-timeline」タイムラインを適用します。

- 再生時間（animation-duration）は指定しません。指定するとスクロール駆動アニメーションは動作しなくなります
- 背景色の値は一定速度で変化させるため、補間方法（animation-timing-function）をlinear（P.434）に指定
- 再生の前後をキーフレームの0%と100%の表示にするため、再生時間外の表示（animation-fill-mode）をbothに指定
- キーフレームの適用範囲（タイムラインのどの範囲に適用するか）はP.443のanimation-rangeで変更できます

Ⓑ ビュー進行タイムライン（view progress timeline）

この例ではビュー進行タイムラインを使用して、可視範囲（ビューポート）内での画像の表示位置に合わせて画像の大きさを変えています。

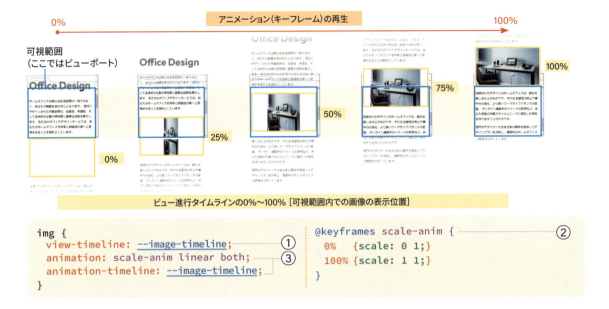

① 画像の表示位置をタイムラインとして利用するため、<img> の view-timeline プロパティでタイムライン名を指定します。ここでは「--image-timeline」と指定。これがビュー進行タイムラインとなります。

ビュー進行タイムラインを作成した要素（ここでは画像）を「主体要素（subject）」と呼びます。ビュー進行タイムラインの 0% ～ 100% は、主体要素が可視範囲に入る位置（0%）から出る位置（100%）までです。

可視範囲（view progress visibility range）となるのは、主体要素の祖先のうち、一番近くにあるスクロールポート（P.413 の最適な表示領域または は P.442 の view-timeline-inset で設定した範囲）です。この例ではビューポートになります。

② タイムラインで実行するアニメーションを @keyframes で用意します。ここではキーフレーム名「scale-anim」で、0% と 100% で横方向の大きさを 0 から 1 に変えるように指定しています。

③ <img> に対し、animation プロパティで「scale-anim」キーフレームを、animation-timeline プロパティで「--image-timeline」タイムラインを適用します。

・再生時間(animation-duration)は指定しません。指定するとスクロール駆動アニメーションは動作しなくなります
・横方向の大きさは一定速度で変化させるため、補間方法（animation-timing-function）をlinear（P.434）に指定
・再生の前後をキーフレームの0%と100%の表示にするため、再生時間外の表示（animation-fill-mode）をbothに指定
・キーフレームの適用範囲（タイムラインのどの範囲に適用するか）はP.443のanimation-rangeで変更できます

使用するタイムライン
`animation-timeline: タイムライン`

初期値	auto
適用対象	全要素
継承	なし

タイムライン	auto / none / タイムライン名 / scroll() / view() /

※ Firefoxはabout:configで「layout.css.scroll-driven-animations.enabled」フラグを有効化することで対応

animation-timeline プロパティは、アニメーションで使用するタイムラインを指定します。指定できる値は右の通りです。

デフォルトではドキュメントタイムラインが使用されます。そのため、時間駆動アニメーションではanimation-timeline を指定する必要はありません。

これに対し、スクロール駆動アニメーションではanimation-timeline で使用するスクロール進行タイムライン、またはビュー進行タイムラインを指定する必要があります。

名前付きのタイムラインを使う場合は、scroll-timeline や view-timeline プロパティで指定したタイムライン名を指定します。指定できるタイムラインは通常、祖先要素で作成されたタイムラインに限られます。祖先要素以外で作成されたタイムラインを利用する必要がある場合、P.447 の timeline-scope プロパティを使用します。

無名のタイムラインを使う場合、タイムライン名の代わりに scroll() または view() を指定します。これらは無名のタイムラインを作成する関数で、P.440 やP.442 のように使用します。

値	使用するタイムライン
auto	ドキュメントタイムライン
none	なし（アニメーションは再生されません）
タイムライン名	名前で指定したスクロール進行タイムラインまたはビュー進行タイムライン
scroll()	無名のスクロール進行タイムライン(P.440)
view()	無名のビュー進行タイムライン(P.442)

時間駆動アニメーション

```
.element {animation: myanim 0.5s;}
@keyframes myanim {…}
```
キーフレーム名と再生時間を指定

スクロール駆動アニメーション

```
.element {animation: myanim;
          animation-timeline: ~ ;}
@keyframes myanim {…}
```
キーフレーム名とタイムラインを指定。再生時間はautoと指定するか、記述を省略します

なお、animation-timeline の値は animation プロパティでは指定できませんが、animation プロパティによって初期値にリセットされます。そのため、animation-timeline の指定は animation のあとに記述しなければなりません。

複数のキーフレームを適用する場合、animation-timeline の値も P.431 のようにカンマ区切りで指定できます。

名前付きのスクロール進行タイムライン

`scroll-timeline: タイムライン名 方向`

初期値	none block
適用対象	全要素
継承	なし

タイムライン名	none / --タイムライン名	方向	block / inline / x / y

※ Firefoxはabout:configで「layout.css.scroll-driven-animations.enabled」フラッグを有効化することで対応

scroll-timeline プロパティをスクローラー（スクロールコンテナまたはビューポート）に適用すると、名前付きのスクロール進行タイムライン（named scroll progress timeline）が作成されます。
このタイムラインには適用先のスクローラーのスクロール位置（量）がリンクされます。スクロール進行タイムラインの 0%～100% はスクロールの開始位置（0%）から終了位置（100%）までです。

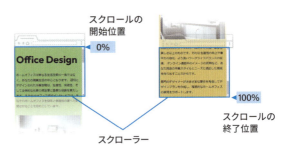

スクロール進行タイムラインの 0%～100%
[スクローラーのスクロール位置（量）]

scroll-timeline で指定できる値は右のようになっています。個別のプロパティで指定することも可能です。P.437 の Ⓐ の①ではタイムライン名を「--viewport-timeline」、方向を block に指定したことになります。

値	機能	個別のプロパティ
タイムライン名	接頭辞「--」をつけた任意の名前でタイムライン名を指定	scroll-timeline-name
方向	タイムラインで処理するスクロールの方向を指定。縦（block / y）または横（inline / x）で指定でき、省略した場合はblockで処理されます	scroll-timeline-axis

```
html {scroll-timeline: --viewport-timeline;}
```

```
html {scroll-timeline: --viewport-timeline block;}
```

無名のスクロール進行タイムライン

`scroll( スクローラー 方向 )`

スクローラー	nearest / root / self	方向	block / inline / x / y

※ Firefoxはabout:configで「layout.css.scroll-driven-animations.enabled」フラッグを有効化することで対応

scroll() は animation-timeline プロパティの値として指定できる関数で、無名のスクロール進行タイムライン（anonymous scroll progress timeline）を作成します。

```
.element {animation: myanim;
          animation-timeline: scroll(～);}
@keyframes myanim {…}
```

scroll() の引数では、タイムラインにリンクさせるスクローラー（スクロールコンテナまたはビューポート）を指定します。省略した場合、nearest で処理されます。方向の設定は scroll-timeline プロパティと同じです。省略した場合は block（縦方向）で処理されます。

たとえば、名前付きのスクロール進行タイムラインを使用した🅐の設定は、scroll() を使うと右のように指定できます。ここではビューポートとリンクする無名のスクロール進行タイムラインを作成するため、scroll(root) と指定しています。

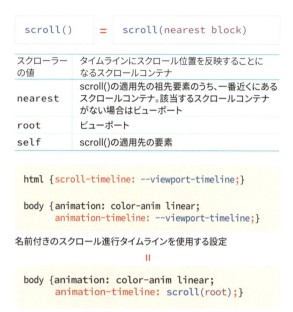

名前付きのビュー進行タイムライン

view-timeline: タイムライン名 方向 スクロールポートからの距離

初期値 none block auto
適用対象 全要素
継承 なし

タイムライン名	none / --タイムライン名	方向	block / inline / x / y
スクロールポートからの距離	auto / 長さ / % ※2		

※1 …Firefoxはabout:configで「layout.css.scroll-driven-animations.enabled」フラグを有効化することで対応
※2…%はスクロールポートに対する割合

view-timeline プロパティは名前付きのビュー進行タイムライン（named view progress timeline）を作成します。このタイムラインには、適用先の要素（主体要素）の可視範囲内での表示位置がリンクされます。
可視範囲（view progress visibility range）となるのは、主体要素の祖先のうち、一番近くにあるスクロールポートの最適な表示領域（P.413）です。view-timeline でスクロールポートからの距離を指定して可視範囲を設定することもできます。

ビュー進行タイムラインの 0%〜100% は、主体要素が可視範囲に入る位置（0%）から出る位置（100%）までです。

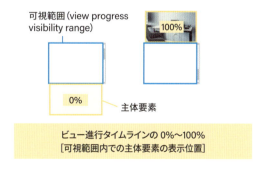

view-timeline で指定できる値は以下のようになっています。個別のプロパティで指定することも可能です。P.438 の❸の①ではタイムライン名を「--image-timeline」、方向を block、スクロールポートからの距離を auto に指定したことになります。

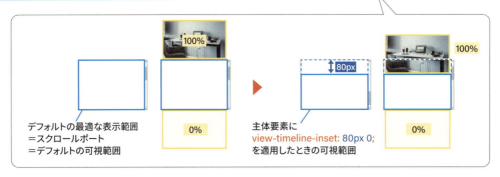

view-timelineの値	機能	個別のプロパティ
タイムライン名	接頭辞「--」をつけた任意の名前でタイムライン名を指定	view-timeline-name
方向	タイムラインで処理するスクロールの方向を指定。縦 (block / y) または横 (inline / x) で指定でき、省略した場合はblockで処理されます	view-timeline-axis
スクロールポートからの距離	スクロールポートからの距離は可視範囲を調整します。autoではP.413の最適な表示領域（デフォルトではスクロールポート全体）が使用されます。長さや%を指定した場合は、scroll-paddingと同じようにスクロールポートからの距離として処理されます。指定できるのはスクロールの方向に限られます	view-timeline-inset

CSS			
無名のビュー進行タイムライン ※1			
view(方向　スクロールポートからの距離)			
方向	block / inline / x / y	スクロールポートからの距離	auto / 長さ / % ※2

※1 …Firefoxはabout:configで「layout.css.scroll-driven-animations.enabled」フラグを有効化することで対応
※2…%はスクロールポートに対する割合

view() は animation-timeline プロパティの値として指定できる関数で、無名のスクロール進行タイムライン（anonymous view progress timeline）を作成します。
view() の引数は、view-timeline プロパティの「方向」と「スクロールポートからの距離」と同じです。省略した場合はそれぞれ block と auto で処理されます。

```
.element {animation: myanim;
          animation-timeline: view(～);}
@keyframes myanim {…}
```

view()　=　view(block auto)

名前付きのビュー進行タイムラインを使用した❸の設定は、view() を使うと次のように指定できます。

```
img {view-timeline: --image-timeline;
     animation: scale-anim linear both;
     animation-timeline: --image-timeline;}
```
名前付きのビュー進行タイムラインを使用する設定

＝

```
img {animation: scale-anim linear both;
     animation-timeline: view();}
```
無名のビュー進行タイムラインを使用する設定

CSS

アニメーションを適用するタイムラインの範囲
animation-range： 開始位置　終了位置

初期値	normal normal
適用対象	全要素
継承	なし

| 開始・終了位置 | normal ／ 長さ ／ ％ ／ タイムライン範囲名 |

何も設定しなければ、キーフレームはタイムラインの 0% 〜 100% に適用されます。この animation-range プロパティを使うことで、キーフレームを適用するタイムラインの範囲を設定できます。

キーフレームを適用するタイムラインの開始位置・終了位置は、タイムライン全体に対する割合（％）、またはタイムラインの 0%・100% の位置からの変化量（距離など）で指定します。省略した場合は初期値の normal（開始位置は 0%、終了位置は 100%）で処理されます。

ビュー進行タイムラインの場合、特定の位置を示す「タイムライン範囲名（timeline range name）」でも指定できます。タイムライン範囲名については P.445 を参照してください。

開始・終了位置の値は個別のプロパティでも指定できます。

個別のプロパティ	指定できる値
animation-range-start	開始位置
animation-range-end	終了位置

なお、animation-range の値は animation プロパティでは指定できませんが、animation プロパティによって初期値にリセットされます。そのため、animation-range の指定は animation のあとに記述しなければなりません。

複数のキーフレームを適用する場合、キーフレームごとの animation-range の設定も P.431 のようにカンマ区切りで指定します。

■ スクロール進行タイムラインの場合

スクロール進行タイムラインを使った❹の例の場合、デフォルトでは normal で処理され、タイムラインの 0% 〜 100% が適用範囲となります。これに対し、開始位置を 25%、終了位置を 100% と指定すると次のようになります。

```
html { scroll-timeline: --viewport-timeline;}

body { animation: color-anim linear;
       animation-timeline: --viewport-timeline;
       animation-range: 〜 ;}
```

animation-range: normal normal; = animation-range: 0% 100%;

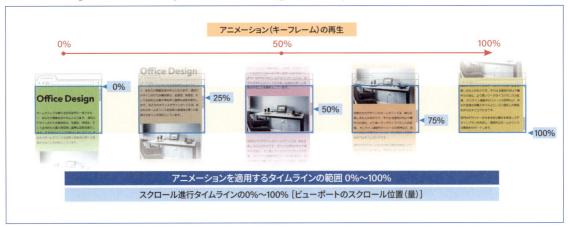

animation-range: 25% 100%;

■ ビュー進行タイムラインの場合

ビュー進行タイムラインを使った❸の例の場合も、デフォルトでは normal で処理され、タイムラインの 0% 〜 100% が適用範囲となります。
これに対し、開始位置を 0%、終了位置を 50% と指定すると次のようになります。

```
img {view-timeline: --image-timeline;
    animation: scale-anim linear both;
    animation-timeline: --image-timeline;
    animation-range: 〜 ;}
```

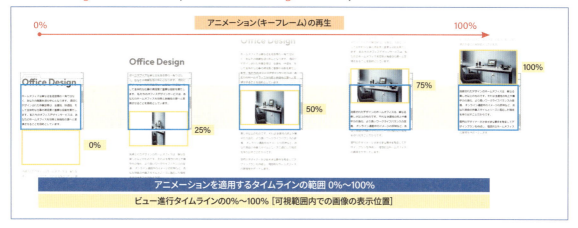

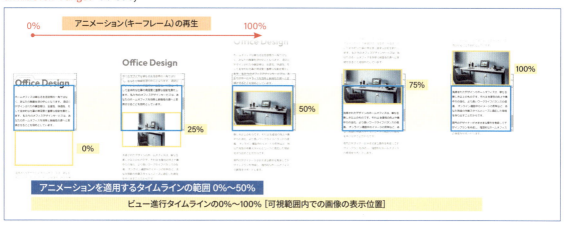

■ タイムライン範囲名（timeline range name）

ビュー進行タイムラインでは、特定の位置を示す「タイムライン範囲名」でも適用範囲を指定できます。タイムライン範囲名は次ページのように用意されています。ここでは、各範囲の 0% と 100% の位置をまとめています（そのため、0%〜100% まで動かしたものが範囲となります）。

タイムライン範囲名を使った適用範囲の開始・終了位置は「範囲名」または「範囲名 位置」という形で指定できます。

位置の値は、範囲名が示す範囲全体に対する割合（%）または範囲名が示す0%・100%の位置からの変化量（距離など）で指定

範囲名	範囲名が示す範囲 （主体要素が小さい場合） 0% ～ 100%	範囲名が示す範囲 （主体要素が大きい場合） 0% ～ 100%	範囲名	範囲名が示す範囲 （主体要素が小さい場合） 0% ～ 100%	範囲名が示す範囲 （主体要素が大きい場合） 0% ～ 100%
cover			contain		
entry			entry-crossing		
exit			exit-crossing		

□…可視範囲　□…主体要素　□…範囲名が示す範囲

これを使用すると、「0% 50%」の適用範囲は「cover 0% cover 50%」と指定できます。
「cover 0%」は「entry 0%」や「entry-crossing 0%」、「cover 50%」は「contain 50%」と指定することも可能です。

```
img {view-timeline: --image-timeline;
    animation: scale-anim linear both;
    animation-timeline: --image-timeline;
    animation-range: cover 0% cover 50%;}
```

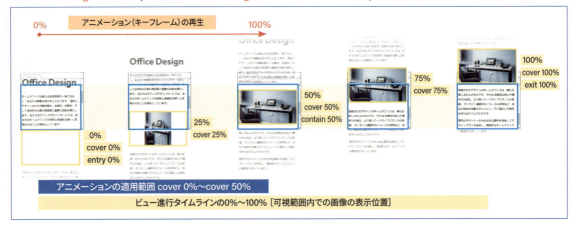

animation-range: 0% 50%; = animation-range: cover 0% cover 50%;

また、タイムライン範囲名は @keyframes のキーフレームセレクタとしても使えます。たとえば、animation-range で指定した適用範囲「cover 0% cover 50%」は、キーフレームセレクタで次のように指定できます。

名前付きタイムラインのスコープ
`timeline-scope: タイムライン名`

		初期値	none
		適用対象	全要素
		継承	なし

タイムライン名	none / all / --タイムライン名

タイムラインを作成すると、作成した要素を基点にタイムラインスコープが形成され、スコープ内（作成した要素とその子孫要素）だけで使用できるようになります。スコープ外からはタイムラインを使用することができません。

しかし、timeline-scope プロパティでタイムライン名を指定すると、適用先の要素を基点としたスコープでそのタイムラインが使用できるようになります。timeline-scope の指定が機能するのは、元のタイムラインを作成した要素の祖先要素に限られるため、結果としてスコープが拡張されることになります。

たとえば、次の例は P.416 で `<div>` をスクロールコンテナにしたものです。これに scroll-timeline を適用し、「--scroll-timeline」というスクロール進行タイムラインを作成します。

このタイムラインをアイコン `<span>` で使用し、`<div>` のスクロールに合わせてアイコンを動かすことを考えます。

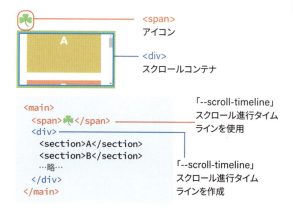

値	機能
none	タイムラインのスコープを変更しません
all	適用先の要素を、子孫要素で作成されたすべてのタイムラインのスコープの基点にします
タイムライン名	適用先の要素を、子孫要素で作成されたタイムラインのうち、指定したタイムラインのスコープの基点にします。複数のタイムラインはカンマ区切りで指定できます

しかし、--scroll-timeline タイムラインは <div> を基点にスコープを形成するため、<div> の兄弟要素の <span> では使用できません。

そこで、<span> と <div> の両方の祖先要素である <main> に timeline-scope プロパティを適用し、スコープの基点を <main> に動かします。これで <span> からも --scroll-timeline タイムラインが使用できるようになります。

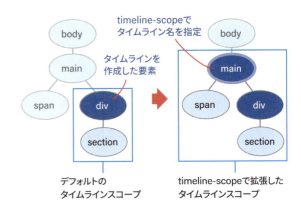

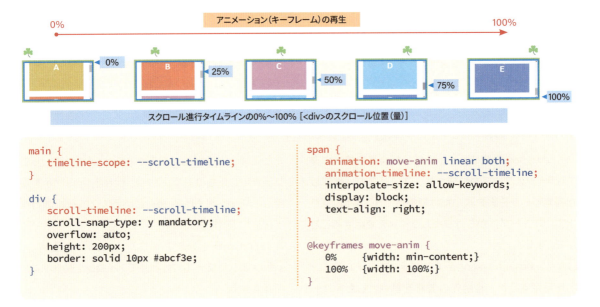

```
main {
    timeline-scope: --scroll-timeline;
}
div {
    scroll-timeline: --scroll-timeline;
    scroll-snap-type: y mandatory;
    overflow: auto;
    height: 200px;
    border: solid 10px #abcf3e;
}
```

```
span {
    animation: move-anim linear both;
    animation-timeline: --scroll-timeline;
    interpolate-size: allow-keywords;
    display: block;
    text-align: right;
}
@keyframes move-anim {
    0%   {width: min-content;}
    100% {width: 100%;}
}
```

Chapter 7　インタラクションとアニメーション

7-5　ビュー遷移（View Transition）

これまで、単一ページアプリ（SPA）でのDOMの変化のアニメーションや、複数ページアプリ（MPA）でのドキュメント間の遷移アニメーションを実現するのは非常に大変でした。始点（古い状態）と終点（新しい状態）に加えて、遷移中の状態のDOMも用意する必要があったためです。数多くの手間がかかるのはもちろん、UXとアクセシビリティの問題ももたらしました。

こうした問題を解決し、「DOMの更新」と「ビュー遷移（View Transition）」を分離するために用意されたのが「View Transition API」です。

View Transition APIを使うことにより、DOMを始点（古い状態）から終点（新しい状態）へと瞬時に切り替え、遷移アニメーションを異なるレイヤーで実現することが可能になります。

View Transition APIで実現できるビュー遷移には2種類あります。それぞれでトリガーが異なるだけで、遷移アニメーションの設定方法などは同じです。

たとえば、右の例は一覧と詳細を用意したものです。一覧内のカードをクリックすると個々の詳細が表示され、詳細内の戻るボタンをクリックすると一覧に戻るようにしています。
View Transition APIを使用すると、こうした動作に対してさまざまな遷移アニメーションを設定できます。ここでは次のような遷移アニメーションを設定しながら機能を見ていきます。これらは🅐と🅑のどちらのビュー遷移でも設定できます。

🅐 同一ドキュメント内のビュー遷移（same-document view transition）

1つのドキュメント内で実行されるビュー遷移。DOMの変化がトリガーになります。単一ページアプリ（SPA）でのDOMの変化のアニメーションはこれに相当します。

🅑 ドキュメント間でのビュー遷移（cross-document view transitions）

同一オリジンの2つのドキュメント間で実行されるビュー遷移。リンクのクリックがトリガーになります。複数ページアプリ（MPA）での遷移アニメーションはこれに相当します。

デフォルトのビュー遷移（P.451）
デフォルトでは一覧と詳細がクロスフェードで切り替わります

要素ごとのビュー遷移（P.457）
画像に個別にビュー遷移を設定すると、他から独立して遷移します。デフォルトで、位置と大きさもアニメーションで変化します

遷移タイプごとのビュー遷移（P.471）
遷移タイプを使うと、遷移を区別してより複雑な設定ができます。たとえば、詳細の開閉を区別し、開くときは右からスライドイン、閉じるときは右へのスライドアウトで遷移させます

遷移クラスでまとめてビュー遷移（P.475）
遷移クラスを使うと、複数の要素にまとめて遷移アニメーションを適用できます。たとえば、一覧の各カードをグレーにしてスケールを変化させます

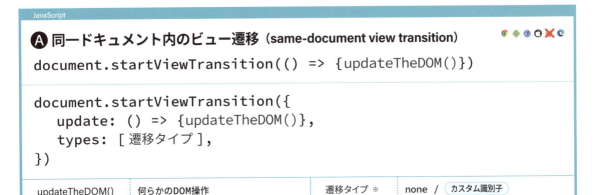

Ⓐ 同一ドキュメント内のビュー遷移（same-document view transition）

```
document.startViewTransition(() => {updateTheDOM()})
```

```
document.startViewTransition({
    update: () => {updateTheDOM()},
    types: [遷移タイプ],
})
```

| updateTheDOM() | 何らかのDOM操作 | | 遷移タイプ ※ | none / カスタム識別子 |

※遷移タイプについてはP.469を参照

同じドキュメント内でのビュー遷移は、document.startViewTransition を呼び出して発動します。updateTheDOM() は DOM 操作を抽象化したもので、これから行う具体的な DOM 操作を記述するためのカスタム関数として使っています（具体例はサンプルコードを参照してください）。

```
function handleClick(e) {
  // View Transition API に未対応なブラウザ用の処理
  if (!document.startViewTransition) {
    updateTheDOM()
    return
  }

  // ビュー遷移を実行
  document.startViewTransition(() => {
    updateTheDOM()
  })
}
```

DOM 操作を startViewTransition メソッドの中で実行することで、DOM 操作前の古い状態から、DOM 操作後の新しい状態への変化がアニメーション化されます。UA スタイルシートにより、デフォルトではクロスフェードのアニメーションになります。

たとえば、一覧と詳細の表示・非表示を切り替える DOM 操作を startViewTransition メソッドの中で実行します。すると、2 つの状態 (古い状態と新しい状態) がクロスフェードのアニメーションで切り替わります。

```
<script src="script.js" defer></script>  ③
…略…

<!-- 一覧 -->
<div id="cards">                                    ①
  <button class="card" data-id="photo01">
    <img src="photo01.jpg" alt="…">
    <h2>photo01</h2>
  </button>
  <button class="card" data-id="photo02">…</button>
  <button class="card" data-id="photo03">…</button>
  <button class="card" data-id="photo04">…</button>
</div>

<!-- 詳細 -->
<div id="articles">                                 ②
  <article id="photo01" hidden>
    <img src="photo01.jpg" alt="">
    <h1>photo01</h1>
    <p> オフィスの環境作りから…</p>
    <button class="back">戻る </button>
  </article>
  <article id="photo02" hidden>…</article>
  <article id="photo03" hidden>…</article>
  <article id="photo04" hidden>…</article>
</div>
```
cards.html

① 一覧 <div id="cards"> を用意。hidden 属性を指定せず、初期状態では表示します。一覧内には 4 つのカード <button class="card"> を用意しています。

② カードと対になる 4 つの詳細 <article> を用意。hidden 属性を指定し、初期状態では非表示にします。ID はカードの data-id 属性と同じ値にして対であることを示します。すべての詳細は <div id="articles"> でグループ化しています。

③ スクリプトは HTML の解析と DOM の構築が終わったあとに実行するため、defer 属性を指定して読み込んでいます。ローカル環境で試す必要がない場合は <script src="script.js" type="module"> と指定して実行することも可能です。

```
const cards = document.getElementById("cards")                      // 詳細の戻る（.backボタン）をクリックして一覧に戻る
const articles = document.getElementById("articles")                articles.addEventListener("click", (e) => {           ──⑥
                                                                      const backButton = e.target.closest(".back")
// DOM操作（一覧と詳細の表示・非表示を切り替え）                      if (!backButton) return
const updateTheDOM = (article) => {                 ──④
  cards.hidden = !cards.hidden                                        // 閉じる詳細を取得
  article.hidden = !article.hidden                                    const article = e.target.closest("article")
}
                                                                      // View Transition APIに未対応なブラウザ用の処理
// 一覧のカード（.cardボタン）をクリックして詳細を開く                 if (!document.startViewTransition) {
cards.addEventListener("click", (e) => {            ──⑤                 updateTheDOM(article)
  const card = e.target.closest(".card")                                return
  if (!card) return                                                   }

  // 開く詳細を取得                                                    // ビュー遷移を実行
  const article =                                                     document.startViewTransition(() => {
       document.getElementById(card.dataset.id)                         updateTheDOM(article)
                                                                      })
  // View Transition APIに未対応なブラウザ用の処理                    })
  if (!document.startViewTransition) {
    updateTheDOM(article)
    return
  }

  // ビュー遷移を実行
  document.startViewTransition(() => {
    updateTheDOM(article)
  })
})
```
script.js

④ updateTheDOM()でDOM操作を用意。一覧と詳細の表示・非表示をhidden属性の有無で切り替えるように指定しています。処理対象の詳細はクリックしたカードによって変わるため、引数として渡します。

⑤ カードをクリックしたら、startViewTransitionメソッドの中でupdateTheDOM()を実行。一覧を非表示にして、カードと対になる詳細（カードのdata-id属性の値と同じIDを持つ詳細）を表示します。

⑥ 詳細内の戻るボタン<button class="back">をクリックしたら、startViewTransitionメソッドの中でupdateTheDOM()を実行。詳細を非表示にして、一覧を表示します。

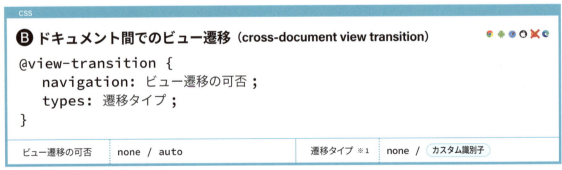

ドキュメント間でのビュー遷移は、次の条件が成立した場合に発動します。ビュー遷移を明示的に許可し、アクティブにするためには@view-transitionのnavigation記述子をautoと指定します。

ドキュメント間でのビュー遷移が成立する条件

■ 明示的な許可
両方のドキュメントが @view-transition ルールを使用してビュー遷移を明示的に許可していること

■ 同一オリジン要件
遷移元と遷移先のドキュメントが同一オリジン（P.126）であること

■ 可視性要件
遷移の全過程においてページが可視状態を維持していること

■ 遷移開始要件
・リンクのクリック
・フォームの送信
・ブラウザの戻る / 進むボタンによる遷移
　（traverse ナビゲーション）
※ URL バーからの直接入力による遷移は除外されます

■ リダイレクト制限
クロスオリジンリダイレクトを含まない遷移であること

たとえば、一覧と詳細のページを用意し、すべてのページに @view-transition を適用してビュー遷移を明示的に許可します。これでリンク元のページが古い状態、リンク先のページが新しい状態として処理されます。リンクをクリックすると、デフォルトのクロスフェードのアニメーションでリンク先のページへ遷移します。

```
@view-transition {          ①
  navigation: auto;
}
```

① すべてのページに @view-transition を適用し、ビュー遷移を明示的に許可します。

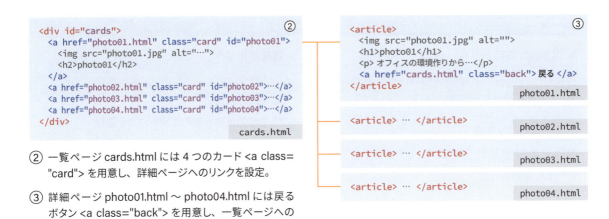

② 一覧ページ cards.html には 4 つのカード <a class="card"> を用意し、詳細ページへのリンクを設定。

③ 詳細ページ photo01.html 〜 photo04.html には戻るボタン <a class="back"> を用意し、一覧ページへのリンクを設定。

API

View Transition API を使ったビュー遷移のライフサイクル

ビュー遷移のカスタマイズを行うためには、ライフサイクルを把握しておくことが重要です。ポイントとなるのは「ビュー遷移擬似要素」と「キャプチャ」です。

ポイント 1：ビュー遷移擬似要素

「古い状態」と「新しい状態」は異なるレイヤーにビュー遷移擬似要素（transition pseudo-elements）として用意されます。例の場合、用意されるのは ::view-transition-old(root)、::view-transition-new(root) 擬似要素です。

ブラウザは UA スタイルシートでこれら擬似要素にアニメーションの設定を適用し、クロスフェードのビュー遷移アニメーションを実現します。

ポイント 2：静的なキャプチャとライブキャプチャ

「古い状態」と「新しい状態」は、遷移前・遷移後の表示をキャプチャしたものです。ただし、古い状態は静的なスクリーンショット（static visual capture）

なのに対し、新しい状態はノードのライブキャプチャ（live capture）です。たとえば再生中の動画を遷移させた場合、古い状態は静止画で遷移しますが、新しい状態は再生を継続したまま遷移します。

どちらのキャプチャも置換要素（P.364）として扱われ、object-fit プロパティなどで表示の調整が可能です。

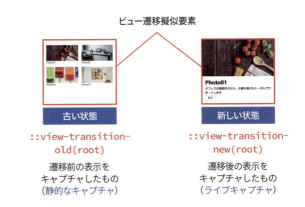

Ⓐ 同一ドキュメント内のビュー遷移のライフサイクル

1. **遷移の開始**
   開発者が startViewTransition を呼び出し、ViewTransition オブジェクトが返されます。

   ```
   const viewTransition =
   document.startViewTransition(updateCallback);
   ```

2. **古い状態のキャプチャ**
   現在の状態が「古い状態」としてキャプチャ。

3. **レンダリングの一時停止**
   ブラウザのレンダリングが一時的に停止されます。

4. **状態の更新**
   提供された updateCallback 関数が実行されます。この中で DOM の更新などを行います。

5. **コールバックの完了**
   viewTransition.updateCallbackDone プロミスが解決。更新処理の完了を示します。

6. **新しい状態のキャプチャ**
   更新後の状態が「新しい状態」としてキャプチャ。

7. **遷移擬似要素の生成**
   遷移用の擬似要素（::view-transition-old、::view-transition-new など）が生成（P.456 参照）。

8. **レンダリングの再開**
   レンダリングが再開し、遷移擬似要素が表示されます。

9. **準備完了の通知**
   viewTransition.ready プロミスが解決。

10. **アニメーションの実行**
    遷移擬似要素のアニメーションが実行されます。

11. **クリーンアップ**
    アニメーション完了後、擬似要素が削除されます。

12. **完了通知**
    viewTransition.finished プロミスが解決。
    遷移処理が完了します。

重要なプロミス
- updateCallbackDone … 状態更新の完了
- ready ……………………… 遷移の準備完了
- finished ………………… 遷移全体の完了

Ⓑ ドキュメント間でのビュー遷移のライフサイクル

古いドキュメント（遷移元）での流れ

1. **遷移の開始**
   - ユーザーがリンクをクリック
   - フォーム送信
   - ブラウザの戻るボタンを押す、など
   ※ URL バーでの直接入力は対象外

2. **pageswap イベントの発火**
   新しいドキュメントが準備できた時点で発生。以下の条件を満たす場合、イベントの viewTransition 属性に ViewTransition オブジェクトが設定されます。
   - 同一オリジンへの遷移
   - クロスオリジンリダイレクトがない
   - 古いドキュメントが view transition を許可

3. **カスタマイズの機会**
   開発者はここで遷移をカスタマイズできます。
   遷移タイプの変更や遷移のスキップも可能です。

4. **状態のキャプチャ**
   古いドキュメントの状態をキャプチャ。

5. **遷移の実行**
   古いドキュメントのアンロードと新しいドキュメントのアクティベートが行われます。

新しいドキュメント（遷移先）での流れ

6. **pagereveal イベントの発火**
   - 新しいドキュメントの最初のレンダリングの準備が整った時点で発生
   - viewTransition 属性を持ちます
   - この時点で updateCallbackDone プロミスは解決済み
   - 古いドキュメントからキャプチャした要素が設定済み

7. **2 回目のカスタマイズ機会**
   遷移タイプの変更、遷移のスキップが可能です。

8. **新しい状態のキャプチャ**
   新しいドキュメントの状態をキャプチャ。

9. **遷移の実行**
   この後は同一ドキュメントでのビュー遷移と同様のプロセスで進行します。

> **重要なポイント**
> - 2 つの異なるドキュメント間での状態の受け渡し
> - 開発者が 2 回（遷移元と遷移先で）カスタマイズの機会を持つ
> - 遷移の各段階でスキップする選択肢がある

ビュー遷移を行うためには、view-transition-name プロパティで遷移の対象にする要素に遷移名を指定する必要があります。遷移対象にする古い状態と新しい状態の要素には同じ遷移名を指定します。

遷移名はユニークであることが求められ、同じ状態の中に同じ遷移名を持つ要素が存在した場合、遷移は中止されますので注意が必要です。

ブラウザは遷移名が指定された要素をキャプチャし、遷移擬似要素を作成してビュー遷移を実行します。
デフォルトでは、UA スタイルシートでルート要素 `<html>` に「root」という遷移名が指定されています。

```
:root {
  view-transition-name: root;
}
```
UAスタイルシート

これにより、P.451の❹やP.453の❺のように遷移名を明示的に指定していなくても、ビュー遷移が実行されます。ビュー遷移を開始するとルート要素 <html> の「古い状態」と「新しい状態」がキャプチャされ、右のように遷移擬似要素ツリーが作成されます。

```
::view-transition
  └─::view-transition-group(root)
      └─::view-transition-image-pair(root)
          ├─::view-transition-old(root)
          └─::view-transition-new(root)
```

特定の要素に view-transition-name を使って遷移名を指定すると、サブツリーとして独立した形で遷移擬似要素ツリーに参加させることができます。
たとえば、P.451の例で1つ目のカードと詳細の画像 <img> に「photo01」という遷移名をつけると、右のように遷移擬似要素が追加されます。

ビュー遷移は遷移名を持つサブツリーのグループ ::view-transition-group() ごとに実行され、グループ内の古い状態のキャプチャ ::view-transition-old() から、新しい状態のキャプチャ ::view-transition-new() へと遷移します。
例の場合、1つ目のカードをクリックすると ::view-transition-group(root) でルート要素のキャプチャがクロスフェードで遷移します。さらに、::view-transition-group(photo01) で画像のキャプチャが独立して遷移し、位置と大きさがアニメーションで変化します。

```css
img[src$="photo01.jpg"] {
  view-transition-name: photo01;
}
```

```html
<!-- 一覧 -->
<div id="cards">
  <button class="card" data-id="photo01">
    <img src="photo01.jpg" alt="…">
    <h2>photo01</h2>
  </button>
…
<!-- 詳細 -->
<article id="photo01" hidden>
  <img src="photo01.jpg" alt="">
  <h1>photo01</h1>…
</article>
…
```

photo01.jpgを表示する<img>の遷移名を「photo01」と指定

```
::view-transition
  ├─::view-transition-group(root)
  │   └─::view-transition-image-pair(root)
  │       ├─::view-transition-old(root)
  │       └─::view-transition-new(root)
  └─::view-transition-group(photo01)
      └─::view-transition-image-pair(photo01)
          ├─::view-transition-old(photo01)
          └─::view-transition-new(photo01)
```

■ 遷移擬似要素ツリーを構成する擬似要素とそれぞれの役割

ビュー遷移擬似要素		役割
`::view-transition`	ビュー遷移ツリールート	遷移擬似要素ツリーのルート。すべての::view-transition-group()擬似要素の親として機能します。この擬似要素の包含ブロックがスナップショット包含ブロック(P.459)です
`::view-transition-group()`	ビュー遷移名前付きサブツリールート	ビュー遷移名ごとに作成されるサブツリーのルート。対応する::view-transition-image-pair()を含みます。P.460のように「古い状態」と「新しい状態」の大きさと位置を制御し、アニメーションで変化させます
`::view-transition-image-pair()`	キャプチャのペア	キャプチャのペアを示す擬似要素。対応する::view-transition-old()と::view-transition-new()を(この順序で)含みます。P.462のように「isolation: isolate」が適用され、キャプチャのブレンド(合成)が他へ影響するのを防ぐために用意されています
`::view-transition-old()`	古い状態のキャプチャ	古い状態のキャプチャ(静的なキャプチャ)を置換要素として扱う擬似要素。古い状態がない場合は省略されます
`::view-transition-new()`	新しい状態のキャプチャ	新しい状態のキャプチャ(ライブキャプチャ)を置換要素として扱う擬似要素。新しい状態がない場合は省略されます

■ 遷移擬似要素を示すセレクタ

遷移擬似要素にはCSSを適用し、通常の要素と同じようにスタイリングやレイアウト、アニメーションなどの制御ができます。

ただし、ツリー構造に合わせてセレクタを「::view-transition::view-transition-group(root)」のように記述しても機能しません(擬似要素セレクタはP.150のように複合セレクタの末尾に1つしか指定できないため)。その代わり、すべての遷移擬似要素セレクタは::view-transitionの起点となるルート要素<html>のセレクタに直接付加し、「html::view-transition-group(root)」という形で記述できます。遷移名を限定しない場合は「*」と指定します。

遷移擬似要素が兄弟要素を持たない場合は:only-child擬似クラスで一致させることも可能です。たとえば、::view-transition-image-pair()内に::view-transition-old()または::view-transition-new()のいずれかだけがある場合(その要素が消えるまたは現れるケース)などに使用できます。

遷移擬似要素セレクタの記述形式	記述例	記述例の適用先
::遷移擬似要素	::view-transition-group(*)	すべての ::view-transition-group()要素
html::遷移擬似要素	html::view-transition-group(*)	
:root::遷移擬似要素	:root::view-transition-group(*)	
::遷移擬似要素:only-child	::view-transition-new(*):only-child	兄弟要素を持たないすべての ::view-transition-new()要素

遷移擬似要素の詳細度はタイプセレクタ（P.152）と同じです。ただし、「*」と指定した場合は0になります。

セレクタ	詳細度
::view-transition-group(root)	0-0-1
::view-transition-group(*)	0-0-0

CSS

ビュー遷移レイヤーの描画と
ビュー遷移擬似要素のレイアウト＋アニメーション

::view-transition 擬似要素は「ビュー遷移レイヤー」と呼ばれる新しいスタッキングコンテキスト（P.283）を形成します。このレイヤーの描画はドキュメントの他のすべてのコンテンツ（トップレイヤーのコンテンツを含む）の描画後に行われます。これにより、トップレイヤーを含むすべてのコンテンツのキャプチャが可能になります。

ビュー遷移レイヤーには ::view-transition 擬似要素内の遷移擬似要素がレイアウトされます。ただし、レイアウトの起点となるのは初期包含ブロック（P.282）ではなく、スナップショット包含ブロック（snapshot containing block）です。

スナップショット包含ブロックは ::view-transition 擬似要素の包含ブロックです。コンテンツを表示する可能性のある、ウィンドウのすべての領域をカバーします。そのため、デスクトップ環境のスクロールバー、モバイル環境の URL バーやキーボードなども含んだ範囲になります。

さらに、::view-transition 擬似要素が構成するボックスは、UA スタイルシートによってスナップショット包含ブロックと同じ大きさに設定されます。

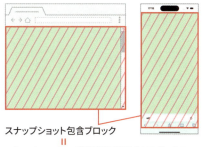

スナップショット包含ブロック
＝
::view-transition擬似要素が構成するボックス

```
:root::view-transition {
  position: fixed;
  inset: 0;
}
```
UAスタイルシート

■ グループの位置と大きさ

::view-transition 内には遷移名ごとのサブツリーのグループ ::view-transition-group() がレイアウトされます。各グループには以下のような UA スタイルシートが適用され、::view-transition-group() が構成するボックスの位置と大きさが決まります。

- 大きさは width・height プロパティで指定されます。0% では古い状態、100% では新しい状態のキャプチャの横幅と高さになります。
- 位置は transform プロパティで、スナップショット包含ブロックの左上を基点に指定されます。

例の場合、ルート要素 <html> のグループ ::view-transition-group(root) には①が適用され、スナップショット包含ブロックと同じ大きさ（ここでは 425 × 380px）に指定されます。位置は左上 (0, 0) に揃えて配置されます。0% と 100% での変化はありません。

画像 <img> のグループ ::view-transition-group(photo01) には②が適用され、0% は古い状態、100% は新しい状態の位置と大きさになり、アニメーションで遷移します。

① ルート要素のグループ ::view-transition-group(root) が構成するボックスの位置と大きさ

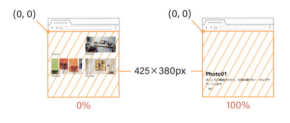

② 画像のグループ ::view-transition-group(photo01) が構成するボックスの位置と大きさ

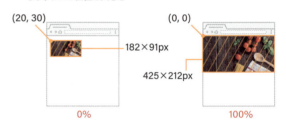

7-5 ビュー遷移（View Transition）

```
html::view-transition-group(*) {
    animation-duration: 0.25s;
    animation-fill-mode: both;
}

html::view-transition-group(root) {
    width: 425px;
    height: 380px;
    transform: matrix(1, 0, 0, 1, 0, 0);
    animation-name: -ua-view-transition-group-anim-root;
}

@keyframes -ua-view-transition-group-anim-root {
    0% {
        width: 425px;
        height: 380px;
        transform: matrix(1, 0, 0, 1, 0, 0);
    }
}
```
①

```
html::view-transition-group(photo01) {
    width: 425px;
    height: 212px;
    transform: matrix(1, 0, 0, 1, 0, 0);
    animation-name: -ua-view-transition-group-anim-photo01;
}

@keyframes -ua-view-transition-group-anim-photo01 {
    0% {
        width: 182px;
        height: 91px;
        transform: matrix(1, 0, 0, 1, 20, 30);
    }
}
```
②

UAスタイルシート

■ 古い状態・新しい状態の表示とアニメーション

グループが構成するボックス内には ::view-transition-image-pair() がレイアウトされます。この ::view-transition-image-pair() が構成するボックスは、UA スタイルシートの①によってグループが構成するボックスと同じ横幅と高さに設定されます。

さらに、その大きさに対して古い状態のキャプチャ ::view-transition-image-old() と、新しい状態のキャプチャ ::view-transition-image-new() が 100% の横幅で表示されます。高さは auto で処理され、キャプチャの縦横比を維持した大きさになります。

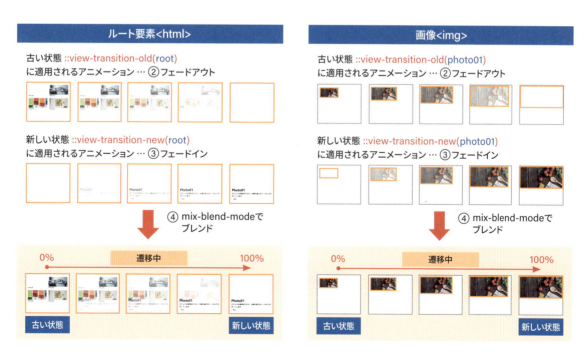

クロスフェードのアニメーションは、古い状態に②のフェードアウト、新しい状態に③のフェードインを適用し、④でブレンド（合成）することで実現されます。

※クロスフェードを実現する場合、フェードイン・フェードアウトでopacity（不透明度）を変えたものを重ね合わせただけでは、「opacity: 0.5での色が50%でブレンドされない」「ブレンド結果が半透明になり、背景が透けて見える」という問題が生じます。

※こうした問題を防ぐため、ビュー遷移ではmix-blend-modeプロパティ（P.399）でクロスフェードのために用意されたブレンドモード「plus-lighter」が適用されます。さらに、古い状態と新しい状態の親である::view-transition-image-pairにはP.400のisolation: isolateが適用されます。これにより、::view-transition-image-pairでスタッキングコンテキストが形成され、古い状態と新しい状態以外のものがブレンドされるのを防いでいます。

```
html::view-transition-image-pair(*) {
    position: absolute;                    ①
    inset: 0;
    isolation: isolate;                    ④
    animation-duration: inherit;
    animation-fill-mode: inherit;
}

html::view-transition-old(*),
html::view-transition-new(*) {
    position: absolute;                    ①
    inset-block-start: 0;
    inline-size: 100%;
    block-size: auto;
}

html::view-transition-old(*) {
    animation-name: -ua-view-transition-fade-out,    ②
                    -ua-mix-blend-mode-plus-lighter;
    animation-duration: inherit;
    animation-fill-mode: inherit;
}
```

```
html::view-transition-new(*) {                       ③
    animation-name: -ua-view-transition-fade-in,
                    -ua-mix-blend-mode-plus-lighter;
    animation-duration: inherit;
    animation-fill-mode: inherit;
}

/* クロスフェード */
@keyframes -ua-view-transition-fade-out {
    100% { opacity: 0; }
}
@keyframes -ua-view-transition-fade-in {
    0% { opacity: 0; }
}

/* クロスフェードで2つのキャプチャをブレンド */
@keyframes -ua-mix-blend-mode-plus-lighter {
    0% { mix-blend-mode: plus-lighter; }             ④
    100% { mix-blend-mode: plus-lighter; }
}
```
UAスタイルシート

■ アニメーションのカスタマイズ（再生時間）

遷移アニメーションは通常の要素と同じようにCSSでカスタマイズできます。

たとえば、クロスフェードなどの遷移アニメーションはデフォルトでは0.25秒で再生されます。これは、UAスタイルシートでグループ::view-transition-group(*)のanimation-durationが0.25sに指定され、子孫の遷移擬似要素にも継承されるためです。そのため、右のように指定するとすべての遷移アニメーションの再生時間をまとめて変更できます。

```
html::view-transition-group(*) {
    animation-duration: 5s;
}
```

遷移アニメーションの再生時間を5秒に変更

```
html::view-transition-group(*) {
    animation-duration: 0.25s;
}
html::view-transition-image-pair(*) {
    animation-duration: inherit;
}
html::view-transition-old(*) {
    animation-duration: inherit;
}
html::view-transition-new(*) {
    animation-duration: inherit;
}
```
UAスタイルシート

■ 古い状態と新しい状態でキャプチャの縦横比が異なる場合

ここまでに見てきた例では、古い状態と新しい状態のキャプチャの縦横比が同じでした。縦横比が異なる場合、UA スタイルシートの設定のままでは遷移が不自然になるケースがあります。

たとえば、一覧と詳細の画像 <img> を異なる縦横比にすると、古い状態と新しい状態のキャプチャも異なる縦横比になります。この場合、グループ ::view-transition-group(photo01) が構成するボックスは縦横比を変えながら大きさが滑らかに変化します。
しかし、古い状態と新しい状態のキャプチャは高さが auto に設定されているため、遷移の際に縦横比が変化しません。グループが構成するボックスからオーバーフローした形で遷移します。その結果、高さの異なるキャプチャが合成され、滑らかな遷移に見えなくなります。

キャプチャの高さを揃えて滑らかに遷移させるためには、次ページのように ::view-transition-image-old() と ::view-transition-image-new() の高さを 100% に指定します。これで、グループが構成するボックスの高さに揃います。
そのうえで、object-fit: cover と overflow: clip を適用し、横幅と高さに合わせてキャプチャを切り抜くことで、滑らかな遷移に見えるようになります。

```
img[src$="photo01.jpg"] {
   view-transition-name: photo01;
}

html::view-transition-old(photo01),
html::view-transition-new(photo01) {
   height: 100%;
   object-fit: cover;
   overflow: clip;
}

html::view-transition-old(*),
html::view-transition-new(*) {
   inline-size: 100%;
   block-size: auto;
}
```
UAスタイルシート

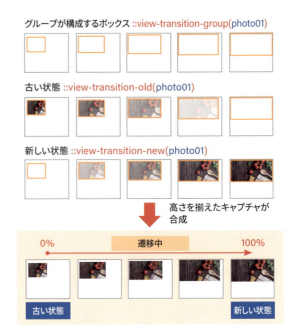

■ すべての画像に遷移名を指定した場合とグループの重なり順

遷移名ごとのグループ ::view-transition-group() は、遷移名をつけた要素の重なり順が下のもの（DOMでの出現順が早いものやz-indexが小さいもの）から順に遷移擬似要素ツリーに追加されます。各グループは兄弟要素となるため、遷移中はツリーでの出現順が早いものほど重なり順が下になります。

たとえば、一覧と詳細で対になるすべての画像に遷移名を指定すると、右のようにグループが追加されます（遷移名は重複しないようにつける必要があります）。

この状態で1つ目のグループ（photo01）の画像をクリックすると、遷移中に他の画像より下になることがわかります。

遷移中の画像を上にするためには、その画像のグループ ::view-transition-group() に z-index を適用して重なり順をコントロールするか、P.465のようにクリックしたときにだけ遷移名を指定します。

```
img[src$="photo01.jpg"] {view-transition-name: photo01;}
img[src$="photo02.jpg"] {view-transition-name: photo02;}
img[src$="photo03.jpg"] {view-transition-name: photo03;}
img[src$="photo04.jpg"] {view-transition-name: photo04;}
```

すべての画像に遷移名を指定

```
::view-transition
 ├─ ::view-transition-group(root)
 ├─ ::view-transition-group(photo01)
 ├─ ::view-transition-group(photo02)
 ├─ ::view-transition-group(photo03)
 └─ ::view-transition-group(photo04)
```

遷移名ごとに追加される遷移擬似要素のグループ

1つ目のグループの画像は他の画像の下になります

CSS

遷移名の自動指定

一覧と詳細の画像のように、対になるすべての要素に遷移名を指定するのは手間がかかります。それに加えて、前ページのように遷移名ごとに作成されるグループ ::view-transition-group() の重なり順も考えなければなりません。

こうした問題を回避するためには、遷移を開始するときに必要な要素だけに自動的に遷移名を指定し、遷移が終了したら削除するように設定します。

たとえば、一覧と詳細の対になる画像に対し、遷移を開始するときに「photo」という遷移名を指定すると次のようになります。遷移中は「root」と「photo」の2つのグループだけが作成されるため、他の画像との重なり順を気にする必要がなくなります。

カードと詳細を増やした場合も、遷移名の指定を追加する必要はありません。

… 3つ目以降の
カードも同様

Ⓐ 同一ドキュメント内のビュー遷移で設定する場合

同一ドキュメント内のビュー遷移では ViewTransition オブジェクトに用意されたプロミス（P.455）を使って遷移名の指定と削除を行います。ここでは P.451 のコードに次のように設定を追加していきます。

① 詳細 <article> の画像は複数同時に表示されることがないため、遷移名を「photo」と指定しておきます。
　一方、一覧のカード <button class="card"> の画像は複数同時に表示されるため、次ページの②〜⑦の処理で必要なときにだけ遷移名を「photo」と指定します。

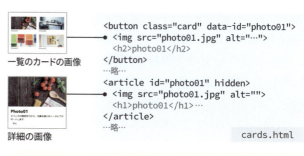

一覧のカードをクリックして詳細を開くときの処理

② プロミスによる非同期処理を行うため、カードをクリックしたときに実行する関数にasyncを追加し、非同期関数にします。

③ ビュー遷移を実行する前に、クリックしたカードの画像に遷移名を「photo」と指定します。

④ finishedプロミスを使用し、ビュー遷移が完了したらカードの画像から遷移名を削除します。

詳細の戻るボタンをクリックして一覧に戻るときの処理

⑤ プロミスによる非同期処理を行うため、詳細の戻るボタンをクリックしたときに実行する関数にasyncを追加し、非同期関数にします。

⑥ ビュー遷移を実行する前に、詳細と対になるカードの画像に遷移名を「photo」と指定します。ここでは詳細と同じIDのdata-id属性を持つカードの画像に指定しています。

⑦ finishedプロミスを使用し、ビュー遷移が完了したらカードの画像から遷移名を削除します。

```javascript
…略…
// 一覧のカード（.cardボタン）をクリックして詳細を開く
cards.addEventListener("click", async (e) => { ……② 
  …略…
  // クリックしたカードの画像に遷移名を指定 ……③
  const cardImage = card.querySelector("img")
  cardImage.style.viewTransitionName = "photo"

  // ビュー遷移を実行 ……④
  const transition = document.startViewTransition(() => {
    updateTheDOM(article)
  })

  // 遷移が完了したらカードの画像から遷移名を削除
  await transition.finished
  cardImage.style.viewTransitionName = ""
})

// 詳細の戻る（.backボタン）をクリックして一覧に戻る
articles.addEventListener("click", async (e) => { ……⑤
  …略…
  // 詳細と対になるカードの画像に遷移名を指定 ……⑥
  const photoId = article.getAttribute("id")
  const cardImage = document.querySelector(
    `[data-id="${photoId}"] img`
  )
  cardImage.style.viewTransitionName = "photo"

  // ビュー遷移を実行 ……⑦
  const transition = document.startViewTransition(() => {
    updateTheDOM(article)
  })

  // 遷移が完了したらカードの画像から遷移名を削除
  await transition.finished
  cardImage.style.viewTransitionName = ""
})
```
script.js

Ⓑ ドキュメント間でのビュー遷移で実現する場合

ドキュメント間のビュー遷移ではP.455のpageswapとpagerevealイベントを使用して遷移名の指定と削除を行います。遷移元（古いドキュメント）と遷移先（新しいドキュメント）の情報を取得するため、Navigation APIの使用も求められますが、ここではNavigation APIに未対応なブラウザにも対応する形で設定します。そのため、P.453のコードに次のように設定を追加していきます。

※Safariはドキュメント間でのビュー遷移に対応していますが、Navigation APIには未対応です

① スクリプト（ここではscript.js）を用意し、各ページに読み込みます。defer属性により、HTMLの解析とDOMの構築が終わったあとに実行します。
blocking="render"ではスクリプトの取得が完了するまでレンダリングをブロックします。ページ遷移時に遷移元・遷移先の両方のページに対して処理を行うため、レンダリングが先行するとビュー遷移がきちんと実行されない場合があります。

② 詳細ページ（photo01.html～photo04.html）の画像は複数同時に表示されることがないため、遷移名を「photo」と指定しておきます。一覧ページ（cards.html）のカードの画像は複数同時に表示されるため、③～⑦の処理で必要なときにだけ遷移名を「photo」と指定します。

遷移元（古いドキュメント）での処理

③ pageswap イベントを使用して、遷移元（古いドキュメント）で行う処理を指定します。
  - 古い状態のキャプチャ前に実行されるため、遷移元が一覧ページの場合はここで遷移名を指定します。
  - プロミスによる非同期処理を行うため、async をつけて非同期関数にしています。
  - pageswap イベントが viewTransition オブジェクトを持たない場合（ビュー遷移が明示的に許可されていない場合など）は処理を終了します。

④ pageswap イベントの activation オブジェクトから遷移元・遷移先の情報を取得します。ここではそれぞれのURL からファイル名を取り出して oldPage と newPage にセット。一覧ページなら「cards」、詳細ページなら「photo01」～「photo04」という値がセットされます。

⑤ 遷移元が一覧ページ（cards.html）の場合、遷移先の詳細ページと対になる画像に遷移名「photo」を指定します。ここでは遷移先の詳細ページのファイル名と同じ ID を持つカードの画像に指定しています。

⑥ finished プロミスを使用し、古いページのビュー遷移が完了したらカードの画像から遷移名を削除します。
ただし、遷移が完了した時点で古いページは表示されていませんので、BFCache（Back Forward Cache）からの削除になります（BFCache はブラウザの戻る / 進むボタンによる遷移で使用されるキャッシュです）。

```javascript
// 遷移元（古いドキュメント）での処理
window.addEventListener("pageswap", async (e) => { //…③
  if (!e.viewTransition) return

  // 遷移元・遷移先のファイル名を取得
  const oldPage = e.activation.from.url                    //④
    .replace(".html", "").split("/").pop()
  const newPage = e.activation.entry.url
    .replace(".html", "").split("/").pop()

  // Navigation API に未対応なブラウザ用の設定
  if (!window.navigation) {                                //⑨
    sessionStorage.setItem("oldPage", oldPage)
    sessionStorage.setItem("newPage", newPage)
  }

  // 遷移元が一覧ページの場合
  if (oldPage === "cards") {                               //⑤
    // 遷移先の詳細と対になるカードの画像に遷移名を指定
    const cardImage = document.querySelector(
              `#${newPage} img`
            )
    cardImage.style.viewTransitionName = "photo"

    // 遷移後に BFCache のカードの画像から遷移名を削除    //⑥
    await e.viewTransition.finished
    cardImage.style.viewTransitionName = ""
  }
})
```

遷移先（新しいドキュメント）での処理

⑦ pagereveal イベントを使用して、遷移先（新しいドキュメント）で行う処理を指定します。
- 新しい状態のキャプチャ前に実行されるため、遷移先が一覧ページの場合はここで遷移名を指定します。
- プロミスによる非同期処理を行うため、async をつけて非同期関数にしています。
- pagereveal イベントが viewTransition オブジェクトを持たない場合（ビュー遷移が明示的に許可されていない場合など）は処理を終了します。

⑧ 遷移元・遷移先の情報を取得します。ただし、pageswap イベントと異なり、pagereveal イベントは activation オブジェクトを持ちません。
そのため、Navigation API に対応している場合は navigation.activation オブジェクトから取得し、ファイル名を取り出して oldPage と newPage にセットします。

⑨ Navigation API に未対応なブラウザでは④で取得した遷移元・遷移先のファイル名を使用します。遷移元から遷移先へはセッションストレージやローカルストレージを使用してデータを渡すことができます。
そのため、ここでは遷移元の処理でセッションストレージに保存し、遷移先へファイル名を渡しています。

⑩ セッションストレージに保存した遷移元・遷移先のファイル名を取り出し、oldPage と newPage にセットします。

⑪ 遷移先が一覧ページ（cards.html）の場合、遷移元の詳細ページと対になる画像に遷移名「photo」を指定します。ここでは遷移元の詳細ページのファイル名と同じ ID を持つカードの画像に指定しています。

⑫ ready プロミスを使用し、遷移の準備ができた段階（新しい状態がキャプチャされ、遷移擬似要素が作成されたあと）で遷移名を削除します。ドキュメント間でのビュー遷移では finished よりも早い段階で削除し、次のナビゲーション（ページ遷移）に影響を与えないようにします。

```js
// 遷移先（新しいドキュメント）での処理
window.addEventListener("pagereveal", async (e) => { ──⑦
  if (!e.viewTransition) return

  // 遷移元・遷移先のファイル名を取得
  let oldPage, newPage                              ──⑧
  if (window.navigation) {
    // Navigation API に対応したブラウザの場合
    oldPage = navigation.activation.from.url
          .replace(".html", "").split("/").pop()
    newPage = navigation.activation.entry.url
          .replace(".html", "").split("/").pop()
  } else {                                          ──⑩
    // Navigation API に未対応なブラウザの場合
    oldPage = sessionStorage.getItem("oldPage")
    newPage = sessionStorage.getItem("newPage")
  }

  // 遷移先が一覧ページの場合
  if (newPage === "cards") {                        ──⑪
    // 遷移元の詳細と対になるカードの画像に遷移名を指定
    const cardImage = document.querySelector(
                    `#${oldPage} img`
                )
    cardImage.style.viewTransitionName = "photo"

    // 遷移の準備ができたらカードの画像から遷移名を削除 ──⑫
    await e.viewTransition.ready
    cardImage.style.viewTransitionName = ""
  }
})
```

script.js

遷移タイプとアクティブビュー遷移擬似クラス

`:active-view-transition`
`:active-view-transition-type(遷移タイプ)`

| 遷移タイプ | カスタム識別子 |

※…Safari Tech Previewが対応

遷移タイプはビュー遷移を区別するためのものです。アクティブビュー遷移擬似クラスと合わせて使うことで、指定した遷移タイプのビュー遷移が実行されたときにだけCSSを適用できるようになります。そのため、ビュー遷移ごとの設定が相互に影響するのを防ぎ、より複雑な遷移アニメーションを実現できます。

■ 遷移タイプの指定

遷移タイプは次のような形で指定します。ここでは詳細を開くときのビュー遷移に「forwards」および「slide」という遷移タイプを指定しています。

まず、同一ドキュメント内のビュー遷移ではstartViewTransitionメソッドの引数で指定します。複数の遷移タイプはカンマ区切りで指定します。指定した遷移タイプは古い状態・新しい状態の両方の処理で使用されます。

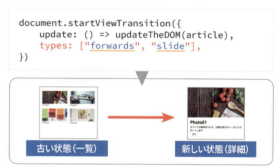

遷移タイプ
forwards および slide

ドキュメント間でのビュー遷移では、@view-transitionのtypes記述子で指定します。複数の遷移タイプはスペース区切りで指定します。
ただし、遷移タイプの指定は遷移元（古いドキュメント）と遷移先（新しいドキュメント）の間で共有されません。そのため、両方のドキュメントで遷移タイプを指定することが求められます。

※ ChromeとEdgeではtypes記述子で指定した遷移タイプが古いドキュメントでの処理に使用されません。古いドキュメントの処理で遷移タイプが必要な場合、pageswapイベントで指定します

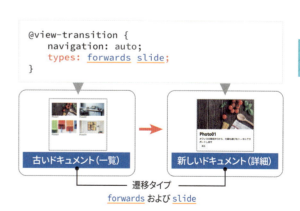

遷移タイプ
forwards および slide

さらに、@view-transition での指定では、実行するビュー遷移に応じて遷移タイプを変更するのが困難です（遷移元や遷移先によって遷移タイプを変えたい場合など）。そのようなケースでは、pageswap と pagereveal イベントの viewTransition.types を使用して遷移タイプを指定します。

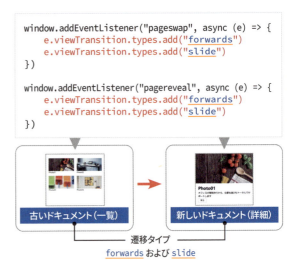

遷移タイプに応じたCSSの適用

遷移タイプに応じて CSS を適用するためには、アクティブビュー遷移擬似クラスの :active-view-transition-type() を使用します。
指定した遷移タイプのビュー遷移が実行されるときに CSS が適用されます。ルート要素のセレクタ（html や :root）に付加して使用します（省略も可能です）。
:active-view-transition と :active-view-transition-type() の詳細度はいずれも擬似クラスセレクタ（P.152）1つ分です。

CSS の適用対象は、キャプチャ前の要素と、遷移アニメーションを実行するときの遷移擬似要素です。そのため、遷移名の指定も遷移タイプに応じて適用できます。

アクティブビュー遷移擬似クラス	使用例（遷移タイプを「forwards」および「slide」と指定したビュー遷移は以下のセレクタと一致）
:active-view-transition	/* 何らかのビュー遷移が実行されるときに適用 */ html:active-view-transition {…}
:active-view-transition-type()	/* 遷移タイプが「slide」のビュー遷移が実行されるときに適用 */ html:active-view-transition-type(slide) {…} /* 遷移タイプが「forwards」または「slide」のビュー遷移が実行されるときに適用 */ html:active-view-transition-type(forwards, slide)

ビュー遷移の処理	アクティブビュー遷移擬似クラスの処理		使用例
	CSSが適用されるタイミング	適用されるCSSの種類	

古い状態（ドキュメント）での処理	古い状態のキャプチャ前	要素に適用したCSS	/* 実行中のビュー遷移の遷移タイプがforwardsの場合、遷移名をphotoにするCSSが古い状態（ドキュメント）の<article>内の<img>に適用されます */
			html:active-view-transition-type(forwards) {
			  article img {view-transition-name: photo;}
			}

7-5 ビュー遷移（View Transition）

ビュー遷移の処理	アクティブビュー遷移擬似クラスの処理		使用例
	CSSが適用されるタイミング	適用されるCSSの種類	

新しい状態（ドキュメント）での処理	新しい状態のキャプチャ前	要素に適用したCSS	`/* 実行中のビュー遷移の遷移タイプがforwardsの場合、遷移名をphotoにするCSSが新しい状態（ドキュメント）の<article>内の<img>に適用されます */`
			`html:active-view-transition-type(forwards) {`
			`  article img {view-transition-name: photo;}`
			`}`

	遷移アニメーションの実行時	遷移擬似要素に適用したCSS	`/* 実行中のビュー遷移の遷移タイプがforwardsの場合、アニメーションの再生時間を0.5秒にするCSSがすべての遷移名のグループ（::view-transition-group遷移擬似要素）に適用されます */`
			`html:active-view-transition-type(forwards) {`
			`  &::view-transition-group(*) {`
			`    animation-duration: 0.5s;`
			`  }`
			`}`

以上の機能を使用し、詳細を開く場合は右からのスライドイン、閉じる場合は右へのスライドアウトで遷移するように指定すると以下のようになります。一覧は固定して動かさず、明るさを変化させています。

遷移名は、開く遷移に「forwards」、閉じる遷移に「backwards」と指定して処理しています。

Ⓐ 同一ドキュメント内のビュー遷移で設定する場合

P.465 のコードに設定を追加します。

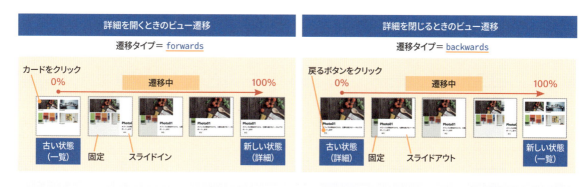

```
…
// 一覧のカード（.cardボタン）をクリックして詳細を開く
cards.addEventListener("click", async (e) => {
  …略…
  // ビュー遷移を実行
  const transition = document.startViewTransition({ ← ①
    update: () => updateTheDOM(article),
    types: ["forwards"],
  })
  …略…
})
```

```
// 詳細の戻る（.backボタン）をクリックして一覧に戻る
articles.addEventListener("click", async (e) => {
  …略…
  // ビュー遷移を実行
  const transition = document.startViewTransition({ ← ②
    update: () => updateTheDOM(article),
    types: ["backwards"],
  })
  …略…
})
```

script.js

```
html:active-view-transition-type(forwards, backwards) {   ③
    /* 詳細の画像に遷移名を指定 */
    article img {
        view-transition-name: photo;
    }

    /* 遷移アニメーションの再生時間 */
    &::view-transition-group(*) {
        animation-duration: 0.5s;
    }
}

html:active-view-transition-type(forwards) {   ④
    /* 遷移タイプが forwards のときに適用するアニメーション */
    &::view-transition-old(root) {
        animation-name: fade-to-black;
    }
    &::view-transition-new(root) {
        animation-name: slide-in-from-right;
    }
}

html:active-view-transition-type(backwards) {   ⑤
    /* 遷移タイプが backwards のときに適用するアニメーション */
    &::view-transition-old(root) {
        animation-name: slide-out-to-right;
        z-index: 1;
    }
    &::view-transition-new(root) {
        animation-name: fade-from-black;
    }
}

@keyframes slide-in-from-right {   ⑥
    0% {translate: 100% 0;}
}
@keyframes slide-out-to-right {
    100% {translate: 100% 0;}
}
@keyframes fade-to-black {
    100% {filter: brightness(0.8);}
}
@keyframes fade-from-black {
    0% {filter: brightness(0.8);}
}
```

※ 遷移擬似要素の行頭の「&」はネスト記法の&セレクタ(P.155)です。たとえば、③の「&::view-transition-group(*)」セレクタは、「html:active-view-transition-type(forwards, backwards)::view-transition-group(*)」セレクタとして処理されます。

① 詳細を開くときに実行するビュー遷移の遷移タイプを「forwards」と指定。

② 詳細を閉じるとき（一覧に戻るとき）に実行するビュー遷移の遷移タイプを「backwards」と指定。

③ 実行する遷移タイプが forwards または backwards なときに適用する CSS を指定。ここでは、詳細の画像の遷移名を「photo」に、遷移アニメーションの再生時間を 0.5 秒に指定しています。

④ 実行する遷移タイプが forwards なときに適用する CSS を指定。詳細 ::view-transition-new(root) には右からスライドインするアニメーション（slide-in-from-right）、一覧 ::view-transition-old(root) には暗くするアニメーション（fade-to-black）を適用しています。

⑤ 実行する遷移タイプが backwards なときに適用する CSS を指定。詳細 ::view-transition-old(root) には右へスライドアウトするアニメーション（slide-out-to-right）、一覧 ::view-transition-new(root) には明るくするアニメーション（fade-from-black）を適用しています。

⑥ キーフレームの設定です。

Ⓑ ドキュメント間でのビュー遷移で設定する場合

P.467のコードに設定を追加します。ここではpageswap・pagereveal イベントの viewTransition.types を使って、遷移元（古いドキュメント）と遷移先（新しいドキュメント）の両方に遷移タイプを指定しています。

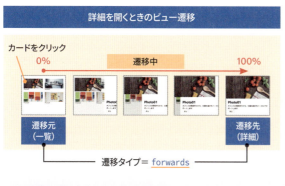

```
// 遷移元（古いドキュメント）での処理
window.addEventListener("pageswap", async (e) => {   ①
  …
  // 遷移元が一覧ページの場合
  if (oldPage === "cards") {
    // 遷移タイプを forwards に指定
    e.viewTransition.types.add("forwards")
    …略…
  } else {
    // 遷移タイプを backwards に指定
    e.viewTransition.types.add("backwards")
  }
})
```

```
// 遷移先（新しいドキュメント）での処理
window.addEventListener("pagereveal", async (e) => {   ②
  …
  // 遷移先が一覧ページの場合
  if (newPage === "cards") {
    // 遷移タイプを backwards に指定
    e.viewTransition.types.add("backwards")
    …略…
  } else {
    // 遷移タイプを forwards に指定
    e.viewTransition.types.add("forwards")
  }
})
```
script.js

```
@view-transition {navigation: auto;}   ⑦

html:active-view-transition-type(forwards, backwards) {…}   ③
html:active-view-transition-type(forwards) {…}   ④
html:active-view-transition-type(backwards) {…}   ⑤
```

```
@keyframes slide-in-from-right {…}   ⑥
@keyframes slide-out-to-right {…}
@keyframes fade-to-black {…}
@keyframes fade-from-black {…}
```

① pageswap イベントでの処理で遷移タイプを指定。遷移元が一覧ページの場合は forwards に、それ以外（遷移元が詳細ページ）の場合は backwards に指定。

② pagereveal イベントでの処理で遷移タイプを指定。遷移先が一覧ページの場合は backwards に、それ以外（遷移先が詳細ページ）の場合は forwards に指定。

③〜⑥ 同一ドキュメント内のビュー遷移で適用した CSS と同じです。遷移タイプに応じて、遷移名とアニメーションの指定を適用しています。

⑦ @view-transition ではビュー遷移を明示的に許可します。

遷移クラス
`view-transition-class: 遷移クラス`

初期値	none
適用対象	全要素
継承	なし

| 遷移クラス | none / カスタム識別子 |

複数の要素でCSSの設定を共有する場合、通常はclass属性を使用します。しかし、遷移擬似要素はview-transition-nameで遷移名を指定した要素を元に生成されるため、class属性を使用できません。そのため、遷移クラスを使用します。

遷移クラスは遷移名を持つ要素にview-transition-classプロパティで指定します。class属性で指定するクラスと同じように、スペース区切りで複数の遷移クラスを指定することも可能です。

遷移擬似要素のセレクタでは「遷移名.遷移クラス」の形で適用先を指定し、特定の遷移クラスを持つ遷移擬似要素にCSSを適用できるようになります。

```
〜 { view-transition-name: card01;
    view-transition-class: card;}
〜 { view-transition-name: card02;
    view-transition-class: card special;}
```

遷移名と遷移クラスを指定

↓

```
::view-transition
  ├─::view-transition-group(card01)
  └─::view-transition-group(card02)
```

生成される遷移擬似要素

遷移クラスを使ったセレクタの記述例	記述例のセレクタが一致する遷移擬似要素
`::view-transition-group(*.card)` または `::view-transition-group(.card)`	遷移クラス「card」を持つすべての::view-transition-group()要素。ここでは::view-transition-group(card01)と::view-transition-group(card02)が一致
`::view-transition-group(*.card.special)`	遷移クラス「card」と「special」を持つすべての::view-transition-group()要素。ここでは::view-transition-group(card02)が一致。
`::view-transition-group(card02.card)`	遷移クラス「card」を持つ遷移名「card02」の::view-transition-group()要素。ここでは::view-transition-group(card02)が一致。

※遷移名や遷移クラスの間にスペースを入れた記述はできません
※::view-transition-group()内に生成される遷移擬似要素(::view-transition-new()など)でも同じように記述できます
※遷移擬似要素の詳細度は「*」のみを指定したときに0になることを除き、タイプセレクタ(P.152)と同じです。

たとえば、一覧のすべてのカードに同じアニメーションを適用したい場合、遷移クラスを使用します。すべてのカードに「card」という遷移クラスを指定し、遷移の際にグレーにして大きさを変えるアニメーションを適用すると次のようになります。

ここではP.465の同一ドキュメント内のビュー遷移のコードにCSSを追加しています。P.467のドキュメント間でのビュー遷移のコードに追加しても同じように機能します。

7-5 ビュー遷移（View Transition）

```css
/* 詳細の画像に遷移名を指定 */
article img {view-transition-name: photo;}

/* 一覧のカードに遷移名を指定 */                              ①
.card:nth-child(1) {view-transition-name: card01;}
.card:nth-child(2) {view-transition-name: card02;}
.card:nth-child(3) {view-transition-name: card03;}
.card:nth-child(4) {view-transition-name: card04;}

/* 一覧のカードに遷移クラスを指定 */
.card {view-transition-class: card;}                          ②

/* 遷移クラス「card」を持つ古い状態の遷移擬似要素に CSS を適用 */
html::view-transition-old(*.card) {                           ③
  filter: grayscale(1);
  animation-name: scale-down;
}
```

```css
/* 遷移クラス「card」を持つ新しい状態の遷移擬似要素に CSS を適用 */
html::view-transition-new(*.card) {                           ④
  filter: grayscale(1);
  animation-name: scale-up;
}

@keyframes scale-down {100% {scale: 0;}}
@keyframes scale-up {0% {scale: 0;}}

/* 遷移する画像は手前に表示 */
html::view-transition-group(photo) {z-index: 1;}              ⑤
```

```html
<div id="cards">
  <button class="card" data-id="photo01">…</button>
  <button class="card" data-id="photo02">…</button>
  <button class="card" data-id="photo03">…</button>
  <button class="card" data-id="photo04">…</button>
</div>
```

① 一覧の4つのカードに遷移名を指定。遷移名は重複しないように指定します。

② すべてのカードに遷移クラスを「card」と指定。

③ 遷移クラス「card」を持つ古い状態の遷移擬似要素にアニメーションを適用。
一覧から詳細を開く場合、4つのカードは古い状態の遷移擬似要素 ::view-transition-old(card01) 〜 ::view-transition-old(card04) として生成されます。そのため、::view-transition-old(*.card) セレクタを使用し、これらにまとめてスケールダウンのアニメーションを適用しています。

④ 遷移クラス「card」を持つ新しい状態の遷移擬似要素にアニメーションを適用。
詳細から一覧に戻る場合、4つのカードは新しい状態の遷移擬似要素 ::view-transition-new(card01) 〜 ::view-transition-new(card04) として生成されます。そのため、::view-transition-new(*.card) セレクタを使用し、これらにまとめてスケールアップのアニメーションを適用しています。

⑤ クリックしたカード内の画像には遷移名「photo」で別の遷移が適用されます。ただし、4つのカードに遷移名を指定するとP.464のように重なり順の問題が生じます。画像はカードよりも上に表示するため、::view-transition-group(photo) に対して z-index を適用しています。

> 遷移クラスを使用しなかった場合、③や④のセレクタではカードの遷移擬似要素をすべて記述することが必要になります。
>
> ```css
> html::view-transition-new(card01),
> html::view-transition-new(card02),
> html::view-transition-new(card03),
> html::view-transition-new(card04) {
>   filter: grayscale(1);
>   animation-name: scale-down;
> }
> ```

7-6 トランスフォーム

Chapter 7　インタラクションとアニメーション

トランスフォーム
transform: 変形処理

		初期値	none
		適用対象	トランスフォーム可能な要素 ※
		継承	なし
変形処理	none ／ トランスフォーム関数（下記の表を参照）		

※すべての要素（非置換のインラインボックス、表の列と列グループのボックスを除く）

transformプロパティは、移動、拡大縮小（スケール）、回転、スキュー（シアー）の処理を適用します。x・y軸の2次元の処理（2Dトランスフォーム）と、それにz軸を加えた3次元の処理（3Dトランスフォーム）ができます。

各処理は以下のトランスフォーム関数で指定します。スキュー以外は個別のプロパティ（translate、scale、rotate）で指定することも可能です。複数の処理を適用する場合、トランスフォーム関数をスペース区切りで指定します（処理はP.478のように指定した順に適用されます）。

また、matrix()およびmatrix3d()関数を使うことで、複数の処理を合成して指定することもできます。

変形処理	トランスフォーム関数	個別のプロパティ	値
移動	translate(Tx, Ty)	translate: Tx Ty	Tx ／ Ty ／ Tz ＝ x軸 ／ y軸 ／ z軸方向の移動距離
	translate3d(Tx,Ty,Tz)	translate: Tx Ty Tz	※移動距離は 長さ ／ ％ （Tzは長さのみ）
	translateX(Tx)	translate: Tx	※％は参照ボックス（P.482）の横幅・高さに対する割合
	translateY(Ty)	translate: 0 Ty	※translateプロパティでTyおよびTzを省略した場合は0で処理
	translateZ(Tz)	translate: 0 0 Tz	
スケール	scale(Sx, Sy)	scale: Sx Sy	Sx ／ Sy ／ Sz ＝ x軸 ／ y軸 ／ z軸方向の拡大縮小の倍率
	scale3d(Sx,Sy,Sz)	scale: Sx Sy Sz	※倍率は 数値 ／ ％
	scaleX(Sx)	scale: Sx 1	※％は数値にシリアライズされます（例: 50% → 0.5）
	scaleY(Sy)	scale: 1 Sy	※scaleプロパティでSxのみを指定した場合、
	scaleZ(Sz)	scale: 1 1 Sz	SyはSxと同じ値で、Szは1で処理されます
回転	rotate(A)	rotate: A または rotate: z Az または rotate: 0 0 1 A	A ＝ 回転角度 Ax ／ Ay ／ Az ＝ x軸 ／ y軸 ／ z軸まわりの回転角度
	rotate3d(Vx, Vy, Vz, A)	rotate: Vx Vy Vz A	Vx ／ Vy ／ Vz ＝ 原点を通るベクトル（回転軸）のx、y、z座標
	rotateX(Ax)	rotate: x Ax	※回転角度は 角度 、ベクトルの座標は 数値
	rotateY(Ay)	rotate: y Ay	※rotate(A)は2次元での回転（z軸まわりの回転）を指定します
	rotateZ(Az)	rotate: z Az	
スキュー	skew(Ax, Ay)	-	Ax ／ Ay ＝ x軸 ／ y軸方向のスキューの角度
	skewX(Ax)	-	※角度は 角度
	skewY(Ay)	-	

変換マトリックスを指定できるトランスフォーム関数		例	
$\begin{bmatrix} a & c & e \\ b & d & f \\ 0 & 0 & 1 \end{bmatrix}$	2Dの変換マトリックス matrix(a, b, c, d, e, f) ※a〜f…変換マトリックスの値	移動	matrix(1, 0, 0, 1, Tx, Ty)
		拡大縮小	matrix(Sx, 0, 0, Sy, 0, 0)
		回転	matrix(cos(A), sin(A), -sin(A), cos(A), 0, 0)
		スキュー	matrix(1, tan(Ay), tan(Ax), 1, 0, 0)
$\begin{bmatrix} a & e & i & m \\ b & f & j & n \\ c & g & k & o \\ d & h & l & p \end{bmatrix}$	3Dの変換マトリックス matrix3d(a, b, c, d, e, f, g, h, i, j, k, l, m, n, o, p) ※a〜p…変換マトリックスの値	移動	matrix3d(1,0,0,0,0,1,0,0,0,0,1,0,Tx,Ty,Tz,1)
		拡大縮小	matrix3d(Sx,0,0,0,0,Sy,0,0,0,0,Sz,0,0,0,0,1)
		回転	matrix3d(cos(Az),sin(Az),0,0,-sin(Az),cos(Az), 0,0,0,0,1,0,0,0,0,1) ※z軸まわりの回転
		透視投影	matrix3d(1,0,0,0,0,1,0,0,0,0,1,-1/D,0,0,0,1) ※D=xy平面から投影中心までの距離（P.480のperspective()の処理）

■ 2Dトランスフォーム

2Dトランスフォームは、x軸とy軸が構成するxy平面で2次元の処理を行います。処理のポイントとなるのが座標系です。Webページはブラウザ画面の左上を原点とした座標系を構成し、この中にボックスを配置する仕組みになっています。この座標系では、x軸は右方向に、y軸は下方向に行くほど値が大きくなります。

これに対し、各ボックスはローカル座標系を構成します。原点の位置はデフォルトではボックスの中央となります（P.480のtransform-originプロパティによって決まります）。

<u>transformプロパティはこのローカル座標系を移動、拡大縮小、回転、スキューします。</u>

たとえば、400×50pxの大きさにした<div>にtransformを適用すると、次のようになります。noneと指定した場合、処理は行われません。

```
div { width: 400px;
      height: 50px;
      transform: none;}
```

```
<div>
  HOME OFFICE
</div>
```

```
div {transform: translate(100px, 75px);} または
div {translate: 100px 75px;}
```
x軸方向に100px、y軸方向に75px移動

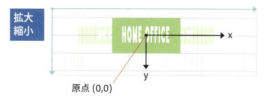

```
div {transform: scale(0.5, 2);} または
div {scale: 0.5 2;}
```
x軸方向を0.5倍、y軸方向を2倍に拡大

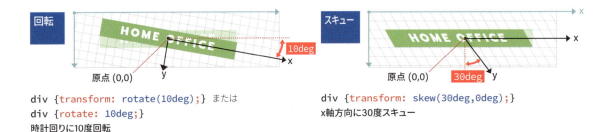

```
div {transform: rotate(10deg);} または
div {rotate: 10deg;}
```
時計回りに10度回転

```
div {transform: skew(30deg,0deg);}
```
x軸方向に30度スキュー

■ トランスフォームの適用順と処理結果への影響

トランスフォームを適用するとローカル座標系が変化します。複数の処理を適用した場合、適用順によって処理結果が変わりますので注意が必要です。

たとえば、移動してから拡大縮小するのと、拡大縮小してから移動するのとでは次のように違いが出ます。

後者は拡大縮小の処理により、移動時に使用されるローカル座標系のマスが縦長になっていることがわかります（ここでは 1:4）。

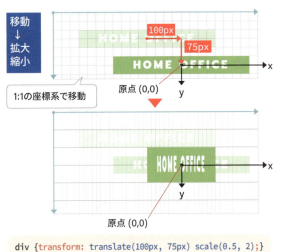

```
div {transform: translate(100px, 75px) scale(0.5, 2);}
```

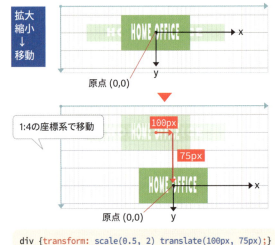

```
div {transform: scale(0.5, 2) translate(100px, 75px);}
```

■ 3Dトランスフォーム

3Dトランスフォームでは、2次元の処理に加えて3次元の移動、拡大縮小、回転の処理を適用できます。ただし、3Dスキューに関する関数やプロパティは用意されていません。必要な場合はmatrix3d()を使うことになります。

ブラウザ画面は左上を原点としてz軸が手前に伸びる座標空間を構成します。このとき、z=0のxy平面がブラウザ画面となります。

ページに配置したボックスは2次元のときの座標系にz軸を加えたローカル座標系を構成します。デフォルトの原点の位置は2次元のときと同じボックスの中央です（P.480のtransform-originプロパティによって決まります）。

3次元の処理もこのローカル座標系に対する操作となります。処理結果はブラウザ画面（z=0のxy平面）へ投影して表示します。このとき、「平行投影」または「透視投影」を選択できます。

たとえば、<div>のローカル座標系をz軸方向へ100px移動させ、x軸まわりに45度回転して表示を確認してみます。

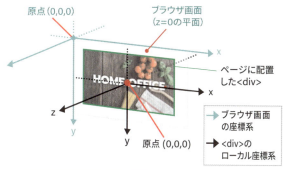

```
div { width: 300px;
      height: 180px;
      background-image: url(home.jpg);}
```

`<div>HOME OFFICE</div>`

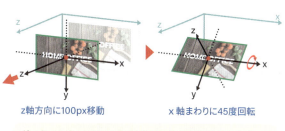

z軸方向に100px移動　　　x軸まわりに45度回転

`div {transform: translateZ(100px) rotateX(45deg);}`

■ 平行投影での表示

3次元の処理結果は標準では平行投影での表示となります。平行投影ではz軸に平行な直線によってブラウザ画面に投影され、次のような表示結果になります。

transform適用前

transform適用後

`div {transform: translateZ(100px) rotateX(45deg);}`

透視投影での表示

3次元の処理結果を透視投影で表示する場合、perspective()関数を追加し、投影中心の位置をブラウザ画面（z=0のxy平面）からの距離で指定します。距離が近いほど歪みが大きく遠近感を強調した表示となり、距離が遠いほど平行投影での表示に近づきます。

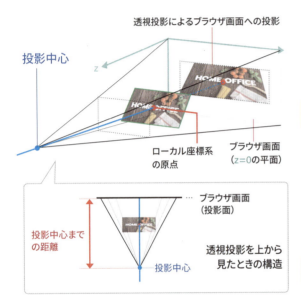

transform適用前

transform適用後。perspective(500px)での表示

```
div {transform: perspective(500px) translateZ(100px)
                rotateX(45deg);}
```

transform適用後。perspective(1000px)での表示

```
div {transform: perspective(1000px) translateZ(100px)
                rotateX(45deg);}
```

CSS

ローカル座標系の原点の位置

`transform-origin: x y z`

		初期値	50% 50%
		適用対象	トランスフォーム可能な要素（transformプロパティと同じ）
		継承	なし
x および y	left / right / center / top / bottom / 長さ / % ※	z	長さ のみ

※%は参照ボックスの横幅・高さに対する割合

transform-originプロパティはローカル座標の原点の位置を指定します。位置を指定する際には要素が構成する参照ボックス（デフォルトではtransform-boxで指定されたボーダーボックス）の左上を基準とします。

ローカル座標の原点の位置の初期値は50% 50%となっており、参照ボックスの中央が原点となります。

2次元の処理ではxとy（横方向と縦方向の位置）を指定します。たとえば、原点の位置を変えて回転すると次のようになります。

```
div {transform: rotate(10deg);
     transform-origin: 〜 ;}
```

`0% 0%` または `left top`　　`50% 50%` または `center center`　　`100% 100%` または `right bottom`　　`100px 50px`

※xまたはyのどちらかの位置のみを指定した場合、もう一方は50%で処理されます
※キーワードで指定する場合、xとyの値は順不同です

3次元の処理ではxとyに加えて、z（z軸方向の位置）を指定します。zは長さのみの指定となることに注意が必要です。

たとえば、原点の位置を変えて30度回転すると次のようになります。

```
div {transform: perspective(500px) rotateY(30deg);
     transform-origin: 〜;}
```

※xとyの値は省略できません
※zを省略した場合は0で処理されます

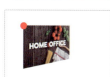 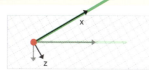

`0% 0% 0px` または `left top 0px`

`100% 100% 0px` または `right bottom 0px`

`50% 50% 0px` または `center center 0px`

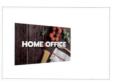 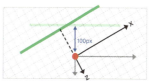

`50% 50% 100px` または `center center 100px`
（原点の位置をz軸方向に100pxの位置にセットし、回転します）

CSS			
トランスフォームの参照ボックス `transform-box: ボックス`		初期値	view-box
		適用対象	トランスフォーム可能な要素 （transformプロパティと同じ）
		継承	なし
ボックス	content-box / border-box / fill-box / stroke-box / view-box		

transform-box プロパティは、トランスフォーム関連のプロパティで利用する要素が構成する参照ボックスとして、何を使うかを選択できます。デフォルトでは要素のボーダーボックスが参照ボックスとなります（SVG要素の場合は SVG のビューポート）。

値	参照ボックスとして扱われるボックス
content-box	コンテンツボックス
border-box	ボーダーボックス
fill-box	SVGのオブジェクトバウンディングボックス。SVG以外の要素ではコンテンツボックス
stroke-box	SVGのストロークバウンディングボックス。SVG以外の要素ではボーダーボックス
view-box	直近のSVGのビューポート。SVG以外の要素ではボーダーボックス

たとえば、次の例は `<div>` の左側に大きくボーダーを入れて回転したものです。参照ボックスによってローカル座標の原点の位置が変わり、処理結果に違いが出ます。

border-box
ボーダーボックス

content-box
コンテンツボックス

```
div {border-left: solid 180px green;
    transform: rotate(16deg);
    transform-box: 〜;}
```

CSS			
裏面の表示 `backface-visibility: 表示`		初期値	visible
		適用対象	トランスフォーム可能な要素 （transformプロパティと同じ）
		継承	なし
表示	visible / hidden		

backface-visibility プロパティは、3次元の処理で要素の裏面の表示について指定します。visible で表示、hidden で非表示となります。

たとえば、Y 軸まわりに 180 度回転すると次のようになります。

  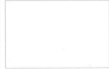
　　　　　　　　　visible　　　　hidden

```
div {transform: rotateY(180deg);
    backface-visibility: 〜;}
```

子要素の透視投影

`perspective:` 投影中心までの距離

初期値	none
適用対象	トランスフォーム可能な要素（transformプロパティと同じ）
継承	なし

投影中心までの距離	none / 長さ

perspective プロパティは、perspective() 関数と同じように投影中心までの距離を指定します。

ただし、perspective() 関数が要素に直接適用し、その要素自体に 3D 効果を与えるのに対し、perspective プロパティは親要素に適用し、その中身（子要素）に対して 3D 空間を作り出します。そのため、複数の子要素を同じ 3D 空間で扱いたいといった場合に使用します。

たとえば、次の例は子要素の `<div>` に transform を適用し、y 軸まわりに 45 度回転したものです。親要素の `<div class="container">` に perspective プロパティを適用し、投影中心までの距離を「500px」と指定すると、子要素 `<div>` が透視投影での表示になります。

```
.container      {perspective: 500px;}
.container div  {transform: rotateY(45deg);}
```

```html
<div class="container">
    <div>HOME OFFICE</div>
</div>
```

投影中心の位置

`perspective-origin:` x y

初期値	50% 50%
適用対象	トランスフォーム可能な要素（transformプロパティと同じ）
継承	なし

x および y	left / right / center / top / bottom / 長さ / % ※

※%は参照ボックスの横幅・高さに対する割合

投影中心に対しても参照ボックスが設定されています。そのため、perspective-origin プロパティではその参照ボックスの中での X と Y の位置を指定できます。

0% 0% または `left top` / 50% 50% または `center center` / 100% 100% または `right bottom`

```
.container      {perspective: 500px;
                 perspective-origin: ~ ;}
.container div  {transform: rotateY(45deg);}
```

※ xまたはyのどちらかの位置のみを指定した場合、もう一方は50%で処理されます
※ キーワードで指定する場合、xとyの値は順不同です

CSS		初期値	flat
トランスフォームによる子要素の扱い		適用対象	トランスフォーム可能な要素（transformプロパティと同じ）
`transform-style:` 扱い		継承	なし
扱い	flat / preserve-3d		

transform-style プロパティはトランスフォームによる子要素の扱いを指定します。flat では子要素のトランスフォームの処理結果を親要素に投影します。preserve-3d では子要素も 3D 空間内のオブジェクトとして扱われます。

たとえば、P.483 の例では子要素を y 軸まわりに 45 度回転しています。これに加え、親要素 <div class="container"> を x 軸まわりに 50 度回転した場合、表示は右のようになります。

flat
親要素に処理結果を投影

preserve-3d
オブジェクトとして扱う

```
.container {perspective: 500px;
            transform: perspective(500px)
                                 rotateX(50deg);
            perspective-style: ~ ;}
.container div  {transform: rotateY(45deg);}
```

Chapter 7 インタラクションとアニメーション

CSS 7-7 オフセットトランスフォーム（モーションパス）

オフセットトランスフォーム（モーションパス）は、transform プロパティによる直線的な座標を使った処理と異なり、パスに沿って要素を移動・回転させるトランスフォームの処理です。以下の offset-* プロパティでパスなどの指定を行います。

CSS

オフセットパス

`offset-path：` パス　参照ボックス

初期値	none
適用対象	全要素
継承	なし

パス	URL ※1 / ray() / 基本シェイプ P.395のinset() / rect() / xywh() / circle() / polygon() / ellipse() / path() / shape()
参照ボックス（親の包含ボックス）※2	border-box / padding-box / content-box

※1…SVGのシェイプ要素（circle, ellipse, line, path, polygon, polyline, rect）を指定
※2…省略した場合は親のborder-boxで処理。ただし、パスをURLやpath()で指定した場合は要素自身の元の配置位置で処理

オフセットトランスフォームではパス（オフセットパス）に沿って配置したい要素に offset-path を適用します。offset-path では ray() を使用するか、P.395 の clip-path と同じように URL または基本シェイプでパスの形状を指定します。ただし、パスの基準となる参照ボックスは、要素の包含ブロック（デフォルトでは親のボーダーボックス）、もしくは要素自身の元の配置位置（パスを URL または path() で指定した場合）で処理されます。

たとえば、右の例は `<section>` 内の黄色いボックス `<div>` に offset-path を適用し、path() で曲線のパスを指定したものです。このパスは要素の元の位置を基準に配置されます。そして、`<div>` はパスに沿った向きでパスの始点に中央を揃えて配置されます（各処理は offset-anchor、offset-distance、offset-rotate で変更できます）。

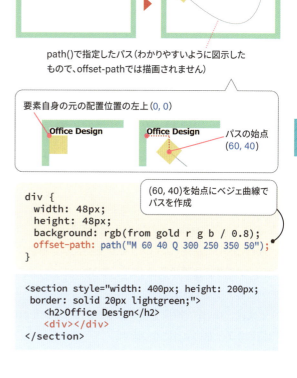

path()で指定したパス（わかりやすいように図示したもので、offset-pathでは描画されません）

要素自身の元の配置位置の左上 (0, 0)

パスの始点 (60, 40)

(60, 40)を始点にベジェ曲線でパスを作成

```
div {
    width: 48px;
    height: 48px;
    background: rgb(from gold r g b / 0.8);
    offset-path: path("M 60 40 Q 300 250 350 50");
}

<section style="width: 400px; height: 200px;
 border: solid 20px lightgreen;">
    <h2>Office Design</h2>
    <div></div>
</section>
```

ray() 関数は角度の指定で直線のパスを定義します。ray() の指定形式は以下のようになっており、角度以外の値は省略できます。

右のように指定すると、参照ボックス（親要素 <section> のボーダーボックス）の左上を始点にした 120 度の角度の直線になります。長さは sides と指定し、参照ボックスと交差する位置を終点にしています。

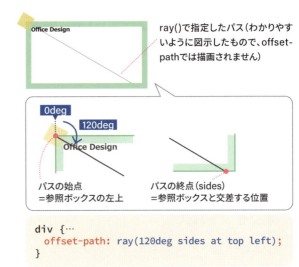

```
div {…
  offset-path: ray(120deg sides at top left);
}
```

直線の角度を指定　参照ボックスの左上を基点に始点の位置を指定。値はP.367のobject-positionと同じ形式で指定できます（省略時はoffset-positionプロパティの指定で、それもない場合はcenterで処理）

ray(角度 直線の長さ contain at 始点)

直線の長さを以下の値で指定（省略時はclosest-sideで処理）
closest-side........... 始点から最も近い参照ボックスの辺までの長さ
closest-corner ..... 始点から最も近い参照ボックスの角までの長さ
farthest-side .... 始点から最も遠い参照ボックスの辺までの長さ
farthest-corner .... 始点から最も遠い参照ボックスの角までの長さ
sides .... パスが参照ボックスと交差する位置までの長さ

containキーワードを指定すると、要素が終点で参照ボックス内に収まるように、パスの長さを要素の横幅・高さの半分のうち大きい方の分だけ短くします。ただし、要素が円形で直線の長さをclosest-sideにしたケースに最適化されています。上の例では次のようになります

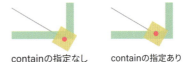

containの指定なし　　containの指定あり

オフセットパスの始点
offset-position: 始点の位置

		初期値	normal
		適用対象	トランスフォーム可能な要素（transformプロパティと同じ）
		継承	なし
位置	normal / auto / left / right / center / top / bottom / 長さ / % ※		

※…%は参照ボックスの大きさに対する割合

offset-position プロパティでは参照ボックスの左上を基点にオフセットパスの始点の位置を指定します。object-path で指定したパスが始点を持たない場合に使用されます。位置の値は P.367 の object-position と同じ形で指定できます。

たとえば、ray() で始点を指定せず、offset-position で指定すると右のようになります。

```
div {…
  offset-path: ray(120deg sides at top left);
}
```
＝
```
div {…
  offset-path: ray(120deg sides);
  offset-position: top left;
}
```

auto と指定した場合は左上が始点となります。ただし、参照ボックスの左上ではなく、要素自身の元の配置位置の左上が始点になります。

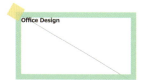
offset-position: top left;
始点＝参照ボックスの左上

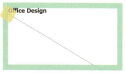
offset-position: auto;
始点＝元の配置位置の左上

CSS

オフセットパス上の要素の位置
offset-distance: 始点からの距離

初期値	0
適用対象	トランスフォーム可能な要素（transformプロパティと同じ）
継承	なし

| 距離 | 長さ / ％ ※ |

※…％はパスの長さに対する割合

offset-distance プロパティはオフセットパス上の要素の位置を、パスの始点からの距離で指定します。％ で指定する場合、パスの始点が 0％、終点が 100％ になります。

たとえば、黄色いボックス <div> を曲線のパスに沿って動かす場合、右のように offset-distance の値をアニメーションで 0％ から 100％ に変化させます。

offset-distance: 0%

offset-distance: 50%

offset-distance: 100%

```
div {…
  offset-path: path("M 60 40 Q 300 250 350 50");
  animation: move 5s infinite linear;
}
@keyframes move {
  0%   {offset-distance: 0%;}
  100% {offset-distance: 100%;}
}
```

CSS

オフセットパス上の要素のアンカーポイント
offset-anchor: 位置

初期値	auto
適用対象	トランスフォーム可能な要素（transformプロパティと同じ）
継承	なし

| 位置 | auto / left / right / center / top / bottom / 長さ / ％ ※ |

offset-anchor プロパティでは要素のどこをオフセットパスに揃えるかを指定します。位置の値は P.367 の object-position と同じ形で指定できます。

初期値の auto では P.480 の transform-origin の値が使用されます（ただし、transform-origin の z の値は使用されません）。transform-origin も未指定な場合、50% 50%（要素の中央）で処理されます。

要素の中央で揃えたもの
50% 50% または
center center

要素の右上で揃えたもの
100% 0% または
right top

```
div {…
  offset-path: path("M 60 40 Q 300 250 350 50");
  offset-anchor: ～ ;
}
```

オフセットパス上の要素の回転

`offset-rotate: 回転`

初期値	auto
適用対象	トランスフォーム可能な要素（transformプロパティと同じ）
継承	なし

回転	auto / reverse / 角度

offset-rotate プロパティではオフセットパスに配置した要素の回転角度を指定します。その際、基準となるのは要素の上端です。角度を指定した場合には、要素がその角度に合わせて回転します。

auto では上端がパスの接線方向を向きます。reverse ではそれの逆向きになります。auto や reverse にスペース区切りで角度を指定すると、接線を基準としてその角度が追加されます。

右の例では黄色いボックス `<div>` の向きがわかるように、上端にオレンジ色のボーダーを追加して回転しています。

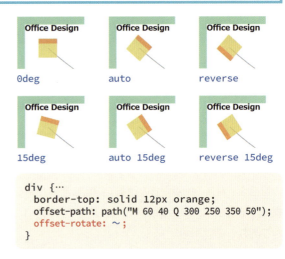

```
div {…
  border-top: solid 12px orange;
  offset-path: path("M 60 40 Q 300 250 350 50");
  offset-rotate: ～;
}
```

オフセットトランスフォームの設定をまとめて指定

`offset: パスの始点 パス 位置 回転 / アンカーポイント`

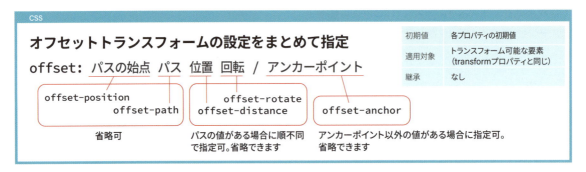

初期値	各プロパティの初期値
適用対象	トランスフォーム可能な要素（transformプロパティと同じ）
継承	なし

offset プロパティを使用すると、オフセットトランスフォームの設定をまとめて指定できます。ただし、パスの指定がないと、オフセットトランスフォームの処理は行われません。

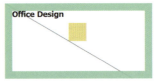

始点を左上にしてray()で直線を定義。
直線上の50%の位置に、回転なしで黄色いボックス`<div>`の左下を揃えて配置しています

```
div {…
  offset-path: ray(120deg sides);
  offset-position: top left;
  offset-distance: 50%;
  offset-rotate: 0deg;
  offset-anchor: left bottom;
}
```
=
```
div {…
  offset: top left ray(120deg sides) 50% 0deg / left bottom;
}
```

Index 索引

HTML要素

A
- a 088
- abbr 067
- address 048
- area 070
- article 046
- aside 045
- audio 078

B
- b 065
- base 122
- bdi 066
- bdo 066
- blockquote 049
- body 120
- br 069
- button 094, 242

C
- canvas 083
- caption 054
- cite 049, 068
- code 051, 060
- col 054
- colgroup 054

D
- data 067
- datalist 071
- dd 056
- del 064
- details 087, 428
- dfn 062
- dialog 057, 412
- div 051, 057
- dl 056
- dt 056

E
- em 061
- embed 082

F
- fieldset 097
- figcaption 049
- figure 049
- footer 043

- form 044, 090

H
- h1 047
- head 120
- header 043
- hgroup 047
- hr 050
- html 120, 214

I
- i 065
- iframe 080, 365
- img 072, 243, 364
- input 091
- ins 064

K
- kbd 068

L
- label 088
- legend 097
- li 055, 376
- link 119, 122

M
- main 043
- map 070
- mark 068
- math 085
- menu 056
- meta 119, 128
- meter 097

N
- nav 045
- noscript 104

O
- object 082
- ol 055
- optgroup 095
- option 095
- output 096

P
- p 050
- picture 076
- pre 051
- progress 096

Q
- q 065

R
- rp 069

- rt 069
- ruby 069

S
- s 063
- samp 067
- script 104
- search 045
- section 046
- select 095, 407, 412
- slot 110, 116, 172
- small 067
- source 076, 079
- span 064
- strong 061
- style 121, 167
- sub 062
- summary 087
- sup 062
- svg 083

T
- table 051
- tbody 054
- td 051
- template 112, 168
- textarea 096, 412
- tfoot 054
- th 051
- thead 054
- time 063
- title 121
- tr 051
- track 080

U
- u 065
- ul 055

V
- var 069
- video 078

W
- wbr 070

HTML属性

A
- accept 093
- accept-charset 044
- accesskey 133
- action 044
- allow 082
- allowfullscreen 080
- alt 072
- aria-checked 023
- aria-hidden 085, 136
- aria-label 023
- aria-labelledby 023
- aria-level 021
- as 127
- async 104
- autocapitalize 133
- autocomplete 044, 099

- autofocus 059, 134
- autoplay 078

B
- blocking 104, 128

C
- capture 093
- charset 129
- checked 092, 214
- cite 049, 064, 065
- class 132
- closedby 058
- cols 096
- colspan 053
- content 129
- contenteditable 134
- controls 078
- crossorigin 126

D
- data 082

- data-* 134
- datetime 063, 064
- decoding 073
- default 080
- defer 104
- dir 134
- dirname 101
- disabled 101, 125, 214
- download 089
- draggable 135

E
- enctype 044
- enterkeyhint 135

F
- fetchpriority 128
- for 096
- form 102
- formaction 102

489

Index

	formenctype 102	
	formmethod 102	
	formnovalidate 102	
	formtarget 102	
H	headers 053	
	height 073	
	hidden 135	
	high 097	
	href 088	
	hreflang 123	
	http-equiv 131	
I	id 132	
	imagesizes 127	
	imagesrcset 127	
	inert 137	
	inputmode 137	
	integrity 126	
	is 107	
	ismap 071	
	itemid 138	
	itemprop 138	
	itemref 138	
	itemscope 138	
	itemtype 138	
K	kind 080	
L	label 080, 095	
	lang 138	
	list 071	
	loading 074	
	loop 078	
	low 097	
M	max 102, 214	
	maxlength 102	
	media 077, 122	
	method 044	
	min 102, 214	
	minlength 102	
	multiple 095, 103	
	muted 078	
N	name 044, 080, 087, 090, 112, 129	
	nomodule 104	
	nonce 138	
	novalidate 044, 103	
O	on* 142	
	open 057, 087	
	optimum 097	
P	part 170	
	pattern 103	
	ping 089	
	placeholder 103, 214	
	playsinline 078	
	popover 139, 286, 427	
	popovertarget 139	
	popovertargetaction 139	
	poster 079	
	preload 079	
R	readonly 101, 214	
	referrerpolicy 126	
	rel 044, 123	
	required 103, 214	
	reversed 055	
	role 021	
	rows 096	
	rowspan 053	
	sandbox 081	
S	scope 053	
	selected 095, 214	
	shadowrootclonable 115	
	shadowrootdelegatesfocus ... 115	
	shadowrootmode 114, 115	
	shadowrootserializable 115	
	size 095, 102	
	sizes 074	
	slot 112	
	spellcheck 140	
	src 072, 078, 080, 104	
	srcdoc 081	
	srclang 080	
	srcset 074	
	start 055	
	step 102	
	style 140, 175	
T	tabindex 141	
	target 044, 089	
	title 067, 081, 121, 141	
	translate 141	
	type 055, 105	
U	usemap 070	
V	value 055, 067, 099	
W	width 073	
	wrap 096	
	writingsuggestions 141

CSSプロパティ

A	accent-color 408	
	align-content 302	
	align-items 306	
	align-self 304	
	all 218	
	anchor-name 287	
	animation 430	
	animation-composition 433	
	animation-delay 431, 432	
	animation-direction 431	
	animation-duration 431, 462	
	animation-fill-mode 431, 432	
	animation-interation-count
	.... 431, 432	
	animation-name 431	
	animation-play-state 431, 433	
	animation-range 443	
	animation-timeline 437, 439	
	animation-timing-function ... 431	
	appearance 406	
	aspect-ratio 231	
B	backdrop-filter 402	
	backface-visibility 482	
	background 391	
	background-attachment 389	
	background-blend-mode 400	
	background-clip 386	
	background-color 390	
	background-image 386	
	background-origin 387	
	background-position 388	
	background-repeat 389	
	background-size 387	
	block-size 227	
	border 236	
	border-collapse 254	
	border-color 236	
	border-image 394	
	border-image-outset 394	
	border-image-repeat 393	
	border-image-slice 392	
	border-image-source 392	
	border-image-width 393	
	border-radius 237	
	border-spacing 254	
	border-style 236	
	border-width 236	
	bottom 276	
	box-decoration-break 299	
	box-shadow 402	
	box-sizing 226	
	break-after 298	
	break-before 298	
	break-inside 297	
C	caption-side 255	
	caret-color 407	
	clear 246	
	clip-path 395	
	color 382	
	color-scheme 383	
	column-count 294	
	column-fill 296	
	column-gap 307	
	column-rule 295	
	columns 294	
	column-span 296	
	column-width 294	
	contain 310	
	container 205	
	container-name 203, 204	
	container-type 203, 204	
	contain-intrinsic-height 316	
	contain-intrinsic-size 316	
	contain-intrinsic-width 316	
	content 211, 370	
	content-visibility 314	
	content-visibility: hidden
	.... 136, 424	
	counter-increment 373	
	counter-reset 373	
	counter-set 375	
	cursor 404	
D	direction 249	
	display 221	
	display: contents 223	
	display: flex 256	
	display: flow-root 234	
	display: grid 260	
	display: none 135, 136, 223, 425	
E	empty-cells 255	
F	field-sizing 408	
	filter 401	
	flex 257	
	flex-basis 258	
	flex-direction 259	
	flex-flow 259, 303	
	flex-grow 258	
	flex-shrink 258

Index

flex-wrap 259
float 246, 398
font 324
font-family 320
font-feature-settings 330
font-kerning 330
font-language-override 334
font-optical-sizing 328, 329
font-palette 335
font-size 179, 324
font-size-adjust 326
font-stretch 323, 329
font-style 323, 329
font-synthesis 325
font-synthesis-position 325
font-synthesis-small-caps 325
font-synthesis-style 325
font-synthesis-weight 325
font-variant 330
font-variant-alternates 333
font-variant-caps 332
font-variant-east-asian 333
font-variant-emoji 334
font-variant-ligatures 332
font-variant-numeric 332
font-variant-position 333
font-variation-settings 329
font-weight 322, 329
font-width 323
forced-color-adjust 385

G gap 307
grid 273
grid-area 268
grid-auto-columns 271
grid-auto-flow 272
grid-auto-rows 271
grid-column 268
grid-column-end 268
grid-column-start 268
grid-row 268
grid-row-end 268
grid-row-start 268
grid-template 268
grid-template-areas 267
grid-template-columns 262
grid-template-rows 262

H hanging-punctuation 354
height 226
hyphenate-character 349
hyphenate-limit-chars 349
hyphens 348

I image-orientation 368
image-rendering 368
initial-letter 247
inline-size 227
inset 276
interpolate-size 428
isolation 400, 462

J justify-content 302
justify-items 306
justify-self 304

L left 276
letter-spacing 353
line-break 348
line-clamp 356
line-height 240, 243
list-style 378

list-style-image 377
list-style-position 377
list-style-type 377

M margin 232
margin: auto 233, 284
margin-trim 234
mask 397
mask-clip 397
mask-composite 397
mask-image 397
mask-mode 397
mask-origin 397
mask-position 397
mask-repeat 397
mask-size 397
max-height 226
max-width 226
min-height 226
min-width 226
mix-blend-mode 399, 462

O object-fit 366
object-position 367
offset 488
offset-anchor 487
offset-distance 487
offset-path 485
offset-position 486
offset-rotate 488
opacity 382, 425
order 308
orphans 298
outline 086, 404
outline-color 404
outline-offset 404
outline-style 404
outline-width 404
overflow 410
overflow-anchor 417
overflow-clip-margin 413
overflow-wrap 347
overlay 285
overscroll-behavior 418

P padding 235
paint-order 362
perspective 483
perspective-origin 483
place-content 302
place-items 306
place-self 304
pointer-events 405
position 276
position: absolute 279,
282, 286
position-area 288
position: fixed 281, 282,
284, 286
position: relative 278
position: sticky 208, 278
position-try 293
position-try-fallbacks 292
position-try-order 293
position-visibility 291
print-color-adjust 382

Q quotes 372

R resize 409
right 276
rotate 476

row-gap 307
ruby-align 252
ruby-overhang 252
ruby-position 252

S scale 476
scrollbar-color 420
scrollbar-gutter 421
scrollbar-width 420
scroll-behavior 416
scroll-margin 414
scroll-padding 413
scroll-snap-align 415
scroll-snap-stop 415
scroll-snap-type 415
scroll-timeline 437, 440
scroll-timeline-axis 440
scroll-timeline-name 440
shape-outside 398

T table-layout 254
tab-size 345
text-align 350
text-align-last 351
text-box 245
text-box-edge 245
text-box-trim 245
text-combine-upright 251
text-decoration 358
text-decoration-color 358
text-decoration-line 358
text-decoration-skip-ink 359
text-decoration-style 358
text-decoration-thickness 358
text-emphasis 360
text-emphasis-color 360
text-emphasis-position 361
text-emphasis-style 360
text-indent 352
text-justify 352
text-orientation 251
text-overflow 355
text-shadow 361
text-size-adjust 357
text-spacing-trim 353
text-transform 355
text-underline-offset 360
text-underline-position 359
text-wrap 345
text-wrap-mode 342
text-wrap-style 344
timeline-scope 447
top 276
touch-action 406
transform 460, 476
transform-box 482
transform-origin 480
transform-style 484
transition 422
transition-behavior 423
transition-delay 423
transition-duration 423
transition-property 423
transition-timing-function ... 423
translate 476

U unicode-bidi 249
user-select 409

V vertical-align 244
view-timeline 438, 441

Index

	view-timeline-axis 442		widows 298	–	-webkit-details-marker 087	
	view-timeline-inset 442		width 226		-webkit-fill-available 228	
	view-timeline-name 442		will-change 317		-webkit-tap-highlight-color	
	view-transition-class 474		word-break 346		 213	
	view-transition-name 456		word-spacing 353		-webkit-text-stroke 362	
	visibility 309		word-wrap 347		-webkit-touch-callout 213	
	visibility: hidden 136		writing-mode 249, 250			
W	white-space 051, 342	Z	z-index 282			
	white-space-collapse 342		zoom 231			

CSSアットルール

C	@charset 147		@font-feature-values 333		@position-try 292	
	@color-profile 189		@font-palette-values 335		@property 196	
	@container 203, 205	I	@import 211	S	@scope 162, 181	
	@container scroll-state() 207	K	@keyframes 430		@starting-style 426	
	@container style() 207	L	@layer 158		@supports 210	
	@counter-style 380	M	@media 198, 412	V	@view-transition 452	
F	@font-face 337	P	@page 211			

CSS擬似クラス

A	:active 212		:has-slotted 214		:optional 214
	:active-view-transition 469		:host 171		:out-of-range 214
	:active-view-transition-type()		:host() 172	P	:past 213
	 469		:host-context() 172		:paused 213
	:any-link 212		:hover 212		:picture-in-picture 213
	:autofill 214	I	:indeterminate 214		:placeholder-shown 214
B	:blank 211		:in-range 214		:playing 213
	:buffering 213		:invalid 214		:popover-open 213
C	:checked 214		:is() 157	R	:read-only 214
D	:default 214	L	:lang() 212		:read-write 214
	:defined 214		:last-child 215		:required 214
	:dir() 212		:last-of-type 215		:right 211
	:disabled 214		:left 211		:root 214
E	:empty 214		:link 212	S	:scope 165, 212
	:enabled 214	M	:modal 213		:seeking 213
F	:first 211		:muted 213		:stalled 213
	:first-child 215	N	:not() 157	T	:target 212
	:first-of-type 215		:nth-child() 215	U	:user-invalid 214
	:focus 212		:nth-last-child() 215		:user-valid 214
	:focus-visible 212		:nth-last-of-type() 215	V	:valid 214
	:focus-within 212		:nth-of-type() 215		:visited 212
	:fullscreen 213	O	:only-child 215		:volume-locked 213
	:future 213		:only-of-type 215	W	:where() 157
H	:has() 157		:open 213		

CSS擬似要素

A	::after 369	G	::grammar-error 217	V	::view-transition 456, 459
B	::backdrop 284	H	::highlight() 217		::view-transition-group()
	::before 369	M	::marker 378		.... 456, 460, 464
C	::cue 216	P	::part() 169, 170		::view-transition-image-pair()
	::cue() 216		::placeholder 216		.... 456, 461
D	::details-content 428	S	::selection 217		::view-transition-new() 456
F	::file-selector-button 216		::slotted() 172		::view-transition-old() 456
	::first-letter 216, 247		::spelling-error 217		
	::first-line 216	T	::target-text 217		

CSS関数

A	abs() 186		atan() 185		calc-size() 230
	acos() 185		atan2() 185		character-variant() 333
	anchor() 289		attr() 182, 370		circle() 396
	anchor-size() 291	B	blur() 401		clamp() 184, 229
	annotation() 333		brightness() 401		color() 189
	asin() 185	C	calc() 183		color-mix() 191

	conic-gradient()	194		linear()	434		rotate()	476

Index

	conic-gradient()	194		linear()	434		rotate()	476
	contrast()	401		linear-gradient()	197		rotate3d()	476
	contrast-color()	192		log()	186		round()	184
	cos()	185	M	matrix()	477	S	saturate()	401
	counter()	373		matrix3d()	477		scale()	476
	counters()	374		max()	184		scale3d()	476
	cross-fade()	195		min()	184		scroll()	439, 440
	cubic-bezier()	434		minmax()	262		sepia()	401
D	device-cmyk()	192		mod()	184		shape()	396
	drop-shadow()	401	O	oklab()	188		sign()	186
E	element()	195		oklch()	188		sin()	185
	ellipse()	396		opacity()	401		skew()	476
	env()	235		ornaments()	333		sqrt()	185
	exp()	186	P	palette-mix()	336		steps()	434
F	fit-content()	263		path()	395, 485		styleset()	333
G	grayscale()	401		perspective()	480		stylistic()	333
H	hsl()	188		polygon()	396		swash()	333
	hue-rotate()	401		pow()	185	O	ornaments()	333
	hwb()	188	R	radial-gradient()	194	T	tan()	185
	hypot()	185		ray()	486		translate()	476
I	image()	195		rect()	396		translate3d()	476
	image-set()	195		rem()	184	U	url()	182, 193, 337
	inset()	396		repeat()	264	V	var()	196
	invert()	401		repeating-conic-gradient()	194		view()	442, 439
L	lab()	188		repeating-linear-gradient()	193	X	xywh()	396
	lch()	188		repeating-radial-gradient()	194			
	light-dark()	385		rgb()	188			

キーワード

	&セレクタ	155, 165		ID	132		subgrid	265
	16進数	187		IDセレクタ	149		SVG	083
A	absolute	279		infinity	187	U	UAスタイルシート	024, 175
	allow-discrete	424		inherit	218		unset	218
	anchor-center	290		initial	218	V	viewport	130
	AOM	029		interactive-widget	130		void element	030
	ARIA	021	J	JavaScript	029, 104, 202	W	W3C	015
	ARIAロール	021, 035		JSON-LD	138		WAI-ARIA	021
	auto（サイズ）	227	L	lazy	074		WCAG	018
	auto（トラックサイズ）	263	M	MathML	085		WebP	077
	auto（配置先）	269		max-content	228, 263		WebVTT	080, 213
	auto（マージン）	232		Microdata	138		Webアクセシビリティ対応	017
	AVIF	077		min-content	228, 263		WHATWG	015
B	BFC	247		modulepreload	125	X	x-ua-compatible	131
	body-ok	123	N	NaN	187	あ	アートディレクション	076
C	canonical	123		Navigation API	466		アウトライン	404
	CLS	073		nofollow	124		アクセシビリティ	017
	color-scheme	129		noopener	089, 125		アクセシビリティツリー	029, 318
	content-security-policy	131		noreferrer	089, 125		アクセシブル名	023
	CORS	126	O	OGP	119, 130		アクセントカラー	408
	CSP	131, 138		OpenType機能	330		アクティブビュー遷移擬似クラス	469
	CSSOM	027	P	pi	187		アセント	239, 340
	CSS-wideキーワード	218		plus-lighter	399, 462		アットルール	146, 210
	CSSグリッド	260, 303, 305, 308		preload	125, 127		アルファチャンネル	188
	currentColor	192		presentation	073, 136		アンカーポジション	286
D	dialog	426		PWA	124, 200		アンカー名	287
	dns-prefetch	125	R	refresh	131		アンカー要素	287
	DOCTYPE	120		revert	218		アンカーリンク	088
	DOMツリー	027, 318		revert-layer	218		暗黙的なグリッド	260, 271
	DPR	074, 183, 195, 200		robots	130		暗黙のARIAロール	021
E	e	187	S	safe-area-*	235		暗黙のレイヤー	159
F	fit-content	228, 284		schema.org	138	い	イージング関数	434
	fixed	281		SEO	119		位置指定要素の包含ブロック	279, 288
	flipキーワード	292		sRGB	189		位置指定要素	276, 288
G	Google Fonts	329		SRI	126		位置指定要素の配置	288, 305
H	hidden	094		sticky	208, 278		移動	476
I	ICB	282		stretch	228		イベントハンドラ	142

Index

イメージマップ 070
色関数 188
色空間 189
色名 187
印刷 211, 297, 382
インデント 352
インポートマップ 105
引用 049, 065
引用符 065, 372
インラインスタイルシート 140
インラインフレーム 080
インラインフロー 249
インラインブロックボックス 222, 242
インラインボックス 222, 239
インラインレイアウト 238, 341
インラインレベル 036, 222
う 上付き 062, 325, 333
え 絵文字 334
エリア 267, 289
エンコード 093, 129, 147
お オートコンプリート 099
オートダークモード 383
オーバーフロー 301, 209, 410
オーバーレイ 285
オーバーレイスクロールバー 411
オフセットトランスフォーム 485
オプティカルサイズ 328, 329
親要素 031
折り返し 341, 346
オリジン 175
か カーソル 404
カーニング 330
改行 069, 341, 346
開始スタイル 426
解像度 200
回転 476
外部スタイルシート 124
カウンター 373
カウンタースタイル 379
拡大 231, 476
確定サイズ 229
影 361, 402
重なり順 282, 464
可視範囲 441
カスケード 174, 176
カスケードレイヤー 158
カスタムデータ 134
カスタムプロパティ 180, 196
カスタム要素 106, 116
下線 358
画像 072, 193
ガター 307
角丸 237
カプセル化 107, 168, 181
カメラ 093
カラー構文 188
カラースキーム 129, 202, 383
カラーピッカー 092
カラーフォント 335
空要素 030
間隔 307
環境変数 235
寛容 157
き キーフレームセレクタ 430, 447
キーボード 130, 135, 137
キーボードショートカット 133

擬似クラス 149, 212
記述子 147
擬似要素 150, 216
機能クエリ 210
機能タグ 330
キャピタライズ 133
キャプション 049, 054, 255
キャレット 407
行揃え 350
兄弟要素 031
強調 061
行の高さ 240, 243
行ボックス 240
近接性 163
禁則処理 348
く クエリコンテナ 203, 204
クラシックスクリプト 105
クラシックスクロールバー 411
クラス 132
クラスセレクタ 149
グラデーション関数 193
グリッド 260, 279, 303, 305, 308
グリッドアイテム 260, 279
グリッドアイテムの配置 268, 305
グリッドコンテナ 222, 260, 279
グリッドトラック 260
グリッドトラックの配置 303
グリッドライン 260
クリッピングパス 395
クリティカルレンダリングパス 026
クローズドキャプション 080
クロスオリジン 126
クロスフェード 451, 462
け 計算値 177
継承 178
結合子 151
言語 138, 212
検索 045, 091
圏点 360
こ 合字 332
構造化データ 138
固定位置指定 281
子要素 031
コンテナクエリ 203
コンテンツカテゴリー 032
コンテンツセキュリティポリシー 131, 138
コンテンツボックス 224, 226
コンテンツモデル 032
コントラスト比 192
さ サイズクエリ 205
先読み 079, 127
作成者スタイルシート 025, 175
サブグリッド 265
サブリソース完全性 126
三角関数 185
参照ボックス 395, 482, 485
し シアー 476
シェイプ関数 396
時間駆動アニメーション 436, 439
字下げ 352
指数関数 185
システムカラー 384
システムファミリー名 325
下付き 062, 325, 333
実効値 177
指定値 176

自動改行 341, 346
自動最小サイズ 229
自動入力支援 099
自動配置 261
シャドウ DOM 107, 168, 181
シャドウホスト 110, 114, 171
シャドウルート 114
重要 061
縮小 231, 476
主軸 259
主体要素 441
条件 198, 203, 210
詳細度 152, 157
使用値 177
初期値 178
初期包含ブロック 225, 282
書字方向 101, 134, 212, 249
自律カスタム要素 106
シンプルセレクタ 148
す スキュー 476
スクリーンリーダー 021
スクローラー 440
スクロール駆動アニメーション 436, 439
スクロールコンテナ 410, 412
スクロール進行タイムライン 437, 440
スクロールステートクエリ 207
スクロールスナップ 208, 415
スクロールバー 411, 420
スクロールポート 410
スクロール連鎖 418
スコープ 162, 168
スコープリミット 164, 181
スコープルート 162
スタイルクエリ 207
スタイルルール 146
スタッキングコンテキスト 283, 310, 400
スティッキーポジション 278
スナップエリア 414
スナップコンテナ 415
スナップショット包含ブロック 459
スナップポート 415
スペルチェック 140
スムーススクロール 416
スモールキャピタル 325, 330, 332
スモールビューポート 183, 282
スロット 110, 172
せ 正規 URL 123
整形済みテキスト 051
静的位置 277
セーフエリア 235
セクション 046
絶対位置指定 279
セマンティックマークアップ 016, 020
セレクタ 146, 148
セレクタリスト 156
セレクトボックス 095, 407
遷移クラス 474
遷移タイプ 469
遷移名 456, 465
宣言 146
宣言値 176
宣言的シャドウ DOM 114
そ 相対位置指定 278
相対カラー構文 190
相対セレクタ 154
双方向アルゴリズム 066

Index

た
- 属性 031, 149, 182
- ダークモード 383
- ターゲットアンカー 287
- ダイアログ 057, 426
- 代替字形 333
- 代替スタイルシート 121
- 代替テキスト 073, 370
- 代替フォント 321
- ダイナミックビューポート 183, 282
- タイプセレクタ 148
- タイムライン 439
- タイムラインスコープ 447
- タイムライン範囲名 445
- ダウンロードリンク 089
- 高さ 226, 239
- タグ 030
- 達成基準 018
- 縦書き 250
- 縦中横 251
- 縦横中央 233, 303
- 縦横比 231, 463
- タブ 341, 345

ち
- チェックボックス 092
- 置換要素 242, 364

て
- ディスプレイタイプ 036, 221
- ディセント 239, 340
- データ型 182, 196
- データブロック 105
- テーブル 051
- テーマカラー 130
- テキストトラック 080, 213
- テキストフラグメント 217
- デフォルトのアンカー要素 287
- デベロッパーツール 177, 192, 225,
  285, 318, 322
- テンプレート 112

と
- 同一オリジン 126
- 投影中心 480
- 透視投影 480, 483
- 透明 192, 382
- ドキュメントタイムライン 436
- 特性 198, 200, 205
- トップレイヤー 284
- トラッキング 089
- ドラッグ 135
- トラックサイズ 262
- トランジション 422
- トランスフォーム 476
- トランスペアレント 032
- 取り消し 063, 358
- ドロップシャドウ 361, 402

な
- 内在サイズ 227
- 内部スタイルシート 121

に
- 日時 063, 091

ね
- ネスト 154, 161, 166
- 粘着位置指定 278

は
- ハーフレディング 240, 245
- ハイコントラストモード 385
- 配置プロパティ 300
- ハイフネーション 348
- ハイライト 068, 217
- バウンス効果 418
- パスワード 091
- バックドロップ 284
- パディング 224, 235
- パララックス 389

ひ
- バリアブルフォント 329
- バリエーション軸 329
- バリデーション 091, 103
- パルパブルコンテンツ 032
- 比較演算子 198
- 比較関数 184
- ピクチャインピクチャ 213
- ビジュアルビューポート 130
- 必須 103
- 非表示 136, 314
- ビュー進行タイムライン 438, 441
- ビュー遷移 449
- ビュー遷移擬似要素 454, 456
- ビュー遷移レイヤー 459
- ビューポート 130, 200, 282, 411
- ビューポート単位 130, 183, 412

ふ
- ファイル選択 093
- ファビコン 119, 124
- ファミリー名 320, 337
- フィルター 401, 402
- 封じ込め 310
- フォーカス 086, 134, 141, 212
- フォーム 044
- フォームコントロール 090
- フォントサイズ 324, 326
- フォントメトリクス 239, 326, 340
- 不確定サイズ 229
- 不活性化 137
- 不寛容 157
- 複合セレクタ 150
- 複雑セレクタ 151
- 浮動エリア 398
- プライバシーポリシー 124
- ブラウジングコンテキスト 080, 089
- ぶら下がり 354
- プリコネクト 125
- プリフェッチ 125
- プリロード 079, 125
- フルスクリーン 200, 213
- プレースホルダ 103, 214, 216
- フレックスアイテム 256, 280
- フレックスアイテムの配置 303, 304
- フレックス係数 263
- フレックスコンテナ 222, 256, 280
- フレックスボックス 256, 279, 303,
  304, 308
- フローレイアウト 238
- ブロックコンテナ 222, 240
- ブロック整形コンテキスト 247, 310
- ブロックフロー 249
- ブロックボックス 222
- ブロックレイアウト 238, 302, 304
- ブロックレベル 036, 222
- ブロックレベルボックスの配置 ... 302, 304
- プロパティ 146

へ
- 平行投影 479
- ベースライン 239
- 編集 134
- 変数 069, 196

ほ
- 包含ブロック 224, 279, 288, 341
- ボーダー 224, 236, 392
- ポジションレイアウト 276, 305
- ボタン 094
- ボックスツリー 028, 225
- ボックスモデル 224
- ポップオーバー 139, 286, 426

- ホバー 198, 201
- ホワイトスペース 341, 342
- 翻訳 141

ま
- マーカー 376
- マージン 224, 232
- マージンアットルール 211
- マスク 397
- マルチカラムレイアウト 294, 302, 307

み
- 見出し 047

む
- 無限大 187
- 無効 101, 125
- 無名インラインボックス 240
- 無名置換要素 371
- 無名ブロックボックス 238
- 無名レイヤー 159

め
- 明示的なグリッド 261
- メイソンリーレイアウト 274
- メールアドレス 088, 091
- メディアクエリ 198, 412

も
- モーションパス 485
- モーダルダイアログ 057
- 文字参照 031
- モジュールスクリプト 105

ゆ
- ユニバーサルセレクタ 148

よ
- 要素 030
- 要素セレクタ 148
- 横幅 225, 226

ら
- ラージビューポート 183
- ラジオボタン 092
- ラベル 088
- ランドマーク 042

り
- リガチャ 332
- リスト 055, 222, 376
- リセット 094, 218
- リダイレクト 131
- リファラ 125, 126
- リモートフォント 321
- リロード 131
- リンクタイプ 123

る
- ルートインラインボックス 240
- ルート要素 120, 214
- ルール 146
- ルビ 069, 252

れ
- レイアウト 028, 311
- レイアウトシフト 073, 326
- レイアウトビューポート 130, 282
- レイアウトモデル 220, 221
- レイアウト領域 240
- レイヤー 158
- レスポンシブ 130, 262, 311
- レスポンシブイメージ 074
- レンジ 092
- レンダーツリー 028
- レンダリング 026

ろ
- ローカルフォント 320
- ロール 021
- ロボット 130
- 論理演算子 199
- 論理属性 031
- 論理値 249
- 論理プロパティ 249

■著者紹介

エビスコム
https://ebisu.com/

Webと出版を中心にフロントエンド開発・制作・デザインを行っています。
HTML/CSS、WordPress、GatsbyJS、Next.js、Astro、Docusaurus、Figma、etc.

主な編著書：『作って学ぶ HTML+CSS グリッドレイアウト』マイナビ出版刊
　　　　　　『作って学ぶ WordPress ブロックテーマ』同上
　　　　　　『作って学ぶ Next.js/React Web サイト構築』同上
　　　　　　『作って学ぶ HTML & CSS モダンコーディング』同上
　　　　　　『Web サイト高速化のための 静的サイトジェネレーター活用入門』同上
　　　　　　『WordPress ノート クラシックテーマにおける theme.json の影響と対策 2023』エビスコム電子書籍出版部刊
　　　　　　『Astro v2 と TinaCMS でシンプルに作るブログサイト』同上
　　　　　　『HTML&CSS コーディング・プラクティスブック 1 〜 8』同上
　　　　　　ほか多数

■STAFF

編集・DTP：　　　　エビスコム
カバーデザイン：　　霜崎 綾子
担当：　　　　　　　角竹 輝紀、藤島 璃奈

モダンHTML&CSS　現場の新標準ガイド

2025 年 3 月 25 日　初版第 1 刷発行

著者　　　　エビスコム
発行者　　　角竹 輝紀
発行所　　　株式会社マイナビ出版
　　　　　　〒101-0003　東京都千代田区一ツ橋 2-6-3 一ツ橋ビル 2F
　　　　　　　　　　TEL：0480-38-6872（注文専用ダイヤル）
　　　　　　　　　　TEL：03-3556-2731（販売）
　　　　　　　　　　TEL：03-3556-2736（編集）
　　　　　　　　　　E-Mail：pc-books@mynavi.jp
　　　　　　　　　　URL：https://book.mynavi.jp
印刷・製本　シナノ印刷株式会社

© 2025 エビスコム, Printed in Japan
ISBN978-4-8399-8693-3

・定価はカバーに記載してあります。
・乱丁・落丁についてのお問い合わせは、TEL：0480-38-6872（注文専用ダイヤル）、電子メール：sas@mynavi.jp までお願いいたします。
・本書掲載内容の無断転載を禁じます。
・本書は著作権法上の保護を受けています。本書の無断複写・複製（コピー、スキャン、デジタル化等）は、著作権法上の例外を除き、禁じられています。
・本書についてご質問等ございましたら、マイナビ出版の下記 URL よりお問い合わせください。お電話でのご質問は受け付けておりません。また、本書の内容以外のご質問についてもご対応できません。
　https://book.mynavi.jp/inquiry_list/